空间结构形态学

罗尧治 著

科学出版社

北京

内 容 简 介

本书系统地阐述了空间结构形态学的基本理论和分析方法,涵盖建筑几何形态、可变结构形态、张力结构形态、结构施工形态以及结构形态控制等五方面核心内容,逐章介绍形态学引论、空间自由曲面与网格生成技术、机构和可变结构机理、张力结构体系找形和找力方法、施工过程时变结构模拟及形态控制理论等多方面的空间结构形态研究工作。本书有助于启迪结构形态创新,展现结构之美。

本书可作为土木、建筑、力学、机械、计算机等相关工程专业本科生和研究生的教材,也可作为相关专业教师和工程技术及科研人员的参考书。

图书在版编目(CIP)数据

空间结构形态学/罗尧治著. —北京:科学出版社,2022.11
ISBN 978-7-03-073908-7

Ⅰ.①空… Ⅱ.①罗… Ⅲ.①空间结构—研究 Ⅳ.①TU399

中国版本图书馆 CIP 数据核字(2022)第 221450 号

责任编辑:周 炜 罗 娟/责任校对:任苗苗
责任印制:吴兆东/封面设计:无极书装

科 学 出 版 社 出版
北京东黄城根北街 16 号
邮政编码:100717
http://www.sciencep.com

北京虎彩文化传播有限公司 印刷
科学出版社发行 各地新华书店经销

*

2022 年 11 月第 一 版 开本:720×1000 B5
2024 年 1 月第二次印刷 印张:32
字数:645 000
定价:258.00 元
(如有印装质量问题,我社负责调换)

序 一

20世纪50年代以来,我国空间结构从最初寥寥无几到现在各类结构体系百花齐放,呈现蓬勃发展、方兴未艾的形势,应用前景十分广阔。随着社会生活水平的不断提高,人们不再满足于实用性的建筑,越来越多的大跨度公共建筑都采用了新颖美观的空间结构设计方案。因此,空间结构的设计既要注重结构自身的力学合理,又要兼顾形体的新颖美观。

空间结构形态学的研究,在于体现结构与美的融合。结构之美源自内在,结构体系和构造形式影响其力学性能,是结构功能性、安全性、合理性的严谨逻辑;结构之美呈于外形,建筑形式和几何造型决定其美观程度,是结构时代性、社会性、表现性的艺术创造。为此,需要大力开拓和发展各类新型、适用、美观的空间结构,研究开发造型和形体美观、具有时代风格、受力合理、施工方便可行的新颖空间结构体系。坚持建筑设计与结构设计并重,既是建筑美学的深刻内涵,又是工程结构科技水平发展的显著标志。

《空间结构形态学》作者罗尧治教授已从事空间结构方面的研究工作30余年,在空间结构的设计方法、计算理论、体系创新、建造技术等方面均取得了卓越的成绩。在广泛的工程实践与深入的科学研究中,他在致力于解决空间结构的力学性能计算问题的同时,积极开展了空间结构几何造型方法、张力结构成形与控制理论研究,在空间结构形态学理论创新方面取得了重要学术进展。

该书从形态学的内涵与发展开始讲起,将空间结构形态学细分为自由曲面及网格形态、可变结构形态、张力结构形态、结构施工形态以及结构形态控制,形成了完善的空间结构形态学理论体系。该书内容丰富、图文并茂、深入浅出地介绍了空间结构形态学的重要研究成果,既是对多年来空间结构形态学领域研究成果的系统总结,又是对空间结构未来创新形式的合理展望,在空间结构的理论发展、设计创新、工程实践方面具有重要指导意义。

从空间结构科技领域来看,《空间结构形态学》是一部难能可贵的创新著作。期盼这样的专著多多问世,为夯实我国空间结构强国基础添砖加瓦。

董石麟

中国工程院院士

浙江大学教授

2022年9月

序　二

　　空间结构是典型的形效结构,而且形式丰富多样,如何实现新颖结构形式与合理结构性能之间的协调统一是空间结构设计中的关键问题。随着社会进步与技术水平的不断发展,人们不再仅满足于空间结构的功能性与安全性,而且对建筑造型的美观性也提出了更高要求。纵观国内外经典空间结构工程,如罗马小体育宫、美国雷里体育馆、日本代代木体育馆、中国国家大剧院等,都体现了使用功能、优美形体与合理受力的协调一致。对结构合理形态的探索促进了结构形态学的诞生,它研究建筑结构“形”与“态”的相互关系,寻求两者的协调统一,目的在于实现一种以合理、自然、高效为目标的结构美学。

　　结构形态学整体上研究结构形式与其受力性能之间的关系,研究内容较广泛,已成为包含几何学、力学、数值分析技术、仿生学、建筑美学等多方面在内的交叉学科。结构形态学为空间结构的体系创新提供了思想源泉和理论基础;同时,空间结构的体系创新实践也促进了结构形态学的不断丰富与发展。

　　由于研究内容复杂多样,迄今空间结构形态学的研究大多为针对个别问题的探索,呈现出百花齐放的特点,而缺乏全面的梳理与理论概括。《空间结构形态学》作者罗尧治教授团队多年来在空间结构形态学领域开展了深入研究,经过长期的积淀,已形成了较为系统的理论体系。该书从多个维度向读者介绍相关的研究成果,包括自由曲面、可变结构、张力结构等不同形式空间结构的形态创构方法与设计理论,基于时空变化的空间结构施工形态分析理论,以及静态和动态空间结构形态控制方法。其主要特色是结合空间结构体系创新,进一步完善结构形态学的理论内涵,具备严谨的学术性和重大的理论创新意义,对工程实践具有很好的指导作用。

　　相信该书的出版能够为空间结构从业者以及相关专业的学生提供有价值的借鉴和指导,故乐为之序。

沈世钊

中国工程院院士

哈尔滨工业大学教授

2022 年 8 月

前　　言

　　人类在发展历史进程中,不断追求居住空间的品质,不仅希望建筑起到最初挡风避雨的作用,更希望是自由的、宽敞的,同时与周围环境协调统一。从古罗马的万神殿和竞技场到英国伦敦的千年穹顶,从我国半坡遗址的居屋空间骨架、北美印第安人枝条搭成的穹顶棚屋到如今的"鸟巢""水立方"等大空间建筑,从静止的结构发展到可活动、可开启的结构,以及从原始树枝、砖石到钢铁、混凝土、合金、高强度钢索、织物膜材料的应用,充分体现了建筑结构文明历史的发展。

　　形态学起源于 19 世纪中期,最初是一门研究人体、动物、植物的形式和结构的科学。通过向自然界和生物学习,可以获取创造性灵感,仿生即是如此,从贝壳中联想到薄壳结构,从肥皂泡中联想到充气结构和膜结构,从蜂窝联想到蜂窝形网格结构,从树枝藤条联想到索结构等。形态学的四要素:几何、力学、材料和艺术造型,适用于研究空间结构的形式和结构构成规律。形态学可以填补专业技术和创造性思维之间的鸿沟,应对想象力的缺失。

　　空间结构形态学的内涵是什么? 形态中的"形"代表外形、形体,从建筑层面上为几何形态;"态"代表形式,关注结构的性能,可以延伸为"力流"、连接方式或一种变化,从结构层面上为结构形式、张力集成和可变形态,同时也包括结构施工中时变过程形态。介于"形"与"态"之间,通过一定技术手段,达到预期的形态,称为形态控制。因此,建筑几何形态、可变结构形态、张力结构形态、结构施工形态以及结构形态控制等五个方面组成了空间结构形态学的核心内容。

　　本书凝聚了作者 30 年来的研究和工程实践成果。30 年前,作者在开发目前仍在广泛应用的空间结构设计分析软件 MSTCAD 的同时,对空间结构造型产生了浓厚兴趣,进而研究各种空间形体的生成规律、建模和网格划分,促使作者涉足空间结构建筑几何形态领域。在 1994 年前后,较早地开展了索杆张力空间结构体系的形态分析和研究,2001 年获得国家自然科学基金的资助,在结构体系、三态分析(初始态、预应力态和荷载态)、机构位移和弹性变形耦合问题的求解等方面取得了大量的研究成果。同时,由于空间结构大跨度、空间分布的特点,空间结构在建造过程中力学性能非常复杂,时变效应明显,因此时空变化的施工过程形态研究显得非常重要。其间完成了国家自然科学基金项目"大型空间结构施工技术研究及其全过程模拟系统",系统地进行了施工过程形态的研究。紧接着承担的国家自然科学基金项目"空间结构形态学基础理论与方法研究",进一步奠定了空间结构形态学理论基础和方法论。

本书共 8 章。第 1 章介绍形态学的历史、结构形态学发展与应用；第 2 和 3 章在数学、几何学的基础上介绍自由曲面、多面体的数字建模和网格生成方法，侧重于建筑几何形态；第 4 和 5 章在机构类型、机构原理的基础上介绍建筑结构、机械、生物医学、航天等领域中多种可展、可折叠结构体系，以及可变结构形态协调性分析和设计方法；第 6 章在系统讨论结构体系理论的基础上，着重介绍张力结构找形分析、动不定结构的计算理论、运动路径跟踪分析方法；第 7 章重点关注空间结构施工形态，阐述时空观思想、全过程形态模拟方法；第 8 章介绍空间结构形态控制，主要针对张力集成体系提出静态和动态形态控制的计算理论和方法。

在本书完成之际，衷心感谢我国空间结构奠基人之一、我的导师董石麟院士，是董院士在 20 世纪 80 年代把作者带入广阔的、富有创造性的空间结构天地。

本书的完成与作者所指导研究生的辛勤工作是分不开的，他们是陆金钰、毛德灿、朱世哲、李娜、许贤、曲晓宁、喻莹、娄荣、杨鹏程、丁慧、公晓莺、张浩、岑培超、李俐、刘晶晶、姜涛、邱鹏、吴启敏、王戴薇、闵丽等，他们富有创造性的研究工作为空间结构形态学的发展做出了贡献，在这里表示衷心的感谢。

同时，特别要感谢英国牛津大学 Zhong You 教授、匈牙利布达佩斯科技大学 Tiber Tarnai 教授、美国哈佛大学医学院 Donald Ingeber 教授，作者曾进行访问并开展合作研究。他们共同之处就是思维活跃、敏捷，兴趣广泛，他们的成就对作者启发颇大。

浙江大学空间结构研究中心葛荟斌、俞锋、丁慧、闵丽、杨超、郑延丰、崔京兰、王雅峰等参与了本书的资料收集和撰写工作，在此表示衷心的感谢。

本书内容既丰富有趣，展现结构之美，也有深奥的理论推导，且不乏新的知识。通过本书的出版，以期读者对结构形态创新有更多的启发，使我们的思想更加充满创意和独特见地，激发我们的创造力。

限于作者水平，书中难免有不妥之处，敬请读者批评指正。

罗尧治
2021 年 8 月
浙江大学

目　　录

第 1 章　形态学引论

1.1　形　态　学

"形态"在《辞海》中的解释是:形状和神态,也指事物在一定条件下的表现形式(辞海编辑委员会,2020)。"形态学"(morphology)起源于古希腊,morphology 一词由希腊语 morphe(形)和 logos(逻辑)构成,意指形式的构成逻辑。可见,形态学的研究内涵在于探究事物的内部规律与外部表现之间的关系。

形态学最初是一门研究人体、动物、植物形式和构成的科学,并在随后出现的生物学中得到广泛应用。古希腊哲学家亚里士多德与 16 世纪的法国博物学家贝隆对动物进行了比较,发现了动物外形结构的相似处;19 世纪早期德国作家歌德最早将形态学一词用在生命科学的研究上,他认为所有植物的枝干组织都是由最基本的植物机体发展而来;法国博物学家圣伊莱尔在动物学里也提出相似的观点,认为所有的动物,包括人在内,都是由相似的基础背景所构成的。英国生物学家欧文则认为任何物种都从可能的假设形态发展到该物种形态,并将形态学运用到当时备受瞩目的生物解剖学中。形态学的发展启示了英国生物学家达尔文,他以机械论的方法来解释物种进化的一致性,称一个种族均有其共同祖先的原型,但因进化而消失原貌。此时对生物形态的描述还仅仅是外在的造型。

从 18 世纪晚期开始,人们试图建立一种与生物学脱离的"纯粹形态学"(pure morphology),从而产生了一门生物学家、数学家和艺术家都同样爱好的科学。学术界都认为形态等同于事物在某一时刻所表现出来的客观现象。但在随后的发展过程中,形态学通过对其他科学技术的借鉴和自我更新完善,逐渐从哲学层面上加深了对事物的认知。有生物学家认为,在细胞、分子水平上的生物结构观察,应能解释个体水平上的生物体形态,形态学成为研究生物形式本质的学科;数学家以抽象的数学理论为基础来描绘具象的几何图形;艺术家还强调了外形和神态的结合,我国古代的论述"形者神之质,神者形之用"就指出了形与态之间相辅相成的关系。

近现代的形态学逐渐成为一门独立的,集数学(几何)、生物力学、材料和艺术造型为一体的交叉学科。形态学的内涵愈加丰富,用动态发展的眼光来看待事物,常常基于动态过程的迭代寻优处理复杂问题,时间和空间都是形态分析不可或缺的要素。20 世纪初,形态学思想逐渐在建筑领域用于对结构、造型乃至功能之间的关系研究。意大利建筑师奈尔维认为,结构应具有自身的表现力,合理的结构本身就蕴含着美;德国建筑师奥托认为,建筑的目的是更好地表达自然,了解存在于自然界的构造过程,人工地表达这种过程。随着研究的不断深入,形态学已被广泛应用于工业和建筑设计领域(图 1.1.1)。

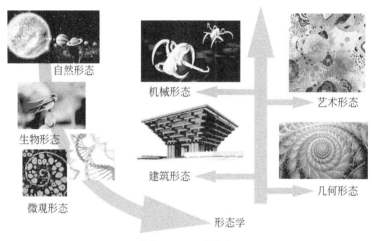

图 1.1.1　形态学

1.2　结构形态学

　　结构的形态问题是建筑师和结构工程师最关心的问题之一。结构形态学作为形态学的一个分支,与形态学的核心思想一致,旨在研究建筑外在造型与内部结构受力之间的关系,目的在于寻求两者的协调统一,即在给定的建筑条件下寻找具有较佳受力性能的结构形体。结构形态学所涉及的领域较广,包含数学、力学、几何学、仿生学、美学等多个学科。从古至今,结构形态学的研究从未停止,在学科领域划分过程中,建筑学与土木工程学在某种程度上人为地在结构的"形"与"态"之间进行了划分,但也不乏众多"形"与"态"高度结合的建筑作品(图 1.2.1)。

(a) 中国天坛

(b) 中国北京大兴国际机场

(c) 中国国家大剧院

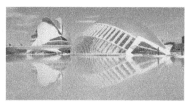

(d) 法国里昂火车站　　　　(e) 法国卢浮宫金字塔　　　　(f) 西班牙瓦伦西亚艺术科学城

图 1.2.1　"形"与"态"结合的建筑结构

　　结构形态学中的"形"关注的是结构的外形,即结构的几何形状、拓扑关系;结构形态学中的"态"关注的是结构的性能,即结构的受力状态、力学特性。结构的"形"与"态"有密不可分的联系,"形"是"态"研究的基础,结构"态"的研究又为结构"形"的完善服务。将结构各构件之间力传递的过程形象地比喻为力流。力流沿着构件传播,构件的布置就是对力流的导向,就像地形对水流的导向一样。同样是瀑布,却因山体的构造而千差万别,从而给人以不同的美感(图 1.2.2)。在结构中调整构件的布置,亦会引起结构内部力流的改变(图 1.2.3)。在理想状态下,结构的形状应是外界作用力在结构材料中的自然反映,结构内部的力流应与结构的形状相吻合。如何使力流的导向明确、高效,传力途径短而直接;如何通过改变力流来实现某些特定的功能,是结构选型的任务,也是结构构件布置的目的。现实世界中,一个结构所承受的外力不是一成不变的,结构除抵抗外力外还要满足一些特定功能或艺术上的需要。因此,实际工程中的结构形态可认为是理性与感性的平衡体。

图 1.2.2　不同形式的瀑布

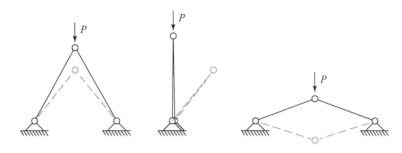

图 1.2.3　两杆结构的不同构件布置

1.3　空间结构形态学

结构形态的多元化与复杂化是现代空间结构的主要特征。空间结构形态学与结构形态学同根同源,探求外在造型与内部结构的协调统一,不仅关注三维空间中结构千姿百态的造型,还注重力流传递的整体性和连续性,且力求建筑功能与建筑形式有机融合。事实上,在空间结构工程实践中,设计师常有所侧重,分别以塑造美好造型、保障力学合理与探求结构功能为基础开展空间结构设计。

1.3.1　空间结构形态与仿生

在与自然界的长期抗争中,生物适应并影响环境、经受外界不利作用,形成了各种强度高、刚度大的身体形态。生物体自身的构造经过了亿万年优胜劣汰的演化,具有结构合理、受力性能良好的特点。自然界中到处都体现这样一条原则:以最少的材料和最合理的结构形式取得最经济的效果。自然界中生物的进化过程就是一个设计优化过程。自然界的创造力常令人类的设计和想象力相形见绌。可以说,生物以最少的材料构造了最美、最坚固、最实用的外形和生存空间,达到了令人惊叹的地步。人类生活在自然界中,与周围生物为邻,在长期向大自然学习的过程中,设计师通过对生物形态和结构的选择、改进及模拟应用,使结构的功能和形态更加多样化。

空间结构的出现也是受到自然界的启迪。许多轻质、高强且美观的空间结构形式都是有意识或无意识地模仿生物体构造的主体或部分结构或其生存巢穴或其生存环境的某些特征而构想设计出来的。例如,轻盈美观的网格结构,有着天才结构工程师蜜蜂的影子;薄壳结构与蛋壳、贝壳、龟壳相仿;根据气泡张拉原理而来的薄膜结构和充气结构等都是空间结构与仿生工程学相结合的典范。这些结构能够顺应力流、合理节省材料,并具有优美的流线造型,经受住了实践的检验而经久不衰。虽然空间结构形态仿生的事实和实例由来已久,但是至今尚未有明确严格的定义。空间结构形态仿生是广义的仿生,其模仿的不仅是生物的结构外形,更是生物结构的力学特性和使用功能。此外,空间结构形态仿生也突破了生物仿生的概念,将自然界一切形态优美、受力合理的物质作为模仿的对象,包括宇宙的结构形态、地球生物的结构形态以及微观世界中分子和原子的结构形态。

1.3.2　"形"主导的空间结构设计

1. 球形网壳

美国建筑师富勒在 1954 年发明了短程线球形网壳,在当时已经可以跨越很远的距离。比较著名且具有代表性的球形网壳工程实例当属 1967 年蒙特利尔世博会美国馆[图 1.3.1(b)]。实际上,关于球形网壳的来源众说纷纭。有人认为,球形网壳与放射虫的骨骼结构极为相似,放射虫的骨骼结构[图 1.3.1(a)]其实就是很典型的空间球形网壳。

(a) 放射虫的骨骼结构　　　　　　　　(b) 蒙特利尔世博会美国馆

图 1.3.1　放射虫的骨骼结构和蒙特利尔世博会美国馆

对微观分子结构的探索也印证了富勒所发明球面壳的合理性,并成为空间结构设计的灵感之一。尤其是一些比较复杂的分子,其模型往往具有对称性和重复性等特点,这符合空间结构的一般要求。典型代表是球壳状碳分子,这是已知体形最小的基于紧密聚集多面体原理形成的结构。1985 年,足球状 C_{60} 通过人工合成,该分子形式和富勒设计的球形网壳极像,故这种新型碳分子结构命名为富勒烯。球壳状碳分子大小变化很大,其组成的碳原子数少的只有 20 个,多的可达 720 个(图 1.3.2)。

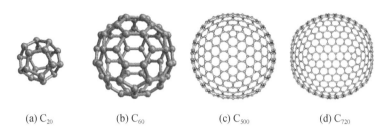

(a) C_{20}　　　　(b) C_{60}　　　　(c) C_{500}　　　　(d) C_{720}

图 1.3.2　不同的球壳碳分子模型

　　如图 1.3.3(c)所示,英国伊甸园工程也是一种由多面体表面拟合而成的球形网壳结构。伊甸园的主设计师 Grimshaw 应用了富勒的理论,但没有直接采用富勒的短程线球形网壳,而是将几个不同大小的网格球贴挤成串,让室内空间在长度方向上进一步延伸。在伊甸园工程中,每个穹顶的结构网格都包含两个同心的球形网格,这两个球形网格半径不同,两者之间有一定的距离。内外层网格之间通过一系列的对角线连接,产生了一个双层的具有三维承载能力的球形网格。实际上它也是一个优秀的仿生结构(模仿昆虫复眼建造)。

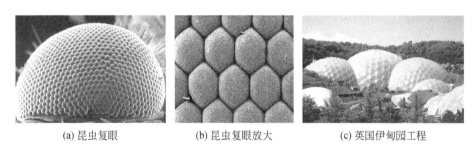

(a) 昆虫复眼　　　　(b) 昆虫复眼放大　　　　(c) 英国伊甸园工程

图 1.3.3　昆虫复眼和英国伊甸园工程

2.蜂窝形结构

　　蜂窝是十分精密的"建筑工程",每一个蜂巢都是六面柱体。4 世纪古希腊数学家佩波斯提出了著名的蜂窝猜想:人们所见到的、截面呈六边形的蜂窝,是蜜蜂采用最少量的蜂蜡建造成的。而 Hales(2001)提出,在考虑了周边是曲线时,由正六边形组成的图形周长最小,这对建筑结构的造型与节省材料带来了重要启示。图 1.3.4 就是一种蜂窝形空间结构,其网格实体部分很小,因此自重较小,透光性较好。

(a) 蜂窝 (b) 英国伦敦Loop.pH工作室设计的SOL穹顶

图1.3.4 蜂窝形结构

3. 贝壳结构

贝类软体动物的外套膜具有一种特殊的腺细胞,其分泌物可形成保护身体柔软部分的钙化物,称为贝壳(图1.3.5)。贝壳主要由碳酸钙和少量的壳质素组成,在强大水压力和冲击力的作用下具有良好的力学性能。贝壳兼具优美外观与良好的受力性能,因而备受设计师的青睐。其造型可以提供较开敞的内部空间,这一特点也决定了仿贝壳造型曲面可以在空间结构中得到广泛应用,尤其是大跨度屋盖结构的良好选择。

图1.3.5 各类贝壳

中国2010年上海世博会的以色列国家馆(图1.3.6)外形独特,由两座流线型建筑体组成,好似一只海中的贝壳。以色列国家馆特意为展馆取名海贝壳,这只美丽的贝壳在世博会期间向参观者展现了传统的犹太文化和不断进步的犹太文化。中国珠海大剧院(图1.3.7)在外观设计方案上也采用了贝壳造型,犹如静静矗立在海边的扇贝。

图 1.3.6　中国上海世博会的以色列国家馆　　　　图 1.3.7　中国珠海大剧院

4.植物仿生结构

植物界生物种类繁多,植物的叶片造型各异[图 1.3.8(a)],并且在漫长的自然进化过程中形成了有利于植物生存的叶片结构,为了更多地接触阳光,它们往往是薄薄的叶片也能覆盖很大的面积,这与空间结构设计理念可谓异曲同工。图 1.3.8(b)所示为上海国家会展中心,其造型为四叶草形。

(a) 自然界的四叶草　　　　　　　　　　(b) 中国上海国家会展中心

图 1.3.8　四叶草形建筑

植物花朵鲜艳的色彩、婀娜多姿的体态和芳香的气味深深地吸引着人们。以花朵为灵感,诞生了无数的艺术作品,涵盖文学、音乐、美术、舞蹈等各个方面,建筑艺术也不例外。印度莲花寺位于印度首都新德里,建筑师是 Sahba,灵感源于莲花。莲花寺包括 27 片大理石花瓣,每三个一组,形成九个侧面(图 1.3.9)。无独有偶,2022 年亚运会主场馆杭州奥体中心结合丝绸编织的文化概念,将原本生硬的钢筋骨架转化为呼应场地曲线的柔美形态,以优雅又富有张力的花瓣外形为表现形式,形成了主体育场的主体花瓣造型(杭州奥体博览中心滨江建设指挥部,2019)如图 1.3.10 所示。

(a) 自然界的莲花　　　　　　　　　　(b) 印度莲花寺

图 1.3.9　莲花型建筑

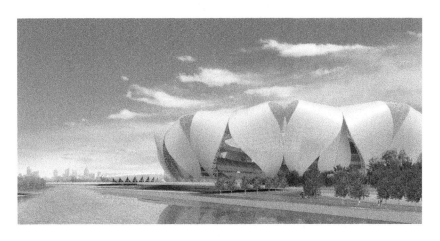

图 1.3.10　中国杭州奥体中心"莲花"

5. 鱼腹形结构

鱼的形体是仿生学中最常见的模仿对象之一。观察鱼的外形,可以发现鱼外表轮廓为头尾两边小,中间大的梭形,这种梭形可以解构为两个对称相交的拱,在梭形躯体里包含着坚固的鱼骨,鱼骨为一根根横刺,其排列形状随着鱼的外表变化也为流线梭形。鱼体的构造是在千百种自然进化过程中自然选择的结果,它的构造有其合理之处。

在水利工程中,传统平面闸门结构属于平面受力体系,构件主要承受弯曲应力,材料强度不能充分利用。随着跨度和水头的增加,传统平面闸门结构的构件尺寸和用钢量将迅速增加,配套设施投入也随之增加。本书作者针对强涌潮环境下挡潮泄洪闸门结构重载、双向受力的特点,发明了一种鱼腹形双拱空间钢管桁架结构(图1.3.11)。在鱼腹形双拱空间结构中利用腹杆模拟了鱼骨的形式,这些腹杆的作用和鱼骨相同,其支撑起了双拱,在两拱之间传力,使双拱构成了一个良好的受力结构组件,具有空间三维受力、外形简洁流畅、水阻力小、重量轻等特点。将此双拱空间结构运用于中国第一河口大闸曹娥江枢纽大闸工程(图1.3.12),满足大跨度、重载及强涌潮反复作用的要求,且可节省用钢量30%以上,减小启闭力40%,表现出优异的结构性能。

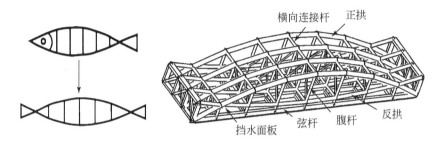

图 1.3.11 鱼腹形双拱空间钢管桁架结构

图 1.3.12 中国曹娥江枢纽大闸工程

1.3.3 "态"主导的空间结构设计

1. 纯压拱形结构

在一个无初始预应力的柔性面料上加入石膏等易凝结的材料并将其悬挂,材料只受到自重作用,待材料凝固后将整体结构翻转,此时在自重荷载下即为一个纯粹的受压结构。这样的例子在日常生活中也不少见,寒冷的冬天晚上将湿毛巾四角悬挂于室外,第二天早上便可以得到类似的结构形状。这一现象激发了瑞士结构工程师伊斯勒的灵感,创建了著名的悬挂法(也称为逆吊法)。众多设计师将其应用于混凝土薄壳的找形与造型设计,充分发挥了混凝土材料良好的抗压性能,且能有效避免壳体内部产生拉力(图 1.3.13)。

(a) 毛巾悬挂试验　　　　　　　　　　　(b) 德国某薄壁结构(斯图加特大学)

图 1.3.13　悬挂法应用实例

这种利用重力,通过悬挂来找形的方法不仅可以用在混凝土壳中,也可以用于网壳结构中。首先,建造一张方形网格的网,由金属锁链和圆环分别作为网肋和节点。接着,选择边界条件并将网挂起来,调整边缘锁链的长度直至所有的锁链被拉紧并且整体的曲率在视觉上令人满意。通过摄影得到每个圆环节点的近似坐标,用力密度法重新计算圆环节点的位置,以得到在实际重量作用下结构的平衡状态(图 1.3.14)。

2. 悬索结构

悬索结构是一系列受拉构件(主要是钢索)按照一定规律布置,并且悬挂在边缘构件或支撑结构上而形成的一种空间结构。悬索的曲线主要是由悬索的自重造成的。如同蜘蛛网一般,轻柔如水,又富有弹性,构造十分精巧,既经济又规则地充满了空间,不仅强韧,而且用料最少[图 1.3.15(a)]。当清晨的露珠凝布在蜘蛛网上时,互相靠拢的水珠结成小小的水滴。蜘蛛网的各弦由于水滴的重力作用而弯曲,使得每一条弦都明显地变为悬链线,形成了高效而轻盈的承重结构体系。悬索结构同样如此,它通过钢索的轴向拉伸来抵抗外部作用,钢索多采用高强度钢丝组成的钢丝束、钢绞线和钢丝绳,有时也采用圆钢筋或带状薄钢板。边缘构件或支撑结构用于锚固钢索,并承受悬索的拉力。悬索结构根据几何形状、组成方式、受力特点等不同因素可以有多种分类,而且易于同其他结构形式移植结合,形成新的结构形式,非常灵活,如悬索与膜结构结合可以组成索膜结构。

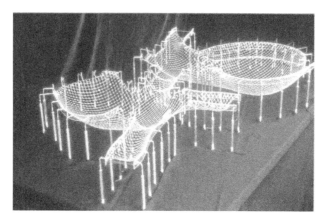

图 1.3.14　Otto 利用逆吊法设计的网壳(Liddell,2015)

　　国家速滑馆是一座典型的索网结构建筑[图 1.3.15(b)],用于 2022 年北京冬奥会的速度滑冰比赛。外形上,国家速滑馆由 22 条晶莹美丽的丝带状曲面玻璃幕墙环绕,因此又称为"冰丝带"。其屋面采用双曲面马鞍形单层索网结构设计,南北长跨度约 200m,东西短跨度约 130m,是目前世界上规模最大的单层双向正交马鞍形索网结构。

(a) 蜘蛛网　　　　　　　　　　　(b) 中国国家速滑馆

图 1.3.15　蜘蛛网与悬索结构

3. 张拉整体结构

张拉整体结构(tensegrity)是张拉(tensile)和整体(integrity)的缩合。富勒认为,宇宙的运行是按照张拉整体的原理进行的,即万有引力是一个平衡的张力网,而各个星球是这个网中的一个个孤立点。张拉整体结构的定义由此延伸而来:一组不连续的受压构件与一套连续的受拉单元组成的自支承、自应力的空间结构(图1.3.16)。这种结构的刚度由受拉和受压单元之间的平衡预应力提供,在施加预应力之前,结构几乎没有刚度,并且初始预应力的大小对结构的外形和结构的刚度起决定性作用。由于张拉整体结构固有的符合自然规律的特点,最大限度地利用了材料和截面的特性,可以用尽量少的钢材建造大跨度建筑。

图 1.3.16　万有引力的张力网和张拉整体结构

4. 树形结构

树形结构可以合理地传导建筑结构所承受的外力,使力流方向明确,避免应力集中,并使传力路线短捷、顺畅(图1.3.17)。树形结构与封闭的桁架、框架不同,

(a) 松树　　　　　　　　(b) 德国斯图加特机场候机楼

图 1.3.17　自然界的松树与树形结构

其构件在节点分岔但最终不会汇聚形成封闭体系。此外,树形的分支兼有梁的部分功能,在建筑设计中还有塑造环境空间效果的作用,给人以丰富的想象空间。

1.3.4 功能主导的空间结构设计

1. 形态可变结构

形态可变结构在建筑发展中有悠久的历史,在游牧和战争年代,家庭或军队移动使用的各式各样的帐篷,其结构由布、树干、绳索和短桩组成。夜间很短时间内就可以搭起来,为防不测事件,白天又可以折叠起来。其原型可能是蚌壳开合对人们的启发,也可能是鸟类、昆虫的翼翅,甚至是花朵的绽放过程对人们的启发。蚌壳的开合目的是生存换水、进食,人们使用形态可变结构是为了更好地利用自然环境,得到充足的阳光和新鲜空气,同时又不受风雨的侵扰。

开合结构是形态可变结构中的典型案例,较大型的开合结构主要用于体育馆和天文馆。开合方式有多种,都在自然界有其原型,主要根据不同用途、不同平面形状和不同尺寸来确定。开合结构是建筑结构工程与机械工程相结合的产物。它使本来固定不动的建筑物的部分结构"活"了起来,能够根据人们的生活需要进行调节。杭州奥体中心网球馆屋面采用旋转开合屋盖,实现了 8 片花瓣型屋盖的同步张开与闭合,形似莲花造型,与杭州奥体中心主场馆"大莲花"交相辉映,因此也称为"小莲花",如图 1.3.18 所示。

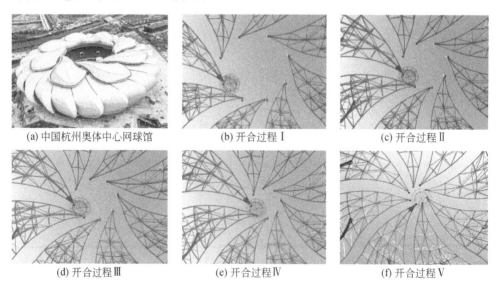

(a) 中国杭州奥体中心网球馆　　　(b) 开合过程 Ⅰ　　　(c) 开合过程 Ⅱ

(d) 开合过程 Ⅲ　　　(e) 开合过程 Ⅳ　　　(f) 开合过程 Ⅴ

图 1.3.18　中国杭州奥体中心网球馆旋转式开合屋盖

2.气动结构

　　气动结构是一种充气膜结构,其内部的压力由空气产生,用来保持膜片张力平衡。蝗虫腹部的结构是由高延展性的薄膜联结的若干个刚性环,其变形过程与封闭张拉膜的充气膨胀过程相似。在产卵过程中,蝗虫腹部承受很大的内压,在内压(可能是血压)下,每一段刚性环之间的薄膜拉长,这个变形随之发生(图 1.3.19)。薄膜平常在腹部硬环的下面保持收缩状态,当腹部伸长时呈拉伸状态。在低压状态下,薄膜可以经过折叠以缩小占用空间;在高压状态下,薄膜包围成一个充满高压的封闭空间,从而产生具有一定刚度的造型。美国国家航空航天局(National Aeronautics and Space Administration,NASA)利用薄膜的轻质与气动原理,将一种充气式可展结构应用于卫星天线结构,如图 1.3.20 所示(Katsumata et al.,2011;Freeland and Veal,1998)。由于材料的柔性和结构的弧形体形,气动结构中没有受弯、受扭和受压的构件,是一类全张力结构。

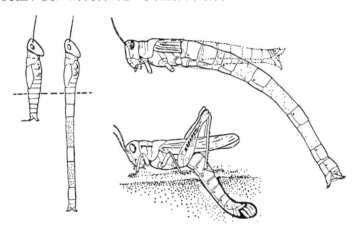

图 1.3.19　蝗虫腹部的可展结构(Snodgrass,1935)

图 1.3.20　气动可展卫星结构

3. 智能结构

当前，一般工程结构都只是按照力学原理设计的，建筑物没有生命、没有智能，不能感知自然灾害的作用，也不能做出适当的响应来保护自己。为了保证结构安全，往往采用保守设计，增大结构的尺寸与重量，从而增加了人力、财力与资源的消耗。如果能够使建筑物具有智能、具有生命，从自然界和生物体进化的过程中得到启示，或许可以从根本上解决工程结构整个寿命期间的安全问题，并且减小灾害影响。

事实上，利用现代自动控制技术，结合机构和拉索技术，人们已能在一定程度上设计出感知外界变化，并自动做出反应的空间结构。智能结构是结构工程与机械、自动控制、光电通信等学科相结合的产物。智能结构通过模拟生物的方式感知结构系统内部的状态和外部的环境，并及时做出判断和响应(图 1.3.21)。它们具有"神经系统"，能感知结构整体形变与动态响应、局部应力应变和受损伤的情况；它们具有"肌肉"，能自动改变或调节结构的形状、位置、强度、刚度、阻尼或振动频率；它们也具有"大脑"，能实时地监测结构健康状态，迅速地处理突发事故，并自动调节和控制，以便使整个结构系统始终处于最佳工作状态；它们还具有生存和康复能力(自恢复)，在危险发生时能够保护自己并继续"生存"下来。目前，在建筑结构领域中常用的智能控制系统与神经元的工作原理相同，该系统是模仿神经元原理创建的，赋予了结构健康自诊断、环境自适应及损伤自愈合等某些智能功能与生命特征，以达到增强结构安全、减轻重量、降低能耗、提高性能的目的。

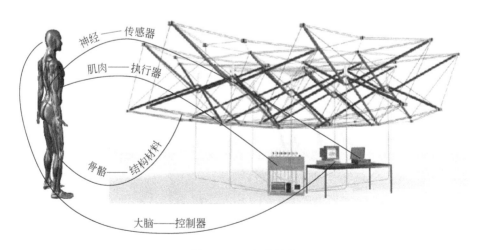

图 1.3.21　智能结构

1.4　空间结构形态学发展

在千百年的进化和发展过程中,人类的祖先不断地从大自然中汲取知识。他们认识到蔓草压而不折的特性,把它们结成绳索而得到缆索产生吊桥;从动物的皮革出发认识到面材的受力作用,从而制成帆船和帐篷;从岩石中认识到块材的作用,以石柱、石板组成蘑菇状结构,从而产生了梁柱体系。

在生产力发展水平极度低下的原始社会初期,人类对于生存空间的要求,只不过是能够遮风避雨,抵御猛兽侵袭。人类最初的栖息之所,有的是自然存在的大树、崖下凹入的地方或岩洞,有的是人工构筑的巢、风篱、原始窝棚和原始洞穴(图 1.4.1),还称不上是真正意义的建筑。然而,正是这些栖息之所,揭开了人类建筑史的序幕。

(a) 原始洞穴　　　　　　(b) 新几内亚原始丛林树屋　　　　　　(c) 半坡文化遗址复原

图 1.4.1　原始建筑

随着原始农业的兴起,人们开始沿着江河湖泊进行定居生活,真正意义的建筑就此诞生了。在满足物质生活的基本需要后,精神需要越来越成为建筑设计的重要因素,建筑的定义已不再局限于遮风避雨的场所。等级制度的出现和社会地位的分化,在一定程度上推动着建筑向大尺度方向发展。在建筑发展的早期,建筑材料主要采用木材与草绳,但毕竟木材长度有限,建筑尺度较小。生产力与工具的进步使人们开始使用大体积的天然石材,但由于缺乏连接材料,大尺度建筑的屋盖表面无法被遮盖,如英国巨石阵与古希腊帕特农神庙(图 1.4.2)。

如图 1.4.3 所示,在没有强力黏着物的作用下,当叠加的砖石数量较少时,上部砖石整体的重心仍在支撑平面的内部,此时的砖石结构是稳定的。当叠加的砖石超过一定数量以后,砖石整体的重心不再处于支撑平面内部,此时砖石结构将在重力的作用下失稳。但是,如果将两组悬挑的砖石对称放置且砖石之间的摩擦力足够大,则两者向内倾倒的趋势将通过顶部之间的压力进行平衡,而顶部相互间的压力又通过砖石间的摩擦力传至地面,从而保证结构处于稳定状态。

(a) 英国巨石阵

(b) 古希腊帕特农神庙

图 1.4.2　开放式石材建筑

(a) 石块堆叠的过程

(b) 古埃及金字塔

图 1.4.3　封闭式石材建筑

　　石拱的出现使构筑大跨度砖石建筑成为可能。而为了开辟更大的空间,逐渐形成了圆拱穹顶结构。古罗马竞技场的拱柱结构[图 1.4.4(a)]、中国南京的无梁拱[图 1.4.4(b)]、法国卢浮宫[图 1.4.4(c)]、德国圣母大教堂[图 1.4.4(d)]等均用到了拱元素。

　　与西方钟爱砖石结构不同,中国、日本等亚洲国家在居住场所的建造中更多采用木材。与砖石相比,木材取材方便,重量轻,易于加工建造。但重量的减小使木材无法像石材那样通过简单的搭接来形成稳定的框架结构,也无法仅依靠自重来形成自平衡拱形。因此木结构的连接节点需要经过特殊处理。以中国古代木结构为例(图 1.4.5),连接节点的处理方式主要有榫卯以及在其基础上发展的斗拱。斗拱是较大建筑物的柱与屋顶间的过渡部分。其功用在于承受上部支出的屋檐,将其重量直接集中到柱上,无论从艺术还是技术的角度来看,斗拱都象征和代表了中华古典建筑的精神和气质。

(a) 古罗马竞技场　　　　　　　　　　　　　(b) 中国南京无梁拱

(c) 法国卢浮宫内景　　　　　　　　　　　　(d) 德国圣母大教堂内景

图 1.4.4　古代建筑中的拱元素

(a) 建筑外貌　　　　　　　　(b) 斗拱　　　　　　　　(c) 内部空间

图 1.4.5　中国故宫建筑

　　最早在日本纯木结构的房屋中出现了一种以短木棍相互搭接来填充平面形成的屋盖。此类结构的内部不需要支柱,能通过梁的相互支撑而平衡。如图 1.4.6 所示,斜梁的内部端点由相邻的斜梁支撑,外部端点支撑在外墙、环梁或支柱上。

图 1.4.6　日本纯木结构

　　如图 1.4.7 所示,结构形态的发展贯穿于人类文明历史进程,古建筑的结构形态也经历了由简入繁的变化,外观、结构、用途等都在不断优化,发展至今给我们留下了宝贵的财富。现代结构的进步不仅离不开古建筑结构形态所筑就的基础,更是从中吸取经验、获得启发,传承了优秀的设计思想和元素。随着社会的进步,以及建筑材料、计算方法和施工技术等的发展,结构形态又不断发生着创新和革命。结构形式是联系结构形状与结构受力的纽带,结构材料又是结构形态的物质化载体。这种创新和革命,在现代空间结构形态中有广泛的体现,使空间结构逐渐向多元化和复杂化发展。

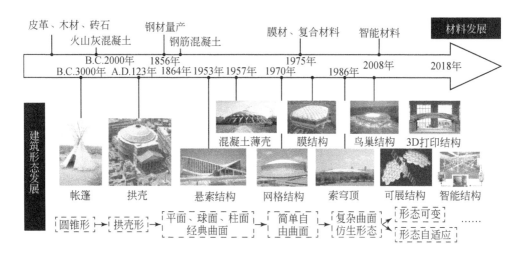

图 1.4.7　空间结构发展历程图

　　目前混凝土结构是最常见的建筑形式之一。现代混凝土材料的发明离不开古代劳动人民的智慧。石器时代晚期的人类就从篝火中获得了生石灰;数千年前中国劳动人民用石灰与砂子混合配置成砂浆砌筑房屋,用砂、土、石灰和砾石建造了举世闻名的万里长城[图 1.4.8(a)];1824 年,Aspdin 将石灰石与黏土一起煅烧,发明了波特兰(Portland)水泥,即今天广泛使用的硅酸盐水泥;1850 年,Lambot 采用钢筋网弥补了混凝土抗拉强度低的缺陷,大力推进了钢筋混凝土的广泛应用,悉尼歌剧院就是世界著名的钢筋混凝土结构之一[图 1.4.8(b)]。

(a) 中国万里长城

(b) 澳大利亚悉尼歌剧院

图 1.4.8　混凝土材料建筑的发展

在现代空间结构中,更是应用了各式各样的新型材料。其中,金属材料的应用最为广泛。法国埃菲尔铁塔[图 1.4.9(a)]、中国上海世博会阳光谷[图 1.4.9(b)]等都应用了钢材或合金型材作为主体结构的材料;将数根细钢丝捻合而成的钢拉索应用于结构,可以显著提高其跨度,典型的建筑有美国金门大桥[图 1.4.9(c)]、中国国家速滑馆[图 1.4.9(d)]、泰国柬埔寨国家体育场[图 1.4.9(e)]。膜结构是21 世纪最具代表性的建筑形式之一,以其简洁明快、刚柔结合的特点,给建筑设计

(b) 中国上海世博会阳光谷

(c) 美国金门大桥

(d) 中国国家速滑馆

(e) 泰国柬埔寨国家体育场

(a) 法国埃菲尔铁塔

图 1.4.9　金属材料建筑

提供了更为广阔的空间,应用在日本大阪世博会富士馆[图 1.4.10(a)]、英国伦敦千年穹顶[图 1.4.10(b)]、中国浙江大学气膜网球馆[图 1.4.10(c)]等建筑中。

(a) 日本大阪世博会富士馆　　　(b) 英国伦敦千年穹顶　　　(c) 中国浙江大学气膜网球馆

图 1.4.10　膜结构建筑

现代空间结构中,建筑物的表面形状不再仅由初等解析曲面或其他规则几何形体组成,越来越多的自由曲面、仿生结构以及复杂多面体形态被重大工程所采用。这些复杂的建筑形态给结构设计带来了新的挑战,充分利用计算机图形学技术和结构工程学方法,建立统一的自由形态空间结构分析理论与设计技术是主流的研究方向。当前,自由形态空间结构的分析设计效率已得到较大提升,仿生建筑蓬勃发展,并推动了计算机图形学与结构工程学的交叉融合发展。

与此同时,新兴的可变形态空间结构体系的出现以及它们在可开合结构、自适应(智能)结构、宇航可展结构、生物结构等交叉领域的应用,对空间结构形态学提出了更多新的问题与挑战。可变形态空间结构主要包括基于柔性张力空间结构的形态可控结构和基于可变机构的形态可变结构。前者通过改变自身的内力或构件长度来实现结构成形及形态控制,后者通过内部的自由度激活和机构位移来达到主动改变形态的目的。在上述结构形态改变的过程中常同时存在弹性变形和机构位移,传统的结构分析理论往往只考虑结构的弹性变形,对包含内部自由度的结构分析存在一定的困难。而传统的机构学分析方法又往往只研究刚体的运动,无法考虑弹性变形的影响。此外,在结构形态的改变过程中,结构的运动路径上可能出现奇异分岔点(即运动失稳现象),这在实际工程应用中是非常危险的,也是不允许出现的。这些问题的出现在很大程度上增加了可变形态空间结构的复杂性,使其面临不少技术挑战。

简而言之,空间结构形态学是以空间结构建筑为研究对象,以探求外在建筑造型与内部结构受力协调统一为核心,以塑造美好的三维空间造型、保障力流传递的整体连续性以及有机融合建筑形式与功能为目的,运用力学、几何学、控制学、计算机技术、实验技术等手段解决相关工程问题的一门学科。相关工程问题主要包括设计建筑几何形态、可变结构形态、张力结构形态、施工形态以及形态控制等(图 1.4.11)。

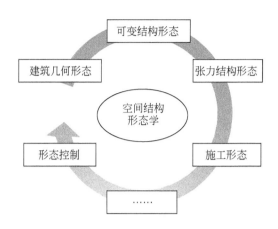

图 1.4.11　空间结构形态学

　　本书将分别介绍空间结构形态中的自由曲面形态、网格结构形态、平面可变结构形态、空间可变结构形态、张力空间结构形态、施工形态及形态控制等,展现结构之美,并提出一些新的形态计算理论和设计分析方法,以期与读者共同探索和研究。

第 2 章　空间自由曲面形态设计

在构思建筑方案的过程中,常采用球面、柱面、马鞍面等传统的函数曲面形状,但这些传统的函数曲面在形状表达上具有一定的局限性,不能自由、灵活地满足建筑的多样性需求。B样条函数、贝塞尔函数等分段函数曲线的出现克服了传统函数曲线的局限性,与直纹面、可展曲面、极小曲面、特殊曲面相结合,构造出了各式各样的空间自由曲面形态。本章主要介绍空间曲线和曲面的基本理论、常用自由曲线曲面与仿生曲面的生成方法,以及空间自由曲面的优化方法。

2.1　曲线和曲面的基本理论

2.1.1　平面曲线

任意平面曲线均可以在平面直角坐标系(xOy)中用对应的二维函数来描述。平面二维曲线函数的表达包括显式形式、隐式形式、参数形式和向量形式。当函数的变量之间具有明确的关系时,习惯上使用显式形式来表达:

$$y = f(x) \tag{2.1.1}$$

式中,自变量 x 与因变量 y 的函数关系明确,但难以处理一般的函数关系,如 $x^2 + xy + y^2 = 0$ 所表达的曲线。此时可以用隐式形式来表达:

$$F(x, y) = 0 \tag{2.1.2}$$

常用的还有参数形式与向量形式,分别如式(2.1.3)、式(2.1.4)所示:

$$\begin{cases} x = x(t) \\ y = y(t) \end{cases} \tag{2.1.3}$$

$$\boldsymbol{p} = \boldsymbol{p}(x, y) \quad \text{或} \quad \boldsymbol{p} = x\boldsymbol{i} + y\boldsymbol{j} \tag{2.1.4}$$

参数形式可以应用于隐式形式与向量形式,此时自变量演变成 t,具体见式(2.1.5)和式(2.1.6):

$$F[x(t), y(t)] = 0 \tag{2.1.5}$$

$$\boldsymbol{p}(t) = \boldsymbol{p}[x(t), y(t)] \quad \text{或} \quad \boldsymbol{p}(t) = x(t)\boldsymbol{i} + y(t)\boldsymbol{j} \tag{2.1.6}$$

一个平面上的光滑曲线(处处存在切线),为了描述它在某点处的弯曲程度,常在这点附近取曲线的一小段,然后作一个尽量与它吻合的圆。当这一小段的长度趋近于 0 时,这个圆可以唯一确定,称为曲率圆,如图 2.1.1 所示。曲率圆的半径为该曲线在这一点处的曲率半径 r，曲率半径的倒数称为曲率 k。用向量形式 $\boldsymbol{p}(s)$ 来表达这一条光滑曲线，s 表示弧长参数，习惯上向量 $\boldsymbol{p}$ 关于弧长的微分用 $\boldsymbol{p}'$ 来表示，则曲线上一点的单位切向量为

$$\boldsymbol{e}_1(s) = \frac{\boldsymbol{p}'(s)}{|\boldsymbol{p}'(s)|} \tag{2.1.7}$$

向量 $\boldsymbol{p}$ 关于弧长的二阶微分用 $\boldsymbol{p}''$ 表示，则曲线上一点的单位法向量为

$$\boldsymbol{e}_2(s) = \frac{\boldsymbol{p}''(s)}{|\boldsymbol{p}''(s)|} \tag{2.1.8}$$

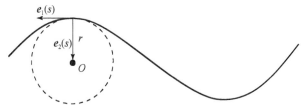

图 2.1.1　曲线的切线与法线

2.1.2　空间曲线

空间曲线可以看成两个曲面相交而形成的交线，也可以看成空间上移动质点的轨迹。这些空间曲线可利用三维直角坐标系以函数形式来表示，也可以用向量的形式来表示。当空间曲线 Γ 看成曲面 $F(x,y,z)=0$ 与曲面 $G(x,y,z)=0$ 的交线时（图 2.1.2），用式 (2.1.9) 的隐式形式来表达：

$$\begin{cases} F(x,y,z)=0 \\ G(x,y,z)=0 \end{cases} \tag{2.1.9}$$

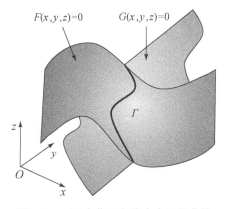

图 2.1.2　两个曲面交线来表示的曲线

　　空间曲线的向量形式是简单而方便的常用表达方式。当空间曲线上的任意点坐标(x,y,z)以弧长参数 s 的函数来表达时,向量形式的空间曲线可以写为

$$\boldsymbol{p}(s)=\boldsymbol{p}\big[x(s),y(s),z(s)\big] \tag{2.1.10}$$

与平面曲线类似,令单位切向量为 $\boldsymbol{e}_1$,单位法向量为 $\boldsymbol{e}_2$,$\boldsymbol{e}_3=\boldsymbol{e}_1\times\boldsymbol{e}_2$,$\boldsymbol{e}_3$ 为与 $\boldsymbol{e}_1$ 和 $\boldsymbol{e}_2$ 正交的单位向量。如图 2.1.3 所示,给定曲线上的点 $\boldsymbol{p}(s)$ 处,$\boldsymbol{e}_2$ 方向为主法线方向,$\boldsymbol{e}_3$ 方向为次法线方向。经过 $\boldsymbol{p}(s)$,与切向量 $\boldsymbol{e}_1$ 方向垂直的平面为法平面,与主法线方向 $\boldsymbol{e}_2$ 垂直的平面为展直平面(也称直切平面),与次法线方向 $\boldsymbol{e}_3$ 垂直的平面为接触平面。

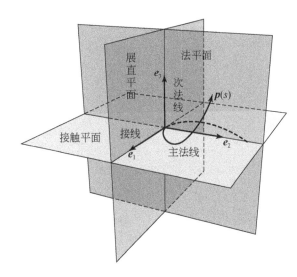

图 2.1.3　空间曲线相关定义

2.1.3　空间曲面

1. 空间曲面的切平面与法线向量

　　空间上的光滑曲面可用隐式形式[式(2.1.11)]、显式形式[式(2.1.12)]或参数形式[式(2.1.13)]表达:

$$F(x,y,z)=0 \tag{2.1.11}$$

$$z=f(x,y) \tag{2.1.12}$$

$$\begin{cases} x=x(u,v) \\ y=y(u,v) \\ z=z(u,v) \end{cases} \tag{2.1.13}$$

（1）针对曲面的隐式形式，可推导出以下过曲面点 $M(x_0,y_0,z_0)$ 的切平面、法向量和法线方程。

切平面：

$$F_x(x_0,y_0,z_0)(x-x_0)+F_y(x_0,y_0,z_0)(y-y_0)+F_z(x_0,y_0,z_0)(z-z_0)=0$$

$$(2.1.14)$$

法向量：

$$\boldsymbol{n}_s=[F_x(x_0,y_0,z_0),F_y(x_0,y_0,z_0),F_z(x_0,y_0,z_0)] \qquad (2.1.15)$$

法线方程：

$$\frac{x-x_0}{F_x(x_0,y_0,z_0)}=\frac{y-y_0}{F_y(x_0,y_0,z_0)}=\frac{z-z_0}{F_z(x_0,y_0,z_0)} \qquad (2.1.16)$$

式中，F 的下角标 x、y、z 表示求偏导。

（2）显式形式曲面的切平面、法向量和法线方程可写成以下形式。

切平面：

$$-f_x(x_0,y_0)(x-x_0)-f_y(x_0,y_0)(y-y_0)+(z-z_0)=0 \qquad (2.1.17)$$

法向量：

$$\boldsymbol{n}_s=[-f_x(x_0,y_0),-f_y(x_0,y_0),1] \qquad (2.1.18)$$

法线方程：

$$\frac{x-x_0}{-f_x(x_0,y_0)}=\frac{y-y_0}{-f_y(x_0,y_0)}=\frac{z-z_0}{1} \qquad (2.1.19)$$

式中，f 的下角标 x、y 表示求偏导。

（3）参数形式曲面的切平面、法向量、法线方程可写成以下形式。

切平面：

$$\left.\frac{\partial(y,z)}{\partial(u,v)}\right|_{(u_0,v_0)}(x-x_0)+\left.\frac{\partial(z,x)}{\partial(u,v)}\right|_{(u_0,v_0)}(y-y_0)+\left.\frac{\partial(x,y)}{\partial(u,v)}\right|_{(u_0,v_0)}(z-z_0)=0$$

$$(2.1.20)$$

法向量：

$$\boldsymbol{n}_s=\left[\left.\frac{\partial(y,z)}{\partial(u,v)}\right|_{(u_0,v_0)},\left.\frac{\partial(z,x)}{\partial(u,v)}\right|_{(u_0,v_0)},\left.\frac{\partial(x,y)}{\partial(u,v)}\right|_{(u_0,v_0)}\right] \qquad (2.1.21)$$

法线方程：

$$\frac{x-x_0}{\left.\dfrac{\partial(y,z)}{\partial(u,v)}\right|_{(u_0,v_0)}}=\frac{y-y_0}{\left.\dfrac{\partial(z,x)}{\partial(u,v)}\right|_{(u_0,v_0)}}=\frac{z-z_0}{\left.\dfrac{\partial(x,y)}{\partial(u,v)}\right|_{(u_0,v_0)}} \qquad (2.1.22)$$

式中

$$\left.\frac{\partial(y,z)}{\partial(u,v)}\right|_{(u_0,v_0)} = \begin{vmatrix} y_u(u_0,v_0) & z_u(u_0,v_0) \\ y_v(u_0,v_0) & z_v(u_0,v_0) \end{vmatrix}$$

$$\left.\frac{\partial(z,x)}{\partial(u,v)}\right|_{(u_0,v_0)} = \begin{vmatrix} z_u(u_0,v_0) & x_u(u_0,v_0) \\ z_v(u_0,v_0) & x_v(u_0,v_0) \end{vmatrix} \qquad (2.1.23)$$

$$\left.\frac{\partial(x,y)}{\partial(u,v)}\right|_{(u_0,v_0)} = \begin{vmatrix} x_u(u_0,v_0) & y_u(u_0,v_0) \\ x_v(u_0,v_0) & y_v(u_0,v_0) \end{vmatrix}$$

2. 空间曲面的基本形式

1）第一基本形式

在微分几何学中，曲面的第一基本形式是三维空间中一个曲面的切空间中的内积，它使得曲面的曲率和度量性质可与环绕空间一致地进行计算。第一基本形式完全描述了曲面的度量性质，可以用于计算曲面上曲线的长度与区域的面积。

如图 2.1.4 所示，曲面上任意点的位置向量可以用两个参数 u 和 v 唯一确定，即

$$\boldsymbol{p}(u,v) = [x(u,v), y(u,v), z(u,v)] \qquad (2.1.24)$$

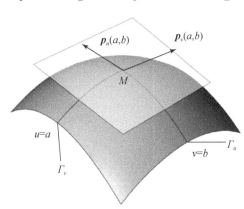

图 2.1.4 切平面基底向量

固定 $v=b$ 时，$\boldsymbol{p}$ 的轨迹为曲线 Γ_u；固定 $u=a$ 时，$\boldsymbol{p}$ 的轨迹为曲线 Γ_v。在交点 $M[x(a,b), y(a,b), z(a,b)]$ 处，曲线 Γ_u、Γ_v 的切向量分别为 $\boldsymbol{p}_u(a,b)$、$\boldsymbol{p}_v(a,b)$。以 $\boldsymbol{p}_u$、$\boldsymbol{p}_v$ 作为基底向量所形成的平面为点 M 的切平面。切平面上的任意向量 $\boldsymbol{p}_s$ 可由 $\boldsymbol{p}_u$、$\boldsymbol{p}_v$ 的线性组合来表示，即

$$\boldsymbol{p}_s = \xi \boldsymbol{p}_u + \eta \boldsymbol{p}_v \qquad (2.1.25)$$

式中，ξ、η 为线性组合系数；$\boldsymbol{p}_u = \dfrac{\partial \boldsymbol{p}}{\partial u}$；$\boldsymbol{p}_v = \dfrac{\partial \boldsymbol{p}}{\partial v}$。

参数 (u, v) 平面域内的曲线所对应的三维空间曲线,还可用以下向量形式表示:

$$\boldsymbol{p}(t) = \boldsymbol{p}\left[u(t), v(t)\right] \tag{2.1.26}$$

曲线上每个点的切向量为

$$\mathrm{d}\boldsymbol{p}(t) = \boldsymbol{p}_u \mathrm{d}u + \boldsymbol{p}_v \mathrm{d}v \tag{2.1.27}$$

令 $E = \boldsymbol{p}_u \cdot \boldsymbol{p}_u, F = \boldsymbol{p}_u \cdot \boldsymbol{p}_v, G = \boldsymbol{p}_v \cdot \boldsymbol{p}_v$,两个切向量的内积可写为

$$I = E \mathrm{d}u\mathrm{d}u + 2F\mathrm{d}u\mathrm{d}v + G\mathrm{d}v\mathrm{d}v \tag{2.1.28}$$

式(2.1.28)即为曲面的第一基本形式,E、F、G 为第一基本形式的系数。曲面的第一基本形式可利用如下矩阵形式表达:

$$I = [\mathrm{d}u, \mathrm{d}v] \begin{bmatrix} E & F \\ F & G \end{bmatrix} \begin{bmatrix} \mathrm{d}u \\ \mathrm{d}v \end{bmatrix} \tag{2.1.29}$$

容易验证

$$EG - F^2 > 0 \tag{2.1.30}$$

因此第一基本形式是 $\mathrm{d}u$、$\mathrm{d}v$ 的正定二次形式,且 $E > 0, G > 0$。

2) 第二基本形式

曲面的第二基本形式是三维空间中一个光滑曲面的切丛上的二次形式,与第一基本形式一起,可以定义曲面的外部不变量和主曲率。第二基本形式主要度量曲面在某处的弯曲程度,以及曲面上邻近点与切平面的距离。

在曲面上给定的任意点向量 $\boldsymbol{p}(u, v)$ 处的两个切向量设定为 $\boldsymbol{p}_u$、$\boldsymbol{p}_v$,此时向量积 $\boldsymbol{p}_u \times \boldsymbol{p}_v$ 分别垂直于切向量 $\boldsymbol{p}_u$、$\boldsymbol{p}_v$,且是垂直于切平面的法向量,则单位法向量 $\boldsymbol{n}$ 可写为

$$\boldsymbol{n} = \frac{\boldsymbol{p}_u \times \boldsymbol{p}_v}{|\boldsymbol{p}_u \times \boldsymbol{p}_v|} \tag{2.1.31}$$

令 $L = \boldsymbol{p}_{uu} \cdot \boldsymbol{n}, M = \boldsymbol{p}_{uv} \cdot \boldsymbol{n}, N = \boldsymbol{p}_{vv} \cdot \boldsymbol{n}$,则第二基本形式通常写为

$$\mathrm{II} = -\mathrm{d}\boldsymbol{p} \cdot \mathrm{d}\boldsymbol{n} \tag{2.1.32}$$

$$\mathrm{II} = L\mathrm{d}u\mathrm{d}u + 2M\mathrm{d}u\mathrm{d}v + N\mathrm{d}v\mathrm{d}v \tag{2.1.33}$$

其矩阵形式为

$$\mathrm{II} = [\mathrm{d}u, \mathrm{d}u] \begin{bmatrix} L & M \\ M & N \end{bmatrix} \begin{bmatrix} \mathrm{d}u \\ \mathrm{d}v \end{bmatrix} \tag{2.1.34}$$

3) 曲面的主曲率、高斯曲率、平均曲率

通过曲面第二基本形式值及其最大值与最小值,可以断定曲面的几何特性,包括主曲率、高斯曲率和平均曲率。曲面上的曲线法曲率 k_n 为曲面第二基本形式与第一基本形式之比,即

$$k_n = \frac{\mathrm{II}}{I} = \frac{E\mathrm{d}u\mathrm{d}u + 2F\mathrm{d}u\mathrm{d}v + G\mathrm{d}v\mathrm{d}v}{L\mathrm{d}u\mathrm{d}u + 2M\mathrm{d}u\mathrm{d}v + N\mathrm{d}v\mathrm{d}v} \tag{2.1.35}$$

　　曲面在非脐点的主曲率是曲面在这点沿所有方向的法曲率中的最大值 k_2 和最小值 k_1，且两个主方向相互垂直。记

$$K = \frac{LN - M^2}{EG - F^2} \qquad (2.1.36)$$

则主曲率为

$$k_1 = H + \sqrt{H^2 - K} \qquad (2.1.37)$$

$$k_2 = H - \sqrt{H^2 - K} \qquad (2.1.38)$$

式中，K 为高斯曲率：

$$K = k_1 k_2 \qquad (2.1.39)$$

　　高斯曲率实际反映的是曲面的弯曲程度，在三维计算机辅助设计（computer aided design，CAD）软件中常将其作为分析曲面造型中内部曲面质量与连接情况的主要依据。当曲面的高斯曲率变化比较大、比较快时，表明曲面内部变化比较大，也就意味着曲面的光滑程度越低，而两个连接的曲面如果在公共边界上的高斯曲率发生突变就表示两个曲面的高斯曲率并不连续，通常也称为曲率不连续。在三维 CAD 软件中，通常都是使用曲面表面的颜色分布和变化来表示曲面高斯曲率的分布，如图 2.1.5 所示。

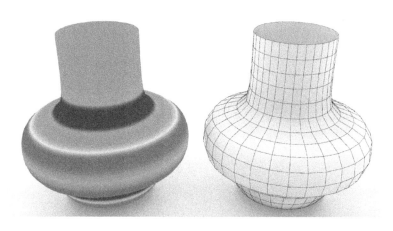

图 2.1.5　曲面的高斯曲率云图

　　1827 年，德国数学家高斯提出了著名的绝妙定理（theorema egregium），该定理表明，一个具有常数高斯曲率的曲面能够经弯曲（非拉伸、收缩、皱褶或撕裂）而变为任何一个具有相同常数高斯曲率的曲面。而平面就是在每一点处高斯曲率为常数 0（$K \equiv 0$）的特殊曲面。因此，每一点处曲率为 0 的曲面能够经弯曲而展开成一个平面，这类曲面称为可展曲面。

将平均曲率记为

$$H = \frac{1}{2}(k_1 + k_2) = \frac{EN + GL - 2FM}{2(EG - F^2)} \tag{2.1.40}$$

式(2.1.40)描述了曲面在一点处的平均弯曲程度。当曲面上每一点处的平均曲率都为 0($H \equiv 0$)时,该曲面称为极小曲面(季洁和满家巨,2007)。这类曲面具有丰富的形体变化和流动性,被应用于各类设计领域。

2.2 空间自由曲面构造方法

2.2.1 贝塞尔曲线与曲面

1962 年,贝塞尔发明了生成平滑曲线的算法,之后广泛应用于矢量图形软件中曲线的绘制。贝塞尔曲线通过控制曲线上的四个点(起始点、终止点以及两个相互分离的中间点)来创造、编辑图形。其优势在于通过较少的几个控制点来简单地构造出所需要的目标曲线,也可以通过调整控制点来对曲线进行修正(戴春来,2005)。

1. 贝塞尔曲线的定义

1) 线性公式

给定 2 个控制点 Q_0、Q_1,线性贝塞尔曲线为两点之间的线段[图 2.2.1(a)],这条线段由式(2.2.1)给出,其中,t 为曲线参数,$t \in [0,1]$。

$$\boldsymbol{p}^1(t) = (1-t)\boldsymbol{Q}_0 + t\boldsymbol{Q}_1 \tag{2.2.1}$$

2) 二次公式

给定 3 个控制点 Q_0、Q_1、Q_2,二次贝塞尔曲线[图 2.2.1(b)]的路径由式(2.2.2)给出:

$$\boldsymbol{p}^2(t) = (1-t)^2\boldsymbol{Q}_0 + 2t(1-t)\boldsymbol{Q}_1 + t^2\boldsymbol{Q}_2 \tag{2.2.2}$$

3) 三次公式

Q_0、Q_1、Q_2、Q_3 四个控制点在平面或三维空间中定义了三次贝塞尔曲线[图 2.2.1(c)]。该曲线起点为 Q_0,终点为 Q_3。Q_1、Q_2 两个控制点只提供曲线走向信息,因此曲线一般不经过 Q_1、Q_2,其形式为

$$\boldsymbol{p}^3(t) = (1-t)^3\boldsymbol{Q}_0 + 3t(1-t)^2\boldsymbol{Q}_1 + 3t^2(1-t)\boldsymbol{Q}_2 + t^3\boldsymbol{Q}_3 \tag{2.2.3}$$

4) 四次公式

类似地,四次贝塞尔曲线[图 2.2.1(d)]的表达式为

$$\boldsymbol{p}^4(t) = (1-t)^4\boldsymbol{Q}_0 + 4t(1-t)^3\boldsymbol{Q}_1 + 6t^2(1-t)^2\boldsymbol{Q}_2 + 4t^3(1-t)\boldsymbol{Q}_3 + t^4\boldsymbol{Q}_4$$

$$\tag{2.2.4}$$

5）一般参数公式

n 阶贝塞尔曲线包含 $\boldsymbol{Q}_0$、$\boldsymbol{Q}_1$、$\boldsymbol{Q}_2$、$\cdots$、$\boldsymbol{Q}_n$ 共计 $n+1$ 个控制点，其表达式为

$$\boldsymbol{p}^n(t) = \sum_{i=0}^{n} \frac{n!}{i!(n-i)!} t^i (1-t)^{n-i} \boldsymbol{Q}_i = \sum_{i=0}^{n} B_i^n(t) \boldsymbol{Q}_i \qquad (2.2.5)$$

式中，$B_i^n(t) = \dfrac{n!}{i!(n-i)!} t^i (1-t)^{n-i}$ 为 Bernstein 基函数，由这些控制点生成的多边形称为贝塞尔多边形或控制多边形（Farin，1986）。

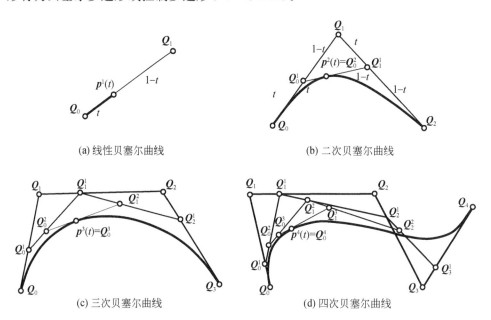

(a) 线性贝塞尔曲线　　　　　　　　　　(b) 二次贝塞尔曲线

(c) 三次贝塞尔曲线　　　　　　　　　　(d) 四次贝塞尔曲线

图 2.2.1　贝塞尔曲线

6）贝塞尔曲线的性质

贝塞尔曲线的性质如下：

（1）必定经过起始点与终止点。

（2）曲线在起始点、终止点处与控制多边形的起始边、终止边相切。

（3）具有凸包性，即曲线一定不会超过所有控制点构成的多边形范围。

（4）可以通过移动控制点移动整条曲线。

2. 贝塞尔曲面

贝塞尔曲面实际上是贝塞尔曲线从二维平面到三维空间的过渡。曲线只有一个参数 $t \in [0,1]$，而曲面有两个参数，分别为 $u \in [0,1]$，$v \in [0,1]$。如图 2.2.2 所示，在三维空间中有 $m \times n$ 的多边形网格，其顶点为 $\boldsymbol{V}_{i,j}(i=0,1,\cdots,m;j=0,1,\cdots,n)$，

即贝塞尔曲面的控制点。贝塞尔曲面的一般表达式为

$$\boldsymbol{P}(u,v) = \sum_{i=0}^{m} \sum_{j=0}^{n} B_i^m(u) B_j^n(v) \boldsymbol{V}_{i,j}, \quad u,v \in [0,1] \qquad (2.2.6)$$

式中，$B_i^m(u)$ 为 u 向 Bernstein 基函数；$B_j^n(v)$ 为 v 向 Bernstein 基函数。

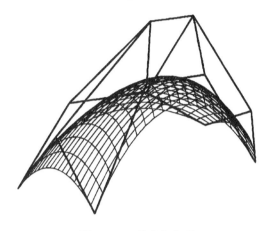

图 2.2.2　贝塞尔曲面

2.2.2　B 样条曲线与曲面

相对于贝塞尔曲线，B 样条曲线可以更好地进行局部控制，得到一些贝塞尔曲线无法描述的自由曲线。Gordon 和 Riesenfeld(1974)将其推广为 B 样条曲面，其参数域为平面矩形域，通过三维空间的控制点和基函数实现参数域与物理空间之间的映射。目前，B 样条曲线和曲面已经是自由曲线和曲面造型中的核心工具，应用于各类几何建模软件，如 Rhinoceros3D、Maya、3D Max 等。

1. B 样条曲线的定义

B 样条曲线采用的是一种称为基表示的特殊矢函数形式，由基函数和一系列控制顶点定义的一条曲线。B 样条曲线方程可写为

$$\boldsymbol{P}(u) = \sum_{i=0}^{n} B_{i,k}(u) \boldsymbol{V}_i \qquad (2.2.7)$$

式中，u 为曲线参数，$u \in [0,1]$；$\boldsymbol{V}_i (i=0,1,\cdots,n)$ 为控制顶点，由控制顶点顺序连成的折线称为 B 样条控制多边形，简称控制多边形（图 2.2.3）；$B_{i,k}(u)$ 为 k 次 B 样条基函数，是一个由节点矢量 $\boldsymbol{U} = [u_0, u_1, \cdots, u_{n+k+1}]$ 所决定的 k 次分段多项式，其中 $u_0 \leqslant u_1 \leqslant \cdots \leqslant u_{n+k+1}$ 为非递减的参数序列。当节点等距时，称为 B 样条均匀，否则为 B 样条非均匀。

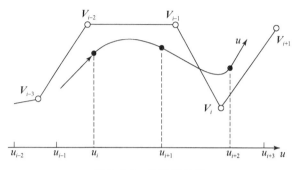

图 2.2.3　B 样条曲线

B 样条基函数由 Cox-de Boor 递推公式(Cox,1972;de Boor,1972)定义:

$$B_{i,k}(u)=\frac{u-u_i}{u_{i+k}-u_i}B_{i,k-1}(u)+\frac{u_{i+k+1}-u}{u_{i+k+1}-u_{i+1}}B_{i+1,k-1}(u) \quad (2.2.8)$$

式中

$$B_{i,0}(u)=\begin{cases}1, & u\in[u_i,u_{i+1})\\ 0, & \text{其他}\end{cases} \quad (2.2.9)$$

且规定 $0/0=0$。其中,$B_{i,k}(u)$ 的第一个下标 i 为序号,第二个下标 k 为次数。式(2.2.8)表明,确定 $B_{i,k}(u)$ 所需的节点为 $u_i,u_{i+1},\cdots,u_{i+k+1}$,共 $k+2$ 个节点。区间 $[u_i,u_{i+k+1}]$ 为 $B_{i,k}(u)$ 的支承区间,包含 $k+1$ 个节点。

2. B 样条曲面的定义

B 样条曲面的定义与 B 样条曲线类似,也是由 B 样条基函数和控制顶点表达的,只是将曲线的一维控制多边形扩展为二维控制网格,其方程为

$$\boldsymbol{P}(u,w)=\sum_{i=0}^{m}\sum_{j=0}^{n}B_{i,k}(u)B_{j,l}(w)\boldsymbol{V}_{i,j}, \quad u_k\leqslant u\leqslant u_{m+1}, \quad w_l\leqslant w\leqslant w_{n+1}$$

$$(2.2.10)$$

式(2.2.10)定义了一个 $k\times l$ 次 B 样条曲面,$\boldsymbol{V}_{i,j}(i=0,1,\cdots,m;j=0,1,\cdots,n)$ 为控制顶点,控制顶点构成了一张 $(n+1)\times(m+1)$ 的控制网格(图 2.2.4)。u 与 w 为参数域中正交的两向参数,分别对应两个节点矢量 $\boldsymbol{U}=[u_0,u_1,\cdots,u_{m+k+1}]$ 与 $\boldsymbol{W}=[w_0,w_1,\cdots,w_{n+l+1}]$;$k$ 与 l 分别对应参数 u 与 w 的 B 样条次数。其中,B 样条基函数 $B_{i,k}(u)$、$B_{j,l}(w)$ 分别由节点矢量 $\boldsymbol{U}$ 与 $\boldsymbol{W}$ 按 Cox-de Boor 递推公式[式(2.2.8)]确定。

3. B 样条曲面建筑

B 样条曲面建模技术允许用户精确地调整和绘制各种复杂的曲面形式,在建筑领域兴起了自由形态空间结构的设计潮流,给大众带来了全新的视觉感受(图 2.2.5～图 2.2.8)。

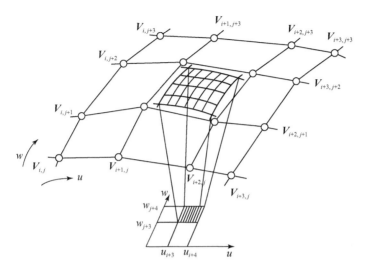

图 2.2.4　B样条曲面示意图($k=3,l=3$)

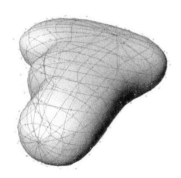

图 2.2.5　奥地利格拉茨美术馆(Massimo,2006)

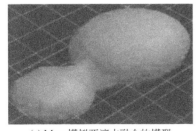

(a) Maya模拟两滴水融合的模型　　　　　　　　　(b) 建筑实体

图 2.2.6　德国某 BMW 展厅设计过程(Harald,2006)

图 2.2.7　中国哈尔滨大剧院　　　　　图 2.2.8　中国望京 SOHO

2.2.3　准均匀 B 样条曲线与曲面

1. 准均匀 B 样条曲线

若 B 样条曲线的节点矢量 $\boldsymbol{U}=[u_0,u_1,\cdots,u_{n+k+1}]$ 中,两端节点具有重复度 $k+1$,即 $u_0=u_1=\cdots=u_k,u_{n+1}=u_{n+2}=\cdots=u_{n+k+1}$,则所有内节点沿参数轴均匀或等距分布,具有重复度 1,这样的节点矢量定义了准均匀 B 样条基(施法中,1994)。本节主要介绍三次准均匀 B 样条曲线,因此取 $k=3$,则式(2.2.7)中第 i 段曲线方程可转化为矩阵形式(朱心雄,2000):

$$\boldsymbol{P}_i(u)=\boldsymbol{B}_{i,3}(u)\boldsymbol{V}_i=\boldsymbol{u}\boldsymbol{B}\boldsymbol{V}=\begin{bmatrix}u^3 & u^2 & u & 1\end{bmatrix}\begin{bmatrix}b_{11} & b_{12} & b_{13} & b_{14}\\b_{21} & b_{22} & b_{23} & b_{24}\\b_{31} & b_{32} & b_{33} & b_{34}\\b_{41} & b_{42} & b_{43} & b_{44}\end{bmatrix}\begin{bmatrix}\boldsymbol{V}_i\\\boldsymbol{V}_{i+1}\\\boldsymbol{V}_{i+2}\\\boldsymbol{V}_{i+3}\end{bmatrix}$$

$$(2.2.11)$$

式中,$\boldsymbol{B}_{i,3}(u)=\boldsymbol{u}\boldsymbol{B}$ 为准均匀 B 样条基函数。对于准均匀 B 样条曲线,序号 i 为曲线段在曲线中所处位置。i 不同,其准均匀 B 样条基函数的矩阵 $\boldsymbol{B}$ 也会有所不同。曲线段数为 $r=n-k+1$,当曲线段数 $r\geqslant4$ 时,系数矩阵 $\boldsymbol{B}$ 见表 2.2.1。

表 2.2.1　三次准均匀 B 样条基函数的系数

曲线总段数 r	曲线段序号	b_{11}	b_{21}	b_{31}	b_{41}	b_{12}	b_{22}	b_{32}	b_{42}
	1	-1	3	-3	1	7/4	$-9/2$	3	0
$\geqslant4$	2	$-1/4$	3/4	$-3/4$	1/4	7/12	$-5/4$	1/4	7/12
	$r-1$	$-1/6$	1/2	$-1/2$	1/6	1/2	-1	0	2/3
	r	$-1/6$	1/2	$-1/2$	1/6	11/12	$-5/4$	$-1/4$	7/12
$\geqslant5$	$3\sim r-2$	$-1/6$	1/2	$-1/2$	1/6	1/2	-1	0	2/3

续表

曲线总段数 r	曲线段序号	b_{13}	b_{23}	b_{33}	b_{43}	b_{14}	b_{24}	b_{34}	b_{44}
$\geqslant 4$	1	$-11/12$	$3/2$	0	0	$1/6$	0	0	0
	2	$-1/2$	$1/2$	$1/2$	$1/6$	$1/6$	0	0	0
	$r-1$	$-7/12$	$1/2$	$1/2$	$1/6$	$1/4$	0	0	0
	r	$-7/4$	$3/4$	$3/4$	$1/4$	1	0	0	0
$\geqslant 5$	$3 \sim r-2$	$-1/2$	$1/2$	$1/2$	$1/6$	$1/6$	0	0	0

2. 准均匀 B 样条曲面

若 B 样条曲面的节点矢量 $U=[u_0,u_1,\cdots,u_{m+k+1}]$ 与 $W=[w_0,w_1,\cdots,w_{n+l+1}]$ 中,双向两端节点分别具有重复度 $k+1$、$l+1$,即 $u_0=u_1=\cdots=u_k,u_{m+1}=u_{m+2}=\cdots=u_{m+k+1},w_0=w_1=\cdots=w_l,w_{n+1}=w_{n+2}=\cdots=w_{n+l+1}$,所有内节点沿参数轴均匀或等距分布,具有重复度 1,这样的节点矢量定义了曲面的准均匀 B 样条基。本节介绍双三次准均匀 B 样条曲面,取 $k=3,g=3$。双三次 B 样条曲面片 $S_{i,j}(u,w)$ 也可写为矩阵形式:

$$S_{i,j}(u,w)=uB_uV_{4\times4}B_w^{\mathrm{T}}w^{\mathrm{T}} \qquad (2.2.12)$$

式中,$u=[u^3,u^2,u,1]$;$w=[w^3,w^2,w,1]$;$0\leqslant u\leqslant1$;$0\leqslant w\leqslant1$;B_u 与 B_w 分别为 u 向和 w 向的三次准均匀 B 样条基的系数矩阵;$V_{4\times4}$ 为曲面片控制顶点网格。类似于准均匀 B 样条曲线,B_u 与 B_w 取决于曲面在 u、w 双向的曲面片总数以及该曲面片的序号,当在 u、w 双向同时具有 5 个以上曲面片时,由表 2.2.1 可知,可以构造 25 种 B 样条基函数。

2.2.4　三角 B-B 曲面

三角 B-B 曲面的全称是三角 Bernstein-Bézier 曲面,是 Bézier 方法在曲面上的推广。但与张量积 Bézier 曲面不同,三角 B-B 曲面是定义在三角域上的。

一张 n 次三角 B-B 曲面片是由构成三角阵列的 $(n+1)(n+2)/2$ 个控制顶点 $V_{i,j,k}(i+j+k=n;i,j,k\geqslant0)$ 定义的,其表达式为

$$P(u,v,w)=\sum_{i=0}^{n}\sum_{j=0}^{n-i}V_{i,j,k}B_{i,j,k}^{n}(u,v,w), \quad 0\leqslant u,v,w\leqslant1 \qquad (2.2.13)$$

式中,参数 u、v、w 为三角域的重心坐标,$u+v+w=1$。三角域中一点的三个坐标只有两个是独立的。$B_{i,j,k}^n(u,v,w)$ 为三角域上的 n 次 Bernstein 基函数族,它是 $(u+v+w)^n$ 的展开项:

$$B_{i,j,k}^{n}(u,v,w) = \frac{n!}{i! \; j! \; k!} u^{i} v^{j} w^{k} \tag{2.2.14}$$

可见,三角域上的 n 次 Bernstein 基函数族共包含了 $(n+1)(n+2)/2$ 个基函数。三角域按 Bernstein 基的三角阵列相应地划分为子三角域。对应于子三角域,将每个控制顶点 $\boldsymbol{V}_{i,j,k}$ 分别与其下标非负的六个控制顶点 $\boldsymbol{V}_{i,j-1,k+1}$、$\boldsymbol{V}_{i+1,j-1,k}$、$\boldsymbol{V}_{i+1,j,k-1}$、$\boldsymbol{V}_{i,j+1,k-1}$、$\boldsymbol{V}_{i-1,j+1,k}$ 和 $\boldsymbol{V}_{i-1,j,k+1}$ 连直线段,则得到一个三角形组成的网格,称为控制网格(图 2.2.9)。

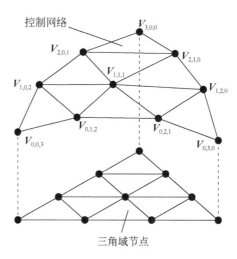

图 2.2.9 三次三角 B-B 曲面控制顶点与三角域节点

2.2.5 直纹面与可展曲面

直纹面与可展曲面是空间自由曲面的常见形态。在 2.1.3 节中已提及可展曲面是一种在每一点处高斯曲率为常数 $0(K \equiv 0)$ 的特殊曲面。而直纹面是空间中一条直线自由移动的轨迹,直纹面具有处处高斯曲率不大于常数 $0(K \leqslant 0)$ 的特点。在直纹面中,当两个主曲率 k_1、k_2 都为 0 时,则该直纹面演变成平面;当其中一个主曲率不为 0 时,直纹面演变为一般的可展曲面(平面是一种特殊的可展曲面)。在建筑结构设计中常利用直纹面与可展曲面的特性来构造出符合工程需要的曲面造型。

直纹面是由直线的轨迹运动生成的曲面(图 2.2.10),直纹面的移动直线定义为母线,移动轨迹形成的曲线定义为导线,由参数 u、$v(0 \leqslant u \leqslant 1, 0 \leqslant v \leqslant 1)$ 表达的向量形式为

$$\boldsymbol{p}(u,v) = \boldsymbol{f}(u) + v\boldsymbol{g}(u) \tag{2.2.15}$$

式中,$\boldsymbol{f}(u)$ 为导线方向上的向量;$\boldsymbol{g}(u)$ 为母线方向上的向量;$\boldsymbol{p}(u,v)$ 为直纹面上任

意一点的向量,由变量 u、v 决定。

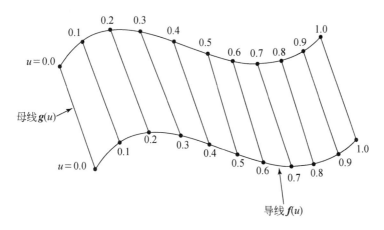

图 2.2.10　直纹面示意图

由可展曲面的定义,结合式(2.1.36)、式(2.2.15),可推导得

$$K=k_1k_2=\frac{LN-M^2}{EG-F^2}=\frac{-M^2}{EG-F^2}=0 \qquad (2.2.16)$$

即

$$M=\boldsymbol{p}(u,v)\cdot\boldsymbol{n}=\boldsymbol{p}(u,v)\cdot\frac{\boldsymbol{p}_u\times\boldsymbol{p}_v}{|\boldsymbol{p}_u\times\boldsymbol{p}_v|}=\frac{\boldsymbol{g}_u(u)\cdot[\boldsymbol{f}_u(u)\times\boldsymbol{g}(u)]}{|[\boldsymbol{f}_u(u)+v\boldsymbol{g}(u)]\times\boldsymbol{g}(u)|}=0$$
$$(2.2.17)$$

化简得

$$\boldsymbol{g}_u(u)\cdot[\boldsymbol{f}_u(u)\times\boldsymbol{g}(u)]=\det|\boldsymbol{f}_u(u),\boldsymbol{g}(u),\boldsymbol{g}_u(u)|=0 \qquad (2.2.18)$$

将式(2.2.18)记为曲面的可展条件,可展曲面由式(2.2.19)表示:

$$\begin{cases}\boldsymbol{p}(u,v)=\boldsymbol{f}(u)+v\boldsymbol{g}(u)\\ \det|\boldsymbol{f}_u(u),\boldsymbol{g}(u),\boldsymbol{g}_u(u)|=0\end{cases} \qquad (2.2.19)$$

令 $\boldsymbol{g}(u)=\boldsymbol{h}(u)-\boldsymbol{f}(u)$,将式(2.2.19)改写为

$$\begin{cases}\boldsymbol{p}(u,v)=(1-v)\boldsymbol{f}(u)+v\boldsymbol{h}(u)\\ \det|\boldsymbol{f}_u(u),\boldsymbol{h}(u)-\boldsymbol{f}(u),\boldsymbol{h}_u(u)|=0\end{cases} \qquad (2.2.20)$$

2.3　空间自由曲面重构技术

2.3.1　基本概念

2.2 节中构造空间自由曲面的方法是根据控制多边形或控制网格来计算曲线

和曲面的。而在实际工程中常需要对已存在曲面进行重构,习惯上将其称为目标曲面。在空间结构领域,目标曲面的来源主要分为两类:第一类是已存在实体模型,但缺乏对实体曲面的几何信息描述,如设计阶段的雕塑模型、已存在的膜结构等;第二类是函数不易表达的数字化曲面,如设计师通过专业软件绘制得到的曲面轮廓,或手绘得到的曲面轮廓等。

在自由曲面设计中,对目标曲面重新建立数学模型的过程称为曲面重构。目标曲面是曲面重构的依据,各个数据点来源于目标曲面。同时,重构的曲面能否真实地反映目标曲面的原有形状也是衡量其质量好坏的标准。

目标曲面上确定的数据点坐标,称为型值点(或插值点),是曲面上的精确点。当曲线严格通过型值点时,称为曲线插值,所构造的曲线称为插值曲线;推广到曲面,类似地就有插值曲面;而用曲面逼近型值点,称为曲面拟合。

从设计要求出发,人们提出了很多种构造插值曲线、曲面或曲面重构的方法。下面将扼要阐述几种目前研究较多,并且在空间结构中比较有应用前景的曲面重构技术。

2.3.2 基于 B 样条插值的曲面重构

在 2.2.2 节中已经论及 B 样条曲面正向构造过程(正算),即已知控制点求节点向量和基函数。曲面重构则是由型值点反求控制顶点再得到插值曲面的过程(反算)。

1. B 样条曲线的反算

为了使一条 k 次 B 样条曲线通过一组数据点 $\boldsymbol{P}_i(i=0,1,\cdots,n)$,反算曲线的过程是使数据点 $\boldsymbol{P}_i$ 依次与 B 样条曲线定义域内的节点 $u_{k+i}(i=0,1,\cdots,n)$ 一一对应。该 B 样条曲线由 $n+k$ 个控制顶点 $\boldsymbol{V}_i(i=0,1,\cdots,n+k-1)$ 与节点矢量 $\boldsymbol{U}=[u_0, u_1,\cdots,u_{n+2k}]$ 来定义。其中,控制顶点的数量比数据点数量多 $k-1$ 个。曲线的定义域为 $u\in[u_k,u_{n+k}]$,根据插值条件可以给出 $n+1$ 个线性方程构成方程组(王国瑾等,2001):

$$\boldsymbol{P}(u_{k+i})=\sum_{j=0}^{n+k-1}\boldsymbol{V}_jB_{j,k}(u_{k+i})=\boldsymbol{P}_i \qquad (2.3.1)$$

式中,$B_{j,k}(u_{k+1})$ 为 k 次 B 样条基函数。对于一般闭曲线,由于首末数据点重合的原因,联立 $n+1-k$ 个方程就可定解;而对于一般开曲线,方程数 $n+1$ 小于未知顶点个数 $n+k-1$,需补充 $k-1$ 个由合适的边界条件给出的附加方程才能求解。可补充条件包括给定两端点的切向量、自由端点条件等。

2. B 样条曲面的反算

B 样条曲面的反算过程就是要构造一张由 $k\times l$ 次 B 样条曲面插值给定的数

据点 $\boldsymbol{P}_{i,j}(i=0,1,\cdots,m;j=0,1,\cdots,n)$。类似曲线反算,使数据点阵四角的四个数据点成为整张曲面的四个角点,使其他数据点成为相应的相邻曲面片的公共角点。这样数据点阵的每一排数据点就位于曲面的一条等参数线上。

曲面反算问题虽然也能像曲线反算那样,表达为求解未知控制顶点 $\boldsymbol{V}_{i,j}(i=0,1,\cdots,m;j=0,1,\cdots,n)$ 的一个线性方程组,但这样的线性方程组往往过于庞大,给求解及在计算机上实现带来困难。更一般的解决方法是把曲面的反算问题化简为两阶段的曲线反算问题。待求的 B 样条插值曲面方程可写为

$$\boldsymbol{P}(u,w)=\sum_{i=0}^{m}\sum_{j=0}^{n}B_{i,k}(u)B_{j,l}(w)\boldsymbol{V}_{i,j} \qquad (2.3.2)$$

又可改写为

$$\boldsymbol{P}(u,w)=\sum_{i=0}^{m}\Big[\sum_{j=0}^{n}B_{j,l}(w)\boldsymbol{V}_{i,j}\Big]B_{i,k}(u) \qquad (2.3.3)$$

式中,控制顶点 $\boldsymbol{V}_{i,j}$ 被下述控制曲线所替代:

$$\boldsymbol{C}_i(w)=\sum_{j=0}^{m}B_{j,l}(w)\boldsymbol{V}_{i,j},\quad i=0,1,\cdots,m \qquad (2.3.4)$$

则可以给出类似于 B 样条曲线方程的表达式:

$$\boldsymbol{P}(u,w)=\sum_{i=0}^{m}\boldsymbol{C}_i(w)B_{i,k}(u) \qquad (2.3.5)$$

若固定参数值 w,就给出了在这些控制曲线上 $m+k$ 个点 $\boldsymbol{C}_i(w)$。这些点又作为控制顶点,定义了曲面上以 u 为参数的等参数线。当参数 w 值扫过它的整个定义域时,无限多的等参数线就描述了整张曲面。显然,曲面上这无限多以 u 为参数的等参数线中,有 $n+1$ 条插值给定的数据点,其中每一条插值数据点阵的一列数据点。于是就可由反算 B 样条插值曲线求出这些截面曲线的控制顶点 $\overline{\boldsymbol{V}}_{i,j}(i=0,1,\cdots,m;j=0,1,\cdots,n)$:

$$\sum_{j=0}^{m}\overline{\boldsymbol{V}}_{i,j}B_{i,k}(u_{k+i})=\boldsymbol{P}_{i,j},\quad i=0,1,\cdots,m;\quad j=0,1,\cdots,n \qquad (2.3.6)$$

$$\sum_{j=0}^{n}\boldsymbol{V}_{i,j}B_{i,k}(u_{l+i})=\overline{\boldsymbol{V}}_{i,j},\quad i=0,1,\cdots,m;\quad j=0,1,\cdots,n \qquad (2.3.7)$$

反求出控制点后,便可以按照 2.2.2 节介绍的 B 样条曲面正算过程,构造出符合要求的 B 样条曲面。

2.3.3　基于准均匀 B 样条插值的曲面重构

以三次准均匀 B 样条曲线、曲面为例进行说明,由于减少了节点矢量的不均带来的计算量,其插值计算过程比一般 B 样条曲线简单。若给定一组数据点 $\boldsymbol{P}_i(i=0,1,\cdots,n)$,插值计算中最主要的步骤是反算 $n+3$ 个曲线控制顶点 $\boldsymbol{V}_i(i=0,1,\cdots,$

$n+2$)。设曲线段数 $n \geqslant 5$，则方程(2.3.1)可简化为

$$
\begin{cases}
\boldsymbol{V}_0 = \boldsymbol{P}_0, \\
\dfrac{1}{4}\boldsymbol{V}_1 + \dfrac{7}{12}\boldsymbol{V}_2 + \dfrac{1}{6}\boldsymbol{V}_3 = \boldsymbol{P}_1, \\
\dfrac{1}{6}\boldsymbol{V}_i + \dfrac{2}{3}\boldsymbol{V}_{i+1} + \dfrac{1}{6}\boldsymbol{V}_{i+2} = \boldsymbol{P}_i, \qquad i = 2,3,\cdots,n-5 \\
\dfrac{1}{6}\boldsymbol{V}_{n-4} + \dfrac{2}{3}\boldsymbol{V}_{n-3} + \dfrac{1}{6}\boldsymbol{V}_{n-2} = \boldsymbol{P}_{n-4}, \\
\dfrac{1}{6}\boldsymbol{V}_{n-3} + \dfrac{7}{12}\boldsymbol{V}_{n-2} + \dfrac{1}{4}\boldsymbol{V}_{n-1} = \boldsymbol{P}_{n-3}, \\
\boldsymbol{V}_n = \boldsymbol{P}_{n-2},
\end{cases} \tag{2.3.8}
$$

对于三次准均匀 B 样条闭曲线，不需要考虑端点条件，式(2.3.8)可改写成如下的矩阵形式：

$$
\begin{bmatrix}
\dfrac{1}{4} & \dfrac{7}{12} & \dfrac{1}{6} & 0 & \cdots & 0 & 0 & 0 & 0 \\
0 & \dfrac{1}{6} & \dfrac{2}{3} & \dfrac{1}{6} & \cdots & 0 & 0 & 0 & 0 \\
\vdots & \vdots & \vdots & \vdots & & \vdots & \vdots & \vdots & \vdots \\
0 & 0 & 0 & 0 & \cdots & \dfrac{1}{6} & \dfrac{2}{3} & \dfrac{1}{6} & 0 \\
0 & 0 & 0 & 0 & \cdots & 0 & \dfrac{1}{6} & \dfrac{7}{12} & \dfrac{1}{4}
\end{bmatrix}
\begin{bmatrix}
\boldsymbol{V}_1 \\ \boldsymbol{V}_2 \\ \boldsymbol{V}_3 \\ \vdots \\ \boldsymbol{V}_{n-3} \\ \boldsymbol{V}_{n-2}
\end{bmatrix}
=
\begin{bmatrix}
\boldsymbol{P}_0 \\ \boldsymbol{P}_1 \\ \boldsymbol{P}_2 \\ \vdots \\ \boldsymbol{P}_{n-4} \\ \boldsymbol{P}_{n-3}
\end{bmatrix} \tag{2.3.9}
$$

对于三次准均匀 B 样条开曲线，式(2.3.8)中 $n-1$ 个方程不足以决定其中包含的 $n+1$ 个未知控制顶点，还必须增加两个通常由边界条件给定的附加方程。可将式(2.3.8)写成如下的矩阵形式：

$$
\begin{bmatrix}
b_0 & c_0 & & & & & \\
\dfrac{1}{4} & \dfrac{7}{12} & \dfrac{1}{6} & & & & \\
& \dfrac{1}{6} & \dfrac{2}{3} & \dfrac{1}{6} & & & \\
& & \ddots & \ddots & \ddots & & \\
& & & \dfrac{1}{6} & \dfrac{2}{3} & \dfrac{1}{6} & \\
& & & & \dfrac{1}{6} & \dfrac{7}{12} & \dfrac{1}{4} \\
& & & & & a_n & b_n
\end{bmatrix}
\begin{bmatrix}
\boldsymbol{V}_1 \\ \boldsymbol{V}_2 \\ \boldsymbol{V}_3 \\ \vdots \\ \boldsymbol{V}_{n-3} \\ \boldsymbol{V}_{n-2} \\ \boldsymbol{V}_{n-1}
\end{bmatrix}
=
\begin{bmatrix}
\boldsymbol{e}_0 \\ \boldsymbol{P}_1 \\ \boldsymbol{P}_2 \\ \vdots \\ \boldsymbol{P}_{n-4} \\ \boldsymbol{P}_{n-3} \\ \boldsymbol{e}_{n-2}
\end{bmatrix} \tag{2.3.10}
$$

式中,系数矩阵中关于端点的系数取值见表 2.3.1。

表 2.3.1　三次准均匀 B 样条端点条件

端点	切矢条件	自由端点条件
首端	$b_0=3,c_0=0,e_0=3P_0+\dot{P}_0$	$b_0=9,c_0=-3,e_0=6P_0$
末端	$a_n=0,b_n=3,e_n=3P_n-\dot{P}_n$	$a_n=-3,b_n=9,e_n=6P_n$

构造一张 3×3 次准均匀 B 样条曲面插值,给定呈拓扑矩形阵列的数据点,其处理方式与一般 B 样条曲面插值过程类似,但在单方向曲线反算时可以直接应用三次准均匀 B 样条曲线反算的方法,故其计算更为简化。

2.3.4　基于三角 B-B 曲面的散乱数据点曲面重构

构造 B 样条插值曲面的前提条件之一是需要提供呈拓扑矩形网格的数据点[图 2.3.1(a)]。当数据点无法构成拓扑矩形网格时,就无法直接构造 B 样条插值曲面,此时的数据点为散乱数据点[图 2.3.1(b)]。本节将给出一种基于三角 B-B 曲面的散乱数据点曲面重构方法,这是 B 样条曲面在三角参数域的推广。

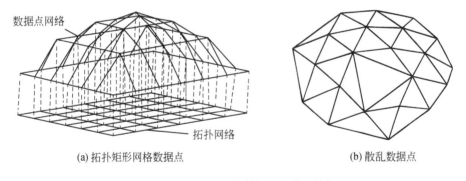

(a) 拓扑矩形网格数据点　　　　　　　　　　(b) 散乱数据点

图 2.3.1　拓扑矩形网格数据点和散乱数据点

1. 散乱数据点的 Delaunay 三角剖分

由于三维散乱数据点之间拓扑关系复杂,对其直接剖分较难。本节采用的剖分算法是先将空间三维数据点投影到平面域上,然后再进行剖分,剖分结束后将剖分结果映射回三维空间。平面域的三角剖分算法有很多种,其中 Cline-Renka 算法运用较多(Cline and Renka,1990;Renka and Cline,1984)。Cline-Renka 算法的主要思想是:首先对散乱数据点进行排序,再依次对散乱数据点进行三角剖分,以最小内角最大准则进行优化。

当曲面较为平坦时,将曲面投影到平面域进行剖分的效果比较好。但当曲面曲率较大时,投影到平面域时将明显改变相邻三角形之间的内角关系,使最小内角最大准则无法真实反映其空间的角度关系,从而影响剖分效果。为解决这一问题,可以对Cline-Renka 算法进行适当的改进:将 Cline-Renka 算法得出的平面剖分结果映射回三维空间后,再对三维空间中的三角形网格用最小内角最大原则进行优化处理。改进后的 Cline-Renka 算法适用于光顺性要求一般的曲面散乱数据点,且剖分效果良好。

2. 散乱数据点的曲面插值

散乱数据点经三角剖分后,在网格的每个三角形上构造插值于三个角点的三角 B-B 曲面片,并使各曲面片之间满足一定的连续性要求。插值于给定散乱数据点的曲面有无穷多个,下面要介绍的是基于三角 B-B 的 G^1 连续插值曲面(G^1 连续是指曲面或曲线点点连续,并且所有连接的线段、曲面片之间都是相切关系)。

在三角形网格上构造 G^1 连续的散乱数据点插值曲面至少需采用四次三角 B-B 曲面片,其原理为:根据边界条件在三角形网格上构造初始的三次三角 B-B 曲面片;调整与各顶点相邻的控制顶点,使各顶点处满足 G^1 拼接的相容性要求;将曲面片由三次升阶为四次;为了给曲面片沿边界拼接提供足够的自由度,将一个曲面片分割为三个子曲面片;调整各子曲面片的控制顶点,保证各子曲面片之间 G^1 连续(朱心雄,2000)。

如图 2.3.2 所示为基于三角 B-B 曲面的散乱数据点曲面重构过程。其中,图 2.3.2(a)中初始的散乱数据点之间没有明确的拓扑关系,图中给出网格的形式只是出于表达清晰的目的。构造初始的三次三角 B-B 曲面片如图 2.3.2(b)所示,其控制网格如图 2.3.2(c)所示。此时曲面片之间仅达到位置连续,即 C^0 连续。经过顶点处的相容性调整和升阶后,形成了图 2.3.2(d)中的四次三角 B-B 曲面的控制网格。此时曲面片在三角形网格顶点处达到了 G^1 连续,但边界处仍然仅是位置连续。对图 2.3.2(e)控制网格进行曲面片分割处理。随后,按三角 B-B 曲面片间 G^1 连续条件调整边界相邻控制顶点。该网格即最终插值曲面的控制网格,此时曲面已经达到整体 G^1 连续,最终生成的曲面如图 2.3.2(f)所示。

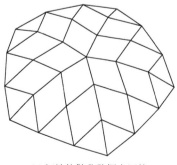

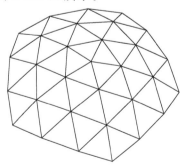

(a) 初始的散乱数据点网格　　　　　　　　　　　(b) 数据点三角剖分结果

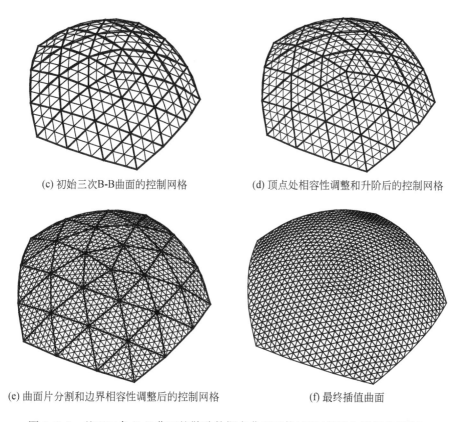

(c) 初始三次 B-B 曲面的控制网格　　　　　(d) 顶点处相容性调整和升阶后的控制网格

(e) 曲面片分割和边界相容性调整后的控制网格　　　　　(f) 最终插值曲面

图 2.3.2　基于三角 B-B 曲面的散乱数据点曲面重构过程(粗线为数据点网格)

2.3.5　蒙皮法曲面重构

蒙皮法(skinning)生成曲面不是基于给定的数据点阵,而是直接通过一族曲线。这个方法传统上称为放样(lofting),为早期造船与飞机工业所普遍采用的曲面生成方法。蒙皮法可形象地看成给一族截面曲线构成的骨架蒙上一张光滑的皮,所生成的曲面就称为蒙皮曲面(skinning surface)。

1.采样

蒙皮法曲面重构需要在已有曲面上采集足够的曲面信息。所采集的曲面信息包括描述曲面形状的特征曲线位置、曲线数据点的坐标信息以及曲线的闭合情况。任意空间曲面中,均可提取一族曲线足以表现其形状特征,将其定义为该空间曲面的特征曲线。

采样包括两步:先根据曲面的形状特征,确定选取特征曲线的条数和各自在曲面的位置;再提取上述特征曲线中必要的数据点,并且满足一定的精度要求。采样的过程有时不可能一次完成,特征曲线过少或曲线点数过少,所得蒙皮曲面不能很好地逼近原有曲面,甚至造成结果图形失真;相反,若特征曲线过多或曲线点数过多,则会引起运算量增大和输入工作的繁复。可见,曲面形状的信息提取十分重要。下面以曲线信息提取为例进行说明。以图 2.3.3 所示曲线为目标曲线进行曲线信息提取和曲线插值,结果见表 2.3.2。

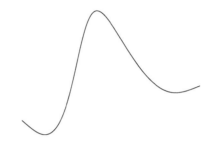

图 2.3.3　目标曲线

表 2.3.2　不同取点结果对比

取点情况	取点位置	结果对比
3 点		
5 点		

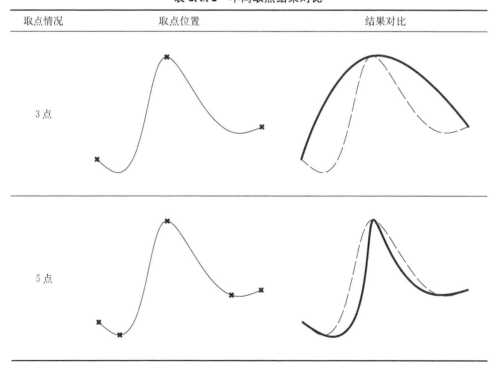

取点情况	取点位置	结果对比

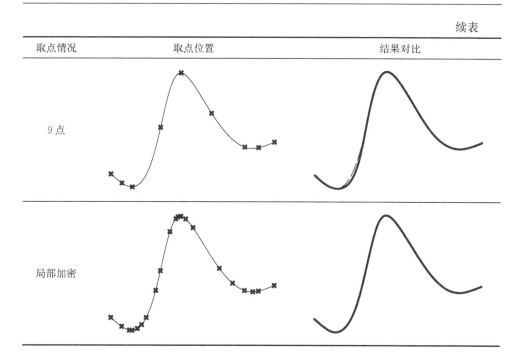

| 9 点 | | |
| 局部加密 | | |

　　通过对比可知,当取点过少(如表 2.3.2 中取 3 点)时,曲线信息缺失导致结果曲线与目标曲线相差甚远,无法反映目标曲线特征;当取点偏少(表如 2.3.2 取 5 点)时,结果曲线基本反映目标曲线特征,但误差较大;当取点数适中(如表 2.3.2 取 9 点)时,结果曲线既能反映目标曲线特征,也具有一定的精确度,但某些位置可能与目标曲线存在一定偏差,此时可对这些局部进行取点加密(如表 2.3.2 局部加密时),从而得到最终满意的结果。

　　同理,特征曲线的位置选取及条数多少,也直接影响结果曲面的精确度。因此,应针对曲面的具体形状特征选取特征曲线,并于曲面弧度变化较大处加密取样,最后结合结果曲面的精确程度对原始信息进行局部完善,从而得到符合工程精度要求的曲面网格。

　　2. 蒙皮

　　采样得到必要的曲面信息后,即可对其进行蒙面。此时,上一步中得到的特征曲线信息即可应用于蒙皮法中的截面曲线。截面曲线的定义与采样时的特征曲线很相似,但有所区别:一方面,特征曲线可以是空间三维曲线,而传统的截面曲线则为平面曲线;另一方面,特征曲线的位置已经是其在该空间曲面中的实际位置,而蒙皮法中的截面曲线需借助脊线将其变换到三维空间的实际位置。因此,在一定程度上,特征曲线可看作已经变换到实际位置的截面曲线,只不过它是空间三维曲线。下面将具体介绍传统与改良的蒙皮算法。

1）传统蒙皮法

如图2.3.4所示，传统蒙皮曲面构造过程主要分为如下几个步骤。

（1）构造截面曲线。

根据给定的型值点和曲线的几何形状构造截面曲线，并对所有的截面曲线进行相容性处理。统一各截面曲线的次数、定义域以及节点矢量。

（2）设计脊线。

脊线可以是一条平面曲线，也可以是一条空间B样条曲线。其分段连接点被取为目标点，用于截面曲线的空间定位。脊线的形状应反映曲面沿纵向的形状，为此只要使曲面沿纵向的节点矢量与脊线的节点矢量一致即可。

（3）把截面曲线变换到三维空间。

（4）生成曲面。

利用B样条曲面的张量积性质，由上一步得到的三维空间中各截面曲线的B样条控制顶点，反算出B样条曲面的控制顶点。

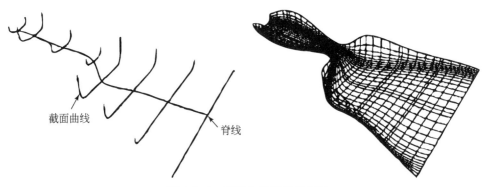

截面曲线   脊线

图2.3.4   截面曲线和蒙皮曲面

从上述构造过程可以看出，在使用蒙皮法构造曲面时，由于要对各截面曲线进行相容性处理，会导致节点和控制顶点数量增多，有时甚至达到海量数据，从而使得计算量大幅度增加。同时，当节点增多导致两节点比较接近时，在蒙皮曲面上会生成非常窄的曲面条，使数值计算发生困难。这种相容性问题的出现，原因在于传统B样条曲面在拓扑结构上所具有的局限性。

2）改良蒙皮法

结合工程实际，对传统蒙皮法进行改良，以有效避免因截面曲线的相容性处理而产生的数据量激增的问题，主要有以下步骤。

（1）截面曲线插值。

设计时给出$n+1$条截面曲线，将所有截面曲线采用三次B样条曲线表示，且参数定义域均设为 0~1,从而省略将所有较低次数的截面曲线升阶到其中最高次数和域参数变换的过程。考虑到最后输出的是 $m \times n$ 的曲面网格,其中 m 为横向网格数(截面曲线方向),n 为径向网格数(曲面走向),则可看作已知采样得到曲线上 $m'+1$ 个点,求出曲面插值所需的 $m+1$ 个沿曲线均匀分布的型值点。根据各截面曲线的闭合情况,采用前面介绍的 B 样条曲线插值方法计算。这些型值点具有统一的节点矢量 $U=[u_0,u_1,\cdots,u_{m+6}]$,进一步插值所得截面曲线的参数化可表示为式(2.3.11),从而求得 $(m+1) \times (n+1)$ 个型值点,成为拓扑网。

$$s_j(u)=\sum_{i=0}^{m+2} \boldsymbol{V}_{i,j} B_{i,3}(u), \quad j=0,1,\cdots,n \qquad (2.3.11)$$

(2) 端部重合点处理。

曲面的端部可能出现重合点,须进行相应的处理。为统一格式,将重合点近似成截面曲线的形式,即由极小线段组成的虚拟截面曲线来模拟重合点。再考虑到精确度及光顺性的问题,使虚拟截面曲线型值点的参数化与邻近截面曲线相同。具体做法为:已知重合点 O,对邻近截面曲线上的 $m'+1$ 个型值点进行极小化后得到 $\boldsymbol{p}_i(i=0,1,\cdots,m')$,则决定虚拟截面曲线的型值点按式(2.3.12)计算。由此得到的型值点参数化将与邻近截面曲线相同,即重合点处的虚拟截面曲线可保持邻近截面曲线的形状截面,虚拟截面曲线与其他截面曲线插值所得的型值点,将共同组成所求的拓扑网。

$$\boldsymbol{p}_{oi}=\boldsymbol{O}+\boldsymbol{p}_i \qquad (2.3.12)$$

(3) 生成曲面。

经过上述操作,可获得矩形拓扑网 $\boldsymbol{q}_{i,j}(i=0,1,\cdots,m+1;j=0,1,\cdots,n+1)$。得到此数据点阵后,采用 2.3.2 节的双三次 B 样条曲面插值算法即可完成曲面的重构。但需注意的是,各截面曲线的闭合情况可能不一致,分为以下三种情况进行处理:

① 各截面曲线均闭合,即所求曲面沿截面曲线方向闭合[图 2.3.5(a)]。在双三次 B 样条曲面插值算法中按一个方向闭合另一方向开放的情况考虑。

② 各截面曲线均为开曲线,即所求曲面沿截面曲线方向开放[图 2.3.5(b)]。在双三次 B 样条曲面插值算法中按全开放曲面的情况考虑。

③ 截面曲线部分闭合,其他的为开曲线[图 2.3.5(c)]。此时所求曲面沿截面曲线方向的闭合情况不一致,为计算方便,在双三次 B 样条曲面插值算法中按全开放曲面的情况考虑。

3. 算例

蒙皮法算例如图 2.3.6~图 2.3.8 所示。

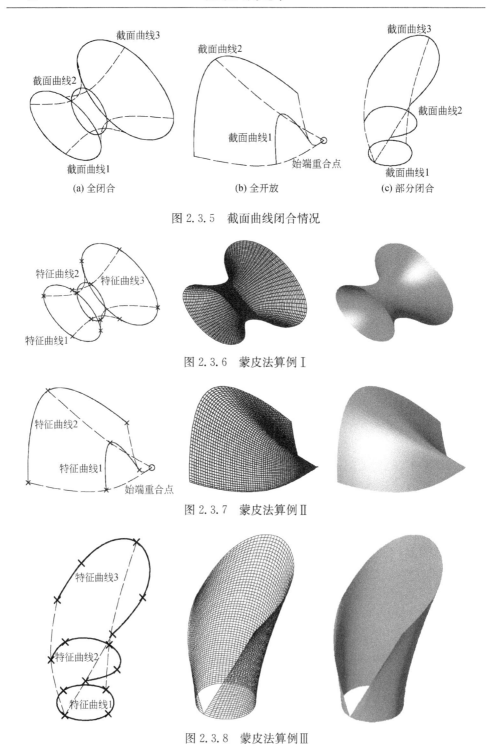

截面曲线3

截面曲线2

截面曲线1

(a) 全闭合

截面曲线2

截面曲线1

始端重合点

(b) 全开放

截面曲线3

截面曲线2

截面曲线1

(c) 部分闭合

图 2.3.5　截面曲线闭合情况

特征曲线2　特征曲线3

特征曲线1

图 2.3.6　蒙皮法算例 Ⅰ

特征曲线2

特征曲线1

始端重合点

图 2.3.7　蒙皮法算例 Ⅱ

特征曲线3

特征曲线2

特征曲线1

图 2.3.8　蒙皮法算例 Ⅲ

2.3.6　逆向建模技术

空间自由曲面的造型设计途径除了上述基于数字技术的方法,还可以利用实物样件直观表达,如丰富多彩的生物形态、雕塑、传统手工艺品等。基于实物的设计,必不可少的一个环节是采集实物的外形信息。通过三维扫描或三维测量技术即可将物理模型进行原型扫描得到其表面的坐标(即点云)。在获得表面信息后,将点云插值或拟合为曲面,也成为一项较为有效的曲面造型手段。这就是逆向工程在曲面建模中的应用,如图 2.3.9 所示。本节将结合逆向工程的工作原理与空间自由曲面的特点,介绍空间自由曲面的逆向建模方法。

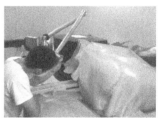

实物样件　——→　三维扫描

实际建筑　←——　设计模型

图 2.3.9　德国黑尔福德 MARTa 博物馆逆向建模设计流程(Massimo,2006)

1. 数据获取

数据获取也可称为实物表面数字化,指通过特定的测量设备和测量方法获取实物样件表面点的三维坐标,从而获取大量的数据点信息,称为点云,以某种格式存入计算机。一般说来,三维表面数据采集方法可分为接触式数据采集和非接触式数据采集两大类,后者是目前主流的测量方式。非接触式扫描的工作原理也不尽相同,如基于结构光、激光、声波等。

其中,基于光学原理的三维扫描仪具有扫描范围大、速度快、精细度高、杂点少等特点,应用日益广泛。该方法不直接接触物体,自动化程度高,避免了由于接触而造成的损伤、误差等问题。操作时一般在光源可控的室内环境中进行,以尽量避免环境光的影响。常用的光学扫描仪如图 2.3.10 所示。

(a) 某激光扫描仪　　　　　　　　(b) Shining 3D 四目扫描仪

图 2.3.10　常用的光学扫描仪

　　由于扫描实体模型的过程中难免会受到环境光和载物装置等干扰,出现杂点与噪点等,需要进行剔除。同时,为减少信息处理量,需要精简数据。对于多视图扫描文件,还需要进行拼合处理等(图 2.3.11)。为适用后续蒙皮曲面的造型要求,预处理中需将点云进行剖断面处理,析出点云扫描线。

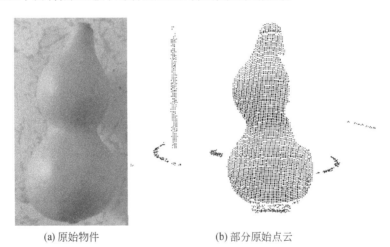

(a) 原始物件　　　　　　　　　(b) 部分原始点云

图 2.3.11　扫描物体与原始点云

1）删除杂点

在曲面造型中,数据中的杂点容易造成曲面重构失真,一些载物装置也会在扫描过程中形成点云中的杂点,对点云造成干扰。因此,点云的预处理首先是剔除杂点。一般三维扫描工具附带去噪功能,也可以通过直观检查将孤点手动删除。处理完成后的点云如图 2.3.12 所示。

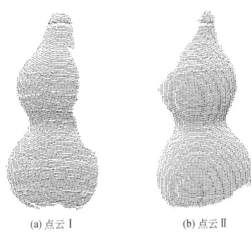

(a) 点云 I　　　　　　　　　(b) 点云 II

图 2.3.12　删除杂点后的点云

2）数据平滑

数据平滑通常采用标准高斯算法、平均算法或中值滤波算法(Woodward,1987)。其中,标准高斯滤波器在指定域内的权重为高斯分布,其平均效果较小,故在滤波的同时能较好地保持原数据的形貌。平均滤波器采样点的值取滤波窗口内各数据点的统计平均值。而中值滤波器采样点的值取滤波窗口内各数据点的统计中值,这种滤波器消除数据毛刺的效果较好。实际使用时,可根据点云质量和后续建模要求灵活选择滤波算法。进行数据平滑的目的是排除人工手动测量的误差,增强曲面光顺性。

3）点云数据精简

高密度的点云常含有大量的冗余数据,有时需按一定要求减少测量点的数量。不同类型的点云可采用不同的精简方式,散乱点云可通过随机采样的方法来精简。如图 2.3.13 所示,原始点云中平均每两点的距离为 0.56mm,以 0.6mm 为密度单位,采用等分布密度法和最小包围区域法进行精简,可以除去约 38％的点云数据量。

2. 多视图拼合

对激光扫描测量,需要从不同的角度对样件的各个面以及样件局部进行放大扫描,以获取样件的多视点云。在几何建模构建时,需要将这些不同坐标系下的多视数据变换或统一到同一坐标系中,这个数据处理过程称为多视数据的拼合,如图 2.3.14 所示。测量时,在不同视图中标记不同位置的三个基准点,通过三个基准点的对齐就能实现三维测量数据的多视统一。多视数据拼合后不可避免地存在重叠区,对重叠区进行精简处理,即可建立一个没有冗余数据的统一数据集。

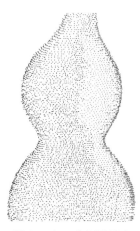

(a) 点云 I   (b) 点云 II

图 2.3.13 点云数据精简   图 2.3.14 多视图拼合

3. 模型构建

模型构建是空间结构形态逆向建模中最重要的处理过程,主要包括曲面重构和网格划分。利用 Imageware 等逆向软件可以拟合曲面并提供点云的三角网格化处理,但生成的三角网格比较凌乱无序[图 2.3.15(a)],不适于空间网格结构的网

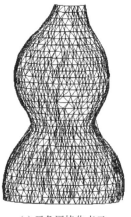

(a) 三角网格化点云   (b) 曲面模型

图 2.3.15 葫芦模型的构建

格划分。若要进行完整的网格结构建模,可以运用 2.3.2 节~2.3.5 节的方法,以点云数据为型值点,选择合适的方法进行曲面重构,然后在所获取的曲面上划分符合空间结构要求的网格。此处以蒙皮法为例重构曲面,完成以上点云的建模,读者也可以尝试其他方法,拟合曲面如图 2.3.15(b)所示。

2.4　空间仿生曲面参数化设计

自然界总是趋向于用最有效的方式来组织其内部结构,所谓最有效就是以最少的材料投入来获得最佳的结构性能。在工程领域,以最少的材料或其他代价完成目标是一项基本的工作要求,这就是工程设计人员对仿生表现出浓厚兴趣的原因。

2.4.1　仿贝壳曲面

1. 参数化描述

自然界中的贝壳形状多种多样,不仅外观美丽而且结构力学性能合理,波浪状的几何表面构成可使壳体在同等厚度下的抗压强度大幅度提高(卓新和董石麟,2004)。其独特的造型可以提供较开敞的内部空间,这也决定了仿贝壳曲面在空间结构中可以有广泛应用。要将其丰富多彩的曲面造型应用到结构领域,必须结合空间结构的实际情况,保留其规律性的纹理特点,又不失去天然贝壳的韵味。

结合空间结构的特点,将贝壳形曲面几何信息用参数化方式描述为由底部基线、顶部基线和脊线共同组成,如图 2.4.1 所示。其中,底部基线和顶部基线决定了曲面的基本形状,而各脊线的弧度则决定了曲面的径向弧度。在底部基线和顶部基线确定的前提下,只需调节各脊线的弧度即可获得形态各异的曲面造型。而底部基线和顶部基线构造原理一样,由内外控制曲线共同制约而成,内外控制曲线允许存在高差。因此,只要对内外控制曲线参数化即可实现对底部基线和顶部基线的参数化。再者,确定脊线的弧度情况,即可完成曲面的参数化设置。

根据内外控制曲线形状的不同,可分为封闭曲线和开放曲线。封闭曲线包括圆形控制曲线[图 2.4.2(a)]、椭圆形控制曲线[图 2.4.2(b)];开放曲线包括圆弧控制曲线[图 2.4.2(c)]和椭圆弧控制曲线[图 2.4.2(d)]。为方便起见,本节仿贝壳曲面参数化描述所用的变量与符号定义见表 2.4.1,具体参数化描述公式见表 2.4.2。

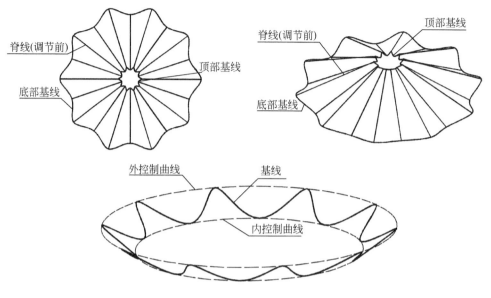

图 2.4.1　仿贝壳曲面参数化描述示意图

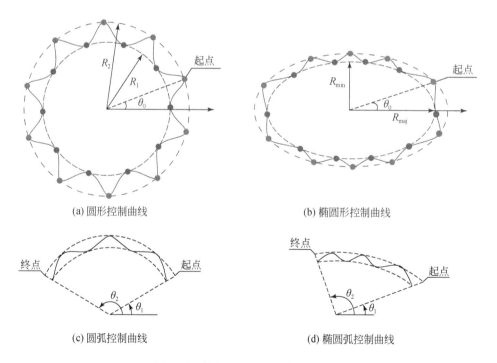

图 2.4.2　仿贝壳曲面控制曲线示意图

表 2.4.1　仿贝壳曲面参数化描述变量与符号定义

变量	定义
R_1	圆形内控制曲线的半径
R_2	圆形外控制曲线的半径
R_{maj}	椭圆内控制曲线的长轴长度
R_{min}	椭圆内控制曲线的短轴长度
α	外扩率，即外控制曲线相对内控制曲线的扩大比率
Z_{dif}	内、外控制曲线间的高差，外控制曲线高于内控制曲线时为正
n	构造单元数
m	外凸插值数据点的总个数
θ_0	内外控制曲线起点相对正 x 轴方向的扭转角度(构造底部和顶部之间的相对扭转)
θ_1	圆弧形内外控制曲线的开始角度,相对于正 x 轴方向顺时针为正
θ_2	圆弧形内外控制曲线的结束角度,相对于正 x 轴方向顺时针为正
H	顶部内控制曲线与底部内控制曲线间的高差

表 2.4.2　仿贝壳曲面控制曲线的具体参数化描述公式

控制曲线类型	外凸点 $P_i(i=1,3,\cdots,2n-1)$		内凹点 $P_i(i=2,4,\cdots,2n)$	
	极坐标	直角坐标	极坐标	直角坐标
圆形控制曲线	$\theta_i=(i-1)\dfrac{360}{2n}+\theta_0$ $r_i=R_2$	$x_i=r_i\cos\theta_i$ $y_i=r_i\sin\theta_i$ $z_i=\begin{cases}Z_{dif}, & 底部 \\ Z_{dif}+H, & 顶部\end{cases}$	$\theta_i=(i-1)\dfrac{360}{2n}+\theta_0$ $r_i=R_1$	$x_i=r_i\cos\theta_i$ $y_i=r_i\sin\theta_i$ $z_i=\begin{cases}0, & 底部 \\ H, & 顶部\end{cases}$
椭圆形控制曲线	$\theta_i=(i-1)\dfrac{360}{2n}+\theta_0$ $r_i=\alpha\sqrt{\dfrac{1+\tan^2\theta_i}{\dfrac{1}{R_{maj}^2}+\dfrac{\tan^2\theta_i}{R_{min}^2}}}$	$x_i=r_i\cos\theta_i$ $y_i=r_i\sin\theta_i$ $z_i=\begin{cases}Z_{dif}, & 底部 \\ Z_{dif}+H, & 顶部\end{cases}$	$\theta_i=(i-1)\dfrac{360}{2n}+\theta_0$ $r_i=\sqrt{\dfrac{1+\tan^2\theta_i}{\dfrac{1}{R_{maj}^2}+\dfrac{\tan^2\theta_i}{R_{min}^2}}}$	$x_i=r_i\cos\theta_i$ $y_i=r_i\sin\theta_i$ $z_i=\begin{cases}0, & 底部 \\ H, & 顶部\end{cases}$
圆弧控制曲线	$\theta_i=(i-1)\dfrac{\theta_2-\theta_1}{2m}+\theta_1$ $r_i=R_2$	$x_i=r_i\cos\theta_i$ $y_i=r_i\sin\theta_i$ $z_i=\begin{cases}Z_{dif}, & 底部 \\ Z_{dif}+H, & 顶部\end{cases}$	$\theta_i=(i-1)\dfrac{\theta_2-\theta_1}{2m}+\theta_1$ $r_i=R_1$	$x_i=r_i\cos\theta_i$ $y_i=r_i\sin\theta_i$ $z_i=\begin{cases}0, & 底部 \\ H, & 顶部\end{cases}$

续表

控制曲线类型	外凸点 $P_i (i=1,3,\cdots,2n-1)$		内凹点 $P_i (i=2,4,\cdots,2n)$	
	极坐标	直角坐标	极坐标	直角坐标
椭圆弧控制曲线	$\theta_i=(i-1)\dfrac{\theta_2-\theta_1}{2m}+\theta_1$ $r_i=\alpha\sqrt{\dfrac{1+\tan^2\theta_i}{\dfrac{1}{R_{\mathrm{maj}}^2}+\dfrac{\tan^2\theta_i}{R_{\mathrm{min}}^2}}}$	$x_i=r_i\cos\theta_i$ $y_i=r_i\sin\theta_i$ $z_i=\begin{cases}Z_{\mathrm{dif}}, & \text{底部}\\ Z_{\mathrm{dif}}+H, & \text{顶部}\end{cases}$	$\theta_i=(i-1)\dfrac{\theta_2-\theta_1}{2m}+\theta_1$ $r_i=\sqrt{\dfrac{1+\tan^2\theta_i}{\dfrac{1}{R_{\mathrm{maj}}^2}+\dfrac{\tan^2\theta_i}{R_{\mathrm{min}}^2}}}$	$x_i=r_i\cos\theta_i$ $y_i=r_i\sin\theta_i$ $z_i=\begin{cases}0, & \text{底部}\\ H, & \text{顶部}\end{cases}$

圆形控制曲线的曲面中,底部基线或顶部基线上的插值数据点均有 $2n$ 个,按角度平均分布,外凸点和内凹点各 n 个。椭圆形控制曲线的曲面中,底部基线或顶部基线上的插值数据点均有 $2n$ 个,按角度平均分布,外凸点和内凹点各 n 个。圆弧控制曲线的曲面中以起始处和结束处的插值数据点均为内凹为例,底部基线或顶部基线上的插值数据点均有 $2m+1$ 个,按角度平均分布,外凸点有 m 个,内凹点有 $m+1$ 个。椭圆弧控制曲线的曲面中,以起始处和结束处的插值数据点均为内凹为例,底部基线或顶部基线上的插值数据点均有 $2m+1$ 个,按角度平均分布,外凸点有 m 个,内凹点有 $m+1$ 个。

2. 曲面形状调节

当曲面的基本形状描述完成后,曲面的轮廓也基本形成,如图 2.4.3(a)所示。曲面的基本轮廓形成后,可通过调节曲面各脊线的弧度从而使曲面具有可调性,使曲面的形态更加丰富,如图 2.4.3(b)所示。

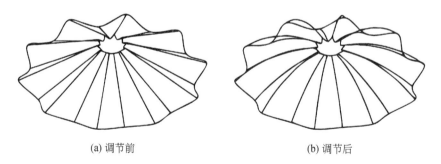

(a) 调节前　　　　　　　　　　(b) 调节后

图 2.4.3　径向弧度调节前后的基本轮廓

3. 形成插值曲面

依照上述方法,即可得到包括曲面所有信息的具有拓扑关系的数据点阵,由基线点和调节点组成,如图 2.4.4 所示。得到此数据点阵后,利用 2.3.2 节介绍的三次 B 样条曲面插值算法,即可获得满足要求的仿贝壳曲面。

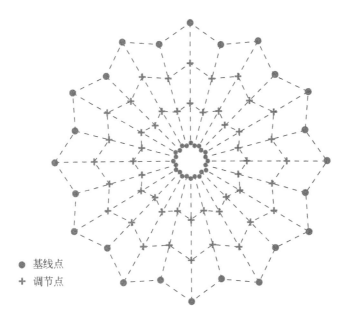

● 基线点
＋ 调节点

图 2.4.4　数据点网格

按照 2.4.1 节方法,可以得到如图 2.4.5 所示的仿贝壳参数曲面。

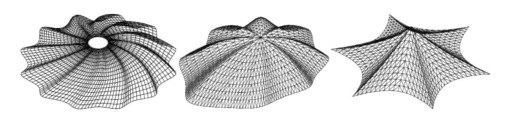

图 2.4.5　仿贝壳参数曲面示例

2.4.2　仿梅花曲面

1. 参数化描述

花朵曲面也是自然界中十分常见且造型丰富美观的一类曲面形式,以 5 瓣的梅花为例介绍仿花朵曲面的构造方法。观察图 2.4.6(a) 所示梅花形状的特征,由若干构造单元环向连接构成。每个构造单元包括 4 条脊线：1 条凸脊线、1 条凹脊线以及 2 条中脊线。各类脊线特征点分别位于顶部与底部基线上，如图 2.4.6(b)、(c)所示。

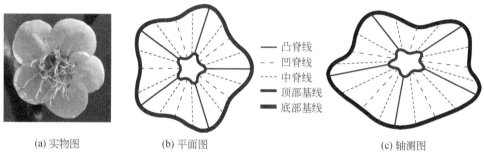

(a) 实物图　　　　　　　(b) 平面图　　　　　　　　　　(c) 轴测图

图 2.4.6　梅花基本形状

如图 2.4.7 所示，在环向方向上，底部基线与顶部基线的形状由内控制曲线、调节控制曲线与外控制曲线共同决定，三种控制曲线间可设定高差，其构造原理与仿贝壳曲面一致。

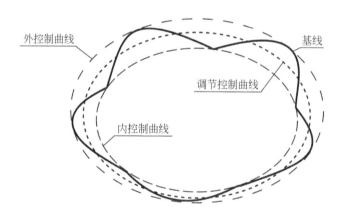

图 2.4.7　控制曲线和基线示意图

根据控制曲线形状的不同，可分为圆形控制曲线[图 2.4.8(a)]与椭圆形控制曲线[图 2.4.8(b)]，其底部基线或顶部基线上的插值数据点均有 $4n$ 个，按角度平均分布。为方便起见，本节仿梅花曲面参数化描述所用的变量与符号定义见表 2.4.3，具体参数化描述公式见表 2.4.4 和表 2.4.5。

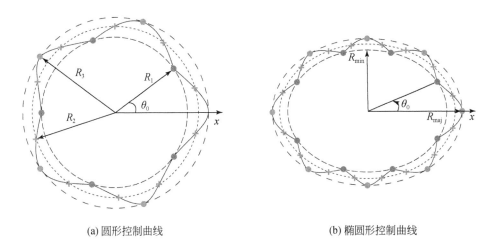

(a) 圆形控制曲线　　　　　　　　　　　　　(b) 椭圆形控制曲线

图 2.4.8　仿梅花曲面控制曲线示意图

表 2.4.3　仿梅花曲面参数化描述变量与符号定义

变量	定义
R_1	圆形内控制曲线的半径
R_2	调节控制曲线的半径：$R_2 = R_1 + (R_3 - R_1) \times \delta_R$
R_3	圆形外控制曲线的半径
R_{maj}	椭圆内控制曲线的长轴长度
R_{min}	椭圆内控制曲线的短轴长度
δ_1	调节控制曲线相对内控制曲线的扩大率
δ_2	外控制曲线相对内控制曲线的扩大率
Z_{dif}	内、外控制曲线间的高差，外控制曲线高于内控制曲线时为正
n	构造单元数
θ_0	内外控制曲线起点相对于正 x 轴方向的扭转角度（构造底部和顶部之间的相对扭转）
θ_1	圆弧形内外控制曲线的开始角度，相对于正 x 轴方向顺时针为正
θ_2	圆弧形内外控制曲线的结束角度，相对于正 x 轴方向顺时针为正
H	顶部内控制曲线与底部内控制曲线间的高差

表 2.4.4　仿梅花曲面圆形控制曲线的具体参数化描述公式

坐标类型	外凸点 P_i $(i=1,5,\cdots,4n-3)$	内凹点 P_i $(i=3,7,\cdots,4n-1)$	调节点 P_i $(i=2,4,\cdots,2n)$
极坐标	$\theta_i = (i-1) \times \dfrac{360}{2n} + \theta_0$ $r_i = R_3$	$\theta_i = (i-1) \times \dfrac{360}{2n} + \theta_0$ $r_i = R_1$	$\theta_i = (i-1) \times \dfrac{360}{2n} + \theta_0$ $r_i = R_2$

续表

坐标类型	外凸点 P_i $(i=1,5,\cdots,4n-3)$	内凹点 P_i $(i=3,7,\cdots,4n-1)$	调节点 P_i $(i=2,4,\cdots,2n)$
直角坐标	$x_i = r_i\cos\theta_i$ $y_i = r_i\sin\theta_i$ $z_i = \begin{cases} Z_{\text{dif}}, & \text{底部} \\ Z_{\text{dif}}+H, & \text{顶部} \end{cases}$	$x_i = r_i\cos\theta_i$ $y_i = r_i\sin\theta_i$ $z_i = \begin{cases} 0, & \text{底部} \\ H, & \text{顶部} \end{cases}$	$x_i = r_i\cos\theta_i$ $y_i = r_i\sin\theta_i$ $z_i = \begin{cases} Z_{\text{dif}}/2, & \text{底部} \\ Z_{\text{dif}}/2+H, & \text{顶部} \end{cases}$

表 2.4.5　仿梅花曲面椭圆形控制曲线的具体参数化描述公式

坐标类型	外凸点 P_i $(i=1,5,\cdots,4n-3)$	内凹点 P_i $(i=3,7,\cdots,4n-1)$	调节点 P_i $(i=2,4,\cdots,2n)$
极坐标	$\theta_i = (i-1)\times\dfrac{360}{2n}+\theta_0$ $r_i = \delta_2\times\sqrt{\dfrac{1+\tan^2\theta_i}{\dfrac{1}{R_{\text{maj}}^2}+\dfrac{\tan^2\theta_i}{R_{\text{min}}^2}}}$	$\theta_i = (i-1)\times\dfrac{360}{2n}+\theta_0$ $r_i = \sqrt{\dfrac{1+\tan^2\theta_i}{\dfrac{1}{R_{\text{maj}}^2}+\dfrac{\tan^2\theta_i}{R_{\text{min}}^2}}}$	$\theta_i = (i-1)\times\dfrac{360}{2n}+\theta_0$ $r_i = \delta_1\times\sqrt{\dfrac{1+\tan^2\theta_i}{\dfrac{1}{R_{\text{maj}}^2}+\dfrac{\tan^2\theta_i}{R_{\text{min}}^2}}}$
直角坐标	$x_i = r_i\cos\theta_i$ $y_i = r_i\sin\theta_i$ $z_i = \begin{cases} Z_{\text{dif}}, & \text{底部} \\ Z_{\text{dif}}+H, & \text{顶部} \end{cases}$	$x_i = r_i\cos\theta_i$ $y_i = r_i\sin\theta_i$ $z_i = \begin{cases} 0, & \text{底部} \\ H, & \text{顶部} \end{cases}$	$x_i = r_i\cos\theta_i$ $y_i = r_i\sin\theta_i$ $z_i = \begin{cases} Z_{\text{dif}}/2, & \text{底部} \\ Z_{\text{dif}}/2+H, & \text{顶部} \end{cases}$

2. 曲面形状调节

仿梅花曲面的调节原理与仿贝壳曲面是一样的,在此不再详述。调节效果如图 2.4.9 所示。

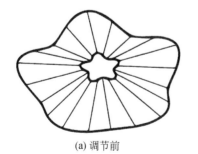　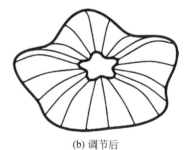

(a) 调节前　　　　　　　　　　　　　　　(b) 调节后

图 2.4.9　脊线调节前后的曲面形态

3.形成插值曲面

依照上述方法生成具有矩形拓扑关系的型值点阵。图 2.4.10 所示为圆形基线与椭圆形基线单点径向弧度调节下的型值点阵。同样,依据此数据点阵,利用 2.3.2 节介绍的三次 B 样条曲面插值算法,即可获得满足要求的仿梅花曲面。

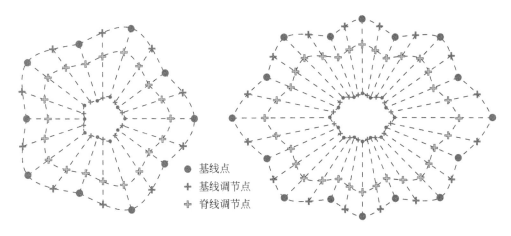

● 基线点
+ 基线调节点
✛ 脊线调节点

图 2.4.10　梅花形体型值点阵

按照本节方法,可以得到如图 2.4.11 所示的仿梅花参数曲面。

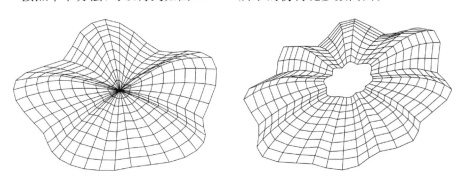

图 2.4.11　仿梅花参数曲面示例

2.5　空间自由曲面优化

空间自由曲面优化的基本思想是基于力学原理,将力学概念引入设计,通过施加荷载、约束等方式,使结构达到合理的几何造型。其中,应变能作为评价结构综合力学性能的指标常作为自由曲面形态优化的对象。

2.5.1　能量法的基本原理

能量法曲面造型技术在自由曲面形态设计中具有重要地位。Terzopoulos 等（1987）将基于物理模型的可变形曲线和曲面造型技术引入计算机图形学中，用来模拟圆球压在弹性立方体上引起的变形等，为能量法曲面优化奠定了基础。Celniker 和 Gossard（1991）进一步提出基于特征线的优化方法，提高了曲面设计的灵活性。

能量法曲面优化是以变形曲面拥有最小物理变形能为目标，运用各种约束及施加外荷载的方式控制曲面形状的造型方法。其基本思路是：先构造一个表示能量的目标函数，在曲面空间中通过各种几何或非几何条件进行约束，利用数学上的优化方法求解满足各种约束条件的具有最小能量的曲面。这里有两个问题：一个是目标函数的选取；另一个是约束条件的确定。关于目标函数的选取，目前普遍采用 Terzopoulos 和 Qin（1994）提出的变形能量函数，其表达式如下：

$$U_0 = \iint_\sigma \left[(\alpha_{11} \boldsymbol{S}_u^2 + 2\alpha_{12} \boldsymbol{S}_u \boldsymbol{S}_w + \alpha_{22} \boldsymbol{S}_w^2 + \beta_{11} \boldsymbol{S}_{uu}^2 + 2\beta_{12} \boldsymbol{S}_{uw}^2 + \beta_{22} \boldsymbol{S}_{ww}^2) - 2\boldsymbol{S}\boldsymbol{f} \right] \mathrm{d}u \mathrm{d}w$$

$$(2.5.1)$$

式中，$\boldsymbol{S}_u$、$\boldsymbol{S}_w$ 为曲面切矢；$\boldsymbol{S}_{uu}$、$\boldsymbol{S}_{ww}$ 及 $\boldsymbol{S}_{uw}$ 为曲面二阶偏导矢及混合偏导矢；$\alpha_{11} \sim \beta_{22}$ 为设计参数；$\boldsymbol{f} = \boldsymbol{f}(u, w)$ 为作用在曲面上的外荷载。分析变形曲面多采用此模型，被视为一种传统的能量模型。

关于约束的确定，比较常用的是空间曲线约束、边界跨界偏导矢约束、几何连续性约束以及过某一定点和指定某一点的切矢约束、法矢约束等。这些约束都是线性约束，比较容易处理，可单独使用也可结合使用以控制曲面的形状。也有人提出使用如容积、面积、长度等非线性约束，本书不做深入探讨。确定了能量函数，即优化目标函数和约束条件后，理论上就可以运用优化算法求解出一张曲面。

2.5.2　能量模型的改进

1.完备能量模型

传统能量模型来源于物理弹性变形，对比弹性力学中的薄板弹性变形分析，可以对传统能量模型的完备性进行考证。

如图 2.5.1 所示，各向同性薄板在中面力 F_x、F_y、F_{xy} 与横向荷载 $\boldsymbol{f} = \boldsymbol{f}(x, y)$ 作用下，发生相应的拉伸变形、剪切变形和弯曲变形。将薄板 z 向位移即挠度 $w = w(x, y)$ 视为自变函数，则整个系统的势能包括中面力势能 Π_F、横向荷载势能 Π_f 以及薄板弯曲应变能 Π_M：

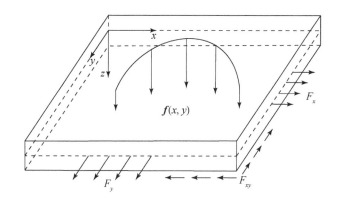

图 2.5.1　薄板承力示意图

$$\Pi_F = \iint_{\Omega} \frac{1}{2}(F_x w_x^2 + 2F_{xy} w_x w_y + F_y w_y^2) \mathrm{d}x \mathrm{d}y \tag{2.5.2}$$

$$\Pi_f = \iint_{\Omega} - w f \mathrm{d}x \mathrm{d}y \tag{2.5.3}$$

$$\Pi_M = \iint_{\Omega} \frac{1}{2} D[w_{xx}^2 + 2(1-\mu)w_{xy}^2 + w_{yy}^2 + 2\mu w_{xx} w_{yy}] \mathrm{d}x \mathrm{d}y \tag{2.5.4}$$

式中，w_x、w_y 为一阶偏导矢；w_{xx}、w_{yy} 及 w_{xy} 为二阶偏导矢及混合偏导矢；D 为薄板弯曲刚度；μ 为材料泊松比。由式(2.5.2)~式(2.5.4)可得总势能表达式为

$$\Pi = \iint_{\Omega} \frac{1}{2}\big[(F_x w_x^2 + 2F_{xy} w_x w_y + F_y w_y^2 + D w_{xx}^2 + 2D(1-\mu)w_{xy}^2 \\ + D w_{yy}^2 + 2D\mu w_{xx} w_{yy}) - 2w f\big] \mathrm{d}x \mathrm{d}y \tag{2.5.5}$$

将 $w = S(u, w)$ 代入式(2.5.5)，简化系数 1/2，得到完备的曲面或曲面片变形能模型如下：

$$U = \iint_{\sigma} \big[(F_u S_u^2 + 2F_{uw} S_u S_w + F_w S_w^2 + D S_{uu}^2 + 2D(1-\mu)S_{uw}^2 \\ + D S_{ww}^2 + 2D\mu S_{uu} S_{ww}) - 2S f\big] \mathrm{d}u \mathrm{d}w \tag{2.5.6}$$

2. 完备能量模型的特性

完备能量模型是经过物理变形能分析得到的，与传统能量模型相比，呈现出一定的优越性：

(1) 设计参数物理意义明确。

对比式(2.5.1)与式(2.5.6)可以得到设计参数对应关系(表 2.5.1)。各设计参数有明确的物理意义，并且参数之间存在相互关联性。对工程设计人员来说，可以将曲面比拟为柔性材料,如薄膜、橡胶等,方便设计参数的选取与调整,得到所需的调节效果。

(2) 曲面刚度表达充分。

由式(2.5.1)与式(2.5.6)的对比发现,传统能量模型中缺少双向剪切刚度 $2D\mu \boldsymbol{S}_{uu}\boldsymbol{S}_{uw}$ 项,由此会导致曲面刚度表达不充分。虽然是二阶项的乘积项,但其作用大小取决于 $2D\mu$ 设计参数的取值。

(3) 光顺性增强,曲率分布合理。

完备能量模型可以使曲率分布更趋于合理,曲面光顺性增强。$2D\mu \boldsymbol{S}_{uu}\boldsymbol{S}_{uw}$ 项提供了双向抵抗剪切变形的能力,使曲面的整体变形性能更加完善。

表 2.5.1　设计参数对应关系

模型类型	u 向拉力	w 向拉力	uw 向剪切力
传统能量模型	α_{11}	α_{22}	α_{12}
完备能量模型	F_u	F_w	F_{uw}

模型类型	u 向弯曲刚度	w 向弯曲刚度	双向弯曲刚度	双向剪切刚度
传统能量模型	β_{11}	β_{22}	β_{12}	—
完备能量模型	D	D	$D(1-\mu)$	$2D\mu$

注:$D=Eh^3/[12(1-\mu^2)]$,E 为虚拟材料弹性模量,h 为虚拟厚度,μ 为虚拟材料泊松比。

2.5.3　曲面优化控制方程

曲面构造是曲面从无到有的生成过程。曲面优化是在初始曲面的基础上对曲面进行调整的过程。一般情况下,曲面构造问题的后续工作总伴随着曲面优化问题的出现,而曲面优化问题则可能是单独出现的,如对已知曲面进行微调以满足附加约束条件等。本节将针对这两类问题推导统一的造型控制方程,简化不同求解方法所带来的烦琐工作。

1. 变形曲面控制方程

为推导单元控制方程,选用三次 B 样条曲面片构造曲面单元 $\boldsymbol{S}(u,w)$,将式(2.2.12)进一步简化为如下矩阵形式:

$$\boldsymbol{S}_{i,j}(u,w)=\boldsymbol{B}\boldsymbol{V}$$
$$=[\boldsymbol{B}_{i-3}(u)\boldsymbol{B}_{j-3}(w)\quad \boldsymbol{B}_{i-2}(u)\boldsymbol{B}_{j-3}(w)\quad \cdots\quad \boldsymbol{B}_i(u)\boldsymbol{B}_j(w)][\boldsymbol{V}_{i-3,j-3}\quad \boldsymbol{V}_{i-2,j-3}\quad \cdots\quad \boldsymbol{V}_{i,j}]^{\mathrm{T}}$$

$$(2.5.7)$$

将式(2.5.7)代入式(2.5.6),得到 B 样条方法表示的曲面单元能量模型:

$$U=\boldsymbol{V}^{\mathrm{T}}\boldsymbol{K}\boldsymbol{V}-2\boldsymbol{V}^{\mathrm{T}}\boldsymbol{F}_f \qquad (2.5.8)$$

式中

$$K = \int_0^1 \int_0^1 (F_u \boldsymbol{B}_u^{\mathrm{T}} \boldsymbol{B}_u + 2F_{uw} \boldsymbol{B}_u^{\mathrm{T}} \boldsymbol{B}_w + F_w \boldsymbol{B}_w^{\mathrm{T}} \boldsymbol{B}_w + D\boldsymbol{B}_{uu}^{\mathrm{T}} \boldsymbol{B}_{uu}$$
$$+ 2D(1-\mu) \boldsymbol{B}_{uw}^{\mathrm{T}} \boldsymbol{B}_{uw} + D\boldsymbol{B}_{uw}^{\mathrm{T}} \boldsymbol{B}_{uw} + 2D\mu \boldsymbol{B}_{uu}^{\mathrm{T}} \boldsymbol{B}_{uw}) \mathrm{d}u \mathrm{d}w \qquad (2.5.9)$$
$$\boldsymbol{F}_f = \int_0^1 \int_0^1 \boldsymbol{B}^{\mathrm{T}} \boldsymbol{f} \mathrm{d}u \mathrm{d}w$$

根据最小势能原理,在所有变形可能的挠度中,精确解使系统的总势能取最小值,将式(2.5.8)应用变分原理,$\dfrac{\delta U}{\delta \boldsymbol{V}} = 0$,得到曲面单元控制方程:

$$\boldsymbol{K}\boldsymbol{V} = \boldsymbol{F}_f \qquad (2.5.10)$$

式中,$\boldsymbol{K}$ 为单元刚度矩阵,是常量矩阵,与曲面变形前后的实际形状无关;$\boldsymbol{F}_f$ 为单元等效节点荷载列阵。经过单元组集后可得到曲面整体控制方程:

$$\boldsymbol{K}_s \boldsymbol{V}_s = \boldsymbol{F}_{sf} \qquad (2.5.11)$$

式中,$\boldsymbol{K}_s$ 为整体刚度矩阵;$\boldsymbol{V}_s$ 为曲面控制顶点列阵;$\boldsymbol{F}_{sf}$ 为整体等效节点荷载列阵。

考虑变形曲面受到线性约束 $\boldsymbol{A}\boldsymbol{V}_s = \boldsymbol{b}$,其中 $\boldsymbol{A}$、$\boldsymbol{b}$ 为已知量。为将约束条件转化为外部能量约束,引入罚因子 α,得

$$U_{sw} = \frac{1}{2}(\boldsymbol{A}\boldsymbol{V}_s - \boldsymbol{b})^{\mathrm{T}}(\alpha \boldsymbol{I})(\boldsymbol{A}\boldsymbol{V}_s - \boldsymbol{b})$$
$$= \frac{1}{2}[\boldsymbol{V}_s^{\mathrm{T}} \boldsymbol{A}^{\mathrm{T}}(\alpha \boldsymbol{I})\boldsymbol{A}\boldsymbol{V}_s - 2\boldsymbol{V}_s^{\mathrm{T}} \boldsymbol{A}^{\mathrm{T}}(\alpha \boldsymbol{I})\boldsymbol{b} + \boldsymbol{b}^{\mathrm{T}}(\alpha \boldsymbol{I})\boldsymbol{b}]$$
$$= \frac{1}{2}[\boldsymbol{V}_s^{\mathrm{T}} \boldsymbol{K}_w \boldsymbol{V}_s - 2\boldsymbol{V}_s^{\mathrm{T}} \boldsymbol{F}_w + \boldsymbol{b}^{\mathrm{T}}(\alpha \boldsymbol{I})\boldsymbol{b}] \qquad (2.5.12)$$

式中,$\boldsymbol{I}$ 为单位矩阵。应用变分原理,$\dfrac{\delta U_{sw}}{\delta \boldsymbol{V}_s} = 0$,得到

$$\boldsymbol{K}_w \boldsymbol{V}_s = \boldsymbol{F}_w \qquad (2.5.13)$$

式中,$\boldsymbol{K}_w$ 为罚单元刚度矩阵,是常量阵;$\boldsymbol{F}_w$ 为罚单元等效节点荷载列阵。由式(2.5.11)和式(2.5.13)得到考虑约束后的变形曲面整体控制方程为

$$(\boldsymbol{K}_s + \boldsymbol{K}_w)\boldsymbol{V}_s = \boldsymbol{F}_{sf} + \boldsymbol{F}_w \qquad (2.5.14)$$

2. 曲面构形与位移模式

变形曲面控制方程建立在曲面发生弹性变形的基础上,即各曲面具有变形前与变形后两种状态,可以采用曲面构形进行描述。

定义 1:某一时刻,曲面在空间占据的区域称为曲面构形。

对于每一曲面单元,$t = 0$ 时刻,曲面单元的初始构形表示为 $\boldsymbol{S}_0 = \boldsymbol{B}\boldsymbol{V}_0$。若初始时刻曲面不存在,则初始构形处于零状态,即 $\boldsymbol{S}_0 = \boldsymbol{B} \times 0 = 0$。当前 t 时刻,曲面单元的现时构形可以表示为 $\boldsymbol{S}_t = \boldsymbol{B}\boldsymbol{V}_t$。

定义 2：假设曲面的位移分布是坐标的某种简单函数，此函数称为曲面位移模式。

曲面位移模式用于描述曲面变形量的分布状况。鉴于样条函数本身具有力学意义，可以表示弹性细梁在集中荷载作用下产生的弯曲变形。曲面位移模式亦采用双三次 B 样条表达。对于每一曲面单元，位移模式为 $\Delta S = B \Delta V$。在线性范围内，曲面位移模式与曲面构形的关系如下：

$$S_t = S_0 + \Delta S \Rightarrow V_t = V_0 + \Delta V \Rightarrow V_{st} = V_{s0} + \Delta V_s \tag{2.5.15}$$

3. 曲面构形控制方程

1）曲面构造问题控制方程

处理曲面构造问题时，曲面单元采用现时构形，由式(2.5.14)可得

$$(K_{st} + K_{wt}) V_{st} = F_{sft} + F_{wt} \tag{2.5.16}$$

初始构形处于零状态，因此 $S_t = \Delta S$，式(2.5.16)转换为

$$(\Delta K_s + \Delta K_w) \Delta V_s = \Delta F_{sf} + \Delta F_w \tag{2.5.17}$$

这里将曲面位移模式与现时构形剥离开，由求解曲面位移模式得到构造曲面，计算结果与传统方法是一致的。

2）曲面优化问题控制方程

假设曲面变形前后均由零状态直接构造，变形前曲面单元采用初始构形，变形后曲面单元采用现时构形，由式(2.5.14)可得

$$(K_{s0} + K_{w0}) V_{s0} = F_{sf0} + F_{w0} \tag{2.5.18}$$

$$(K_{st} + K_{wt}) V_{st} = F_{sft} + F_{wt} \tag{2.5.19}$$

在曲面优化问题中，初始构形为已知曲面，现时构形是在初始构形基础上变形得到的，则现时构形与初始构形存在相互关联性：

$$\begin{cases} K_{st} = K_{s0} + \Delta K_s \\ K_{wt} = K_{w0} + \Delta K_w \\ F_{sft} = F_{sf0} + \Delta F_{sf} \\ F_{wt} = F_{w0} + \Delta F_w \end{cases} \tag{2.5.20}$$

将式(2.5.15)、式(2.5.20)分别代入式(2.5.18)、式(2.5.19)，并将两式相减，得到：

$$\Delta K_s \Delta V_s + K_{w0} \Delta V_s + \Delta K_w \Delta V_s + \Delta K_w V_{s0} = \Delta F_{sf} + \Delta F_w \tag{2.5.21}$$

设 $\Delta F_w = \Delta F_{1w} + \Delta F_{2w}$，式(2.5.21)各项分析如下：

$$\Delta K_s \Delta V_s = \Delta F_{sf} \tag{2.5.22}$$

$$K_{w0} \Delta V_s = \Delta F_{1w} \tag{2.5.23}$$

$$\Delta K_w \Delta V_s = \Delta F_{2w} - \Delta K_w V_{s0} \tag{2.5.24}$$

式(2.5.22)为微调荷载作用下的变形计算。式(2.5.23)表明，变形计算的约束条

件首先要以初始构形约束条件为前提,若现时构形不改变初始构形的约束条件,则 $\Delta \boldsymbol{F}_{1w} = 0$,即相应约束简化为零位移约束。式(2.5.24)表示与初始构形约束条件不同的附加约束作用。上述推导过程中,$\Delta \boldsymbol{F}_{2w}$ 是基于零状态的约束调整量,$\Delta \boldsymbol{F}_{2w} - \Delta \boldsymbol{K}_w \boldsymbol{V}_{s0}$ 表示将约束条件转换为基于初始构形的调整约束。因此,在求解过程中可以直接将 $\Delta \boldsymbol{F}_{2w}$ 设为基于初始构形的调整约束。

3)统一的造型控制方程

曲面造型控制方程可以统一为如下形式:

$$(\Delta \boldsymbol{K}_s + \boldsymbol{K}_{w0} + \Delta \boldsymbol{K}_w)\Delta \boldsymbol{V}_s = \Delta \boldsymbol{F}_{sf} + \Delta \boldsymbol{F}_w \tag{2.5.25}$$

因此,曲面构造与曲面优化问题本质上具有统一的控制方程,但其初始条件及求解过程不同。两类问题的构形以及约束条件的对比见表 2.5.2。

表 2.5.2　曲面构造问题与曲面优化问题初始条件对比

类型	初始构形	现时构形	约束条件
曲面构造问题	$\boldsymbol{S}_0 = 0$	$\boldsymbol{S}_t = \boldsymbol{B}\boldsymbol{V}_t$	$\boldsymbol{K}_{w0} = 0, \Delta \boldsymbol{F}_w$ 基于零状态
曲面优化问题	$\boldsymbol{S}_0 = \boldsymbol{B}\boldsymbol{V}_0$	$\boldsymbol{S}_t = \boldsymbol{B}\boldsymbol{V}_t$	$\boldsymbol{K}_{w0} \neq 0, \Delta \boldsymbol{F}_w$ 基于初始构形

2.5.4　控制方程的求解

1. 单元类型构造

传统有限元求解方法以均匀 B 样条曲面片来构造曲面单元,每个曲面单元的基函数相同,只存在一种曲面单元类型。而本节曲面的初始构形、位移模式以及现时构形均采用双三次准均匀 B 样条曲面片来构造曲面单元。曲面单元的基函数取决于曲面在 u、w 双向的曲面单元总数以及该曲面单元的序号,当在 u、w 向同时具有 5 个以上曲面单元时,可以构造 25 种 B 样条基函数,对应 25 种曲面单元。这两种单元构造方式在处理边界约束条件时存在明显不同。

1)简支约束条件

简支约束条件限制曲面节点 $\boldsymbol{q}(u_i, w_j)$ 的线位移,特别地,可以允许约束点发生特定的线位移 $\boldsymbol{b}$,即

$$\boldsymbol{q}(u_i, w_j) = \boldsymbol{b} \Rightarrow \boldsymbol{A}(u_i, w_j)\Delta \boldsymbol{V} = \boldsymbol{b} \tag{2.5.26}$$

式中,$\Delta \boldsymbol{V} = [\Delta V x_{i-3,j-3} \quad \Delta V y_{i-3,j-3} \quad \Delta V z_{i-3,j-3} \quad \cdots \quad \Delta V x_{i-1,j-1} \quad \Delta V y_{i-1,j-1} \quad \Delta V z_{i-1,j-1}]^T$ 为与约束节点相对应的 9 个控制顶点;$\boldsymbol{b} = [x \quad y \quad z]^T$ 为约束条件;$\boldsymbol{A}$ 与曲面单元 B 样条基函数有关。

当采用准均匀 B 样条单元时，在曲面角点 $(u_3,w_3)=(0,0)$ 处有

$$\boldsymbol{A}=\begin{bmatrix}1&0&0&0&0&0&0&0&0&0&0&0&0&0&0&0&0&0&0&0&0&0&0&0&0&0&0&0&0&0&0&0\\0&1&0&0&0&0&0&0&0&0&0&0&0&0&0&0&0&0&0&0&0&0&0&0&0&0&0&0&0&0&0&0\\0&0&1&0&0&0&0&0&0&0&0&0&0&0&0&0&0&0&0&0&0&0&0&0&0&0&0&0&0&0&0&0\end{bmatrix}$$

(2.5.27)

将式(2.5.27)代入式(2.5.26)，自然满足式(2.5.28)。采用准均匀 B 样条曲面处理简支条件，只需约束 1 个控制顶点即可。

$$\begin{bmatrix}\Delta Vx_{0,0}&\Delta Vy_{0,0}&\Delta Vz_{0,0}\end{bmatrix}=\begin{bmatrix}x&y&z\end{bmatrix} \qquad (2.5.28)$$

2）固支约束条件

固支约束条件限制曲面节点 $\boldsymbol{q}(u_i,w_j)$ 的线位移与转角位移，特别地，可以允许约束点发生特定的位移值 $\boldsymbol{b}_1$、$\boldsymbol{b}_2$。

$$\boldsymbol{q}(u_0,w_0)=\boldsymbol{b}_1 \Rightarrow \boldsymbol{A}_1(u_0,w_0)\Delta\boldsymbol{V}=\boldsymbol{b}_1 \qquad (2.5.29)$$

$$\frac{\partial w(u_0,w_0)}{\partial u}=\boldsymbol{b}_2 \quad \text{或} \quad \frac{\partial w(u_0,w_0)}{\partial w}=\boldsymbol{b}_2 \Rightarrow \boldsymbol{A}_2(u_0,w_0)\Delta\boldsymbol{V}=\boldsymbol{b}_2 \qquad (2.5.30)$$

式中，式(2.5.29)线位移约束与简支约束处理相同，式(2.5.30)转角位移约束以限制 u 向转角为例进行说明。当采用准均匀 B 样条单元时，在角点 $(u_3,w_3)=(0,0)$ 处有

$$\boldsymbol{A}_2=\begin{bmatrix}-3&0&0&3&0&0&0&0&0&0&0&0&0&0&0&0&0&0&0&0&0&0&0&0&0&0&0&0&0&0&0&0\\0&-3&0&0&3&0&0&0&0&0&0&0&0&0&0&0&0&0&0&0&0&0&0&0&0&0&0&0&0&0&0&0\\0&0&-3&0&0&3&0&0&0&0&0&0&0&0&0&0&0&0&0&0&0&0&0&0&0&0&0&0&0&0&0&0\end{bmatrix}$$

(2.5.31)

将式(2.5.31)代入式(2.5.30)可得式(2.5.32)。采用准均匀 B 样条曲面处理固支条件，只需约束相邻的两个控制顶点，易于求解。

$$\begin{bmatrix}Vx_{1,0}&Vy_{1,0}&Vz_{1,0}\end{bmatrix}=\begin{bmatrix}\frac{1}{3}x_2+x_1&\frac{1}{3}y_2+y_1&\frac{1}{3}z_2+z_1\end{bmatrix} \qquad (2.5.32)$$

2. 有限元求解过程

完整的有限元求解过程如下：

（1）输入初始条件，包括设计参数、约束条件、荷载条件等。

（2）若处理曲面优化问题，则输入曲面初始构形坐标信息，运用双三次准均匀 B 样条方法求解控制顶点 $\boldsymbol{V}_{s0}$。

（3）曲面位移模式单元划分与控制顶点编号。将每个四边形曲面片作为一个面单元，如图 2.5.2 所示。单元编号为 1、2、3、4，控制顶点编号为

面单元 $1 \rightarrow \{\boldsymbol{V}_1, \cdots, \boldsymbol{V}_4, \boldsymbol{V}_6, \cdots, \boldsymbol{V}_9, \boldsymbol{V}_{11}, \cdots, \boldsymbol{V}_{14}, \boldsymbol{V}_{16}, \cdots, \boldsymbol{V}_{19}\}$；

面单元 $2 \rightarrow \{\boldsymbol{V}_2, \cdots, \boldsymbol{V}_5, \boldsymbol{V}_7, \cdots, \boldsymbol{V}_{10}, \boldsymbol{V}_{12}, \cdots, \boldsymbol{V}_{15}, \boldsymbol{V}_{17}, \cdots, \boldsymbol{V}_{20}\}$；

面单元 $3 \rightarrow \{\boldsymbol{V}_6, \cdots, \boldsymbol{V}_9, \boldsymbol{V}_{11}, \cdots, \boldsymbol{V}_{14}, \boldsymbol{V}_{16}, \cdots, \boldsymbol{V}_{19}, \boldsymbol{V}_{21}, \cdots, \boldsymbol{V}_{24}\}$；

面单元 $4 \rightarrow \{\boldsymbol{V}_7, \cdots, \boldsymbol{V}_{10}, \boldsymbol{V}_{12}, \cdots, \boldsymbol{V}_{15}, \boldsymbol{V}_{17}, \cdots, \boldsymbol{V}_{20}, \boldsymbol{V}_{22}, \cdots, \boldsymbol{V}_{25}\}$。

由此类推,完成整个曲面的有限元网格划分和控制顶点编号。

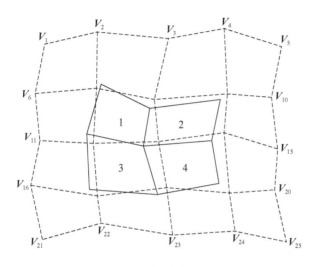

图 2.5.2　面单元控制顶点编号

(4) 形成单元刚度矩阵 $\Delta \boldsymbol{K}$ 与单元等效节点荷载列阵 $\Delta \boldsymbol{F}_f$。

(5) 组装总体刚度矩阵 $\Delta \boldsymbol{K}_s$ 及总体荷载列阵 $\Delta \boldsymbol{F}_{sf}$,引入约束条件 $\Delta \boldsymbol{F}_w$。

(6) 求解控制方程式(2.5.25),得到曲面位移模式控制顶点 $\Delta \boldsymbol{V}_s$。

(7) 根据式(2.5.15)得到现时构形控制顶点 $\boldsymbol{V}_{st}$,最终得到造型曲面。

图 2.5.3 所示为在类柱面曲面上施加适当微调荷载得到的富于变化的山峰造型。这种思想可以应用于类似图 2.5.4 所示的建筑形态设计。

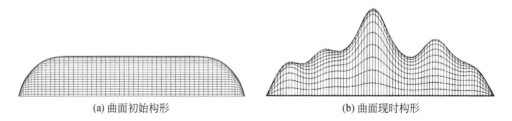

(a) 曲面初始构形　　　　　　　　　　　　　　　(b) 曲面现时构形

图 2.5.3　山峰造型

图 2.5.4　某剧院设计方案

第3章 空间网格结构形态设计

近几十年,空间网格结构得到广泛研究和应用,以其空间刚度大、整体性强、抗震性能好等优越的力学性能,成为空间结构中发展最快、应用最广的结构形式。在过去,网格划分技术较为落后,建筑师只能设计出造型规整、网格形状统一的结构。对于空间曲面造型,只能通过人工绘制,手动调整的方式来设计其网格结构,极大地限制了空间网格结构的造型能力。随着计算机的广泛应用和普及、计算技术的渐趋成熟、软件的不断研制和开发,曲面空间网格结构设计水平迅猛发展,通过丰富的形态设计与相应的网格划分,国内外已涌现出各式各样外观优美的空间网格结构建筑作品。本章将在第2章空间曲面造型的基础上,进一步介绍基于空间多面体、自由曲面以及点云的网格结构形态设计方法。

3.1 空间网格结构形态

空间网格结构是由大量杆件根据建筑形体要求,按照一定规律布置,通过节点连接组成的网状空间杆系结构,相对于平面结构,它具有受力合理、造型丰富、重量轻等优点。空间网格结构构造灵活,通过调整杆件的几何位置与拓扑关系,即可适应不同跨度、不同形状、不同支承条件和不同功能需要的建筑物,呈现出千姿百态的形式。

3.1.1 传统空间网格结构形态

传统空间网格结构造型多为平面、球面、双曲抛物面等函数曲面,或简单曲面的组合(图 3.1.1)。

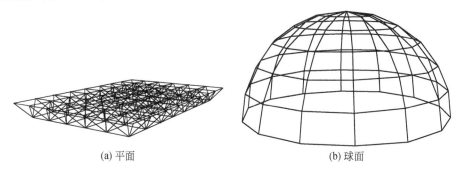

(a) 平面　　　　　　　　　　　　　(b) 球面

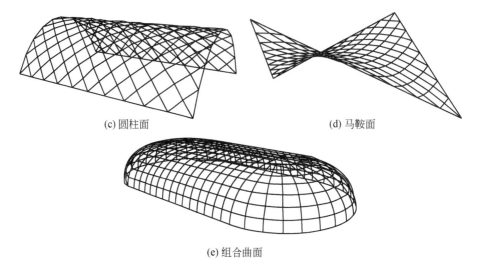

(c) 圆柱面   (d) 马鞍面

(e) 组合曲面

图 3.1.1 传统空间网格形态

随着空间网格结构的快速发展,手工制图与建模显然已经无法满足工程设计的需求。从 20 世纪 60 年代开始,德国、英国等就对空间网格结构的应用软件进行开发,尤其是英国萨里大学提出了以形式代数(Formex algebra)数学体系为基础的结构形体处理方法,经过多年的研究发展形成了较为成熟的理论。通过 Fortran 程序语言可以方便地对空间结构各种类型结构,如双曲面、抛物面、马鞍面、穹顶、环面、锥状和塔状结构,进行结构模型绘图及分析,对空间结构的设计具有重要意义。图 3.1.2 所示是由形式代数建模过程(Formex configuration processing)生成的结构形式(Nooshin,2017;Anderson et al.,2002;Nooshin and Disney,2001)。

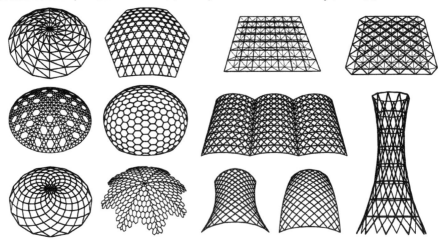

图 3.1.2 形式代数方法生成的结构形式

20 世纪 90 年代,本书作者提出了通过拓扑矩阵法实现各类网格形式自动生成技术,并开发了专业的空间网格结构设计软件 MSTCAD(罗尧治和董石麟, 1995),其集前处理、图形处理、杆件优化设计、球节点设计,以及绘制设计施工图和机械加工图等功能为一体,可以快速方便地完成各种复杂形态的空间网格结构计算机辅助设计任务。MSTCAD 具有自主独立开发的图形系统,良好的中文用户界面,配置大量符合空间网格结构设计专业特色的菜单功能命令,操作方便、直观。结构的节点编号、杆件编号、导入荷载等完全由计算机自动完成。用户直接进行图形交互操作,无须预先编制数据文件,从输入图形到绘制施工图,直至机械加工图,一气呵成,极大地提高了设计效率。如图 3.1.3 所示为国家游泳中心"水立方"结构受力分析计算云图。

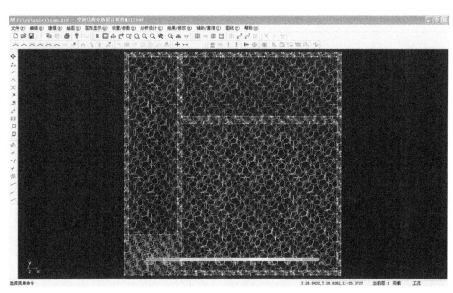

图 3.1.3 中国国家游泳中心"水立方"结构受力分析计算云图

3.1.2 自由曲面空间网格结构形态

如今,建筑形态和结构形式的多元化已成为现代空间网格结构设计的特征之一。设计人员借助工作模型、电脑虚拟空间及模拟分析的共同配合来表达空间中极具变化的三维关系,突破了空间想象能力的限制,这个新趋势所带来的是建筑形式的自由化,由此产生自由曲面空间网格结构。自由形态空间网格结构是指结构整体几何形态无法用解析函数精确表达或拟合,并能以某种方式自由变化的空间网格结构。从造型角度看,空间网格结构只需要将网格单元整体几何造型进行离散,即可适应任意自由变化的形态;而从结构角度看,自由形态空间网格结构与传统空间网格结构没有实质上的区别,依然是将杆件按照某种规律通过节点连接起来而组成的空间结构。

自由形态空间网格结构可以按设计者的想法直接展现各种灵活奇特的造型,充分满足建筑的需求;也可以在规则曲面的基础上稍加改变,呈现出风格迥异的造型。这类建筑多应用于公共设施、剧院、展览场馆、雕塑等(图 3.1.4)。

(a) 中国杭州奥体中心游泳馆　　(b) 中国南京牛首山佛顶宫　　(c) 印度Cybertecture Egg

图 3.1.4　自由形态空间网格结构

在实际应用中,自由形态空间网格结构还可以继续细分,根据网格形状主要可分为三角形网格结构和四边形网格结构;根据结构层数一般可分为单层网壳结构和双层网格结构。自由形态单层网壳由于构件较少,在视觉效果上网格规律流畅,通透性好,实际应用中通常与玻璃面板搭配使用,如图 3.1.5 所示。

 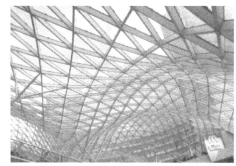

(a) 室外　　　　　　　　　　　　　(b) 室内

图 3.1.5　波兰华沙某商厦入口屋盖

3.1.3　空间网格结构的形与态

无论是传统空间网格结构还是自由曲面空间网格结构,其形态设计都直接影响建筑的外观与力学性能。正因如此,空间网格结构形态的研究受到设计与科研人员的高度重视。空间网格结构的"形",是指结构的几何外形、杆件的布置方式以及构件尺寸等结构的外在特征;空间网格结构的"态",是指结构在外荷载作用下的

内力分布状态,是结构的内在反映。对于空间网格结构形态的研究一般分为以下三类:

(1) 几何外形的创建与优化,主要研究结构的整体几何外形。

(2) 杆件布置关系的创建与优化,主要研究杆件几何位置与拓扑关系的确定方法。

(3) 杆件截面与节点构造的设计与优化,主要通过有限元分析结果选用构件尺寸。

其中,对第(1)部分研究已在第 2 章进行了阐述;第(3)部分的研究一般是基于前两项工作,很大程度上与结构受力密切相关,不在本书讨论的范围内。因此,本章主要对第(2)部分进行深入的讨论。

3.2　基于空间多面体的网格结构形态

如何通过恰当的网格来表现不同的球形外观,是空间网格结构最初解决的问题。数学上,可以采用多面体表面来无限逼近一个标准球面,形成多面体表面填充网格结构。从古时的玉器石雕到现今的竹编木刻,从肉眼不可见的分子结构到高大雄伟的球形网壳,多面体存在于生活的方方面面。将多面体应用于空间结构,更是产生了许多变化丰富的空间多面体结构形态。

3.2.1　空间多面体的数学描述

多面体是指四个或四个以上多边形表面所围成的立体,由这些表面相交就形成了多面体的面、棱和顶点。每个表面由其他表面限定边界,一条棱与两个面相联系,一个顶点最少与三个面相联系。多面体形状数不胜数,仅以正多边形作为多面体表面即可创造出各式各样丰富的造型,如正多面体、半正多面体、约翰逊多面体、棱柱体、对偶多面体等。

正多面体的几何特征为:所有的面都是相同的正多边形,所有的棱长、两面角和多面角都相等,且同时内切和外接于两个同心球。根据正多面体的顶点至少由三个面相交形成,各面在顶点的平面角之和必定小于 360°(即每个平面角必定小于 120°)。可以证明,只存在五种正多面体:正四面体、正六面体、正八面体、正十二面体和正二十面体(图 3.2.1)。

半正多面体由一种以上正多边形组成,相交于每个顶点的棱边组成均一致,但不包含棱柱和反棱柱,共有 13 种。构造半正多面体常用的方法有截顶多面体和截半多面体两种(图 3.2.2):在棱的 1/3 处截去正多面体的各个顶点,将生成一种截顶多面体;在棱的 1/2 处截去正多面体的各个顶点,将生成一种截半多面体。

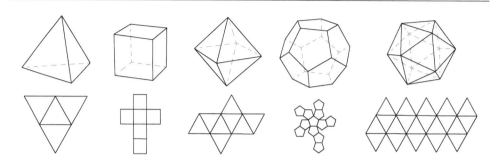

图 3.2.1　正多面体及其展开图

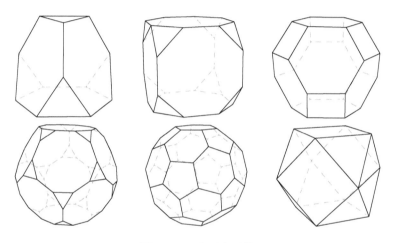

图 3.2.2　半正多面体

　　约翰逊多面体是由约翰逊(Johnson，1966)提出的，是指除正多面体、半正多面体、棱柱、反棱柱以外，所有由正多边形面组成的凸多面体。所有约翰逊多面体的面都是三边形、四边形、五边形、六边形、八边形或十边形。约翰逊多面体的构成方法之一是将其他由正多边形面组成的凸多面体和棱锥、台塔、丸塔进行拼合，如正四角锥柱[图 3.2.3(a)]；另一种方法就是将这种凸多面体切除或加上一些立体，如侧台塔截角四面体[图 3.2.3(b)]；此外，还有多种约翰逊多面体不能以上述两种方法取得，如双月双圆顶[图 3.2.3(c)]。

　　棱柱以相互平行的两个多边形作为上下表面，以矩形作为侧面；反棱柱和棱柱相似，但上下表面相对旋转过一个角度，从而使得侧面变成三角形(图 3.2.4)。

　　在几何学中，若一种多面体的每个顶点均对应另一种多面体上每个面的中心，则它们互为对偶关系。每种多面体都存在对偶多面体，且这两个多面体的顶点和面的位置恰好互换(图 3.2.5)。例如，立方体与正八面体对偶，正十二面体与正二十面体对偶，正四面体与自身对偶。由此不难想象，如果一个多面体每个顶点相交

的棱边组成形式相同,则其对偶多面体的每个面也相同。其中,与正多面体对应的
对偶多面体称为卡塔蓝多面体(Catalan solids)。几种卡塔蓝多面体的组合图及展
开图如图 3.2.6 所示。

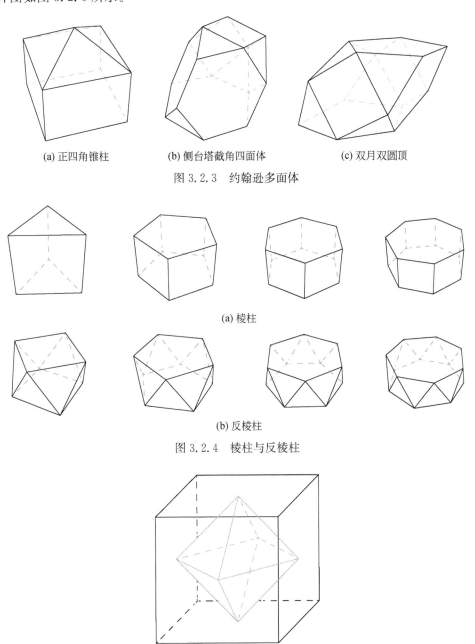

(a) 正四角锥柱　　　　　(b) 侧台塔截角四面体　　　　　(c) 双月双圆顶

图 3.2.3　约翰逊多面体

(a) 棱柱

(b) 反棱柱

图 3.2.4　棱柱与反棱柱

图 3.2.5　立方体与正八面体对偶

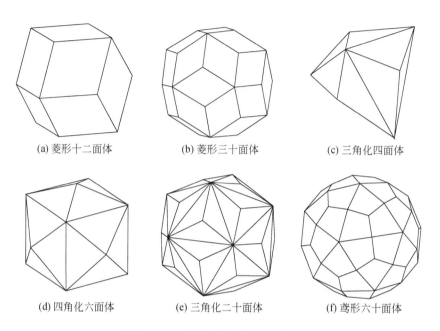

(a) 菱形十二面体　　　　　(b) 菱形三十面体　　　　　(c) 三角化四面体

(d) 四角化六面体　　　　　(e) 三角化二十面体　　　　(f) 鸢形六十面体

图 3.2.6　卡塔蓝多面体的组合图

3.2.2　多面体表面网格划分方法

1. 多面体表面细分理论

通过多面体表面细分来拟合球面有很多种方法,可以是较为随机的多边形组合,也可以具有一定的对称规律,每一种方法对应不同的几何参数,决定了最终的球面网格外观。富勒认为,正二十面体是自然界最有效的体积控制方案,因为它的表面积和体积之比最小。虽然它不是最结实的,但它是稳定的结构。把这种二十面体投影到球面上,则把球面重新划分为二十个等边球面三角形。二十个边的延长线形成十五个大圆。所谓大圆是指由通过球中心的平面与球相交所确定的圆。这十五个大圆规则排列,并把正二十面体的每一个面再分成六个全等的球面直角三角形,因而形成了 120 个相同的球面直角三角形,这些球面直角三角形称为正二十面体对应的施瓦茨三角形,如图 3.2.7 所示。相应的正四面体和正八面体也存在对应的施瓦茨三角形,其分别是整个球面的 1/24、1/48。

正二十面体常用作多面体表面细分的起点,整个二十面体的细分可以简化为一个施瓦茨三角形的细分,每个三角形都被投影在球面上的尺寸更小的三角形覆盖。这样可以用较少的单元尺寸来达到较高的细分次数。卡塔蓝多面体的表面也由同一多边形组成,同理,其表面的进一步细分也可简化为一个多边形的细分。

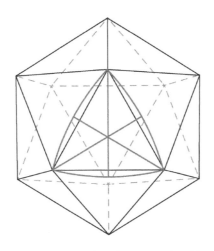

图 3.2.7 施瓦茨三角形(正二十面体)

图 3.2.8 是应用六边形对卡塔蓝多面体中的五角化十二面体进行了表面细分,并以此为基础,将网格映射到球面,从而实现了球面的六边形划分。

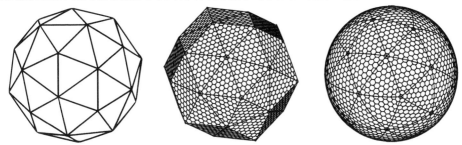

图 3.2.8 五角化十二面体表面细分及相应球面划分

在实际的工程应用中,总是希望构成壳体的构件种类越少越好。因此,优化细分过程的一个重要标准是使球壳主要构件的种类尽可能少。Tarnai(1993)研究了球面填充多面体与短程线型网壳的关系,发现短程线型网壳结构可视为多边形或圆形在理想球面上填充后构成的多面体,并在数学上给出了各种填充规律。球面网壳中常见的短程线网格是三角网格,对于球壳的三角形网格划分,Tarnai 提出了六种划分模式,其中四种是以构件类型最少作为优化标准,在此介绍其中一种划分方法——最优分格法。

如图 3.2.9 所示,ABC 为正二十面体一个面所对应的正球面三角形,O 为正二十面体外接球球心,O' 为球面三角形 ABC 的面心。平面 $x = \pm\sqrt{3}\,y$ 以及平面 $x = 0$ 与 ABC 的交线 $\overset{\frown}{O'A}$、$\overset{\frown}{O'B}$、$\overset{\frown}{O'C}$ 将 ABC 分为完全相同的三等份:$O'AB$、$O'BC$、

$O'CA$。因此，可以只取其中的一份进行分析。

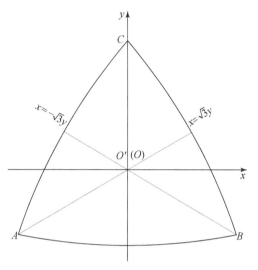

图 3.2.9　正球面三角形平面

现以 $O'AB$ 为例，如图 3.2.10 所示，将边界线 $\overset{\frown}{AB}$ 分为 N 等份。ab_{12}、ab_{13} 为 $\overset{\frown}{AB}$ 上第二等分弦的两个端点。现过 $ab_{12}ab_{13}$ 中点作一平面过球心，该平面和 $\overset{\frown}{O'A}$ 交于 ab_{21}。再过 ab_{21} 作一与平面 OAB 平行的平面和 $\overset{\frown}{O'B}$ 相交于 ab_{2n}。$\overset{\frown}{ab_{21}ab_{2n}}$ 和 $\overset{\frown}{O'A}$ 是两个同轴圆（相互平行）上的一部分。将 $\overset{\frown}{ab_{21}ab_{2n}}$ 分为 $n-3$ 等份，可得 $\overset{\frown}{ab_{21}ab_{2n}}$ 上的 $n-2$ 个等分点（包括 ab_{21}、ab_{2n}），正好是 $\overset{\frown}{AB}$ 上 $n-2$ 个等分弦的垂直等分面与 $\overset{\frown}{ab_{21}ab_{2n}}$ 的交点。将 $\overset{\frown}{ab_{21}ab_{2n}}$ 上各等分点分别与 $\overset{\frown}{AB}$ 上相邻的两个等分点相连，则 $\overset{\frown}{ab_{21}ab_{2n}}$ 与 $\overset{\frown}{AB}$ 间连成的各线段（或弦）均相等，可形成同一长度的杆件。

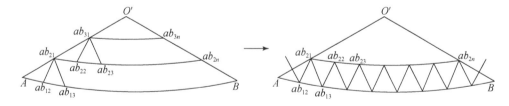

图 3.2.10　优化分格过程 1

再在 $\overset{\frown}{ab_{21}ab_{2n}}$ 上的第二等分段 $ab_{22}ab_{23}$ 上重复以上步骤，以此类推，直至等分数小于等于 3。然后通过旋转将 $O'AB$ 上分得的各点坐标换算到 $O'BC$、$O'CA$ 上，则正球面三角形 ABC 上各分格点的坐标便确定完毕。通过图 3.2.11 所示各点间的连线便完成了优化分格。

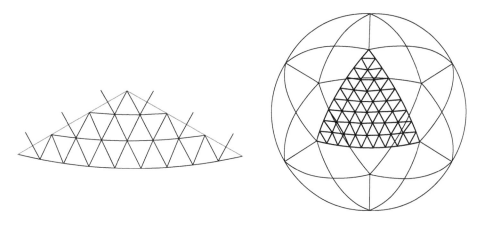

图 3.2.11　优化分格过程 2

使用优化分格法,若球面三角形边界线的分格频率(等分数)为 N,则不同长度的杆件数为 N;不同的球面三角形类型为 $n+|(n-1)/3|$;不同的节点类型数为 $n+|(n-3)/3|$。其中,$|(n-1)/3|$ 以及 $|(n-3)/3|$ 表示只取其整数部分,如图 3.2.12 所示。

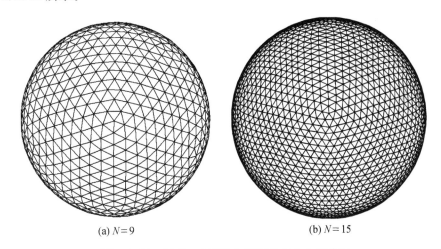

(a) $N=9$　　　　　　　　　　　　(b) $N=15$

图 3.2.12　以正二十面体为基础的优化分格球面

网格穹顶是富勒的一项重要成就,他在专利申请中将网格穹顶描述为一个包围空间的结构(图 3.2.13)。评价建筑结构性能的一个重要指标是遮盖一平方英尺地面所需要的结构的重量。在常规的穹顶设计中,该重量往往是 $2500\mathrm{kg/m^2}$。富勒通过网格穹顶与塑料皮的组合,使材料用量降低为 $5\mathrm{kg/m^2}$,富勒最重要的洞察力在于他看到了传统的多面体、球和建筑之间的联系。网格穹顶被认为是自拱门诞生以来最伟大的建筑发明。网格穹顶实际上属于一种单层球面网壳,可运用于体育馆、工厂、温室和陈列室,其中一个杰出的例子是 1967 年加拿大蒙特利尔世博会的美国馆(图 3.2.14)。

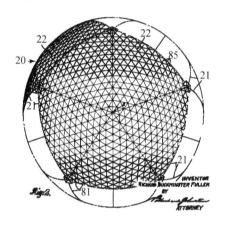 

图 3.2.13　网格穹顶专利(Fuller,1954)　　图 3.2.14　加拿大蒙特利尔世博会的美国馆

2.滚灯式球面划分

千年来,在中国的民族文化里,石狮一直是守护人们吉祥、平安的象征。其形象的完整性也离不开脚下的石球。石球表面图案应尽可能均衡统一,这就要求球面的填充多边形尽可能少,这种填充形式也是球面表面网格划分的方法(图 3.2.15)。

图 3.2.15　神态各异的狮子雕像和不同雕纹的圆球(图片来源于 Tarnai 教授)

类似地,流行于钱塘江畔余杭、海盐等地的滚灯舞蹈艺术,是一种融体育、舞蹈于一体,集力与美于一身的优秀民族民间艺术项目,深受群众喜爱(图 3.2.16)。滚灯球体表面编条实际上形成了一种优美的网格划分方式。

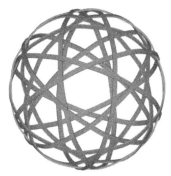

图 3.2.16　滚灯艺术

　　滚灯在几何上可以看成由 10 个大圆(测地线)相互成一定角度围成的几何体，形成过程如图 3.2.17 所示；也可以看成由 10 个全等的等边球面六边形与 12 个全等的球面五角星围成的球面；每个大圆被等分为 6 份，每份成了五角星的一条边，每个五角星又可以划分为一个球面五边形和五个球面等腰三角形，等腰三角形的底边为五边形边界，于是每个大圆还可以看成由 12 条上述等腰三角形的腰及 6 条上述等腰三角形的底边组成。

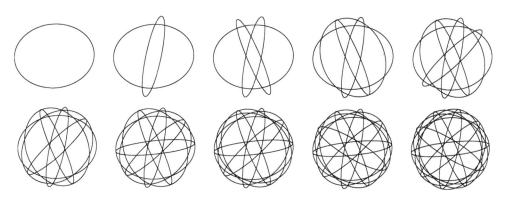

图 3.2.17　由 10 个大圆组成滚灯的过程

　　下面将取出图 3.2.18 所示的球面多边形 $ABCD$ 作为基本单元，说明滚灯形球面网格的划分参数。其中，AB 和 AC 为球面五角星的边，即 1/6 的大圆，对应圆心角为 $\pi/6$；BD 和 CD 为等腰三角形的腰；E 为球面五角星(五边形)的形心；AE、BE 和 CE 为连接相应点的测地线，分别平分球面角 $\angle BAC$、$\angle ABD$ 和 $\angle ACD$。为计算与表达方便，设球面半径为 1。

　　根据平面五角星与球面五角星的几何对应关系，有

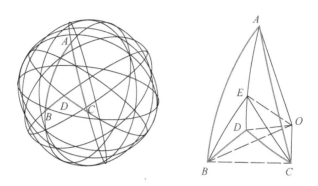

图 3.2.18　滚灯几何构造

$$\widehat{BC} = \frac{\widehat{BC} \cdot \sin \dfrac{\pi}{5}}{\sin \dfrac{2}{5}} \tag{3.2.1}$$

$$\widehat{BD} = \widehat{DC} = \frac{\widehat{BC} \cdot \sin \dfrac{\pi}{5}}{\sin \dfrac{3}{5}} \tag{3.2.2}$$

记 BDO 与 CDO 的二面角大小为 α，由三面角的余弦定理可知：

$$\cos\angle BOC = \cos\angle BOD \cos\angle COD + \sin\angle BOD \sin\angle COD \cos\alpha$$

由此可以解得球面角 $\angle BDC = \alpha = 1.9061\mathrm{rad}$。

3.2.3　多面体空间网格划分方法

1. 多面体紧密堆积理论

将多面体用于空间填充，可以构建更为复杂的空间网格结构形态。多面体紧密堆积理论是自然界中产生重复自生形态的一条基本原则。当多个弹性球体（如气泡）紧密堆积在一起时，物理学的法则促使其形成了重复的几何形状，如三角形、六边形（图 3.2.19）。这些多边形在球体之间和球体外表面产生的空间创造了紧密堆积的多面体网格结构（余卫江等，2005）。

在国外，气泡理论的研究已经有一百多年的历史。如果将三维空间细分为若干个小部分，每个部分体积相等但要保证接触表面积最小，那么这些细小的部分应该是什么形状？1887 年，提出这一问题的英国数学家 Kelvin 给出了一个解答，即十四面体单元组成的气泡——Kelvin 气泡。由于不能给出严格证明，该结果只能是对这一问题正确答案的一个猜想。在长达一百多年的时间里，许多科学家都致

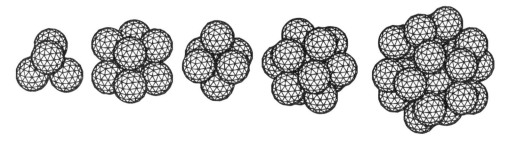

图 3.2.19　紧密堆积的球体

力于解决这一难题,出现了"无限等体积肥皂泡阵列几何图形学"问题的研究,并提出了很多方法。Weaire 和 Phelan(1994)提出一种新的气泡形式——Weaire-Phelan 气泡(图 3.2.20),由两种不同的单元构成,一个为十四面体(2 个面为六边形,12 个面为五边形),另一个为十二面体(所有的面都是五边形)。其接触表面面积比 Kelvin 气泡小 0.3%,从而用反例证明了 Kelvin 气泡并非 Kelvin 问题的真实解答。当然这也不能证明 Weaire-Phelan 气泡就是 Kelvin 问题的真实解,确切地说,它是目前已知 Kelvin 问题的最优解。

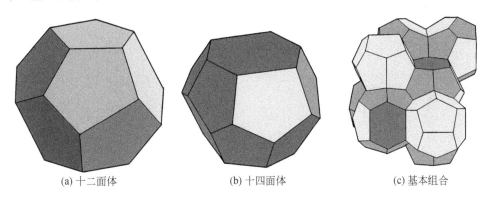

(a) 十二面体　　　　　　　(b) 十四面体　　　　　　　(c) 基本组合

图 3.2.20　Weaire-Phelan 泡沫模型

　　以单种多面体的空间阵列组成紧密堆积体来填充整个三维空间,这类多面体称为空间填充多面体。研究表明,在 5 种正多面体、13 种半正多面体及其 13 种对偶多面体中,只有立方体、截顶正八面体(图 3.2.21)和菱形十二面体(图 3.2.22)属于空间填充多面体。

　　平移和转动也可以用于多面体的填充,甚至不同的多面体可以通过各种组合以立方体矩阵的形式填满整个空间。例如,正六面体可以自行进行紧密填充,但将每个立方体旋转 45°又可以形成另一种填充形式(图 3.2.23)。

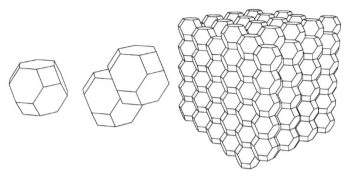

图 3.2.21　截顶正八面体及其堆积体

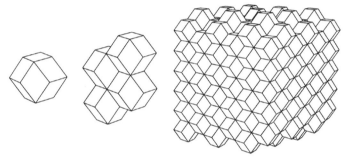

图 3.2.22　菱形十二面体及其堆积体

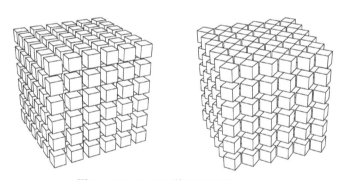

图 3.2.23　正六面体的不同填充方式

2. 多面体空间刚架结构

多面体空间刚架是一种全新的空间结构,它具有重复性高、汇交杆件少、节点种类少,结构承载能力、抗震性能、延性好等显著特点,在国家游泳中心"水立方"结构中首次得以采用。"水立方"是 2008 年北京奥运会的主要比赛场馆之一,也是奥林匹克公园内的重要建筑,其以方形的建筑形态创造了模仿水泡组合形式的全新结构形式(图3.2.24),其与国家体育场和谐共生,体现了中国文化理念。其中,基于 Weaire-Phelan 气泡理论的多面体紧密堆积是"水立方"建筑呈现的主要元素。

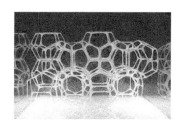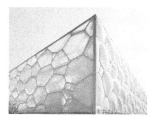

图3.2.24　中国国家游泳中心"水立方"多面体结构

如图3.2.25所示,实际的"水立方"建筑形体,是通过对一个比其更大的 Weaire-Phelan 多面体阵列进行旋转切割得到的(傅学怡等,2005)。在多面体堆积体形成后,构成多面体刚架的关键在于堆积体的旋转和切割。原则上,切割面的位置必须经过多面体单元的顶点,否则表面弦杆以及与表面弦杆相连腹杆的杆长种类将大量增加,且内部节点离切割面的最小距离将缩短。对实际工程最有意义的是间距最大的相邻切割面,因为由这些切割面形成的表面与内部节点的最小距离达到最大值,从而有利于满足结构构造的要求,减小构件与节点的加工制作难度。

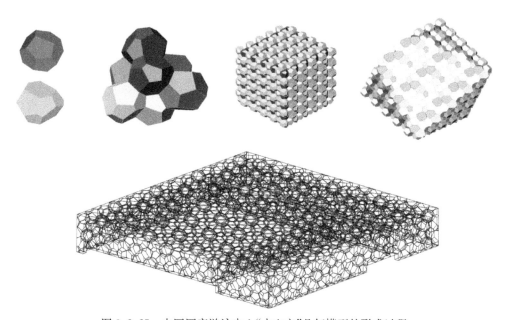

图3.2.25　中国国家游泳中心"水立方"几何模型的形成过程

3.3　基于自由曲面的网格结构形态

随着工程技术的进步与建筑审美水平的日益提高,通过规则多边形来构造空间网格结构已无法满足空间结构形态设计的需求。自 20 世纪 70 年代起,研究人员开始探索对曲面进行网格划分的方法,随着计算机图形学技术的不断发展,网格划分方法也在不断进步。

3.3.1　曲面网格划分基础

自由形态空间网格结构的生成方法大多借鉴有限元网格划分的方法,并且对有限元网格质量衡量标准进行调整,使其适用于空间网格结构。从较早的映射法、Delaunay 三角化法、四叉树法、八叉树法等,到近期便于网格自动生成的波前推进法(advancing front technique,AFT)、铺砌法(paving)以及这些方法的组合,各种网格划分方法均在不断地发展与完善。

1. 映射法网格划分

映射法是最早出现的自动网格生成算法,也是在结构化四边形网格生成方法中典型和通用的方法。映射法基本思想是:利用曲面的几何信息生成参数域上的节点,利用平面网格生成技术对曲面的二维参数域进行剖分,然后将参数域上的网格节点映射到三维物理空间中的曲面上,并且保持参数域上的网格节点连接关系,便得到曲面上的网格剖分。对于参数曲面,有

$$\boldsymbol{p}(u,v) = \sum_{i=0}^{m} \sum_{j=0}^{n} \boldsymbol{a}_{ij} \varphi_i(u) \psi_j(v) \qquad (3.3.1)$$

其参数域为一拓扑矩形。参数域范围为 $0 \leqslant u \leqslant 1$ 且 $0 \leqslant v \leqslant 1$。对该矩形参数域进行网格划分,划分时可以借鉴规则网格结构的各种网格形式。将该参数网格的每个节点值 (u,v) 代回式(3.3.1)中,得到曲面上对应于该参数对的点 $\boldsymbol{p}(u,v)$,如图 3.3.1 所示。此过程即是将参数域网格划分映射回曲面的过程。映射结束后,即得到曲面上对应的网格划分。

映射法原理简单,若曲面的参数能较好地反映曲面形状(如弧长参数化),则映射法能取得良好的划分效果。但是,映射法仅适用于参数域为矩形域的曲面,如双三次 B 样条曲面。映射法对于比较光滑平缓的曲面能得到比较好的剖分结果,但对于一些形状复杂的曲面,参数域上具有较好形状的网格在曲面上可能产生映射畸变。图 3.3.2 所示为采用映射法得到的四边形网格划分,存在曲面边界处网格狭长的问题。

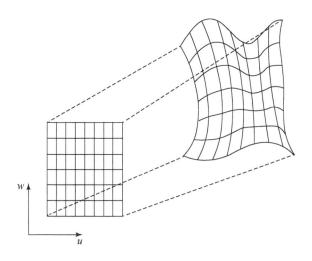

图 3.3.1　映射法基本原理示意图

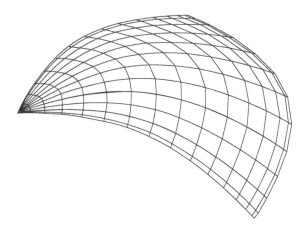

图 3.3.2　曲面边界网格狭长

对于映射法的缺陷已有不少改善方法。一种比较有效的方法是改善映射关系或二次参数化，以弱化映射的非线性。基于二次插值的网格映射划分方法（李娜，2009），与弧长参数化较为近似，这在一定程度上弥补了映射法的缺陷。这种方法适用于双三次 B 样条曲面，可以很好地满足空间网格结构的实际需求。该方法步骤如下：

（1）对型值点（即原始数据点）进行双三次 B 样条曲面初次插值，采用双向平均规范累积弦长参数化，输出足够细化的曲面信息，从而得到 $m' \times n'$ 的初次结果点集 $\boldsymbol{p}'_{i,j}$。

（2）对初次插值细化得到的点集 $p'_{i,j}$ 进行参数化。细化点集 $p'_{i,j}$ 呈矩形拓扑关系，能很好地反映曲面的弧度变化信息，且避免了点集中各参数区间之间的参数化失真。最终输出点数不大于细化点集的点数，使得其沿弧长参数分布较均匀。

（3）以细化点集 $p'_{i,j}$ 为型值点阵，进行双三次 B 样条曲面二次插值，求映射法中参数域上指定节点所对应的曲面点。虽然概念上二次插值所得曲面不同于初次插值曲面，但在初次插值足够细化的前提下，二次插值所得曲面将足够逼近于原始曲面，且满足空间结构工程中的精度要求。

（4）对参数域进行相应的网格划分，然后用映射法将参数域网格映射回曲面。

很多实际工程都采用了映射法进行网格生成。例如，西班牙马德里市政厅中庭玻璃屋盖（Schlaich et al.，2010），先通过手绘确定网格划分，再映射到曲面上（图 3.3.3）。又如，中国上海世博会阳光谷单层网格结构（李承铭和卢旦，2011），是在参数域划分网格后，再将网格映射到曲面（图 3.3.4）。

图 3.3.3　西班牙马德里市政厅中庭玻璃屋盖

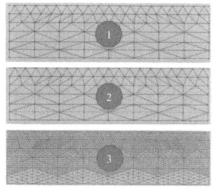
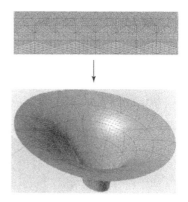

图 3.3.4　中国上海世博会阳光谷网格生成示意图

2. 直接网格生成方法

随着有限元的快速发展,不断出现了各种新的网格划分方法,如两种直接网格生成法:波前推进法和铺砌法。这两种方法可以实现网格的全自动生成,生成的都是非结构化网格。它们能够适应复杂的曲面和边界条件,可以解决多连通域问题,是目前常用的有限元网格生成方法。

波前推进法既可用于生成三角形网格,也可用于生成四边形网格。对该方法发展贡献最大的是 Löhner 和 Parikh(1988)及 Lo(1985)。其基本原理是:首先将待剖分域的边界离散成单元,对曲面来说,离散后的单元是首尾相接的线段,称为初始前沿;然后从初始前沿开始,以每一个前沿为三角形的已知底边,向待剖分域内部插入节点与前沿构成三角形,并生成新的前沿;这样不断使前沿向前推进,直到划分完整个待剖分域,如图 3.3.5 所示。

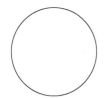

图 3.3.5　波前推进法网格生成过程示意图

铺砌法是紧随波前推进法之后出现的全自动网格生成方法,生成的都是四边形网格。该方法最初由 Blacker 和 Stephenson(1991)提出,其基本原理是从外向内逐层生成边界,向内铺砌,直到将整个待剖分域铺满,如图 3.3.6 所示。铺砌法对边界的要求较为严格,每一层铺砌边界都必须是偶数个,才能保证生成的网格全部为四边形。

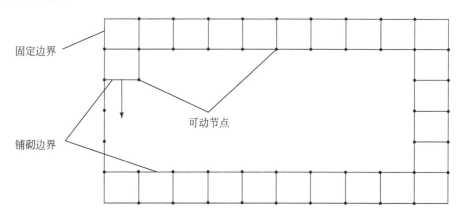

图 3.3.6　铺砌法示意图

波前推进法和铺砌法的原理和步骤有相似之处,都是从曲面边界开始划分网格,因此对复杂边界的适应力强,且易于控制网格质量和尺寸。经过长时间的应用和发展,这两种方法已成为曲面(尤其是复杂形状曲面)非结构化网格生成的主流方法。大部分有限元软件,如 ANSYS、Gambit 等,都是采用这两种方法生成非结构化网格。如图 3.3.7 所示,岱山文化体育中心训练馆的一个网壳方案就是利用波前推进法生成三角形网格(丁慧和王戴薇,2010)。

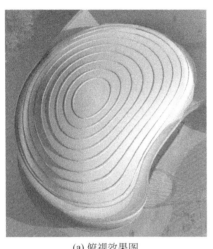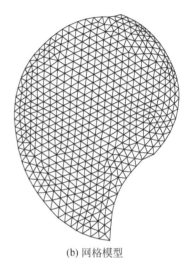

图 3.3.7　岱山文化体育中心训练馆网格划分方案

3.细分法

细分法(subdivision)也是曲面网格化的重要方法之一,该方法的基本原理是从一个初始的粗糙网格开始,逐步细分网格,最终得到能准确反映曲面形状的网格,如图 3.3.8 所示。最经典的细分法是由 Loop(1987)提出的 Loop 法和由 Dyn

图 3.3.8　butterfly 法网格细分示例

等(1990)提出的 butterfly 法,前者是一种拟合方法,后者则是插值方法。细分法在建筑领域已经有所应用,如用于建筑表皮的设计,可以生成三角形、四边形甚至更加复杂的网格形式(图 3.3.9)。

阿联酋阿布扎比亚斯岛 Marina 酒店屋顶的网格结构也是采用细分法原理生成的(图 3.3.9)。

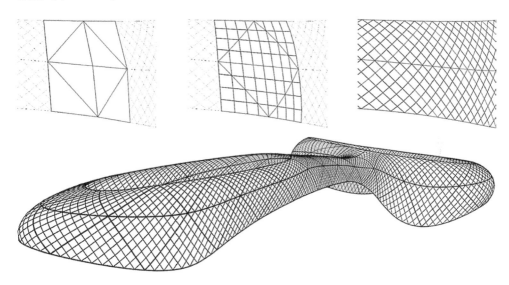

图 3.3.9　阿联酋阿布扎比亚斯岛 Marina 酒店屋顶网格生成示意图(Pottman,2009)

4. Delaunay 三角剖分法

Delaunay 三角剖分法的思想是根据已知的型值点或由曲面方程计算出的曲面上一些离散数据点,对这些点运用三角划分算法建立三角形网格。Delaunay 三角剖分法的研究已较为成熟,有很多算法可供选择(杨钦等,2000;Joe,1991)。

给定平面上或空间中的离散数据点,对每个数据点构造一个域,使该域内任一点与此离散点距离比其他离散点更近,这种分割方式所生成的网格便称为 Voronoi 网格(Green and Sibson,1978)。将 Voronoi 网格中具有共用域边界的散乱数据点对相连形成的三角形网格称为 Delaunay 三角剖分网格(图 3.3.10),Voronoi 网格与 Delaunay 三角剖分网格互为对偶。

5. 三角形网格转化法

三角形网格转化法的思路就是先在曲面上进行三角形网格划分,然后将三角形网格转化为四边形网格。三角形网格转化为四边形网格有两种具体的转化方

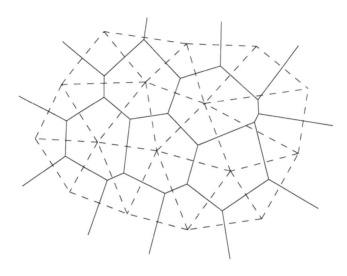

图 3.3.10　Delaunay 三角剖分网格（虚线）和 Voronoi 网格（实线）

法：其一，将两共边三角形删去公共边，合并为一个四边形，称为合并转化法。其二，将两共边三角形的所有边二等分，将生成的中点与原顶点构造成四个四边形［图 3.3.11(a)］；而对于孤立的三角形，则分割为三个四边形［图 3.3.11(b)］，称为分割转化法。

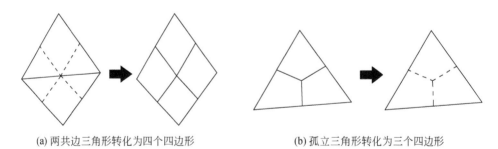

(a) 两共边三角形转化为四个四边形　　　　　(b) 孤立三角形转化为三个四边形

图 3.3.11　分割转化法

3.3.2　等参线分割法

　　等参线分割法通过在曲面上提取等参线，并以杆件长度相等为标准分割等参线，进而确定每行网格的参数域节点，并生成网格。该方法有以下优点：可以逐行控制网格质量，避免网格失真；每行杆件长度相等，杆件种类统一；能够方便地调整每行网格数量，增加网格拓扑的灵活性。

1. 等参线定义

B样条曲面表达式如式(3.3.2)所示,具体参数意义详见第 2 章。

$$\boldsymbol{P}(u,w) = \sum_{i=0}^{n_1} \Big(\sum_{j=0}^{n_2} B_{j,l}(w)\boldsymbol{V}_{i,j} \Big) B_{i,k}(u) \tag{3.3.2}$$

进一步将式(3.3.2)改写为

$$\boldsymbol{P}(u,w) = \sum_{i=0}^{n_1} \boldsymbol{C}_i(w) B_{i,k}(u) \tag{3.3.3}$$

式中,$\boldsymbol{C}_i(w)$为中间控制点,其计算公式为

$$\boldsymbol{C}_i(w) = \sum_{j=0}^{n_2} B_{j,l}(w)\boldsymbol{V}_{i,j} \tag{3.3.4}$$

对给定的参数值 $w=\omega$,可以由式(3.3.3)求出 $\boldsymbol{C}_i(w)$,将这 n_1+1 个中间控制顶点代回式(3.3.2),便定义了一条 B 样条曲线,此时参数 w 为常数,曲线是以参数 u 为变量的曲线。该 B 样条曲线称为对应 $w=\omega$ 的 u 向等参线。同理可得 w 向等参线。由此,将等参线定义如下:当 B 样条曲面的参数 u(或 w)取常数时,曲面的另一个参数在其定义域内连续变化,这样在曲面上就会扫描出一条曲线,称为等参线,如图 3.3.12 所示。

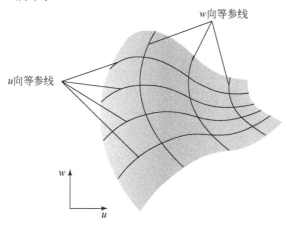

图 3.3.12　等参线示意图

2. 等参线分割法算法及原理

等参线分割法的具体操作步骤如下:

(1) 在曲面上选定一个参数方向来提取等参线。

确定每条等参线对应的另一个参数的参数值,即式(3.3.3)中的常参数 w。以

图 3.3.13 为例,将 w 向的两条边界曲线(图 3.3.13 中加粗线)等分为 α(曲面最终划分出的网格行数)段,曲线等分后每个等分点对应的 w 参数值形成一个 w 向参数矢量,对两条边界线的该矢量求平均值,以此确定每条 u 向等参线对应的 w 参数值,即图 3.3.13 中有

$$W = \begin{bmatrix} w_0 & w_1 & w_2 & \cdots & w_\alpha \end{bmatrix} \tag{3.3.5}$$

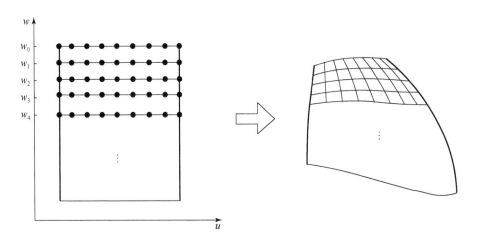

图 3.3.13　等参线分割法示意图

(2) 形成并划分等参线。

在图 3.3.13 中,提取出对应 W 各元素的 $\alpha+1$ 条 u 向等参线后,根据所需的网格形式确定每行的网格数量,据此对相应的等参线进行等弦长分割,形成 $\alpha+1$ 个 u 向的参数矢量。

(3) 生成网格。

将每条等参线划分后对应的参数矢量与该等参线在另一参数方向上的参数值一一对应,形成参数域内的网格节点,映射回空间曲面,从而得到曲面上的网格点,形成网格体系。

其中,等参线分割法最关键的一步是将等参线等分以形成网格的节点。为提高杆件长度的统一性,对等参线进行等弦长分割(以下简称等弦分割),即曲线分段后各段弧线的弦长相等,如图 3.3.14 所示。

如图 3.3.15 所示,若将一曲线等弦分割为 q 段,对第 $k(1,2,\cdots,q)$ 段而言,P_{k-1} 为已知端点,需要找到曲线上另一点 P_k 作为该段的另一端点,并满足:

$$\overline{P_{k-1}P_k} = l_a \tag{3.3.6}$$

式中,l_a 为等分长度,即曲线划分完成后每段的弦长。

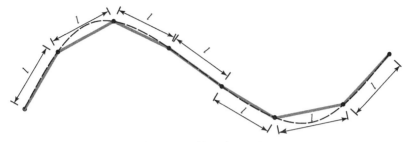

图 3.3.14　等弦分割示意图

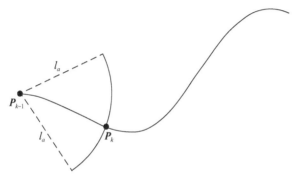

图 3.3.15　等弦分割问题描述

进一步将式(3.3.6)写为以下形式：

$$f(u_k) = | \boldsymbol{P}(u_k) - \boldsymbol{P}(u_{k-1}) | - l_a = 0, \quad k = 1, 2, \cdots, q \qquad (3.3.7)$$

式中，u_k、u_{k-1}分别为$\boldsymbol{P}_k$、$\boldsymbol{P}_{k-1}$对应的参数值，其中u_{k-1}已知。$\boldsymbol{P}(u_k)$、$\boldsymbol{P}(u_{k-1})$采用 Cox-de Boor 递推算法，即通过式(2.2.7)和式(2.2.8)求解。

方程(3.3.7)实际是一个关于参数u_k的复杂非线性方程，直接采用解析方法求解十分困难，需采用数值方法进行求解。常用数值方法有 Newton 迭代法和割线法，Newton 迭代法涉及 B 样条曲线的求导，计算量较大，故采用的迭代收敛准则为(施吉林等,1999)

$$f(u_k) = | \boldsymbol{P}(u_k) - \boldsymbol{P}(u_{k-1}) | - l_a \leqslant \varepsilon \qquad (3.3.8)$$

式中，ε为杆件实际长度与等分长度间的容许偏差，可根据精度要求确定，一般应与l_a相关联。满足式(3.3.8)的u_k即为所求分割点对应的参数值。

需要说明的是，等分长度l_a在曲线分割前是未知的，需在运算开始时先给出试算的l'_a，以此试算等分长度对曲线逐段划分，直到曲线末尾已不足一个l'_a，或已划分完$q-1$段，此时已成功划分的段数为q'，则该试算等分长度与真实等分长度的累积差值为

$$\Delta l = l_{\text{end}} - (q - q') l'_a \qquad (3.3.9)$$

式中，l_{end}为第q'段末节点至曲线末端点的距离。再将式(3.3.9)看作关于l'_a的函

数,采用二分法对 l_a' 进行调整,每次调整后都重复等分计算,直至 $\Delta l \leqslant \varepsilon$ 时认为曲线划分完毕。等参线的等弦分割算法运算结束后将形成该曲线被等分后由所有分割点组成的参数矢量。

3. 曲面网格划分示例

1) 四边形边界类自由曲面

四边形边界类自由曲面的整体边界轮廓应当由四条边组成,且四条边的尺寸没有悬殊的差别[图 3.3.16(a)]。B 样条曲面本身是矩形参数域曲面,所以很多自由曲面都可以归为矩形边界曲面。

四边形边界类自由曲面较适合划分为两向正交四边形网格,划分方法也较为简单,只需给定网格的行数 N_u 和列数 N_w,然后按照等参线分割法的基本步骤,提取 N_w+1 条等参线,将每条等参线等分成 N_u 段,再两向连接这些节点即可形成四边形网格,如图 3.3.16(b)所示。

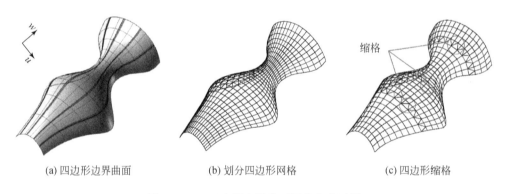

(a) 四边形边界曲面　　　　　　(b) 划分四边形网格　　　　　　(c) 四边形缩格

图 3.3.16　四边形边界曲面网格生成示例

还可以通过连接对角线的方式将四边形网格转化为三角形网格。连接方式有图 3.3.17 所示的三种:对角线全部向左倾斜[图 3.3.17(a)]、对角线全部向右倾斜[图 3.3.17(b)]以及对角线选择较优方向倾斜[图 3.3.17(c)]。所谓较优,是指在两种对角线连接方式中选择令所形成三角形最小内角最大的连接方式,如图 3.3.17(c)所示的实线连接较虚线连接更优。

当然,四边形边界曲面也是自由曲面,曲面造型总是不免会有一些变化。图 3.3.18(a)所示是一个锥台形曲面。映射法生成三角形网格多采取分割四边形的方法,如图 3.3.18(b)所示,生成的网格自上而下质量逐渐变差。当曲面尺寸发生明显变化时,仍然采取简单的两向四边形网格划分会导致网格尺寸不均匀。对于这种情况,在网壳结构中常采用缩格的手段,即将两个网格合并为一格。采用等参线分割法实现缩格的操作如下:设定最小杆件长度要求,在每行网格划分时先判

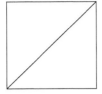 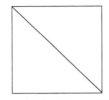 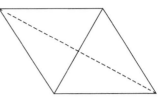

(a) 对角线全部向左倾斜　　　(b) 对角线全部向右倾斜　　　(c) 对角线选择较优方向倾斜

图 3.3.17　四边形网格转化为三角形网格

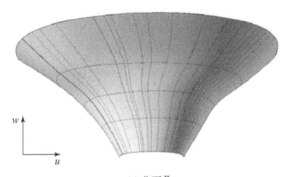

(a) 曲面 Ⅱ

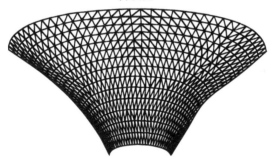

(b) 映射法生成的网格

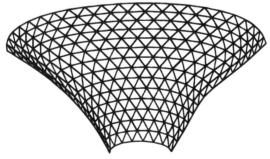

(c) 等参线分割法生成的网格

图 3.3.18　锥台形曲面的网格生成

断目标弦长是否小于最小杆件长度,若小于则将分割段数减半,在网格生成的同时完成缩格,如图3.3.16(c)所示。等参线分割法能在曲面上生成更优的三角形网格,每个内部节点都与6根杆件相连,网格分布十分规则,杆件尺寸也更为均匀。缩格方法使得四边形边界类曲面网格适用于边界整体轮廓呈三角形(或四边形其中一条边的尺寸远小于其他边)的情形。

2) 圆形边界类自由曲面

圆形边界类自由曲面的边界轮廓是圆形,或者是没有明显尖角、边界圆滑的多边形。圆形边界曲面一般是通过旋转曲面的途径生成的,即将一根轮廓线绕某根轴旋转而得到,顶部可封闭也可不封闭,如图3.3.19所示;也有一部分曲面是通过其他途径生成的,如放样曲面等,当曲面没有明显转折时,也应划归圆形边界曲面,否则在曲面角部生成的网格质量较差,如图3.3.20所示。这两种曲面虽然都是圆形边界曲面,但网格生成过程却有很大不同,因此将其细分为旋转圆形边界曲面和普通圆形边界曲面分别进行介绍。

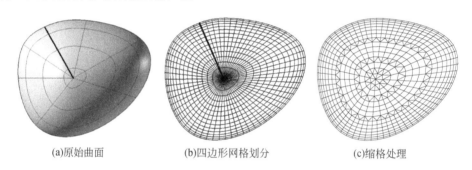

(a)原始曲面　　　　　　　(b)四边形网格划分　　　　　　　(c)缩格处理

图 3.3.19　旋转圆形边界曲面示例

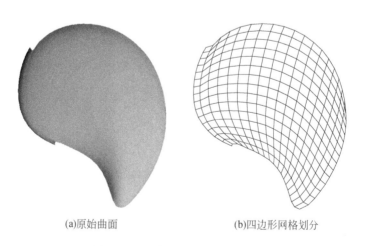

(a)原始曲面　　　　　　　　　　(b)四边形网格划分

图 3.3.20　普通圆形边界曲面示例

　　圆形边界曲面的网格划分形式较为多样,所有用于球壳的网格形式理论上都适用于该类曲面。几类常见网格形式(包括肋环型、施威德勒型、联方型及凯威特型)的生成方法如下:

　　肋环型网格的生成方法对旋转曲面而言,与四边形边界曲面的两向正交网格生成方法相同,唯一区别是旋转曲面环向是封闭的,在该方向曲面的两条边界重合,按两向正交网格生成后,应注意消除重合的边界单元,如图 3.3.19(a)、(b)中的加粗线所示。

　　球壳上的肋环网格都需要缩格后才能使用,旋转曲面也不例外,图 3.3.19(c)是肋环型网格缩格后的结果,缩格操作方法同前文所述。对于普通圆形边界曲面,肋环型网格的生成要稍显复杂。以图 3.3.21 中曲面为例,首先要找到曲面的近似中心,即到曲面各边距离相近的点,注意该点是在三维曲面上确定的,而不是在参数域,因为参数域的中心大多数情况并不是曲面的中心。然后在参数域中,将矩形参数域的四个角点分别与中心点所对应的参数点相连[图 3.3.21(a)中 O 点],将参数域分为四部分,再在每个分区提取等参线并进行部分等分。图 3.3.21(b)是按以上方法对图 3.3.20 中曲面所划分的肋环型网格。

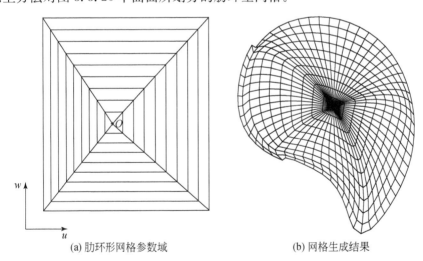

　　　(a) 肋环形网格参数域　　　　　　　　(b) 网格生成结果

图 3.3.21　普通圆形边界曲面肋环型网格的生成

　　施威德勒型网格和联方型网格的生成思路是在肋环型网格的基础上,通过简单变化构造而成的。网格转化方式如图 3.3.22 所示。

　　凯威特型网格较难由肋环型网格直接转化得到,因此所采取的生成策略为:先将曲面平均分割为 n 部分(n 为凯威特型网格中心处的环向网格数),然后将每一部分曲面看作三角形边界曲面,按照三角形边界曲面中的三向网格生成方法划分三角形网格,最后将各部分网格组合起来即可,如图 3.3.23 所示。

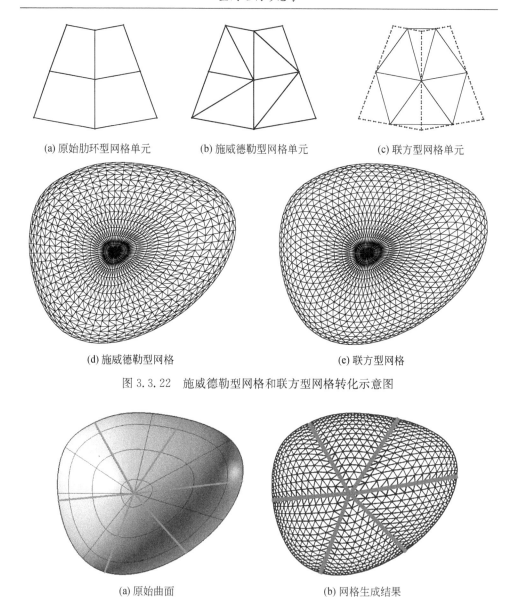

(a) 原始肋环型网格单元　　　(b) 施威德勒型网格单元　　　(c) 联方型网格单元

(d) 施威德勒型网格　　　　　　　(e) 联方型网格

图 3.3.22　施威德勒型网格和联方型网格转化示意图

(a) 原始曲面　　　　　　　　　(b) 网格生成结果

图 3.3.23　凯威特型网格生成示意图

3) 一般自由曲面

图 3.3.24(a)所示的曲面是一个通过逆向工程获取的鼠标形曲面,曲面上的结构线反映了两个参数方向的参数节点分布。图 3.3.24(a)中两条带箭头线段所标示的为同一 u 向参数节点区间对应的曲面上两线段的长度。显然,在曲面内部的线段较边界上的线段长很多。由于映射法的网格划分与曲面边界和曲面的参数化

状况有很大关系,采用该方法生成的网格如图 3.3.24(b)所示,虽然边界划分良好,但内部网格尺寸却很不均匀,从图中带箭头线段所标示的单元可见,内部网格尺寸显著大于边界网格;另外,由于原曲面局部自相交,该区域生成的网格也发生了重叠。图 3.3.24(c)是采用本节方法所生成的网格,等参线分割法是逐行独立划分网格,并且对曲面重复定义现象进行了特殊处理,因此所生成的网格从曲面边缘到内部都保持均匀,没有出现网格重叠现象。

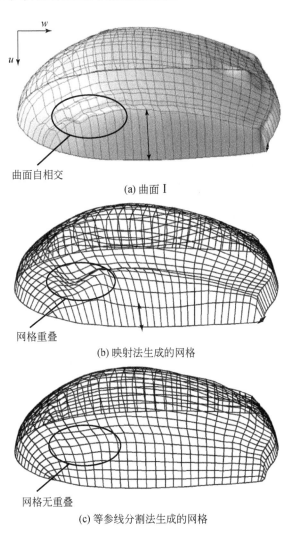

(a) 曲面 I

(b) 映射法生成的网格

(c) 等参线分割法生成的网格

图 3.3.24　一般自由曲面的网格生成

4. 网格划分调整算法

1) 直角坐标网格划分

在采用基于二次插值的网格映射划分方法时,一般是按照参数曲面的 u、w 参数方向进行划分的,映射计算直接方便。但在实际工程中,采用直角坐标划分模式的网格体系设计更为普遍,可以同时满足轴线定位、构件组装等设计施工要求。此时需要对两向曲线分别进行直角坐标划分,重新构成规则网格体系。该方法的处理流程如下:

(1) 输入 x、y 向曲线。

(2) 依次将 x、y 向曲线端点及对应的 x、y 轴线坐标分别设为 x、y 节点坐标。

(3) 重构曲线,按节点坐标求解精确坐标。

(4) 合并两向曲线,处理重合节点。

(5) 输出网格。

2) 按期望杆件长度划分

一般情况下,对结构进行网格划分时可以直接根据需要设定划分网格数[图 3.3.25(a)],但在对曲面尺寸不甚了解时,划分网格数也不易确定。若可以指定期望杆件长度,自动计算双向网格的划分数量则会变得比较方便[图 3.3.25(b)]。期望杆件长度在一定程度上表征了网格体系中杆件单元长度的最大值,因此较适于处理对杆件单元长度有所限制的情况。其划分网格处理流程如下:

(1) 在参数域中输入单条 u 或 w 向曲线。

(2) 计算曲线长度。

(3) 按期望杆件长度确定单向网格数。

(4) 按双向网格数划分网格。

(5) 输出网格。

(a) 原始网格　　　　　　　(b) 指定期望杆件长度　　　　　　　(c) 缩格处理

图 3.3.25　网格的缩格处理

3）缩格处理

对于单向封闭曲面或单向具有收缩趋势的开放曲面,在中心或收缩处往往会出现杆件与节点过于集中的情况,不适于工程实际应用。宜根据所要求的最小杆件长度对网格进行缩格处理,如图 3.3.25(c)所示。

5.复杂边界曲面网格划分

1）基本概念与原理

（1）关键名词定义。

组成有界曲面边界的曲线可以有两种表达方式:三维空间曲线和曲面参数域内的关联曲线。前者是所有边界都具备的信息,后者只在曲面为参数曲面时存在。而本节研究的自由曲面以 B 样条曲面表达,属于参数曲面,因此边界曲线都存在对应的关联曲线。基于此,下面统一给出所涉及的一些关键名词的定义。

① 裁剪曲面:被裁剪后的曲面,由边界围合而成。

② 原始曲面:被裁剪之前的完整曲面。

③ 边界线:组成曲面边界的一系列曲线的统称。

④ 关联边界线:与边界线对应的参数域关联曲线的统称。

⑤ 原始边界线:边界线中属于原始曲面边缘的那部分曲线,如图 3.3.26(a)所示。

⑥ 关联原始边界线:与原始边界线对应的参数域关联曲线,如图 3.3.26(b)所示。

⑦ 裁剪线:边界线中不属于原始曲面的那部分曲线,如图 3.3.26(a)所示。

⑧ 关联裁剪线:与裁剪线对应的参数域关联曲线,如图 3.3.26(b)所示。

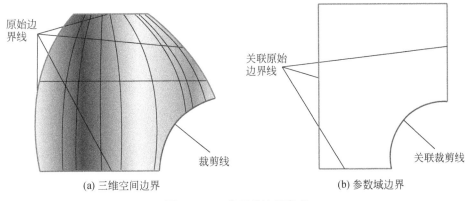

(a) 三维空间边界　　　　　　　　　　　(b) 参数域边界

图 3.3.26　曲面的边界定义

⑨ 极点:对一张完整的 B 样条曲面,若其某一条边界线退化为一个点,则该点为曲面的极点,如图 3.3.27(a)所示。将极点看作一条特殊的边界线,对该线来说,无论参数值在参数域内如何变化,映射到三维空间的坐标值恒定不变。但这条曲

线并不真实存在,因此对于有极点的曲面,其参数域中的关联边界线不能组成一个封闭的环。为保证算法的通用性,对于带极点的曲面,本节将在参数域添加虚拟关联原始边界线,如图 3.3.27(b)中虚线所示。

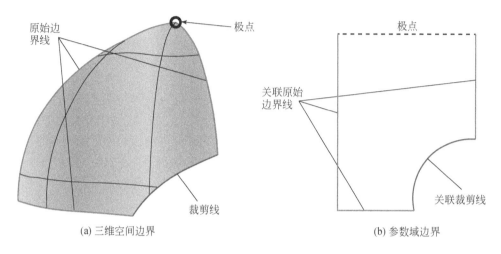

图 3.3.27　带极点曲面的边界定义

（2）裁剪线的分类。

在进行裁剪曲面的网格划分前,要先对裁剪线进行分类,这样便可以根据曲面裁剪线的类型大致判断曲面的形状等,便于下一步的网格生成与设计。关联裁剪线可以分为以下四类(图 3.3.28):

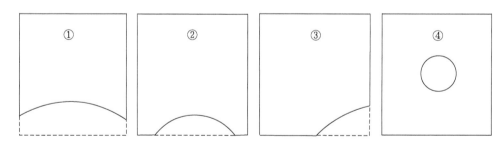

图 3.3.28　关联裁剪线分类示意图

① 将矩形参数域的一条边完全裁掉。
② 将矩形参数域的一条边裁掉一部分。
③ 将矩形参数域裁掉一角。
④ 将矩形参数域内部挖空。

　　这四类裁剪线在三维空间的表现形式如图 3.3.29 所示,将这些裁剪线进行任意数量、种类的组合,可以变换出无穷多的裁剪样式。

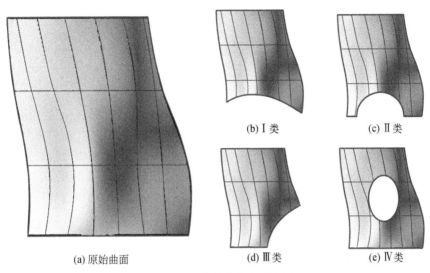

(a) 原始曲面　　　　　(b) I 类　　　　(c) II 类　　　　(d) III 类　　　　(e) IV 类

图 3.3.29　裁剪线分类示意图

　　参数域内各类关联裁剪线的分类过程如下:
　　① 提取出曲面参数域的原始边界,即 $u=u_0$、$u=u_n$、$w=w_0$、$w=w_n$ 的直线。
　　② 根据点与参数域边界的关系给出点的位置编号 0~4,如图 3.3.30 所示,当点落于参数域的各边界上时,编号为 0~3,落于参数域内部时编号为 4。

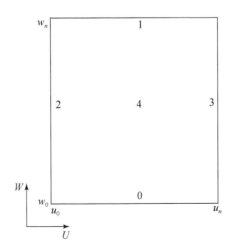

图 3.3.30　关联裁剪线判断基准图

③ 由曲线两个端点的位置编号判断其裁剪形式：A. 两个端点的位置编号差的绝对值为 1，则为第Ⅰ类裁剪形式；B. 两个端点的位置编号相同，则为第Ⅱ类裁剪形式；C. 两个端点的位置编号差的绝对值为 2，则为第Ⅲ类裁剪形式；D. 两个端点重合，则为第Ⅳ类裁剪形式。

需要说明的是，当遇到带极点的曲面时，需先添加虚拟关联原始边界线，再进行以上分类操作。

（3）关联边界线与边界线的转换。

关联曲线是定义在参数域中的平面曲线，将该曲线的坐标值作为参数投影到完整曲面上后，就是物理空间里的三维曲线。也就是说，关联边界线需要经过两次映射才能转换为三维空间的边界线：第一次映射是由曲线的函数方程计算出在曲面参数域内的曲线；第二次映射是将参数域内的二维曲线映射到原始曲面上，成为空间的边界线。两次映射分别对应两套坐标系：一套是三维坐标系，称为物理空间坐标系，原始曲面和边界线都位于这一坐标系中，如图 3.3.31(a)所示；一套是二维坐标系，称为关联坐标系，关联曲线位于这一坐标系中，如图 3.3.31(b)所示。

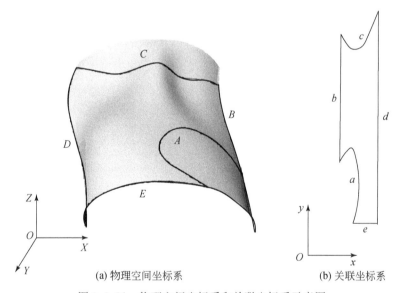

(a) 物理空间坐标系　　　　　　　(b) 关联坐标系

图 3.3.31　物理空间坐标系和关联坐标系示意图

第一次映射是在关联坐标系中进行计算。从图 3.3.31(a)中可以看出，由于原始曲面是自由曲面，落在曲面上的边界线也大部分是自由曲线，而与这些自由边界线对应的关联边界线，虽然是平面的，但也多为二维的自由曲线[关联原始边界线除外，它们都是与坐标轴平行的直线，图 3.3.31(b)中的线 b、d]，同样由 B 样条曲线表达，特别之处在于曲线所有控制顶点的 z 坐标都为 0。这样，式(3.3.10)计算

出来的 $\boldsymbol{P}(u,v)$ 的 z 坐标也全部为 0，而计算得到的 x、y 坐标实际上就是原始曲面的 u、v 参数值：

$$\boldsymbol{P}(u,v)=\sum_{i=0}^{n} N_{i,k}(u)\boldsymbol{V}_i, \quad u \in [0,1] \tag{3.3.10}$$

将计算出的每一对 (x,y) 坐标代入式 $(3.3.2)$，便能获得在物理空间坐标系中边界线的坐标 (X,Y,Z)，由此完成由关联边界线到边界线的转换。

（4）基本算法步骤。

以图 $3.3.32(a)$ 所示的Ⅰ类裁剪曲面为例，对复杂边界曲面网格生成方法和主要步骤进行探讨：

① 在参数域中，求每根等参线与关联边界线（包括原始边界线）的交点，即根据给定关联坐标系的坐标值作一条与坐标轴平行的直线，求每一条关联边界线与该直线的交点，如图 $3.3.32(b)$ 所示。

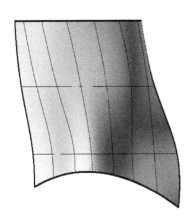

(a) Ⅰ类裁剪曲面

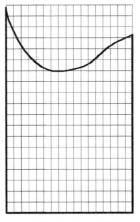

(b) 参数域网格与边界线

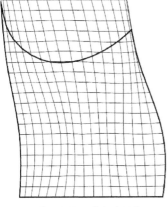

(c) 物理空间网格与边界线

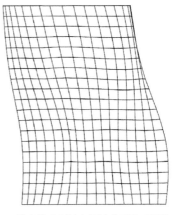

(d) 等参线分割法在原始曲面生成网格

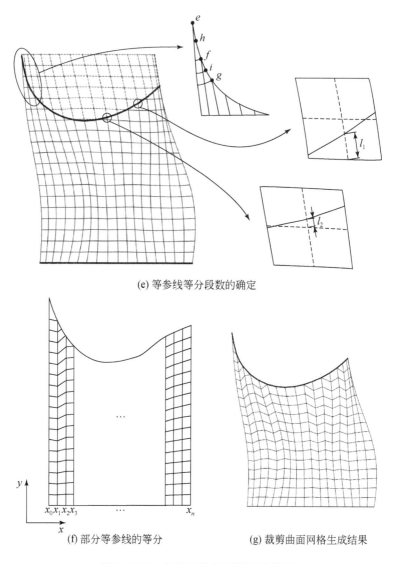

(e) 等参线等分段数的确定

(f) 部分等参线的等分　　　　　　　(g) 裁剪曲面网格生成结果

图 3.3.32　复杂边界曲面划分示意图

② 将每个参数域内的交点代入原始曲面方程,得到物理空间中每条等参线与边界线的交点,如图 3.3.32(c)所示。

③ 判断每条等参线两个交点之间的网格数量,以确定该区间内等参线等分段数,如图 3.3.32(e)所示,若交点处的有效单元长度 $l \geqslant l_e/2$,则该段计入等分段数[如图 3.3.32(e)中 l_1],反之则不计入等分段数[如图 3.3.32(e)中 l_2],l_e 为期望杆件长度。

④ 将每条等参线两交点之间的区段等分,如图 3.3.32(f)所示。

⑤ 处理两条相邻等参线间的边界线,若相邻两条等参线在某边界线处的格数差 $m \geq 2$ 时,则需要将该段边界线等分为 m 段,如图 3.3.32(e)中点 (e, f) 与点 (f, g) 之间的区段。虽然此时已知这些点的坐标,但坐标是通过原始曲面计算得出的,而等分是基于边界线的曲线方程进行的,因此需要先由坐标点反向映射计算出两个端点在相应边界线上的参数,然后进行曲线部分等分。

⑥ 最后连接所有等分形成的节点,网格生成结果如图 3.3.32(g)所示。

2) 算法优化

上面给出了复杂边界曲面网格划分的基本原理,但真正进行网格划分时还需对算法进行优化,才能适用于各种情况下的裁剪曲面。算法优化主要包括以下几个方面。

(1) 曲面分块。

在曲面划分前,先依据每条裁剪线的起始点将曲面分块,目的是防止因裁剪而出现的曲面尖角在网格划分中被遗漏,导致曲面特征丢失。当所提取的等参线都与尖角不相交时,在等分等参线后就不会有节点,因此也不会被网格所覆盖。为保证每个尖角处都刚好有一条等参线,需要先对曲面分块。分块只需在平行于等参线的方向进行,以所有裁剪线的端点对应的等参线为分割线,如图 3.3.33 所示。在后续等参线分割后尖角处必定有节点存在,从而保留了曲面特征。

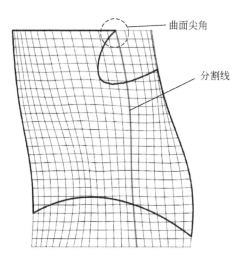

图 3.3.33　曲面分块示意图

(2) 等参线与裁剪线的切点处理。

如前面所述,一条等参线可能会被边界线分割为 n 段($n \geq 2$),若等参线与边界

线的交点有 $n+1$ 个,便认为交点之间的曲面和空洞间隔出现,即交点 1~2 是曲面,交点 2~3 是空洞,依次类推。但等参线与裁剪线相切时除外,如图 3.3.34(a)所示,此时点 1~2 和 2~3 之间连续,都是曲面。

为使判断条件统一,规定当等参线与裁剪线相切于一点时,认为交点有两个,相当于添加了一个虚拟交点,如图 3.3.34(b)所示,两个交点之间网格数为 0;当等参线与裁剪线的两个交点距离很近,不足一格时,也可以按相切处理,此时取两个交点的中点为等效切点。而为了不使等效切点脱离边界曲线,需要反向映射出两个点在边界线上的参数值,取两个交点参数值的平均值,再代入边界曲线函数求得中点,作为等效切点的坐标。

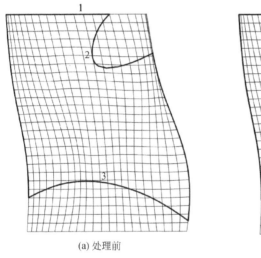 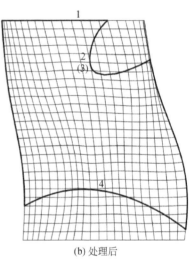

(a) 处理前　　　　　　　　　　　　　(b) 处理后

图 3.3.34　等参线与裁剪线相切处理方法示意图

(3) 极小单元归并。

当有界曲线与等参线距离过近,几乎相切时,会导致小角度的畸形网格,此时需要将这些狭长的网格与相邻网格单元合并,如图 3.3.35 所示。

(4) 光顺模式网格划分。

从图 3.3.35 可以看出,采用以上方法所生成的网格,虽然使边界处的网格质量较好,但整体网格的光顺受到影响,垂直等参线方向的网格单元有明显的弯折,不及原始网格流畅。为改善这种现象,采用一种网格划分的光顺模式,该模式可以减少弯折网格的出现。具体操作方法为:对于每条等参线,只将与裁剪线接触的最近两段网格间的区段进行等分,如图 3.3.36 所示的加粗部分,而不是等分两边界线间的全部区段。这一模式的优势在于,可以最大限度地保持原始网格的光顺性;

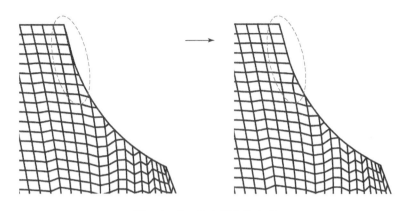

图 3.3.35　极小网格的合并

而不足之处有两点:一是会导致同一条等参线上的单元长度不统一;二是边界处的单元质量会略有下降。在实际应用中,可以权衡利弊,若对网格光顺性无要求,则可以采用普通模式划分;若对光顺性要求较高,如采用玻璃屋面和网格结构外露等情况,则可以采用光顺模式进行网格划分。

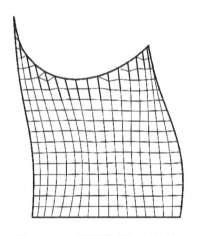

图 3.3.36　光顺模式生成的网格

3) 算例分析

首先给出每类裁剪线单独裁剪生成的有界曲面的网格生成,前面在介绍算法时已经展示了 I 类裁剪曲面的网格生成,因此本节不再给出。图 3.3.37～图 3.3.39 分别展示了 II 类、III 类、IV 类裁剪曲面的网格划分结果。其后,将各类裁剪线综合分布到一个曲面上,生成一个边界十分复杂的有界曲面(图 3.3.40)。

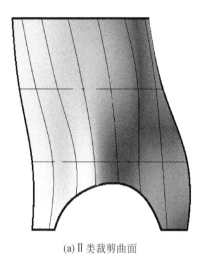

(a) Ⅱ类裁剪曲面

(b) 网格生成结果

图 3.3.37　Ⅱ类裁剪曲面网格划分

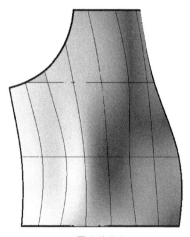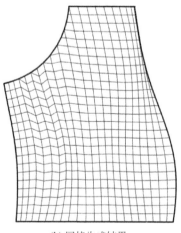

(a) Ⅲ类裁剪曲面

(b) 网格生成结果

图 3.3.38　Ⅲ类裁剪曲面网格划分

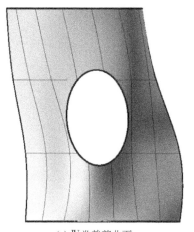
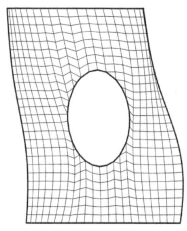

(a) Ⅳ类裁剪曲面 (b) 网格生成结果

图 3.3.39　Ⅳ类裁剪曲面网格划分

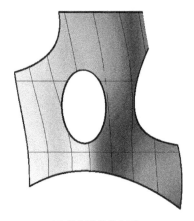
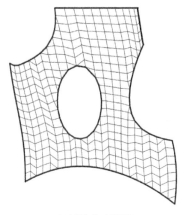

(a) 复合型裁剪曲面 (b) 网格生成结果

图 3.3.40　复合型裁剪曲面网格划分

4) 工程实例

以神木市少年宫屋盖结构的设计为例,说明复杂边界曲面网格划分方法的使用过程与特点优势,并验证其实际工程适用性。神木市少年宫位于陕西省榆林市,建筑基底面积为 7035.89m²,东西总长 86.85m,南北总长 107.6m。该建筑的屋盖外形呈椭球形,建筑几何造型由三维建模软件 Rhinoceros 构建,如图 3.3.41 所示。但该模型曲面并不是标准椭球,而是用 B 样条曲面描述的自由曲面。屋盖结构拟采用正放四角锥双层球面网壳的结构形式,需要在曲面上进行网格设计。

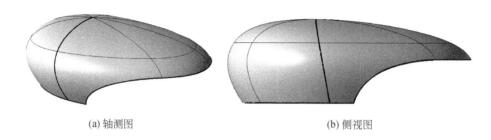

(a) 轴测图　　　　　　　　　　　　　　　(b) 侧视图

图 3.3.41　神木市少年宫屋盖曲面模型

　　神木市少年宫屋盖曲面是典型的裁剪曲面,网格化形式的完整曲面如图 3.3.42 所示。该裁剪曲面的原始曲面是带极点的曲面,且有两个极点,其三维物理空间的边界线和参数域中的关联边界线编号如图 3.3.43 和图 3.3.44 所示。图 3.3.43 中,4 号、5 号边界线是重合的,但在图 3.3.44 中它们所对应的关联边界线并不重合,这是闭合曲面的一个特点。按照分类规则,1 号、5 号边界线以及极点 1 处虚拟边界线是原始边界线,2 号、3 号、4 号边界线属于裁剪线。

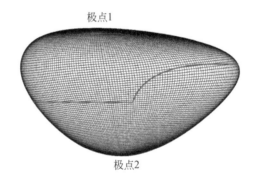

图 3.3.42　原始曲面复原示意图

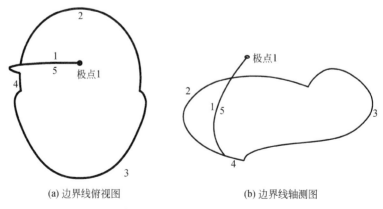

(a) 边界线俯视图　　　　　　　　　　　　(b) 边界线轴测图

图 3.3.43　三维空间的边界线

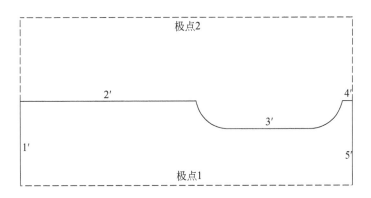

图 3.3.44 参数域内的关联边界线

采用改进映射法获取的完整曲面网格如图 3.3.45(a)所示,用边界线裁剪网格[图 3.3.45(b)],再手动调整边界处的网格。这种方法虽然也能得到较理想的网格模型,但缺点是:一方面,边界附近网格调整工作烦琐,修改网格设计方案(如修改杆件长度等)十分不便;另一方面,调整后的边界网格也无法保证质量,可能出现过大、过小或狭长网格等。而采用本节方法,则可以使网格设计一步到位,即使调整网格方案也不会耗费很多时间;并且生成的网格质量有保障,尤其是在边界附近的网格,也能达到很均匀的尺寸,如图 3.3.46 所示。

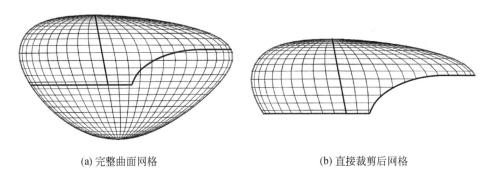

(a) 完整曲面网格   (b) 直接裁剪后网格

图 3.3.45 采用改进映射法获取的完整曲面网格示意图

3.3.3 网格质量和优化

1. 网格质量衡量标准

网格质量决定了网格结构的力学性能、经济性和美观性。而如何衡量网格整体质量的优劣,不同的学科有不同的标准。有限元理论中对网格的形状以及网格

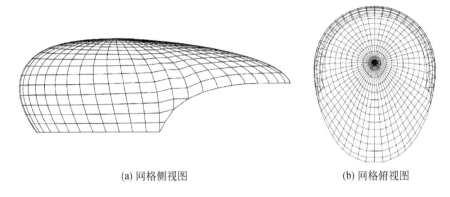

(a) 网格侧视图　　　　　　　　　　　(b) 网格俯视图

图 3.3.46　本节方法生成的网格

密度有所要求。而对空间网格结构来说,考虑到结构的美观性、经济性及力学性能,通常是希望划分后的网格形状尽量规则,如等边三角形和正方形被认为是最理想的网格形状。同时,也希望构成网格的杆件单元种类尽量少,且网格尺寸、单元长度为所期望的设计值。因此,根据网格形状与杆件单元的长度来衡量一个网格体系的质量优劣是比较合理的。

1) 网格形状标准

一般来说,在进行三角形网格划分时,原则是尽量避免出现狭长的三角形。在空间网格结构中,等边三角形被认为是最理想的三角形。此处借鉴有限元理论中对三角形质量的判断标准,得到如下三角形形状质量定义:

对于 $\triangle ABC$,设其面积为 A_{ABC},三条边的边长分别为 a、b 和 c,则该三角形的形状质量系数 φ 定义为

$$\varphi = 4\sqrt{3}\,\frac{A_{ABC}}{a^2 + b^2 + c^2} \tag{3.3.11}$$

式中,$4\sqrt{3}$ 是为了使等边三角形的 φ 值为 1 所增加的常数系数。三角形的 φ 值介于 0~1。φ 值越高,说明三角形形状质量越好,例如,等边三角形的 φ 值为 1。

理论上,四边形网格划分完成后,网格中不应存在凹四边形。因此,对于四边形网格质量的讨论都是建立在四边形为凸四边形的基础上。在空间网格结构中,正方形被认为是质量最优的四边形。类似于三角形,四边形的形状质量系数定义如下。

对于四边形 $ABCD$,其四边可构成四个三角形:$\triangle ABC$、$\triangle ACD$、$\triangle ABD$、$\triangle BCD$,四边形的四条边长分别为 a、b、c、d,则四边形的形状质量系数 η 为

$$\eta = 4\sqrt[4]{\frac{A_{ABC}A_{ACD}A_{ABD}A_{BCD}}{(a^2+b^2)(b^2+c^2)(c^2+d^2)(d^2+a^2)}} \tag{3.3.12}$$

凸四边形的 η 值介于 0~1。η 值越高,说明四边形形状质量越好。当凸四边形退化为三角形时,其形状质量系数为 0。而当四边形为凹四边形时,定义其形状质量系数按式(3.3.12)计算后,需再乘以 -1。凹四边形的形状质量系数介于 -1 ~0。

基于概论统计理论,将所有网格单元形状质量系数看成一个样本 $(G_1, G_2, \cdots, G_m)$,样本容量为 m,则该样本的样本均值,即网格形状质量系数均值 $\bar{G}$ 和方差 S_G^2 分别为

$$\bar{G} = \frac{1}{m} \sum_{i=1}^{m} G_i \tag{3.3.13}$$

$$S_G^2 = \frac{1}{m-1} \sum_{i=1}^{m} (G_i - \bar{G})^2 \tag{3.3.14}$$

计算出 $\bar{G}$ 和 S_G^2 后,据此对该样本的优劣进行衡量:$\bar{G}$ 值越大,说明网格整体形状质量越好;S_G^2 越小,说明网格形状质量差异越小,网格形状越均匀。

2) 杆件单元长度标准

杆件单元是构成网格的基本单元。杆件单元长度直接关系到所构成网格的尺寸,而网格的尺寸是预先设定的,即杆件单元的尺寸应尽量接近给定值。考虑到经济性,通常希望结构中的杆件单元种类尽量少。根据上述原则提出基于单元长度的质量衡量标准:类似于形状判断标准,将构成网格的所有杆件单元长度看成一个样本 $(L_1, L_2, \cdots, L_n)$,样本容量为 n,则该样本的样本均值 $\bar{L}$ 和方差 S_L^2 分别为

$$\bar{L} = \frac{1}{n} \sum_{i=1}^{n} L_i \tag{3.3.15}$$

$$S_L^2 = \frac{1}{n-1} \sum_{i=1}^{n} (L_i - \bar{L})^2 \tag{3.3.16}$$

计算出 $\bar{L}$ 和 S_L^2 后,据此对该样本的优劣进行判断:$\bar{L}$ 越接近 L,杆件单元长度越理想;S_L^2 越小,则单元间长度差异越小,也在一定程度上反映了单元种类越少。

3) 网格质量综合评价

综合网格形状标准与杆件单元长度标准,将 $\bar{G}$、S_G^2、$\bar{L}$、S_L^2 定义为网格质量参数。一般认为,$\bar{G}$ 值越大,S_G^2 和 S_L^2 值越小,$\bar{L}$ 越接近设计值,则网格的整体质量越好。例如,一个由边长为 L 的正方形组成的均匀网格,其 $\bar{G}$ 值为 1,S_G^2 和 S_L^2 值为 0,$\bar{L}$ 为目标单元长度 L。根据上述标准,这样的网格整体质量为最优。

2. 网格质量优化

初步划分的曲面网格,其网格模式以及网格数量已经确定。由于经过严格二次插值的网格映射处理,网格体系节点全部位于原始曲面上,相当于在原始曲面上

均匀采样数据点形成网格节点。由于受到网格数量以及曲面曲率的影响,这种均匀采样点将不会再保持原始曲面的平滑性,比较典型的表现是在同一参数方向的采样点线有可能出现尖点、拐点、凸凹不平等。平滑性不良也会影响网格质量的各项评价标准。本节将针对网格体系的平滑性进行改进,并在此基础上研究网格体系各项质量评价标准的变化规律,设定网格体系目标函数进行网格体系优化。

1) 基于能量法的网格体系平滑处理

网格体系的平滑处理需要考虑网格体系整体调整。网格节点本质上是曲面的采样点,因此网格体系的平滑处理可基于曲面表达,借助应用较为广泛的能量法进行网格调整。能量法的基本思想是使曲面 $S(u,w)$ 的整体能量在一定的约束条件下达到最小。

(1) 原理和一般过程。

一般文献介绍中,将能量法的约束条件设为原曲面与待求曲面控制顶点的偏离容差,这样处理虽较为方便,但不利于直接控制网格节点的偏离度。在本书设定网格节点的偏离容差为约束条件,对网格体系进行能量法平滑处理可转化为如下的最优化问题:

$$\min U(\boldsymbol{V}_s)$$
$$\text{s. t.}\quad D(\boldsymbol{V}_s) = \sum_{i=1}^{n}\sum_{j=1}^{m} |\boldsymbol{S}(u_i,w_j) - \boldsymbol{S}_0(u_i,w_j)| < \varepsilon \tag{3.3.17}$$

式中,自变量 $\boldsymbol{V}_s$ 为曲面平滑后的控制顶点构成的向量,为待求量;$U(\boldsymbol{V}_s)$ 为目标函数;$D(\boldsymbol{V}_s)$ 为平滑后的网格节点对原节点的偏离值;ε 为给定容差。目标函数 $U(\boldsymbol{V}_s)$ 即为平滑准则,它的大小可以反映曲面平滑性的变化,当在一定约束条件下达到最小值时,曲面的平滑性即达到理想状态。约束条件限制了曲面平滑前后的偏离程度。

此处将目标函数 $U(\boldsymbol{V}_s)$ 取为 2.5.2 节中完备的曲面或曲面片变形能模型。在平滑处理中仅考虑曲面自身应变能,因此将式(2.5.6)略去外荷载能量项,转变为

$$U = \iint_{\sigma} \big[F_u \boldsymbol{S}_u^2 + 2F_{uw}\boldsymbol{S}_u \boldsymbol{S}_w + F_w \boldsymbol{S}_w^2 + D\boldsymbol{S}_{uu}^2 + 2D(1-\mu)\boldsymbol{S}_{uw}^2$$
$$+ D\boldsymbol{S}_{ww}^2 + 2D\mu\boldsymbol{S}_{uu}\boldsymbol{S}_{uw} \big] dudw \tag{3.3.18}$$

确定了目标函数后,选用双三次 B 样条曲面片构造曲面矩阵形式:

$$\boldsymbol{S}_{i,j}(u,w) = \boldsymbol{B}\boldsymbol{V}$$
$$= \big[\boldsymbol{B}_{i-3}(u)\boldsymbol{B}_{j-3}(w) \quad \boldsymbol{B}_{i-2}(u)\boldsymbol{B}_{j-2}(w) \quad \cdots \quad \boldsymbol{B}_i(u)\boldsymbol{B}_j(w) \big]$$
$$\cdot \big[\boldsymbol{V}_{i-3,j-3} \quad \boldsymbol{V}_{i-2,j-2} \quad \cdots \quad \boldsymbol{V}_{i,j} \big]^{\mathrm{T}} \tag{3.3.19}$$

综合式(3.3.18)和式(3.3.19),将式(3.3.17)平滑问题转化为如下形式:

$$\min U(\boldsymbol{V}_s) = \min(\boldsymbol{V}_s^{\mathrm{T}}\boldsymbol{K}_s\boldsymbol{V}_s)$$
$$\text{s. t.}\quad D(\boldsymbol{V}_s) = |\boldsymbol{A}\boldsymbol{V}_s - \boldsymbol{b}| < \varepsilon \tag{3.3.20}$$

式中,$\boldsymbol{K}_s$ 为曲面整体刚度矩阵;$\boldsymbol{A}\boldsymbol{V}_s = \boldsymbol{S}(u,w)$;$\boldsymbol{b} = \boldsymbol{S}_0(u,w)$。

式(3.3.20)是一个带约束的最优化问题,精确求解的计算量非常大。为将其简化,通常引进罚因子 α,将其近似转化为一个无约束的优化问题再进行求解。该无约束优化问题的目标函数由两部分组成:曲面 $S(u,w)$ 的能量函数 $U(V_s)$ 称为平滑项;平滑的曲面对原曲面的偏离值,称为逼近项。这样,该目标函数就成为

$$U_s(V_s) = V_s^T K_s V_s + \frac{1}{2} D^T(V_s)(\alpha I)D(V_s) \qquad (3.3.21)$$

式中,I 为单位矩阵。一般地,若 α 较大,则平滑后曲面的偏差较小,但平滑性可能较差;反之,若 α 较小,则平滑性较好,但平滑后曲面的偏差较大。使式(3.3.21)达到极小的曲面 $S(u,w)$ 就是所求的网格体系。进一步简化式(3.3.21),可得

$$U_s(V_s) = \frac{1}{2}V_s^T[K_s + A^T(\alpha I)A]V_s - V_s^T A^T(\alpha I)b + \frac{1}{2}b^T(\alpha I)b$$

$$= \frac{1}{2}V_s^T(K_s + K_w)V_s - V_s^T F_w + \frac{1}{2}b^T(\alpha I)b \qquad (3.3.22)$$

式中,K_w 为罚单元刚度矩阵,是常量矩阵 F_w 为罚单元的等效节点荷载列阵。因 $K_s + K_w$ 为正定对称矩阵,$U_s(V_s)$ 的极小值存在且唯一。应用变分原理,$\delta U_s/\delta V_s = 0$,当且仅当

$$(K_s + K_w)V_s = F_w \qquad (3.3.23)$$

成立时,$U_s(V_s)$ 达到极小值。因此,求解式(3.3.23)就得到了平滑后曲面 $S(u,w)$ 的控制顶点,相应地也就得到了平滑后的网格体系。

对比式(3.3.23)与式(2.5.16),两者是相似的,可以将上述平滑问题类比曲面造型设计的曲面构造问题:原始曲面的网格节点信息可视为约束条件,构造完成后的曲面即为所求的平滑网格体系。则式(3.3.23)的求解过程与 2.5.4 节求解控制方程的过程相似,采用双三次准均匀 B 样条曲面片构造曲面单元。

(2) 罚因子与网格特性。

结合网格质量衡量标准,网格体系的主要特性包括:曲面浮差均值 $\bar{C}$,即平滑后全部网格节点与原节点偏离均值;网格形状质量系数均值 $\bar{G}$;网格形状质量系数均方差 S_G;杆件单元长度均值 $\bar{L}$,杆件单元长度均方差 S_L;曲面曲率。

当选取不同的设计参数与罚因子 α 时,将对应不同的网格体系,就会产生不同的网格体系特性。鉴于设计参数与曲面自身性质联系较为紧密,且物理意义较为复杂,一般在平滑作用中取为固定值。而罚因子 α 取值范围较广,并且直接影响网格体系的平滑效果,在平滑作用中发挥着极为重要的作用。因此,分析罚因子 α 与平滑后的网格体系特性之间的变化规律对于寻找最为适宜的网格体系是十分必要的。经过计算和验证,可总结出以下规律:

① 曲面浮差均值随着罚因子 α 的增大而单调减小,即网格各节点与原曲面偏离度逐渐缩小。若将罚因子 α 设为一个较大的数量级,如 1.0×10^6,则网格节点将

近似插值于原数据点。

② 网格形状质量系数均值随着罚因子 α 的增大而单调减小,反映出网格质量在下降。

③ 网格形状质量系数均方差随着罚因子 α 的增大而单调增大,反映出网格质量在不均匀性地增大,但变化幅度一般都非常小。

④ 随着罚因子 α 的增大,单元长度均值有单调增大的变化趋势,但变化幅度一般比较小。

⑤ 单元长度均方差随着罚因子 α 的增大而单调增大,说明单元长度均匀性在变差,不过变化幅度一般是比较小的。

⑥ 一般来说,当罚因子 α 取值较小时,网格体系更为光顺。

综上所述,随着罚因子 α 的增大,光顺后的网格体系与原始网格体系的偏离度在减小,但网格质量各项评价指标趋于变差,并且网格体系平滑性也会变差。反之,若罚因子 α 逐渐减小,则网格体系平滑性会更好,网格质量各项评价指标会得到改善,但偏离度会变大。

2) 网格体系优化方法

基于以上分析可知,能明显表征网格特性的有以下三项指标。

(1) 曲面浮差均值 $\bar{C}$。$\bar{C}$ 应控制在给定的容差范围内,偏离度较小为佳。

(2) 网格形状质量系数均值 $\bar{G}$。$\bar{G}$ 应尽可能大,$-\bar{G}$ 则尽可能小,反映网格质量越好。

(3) 杆件单元长度均方差 S_L。S_L 应尽可能小,反映单元长度均匀性越好。

从而确定网格体系优化的目标函数为

$$V\text{-}\min : \boldsymbol{F}(\alpha) = \min\begin{bmatrix} \bar{C} & -\bar{G} & S_L \end{bmatrix}^{\mathrm{T}}$$
$$\text{s. t.} \quad \varepsilon_1 \leqslant \bar{C} \leqslant \varepsilon_2 \tag{3.3.24}$$

式中,设计变量为罚因子 α;$\boldsymbol{F}(\alpha)$ 为向量目标函数;$V\text{-}\min$ 表示目标函数中向量的每一个分量同时达到极小值;$\bar{C}$、$-\bar{G}$、S_L 为设计指标;给定的曲面浮差均值范围 $[\varepsilon_1, \varepsilon_2]$ 设为约束条件。

将多目标问题转化为若干单目标问题进行求解,步骤如下。

(1) 确定罚因子 α 取值区间。

根据网格体系特性分析,曲面浮差均值 $\bar{C}$ 的变化随着罚因子 α 的增加单调减小,即曲面浮差均值 $\bar{C}$ 与罚因子 α 为一一对应关系。因此,可以利用二分法查找由容差范围 $[\varepsilon_1, \varepsilon_2]$ 确定的罚因子 α 的取值范围为 $[\psi_1, \psi_2]$,同时获取网格形状质量系数均值 $\bar{G}$ 的取值范围为 $[\rho_1, \rho_2]$,杆件单元长度均方差 S_L 的取值范围为 $[\mu_1, \mu_2]$。

(2) 统一目标函数。

针对多目标函数,应先将各项设计指标都转化为统一的无量纲值,并且将量级限于某一规定的范围之内,使目标规格化,然后再根据各个目标(设计指标)的重要性用加权因子来组合为统一目标函数。

为统一各设计指标量纲,各设计指标变化范围均为已知:

$$r_j \leqslant F_j(\alpha) \leqslant s_j, \quad j = 1,2,3 \tag{3.3.25}$$

但各设计指标变化范围不为统一量纲,因此取正弦函数:

$$y = \sin x, \quad 0 \leqslant x \leqslant \frac{\pi}{2} \tag{3.3.26}$$

将各项设计指标(分目标函数)都转换到 0~1 范围内取值,则转换函数的自变量值为

$$x_j = \frac{F_j(\alpha) - r_j}{s_j - r_j} \frac{\pi}{2}, \quad j = 1,2,3 \tag{3.3.27}$$

令设计指标 $F_j(\alpha)$ 在转化后为 F_{Tj},则

$$F_{Tj} = \sin x_j \tag{3.3.28}$$

根据各设计指标的重要性用加权因子来组合统一目标函数为

$$\min F_T(\alpha) = \sum_{j=1}^{3} \lambda_j F_{Tj}(\alpha) = \lambda_C C' - \lambda_G \bar{G}' + \lambda_S S'_L \tag{3.3.29}$$

$$\text{s. t.} \quad \psi_1 < \alpha < \psi_2$$

式中,λ_C 为曲面浮差均值加权因子;λ_G 为网格形状质量系数均值加权因子;λ_S 为杆件单元长度均方差加权因子;C'、$\bar{G}'$ 与 S'_L 为转化后的设计指标。

(3) 一维搜索方法。

上述目标函数确定后,优化问题转变为罚因子 α 在取值范围 $[\psi_1, \psi_2]$ 内寻求 $F_{Tj}(\alpha)$ 的极小值问题,即一维最优化问题。

3.4 基于点云的网格结构形态

3.4.1 基本概念

基于点云的网格结构设计来源于逆向工程(王霄,2004;金涛和童水光,2003),需要采集实物的外形信息。通常的思路是首先用三维扫描得到实物表面点的坐标(即点云),然后将点云插值或拟合为曲面,在曲面的基础上进行后续计算、分析和设计。在空间网格结构领域,由于几何模型是由不连续的杆件连接而成的,不需要连续的曲面信息,可以直接通过点云快速生成自由形态的空间网格结构。面向点云的网格划分方法主要有波前推进法和铺砌法。

3.4.2　基本流程

图 3.4.1 为基于点云的网格结构设计流程,主要包括:对实物模型进行三维扫描获得初始点云;对初始点云数据进行预处理得到完备点云数据;通过完备点云数据结合网格生成算法获得网格模型。

图 3.4.1　基于点云的网格结构设计流程

1. 三维扫描

三维扫描是获取描述物体表面形状点云的过程。三维扫描是指通过特定的测量设备(图 3.4.2 和图 3.4.3)和测量方法获取实物样件表面点的三维坐标,从而获取大量的数据点信息,称为点云,点云中的每个点称为数据点。三维扫描技术按是否与被测物件接触可分为接触式与非接触式,后者是目前主流的测量方式。非接触式扫描的工作原理也不尽相同,如基于结构光、激光、声波等。

2. 点云数据预处理

由于扫描实物模型的过程中难免会受到环境光和载物装置等干扰,出现杂点与噪点等,需要进行剔除;有时为减少信息处理量,需要精简数据;对于多视图扫描的文件还需要进行拼合处理等,这些都属于数据预处理过程。

图 3.4.2　三维扫描仪

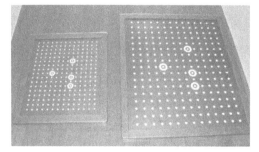

图 3.4.3　标定板

3. 点云网格生成

运用在曲面网格划分中广泛应用的波前推进法和铺砌法,将点云作为剖分对象,进行网格生成。在此过程中,需要对原方法进行必要的调整和改进,使其能适应非连续的点云数据。

3.4.3　基于点云的网格生成方法

1. 波前推进法与铺砌法基本原理

波前推进法的基本思路是:先离散区域边界,对曲面而言,边界离散后是首尾相连的线段集合,这种离散以后的区域边界称为初始前沿;接着从初始前沿开始,依次插入一个新节点或采用一个已存在节点生成一个新单元,一个新的单元生成以后,前沿要进行更新,即向内部的待剖分区域推进;这种插入节点、生成新单元、更新前沿的过程循环进行,当前沿为空时表明整个区域剖分结束。图 3.4.4 展示了波前推进法进行二维平面区域网格生成的基本原理。

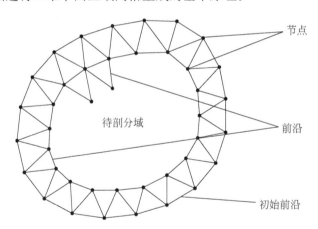

图 3.4.4　波前推进法基本原理示意图

铺砌法的基本流程与波前推进法大致相同,更多地用于四边形网格的生成。与曲面的铺砌法相似,但是提出了改进:不追求生成全四边形网格,在比较适合生成三角形网格的区域生成三角形网格,因此并不要求铺砌边界为偶数个;对内部新节点的选择以及单元长度的选择进行改进,以获得更加规则美观的网格形状。

为了方便后续内容的理解,先对一些名词进行概念解释:

(1) 活跃前沿与非活跃前沿。活跃前沿是指在单元生成的过程中,可以继续以该单元为基础继续推进,生成新单元的前沿;非活跃前沿是指不能继续推进的前沿,即成为两个四边形或一个四边形与一个三角形公共边的前沿,该前沿无法继续向前推进,生成新的单元。

（2）左邻前沿与右邻前沿。将与活跃前沿的初始端点相连接的前沿称为左邻前沿,与其右端点相连接的前沿称为右邻前沿,并且可以通过计算得到左邻角以及右邻角,用于新节点生成方法的选择。

（3）节点。在网格生成的过程中,当前前沿的端点称为节点。

2. 搜索盒数据结构

波前推进法有两个特点:一是能够在生成节点的同时生成单元,这样就可以在生成节点时对节点的位置加以控制,从而控制单元形状、尺寸以达到网格质量控制要求。二是在生成新单元的同时需要进行大量的相交判断、包含判断以及为了保证单元的质量而进行的距离判断。相交判断主要是线段之间的相交判断;包含判断主要指单元是否包含前沿节点的判断;距离判断包括线段与线段的距离、线段与前沿节点的距离判断。因此,这些判断在整个波前推进法的实施过程中,将耗用大量的机时。且原始的点云数据之间没有相应的显式几何拓扑关系,任何点的搜寻都必须在点云集合的全局范围内进行。若每步计算都要对动辄几万的数据进行遍历搜索,计算量将十分巨大,这些环节的实现效率都直接影响波前推进法的运行效率。因此,必须建立测量点云之间的几何拓扑（空间位置）关系,减小数据的搜索范围,以提高计算效率。可以采取建立搜索盒的方法,将散乱点和生成的前沿都放入相应的搜索盒中,这样在进行点的搜索或前沿的各种判断时,便可以根据空间位置选择可能包含目标的搜索盒进行搜索,大大压缩搜索空间。

搜索盒本质上是一种空间划分策略（周儒荣等,2001）。首先根据点云分布,形成一个与整体坐标轴平行的长方体包围盒,将所有点包含在内。然后,将该包围盒划分成 $l \times m \times n$ 个立方体栅格,即搜索盒,如图 3.4.5 所示。判断每个数据点所在的立方体栅格,并将数据点的序号嵌入该立方体栅格中。具体步骤如下。

1）创建散乱点集的搜索盒

从散乱数据点中提取点云在 X、Y、Z 方向坐标的最小值和最大值 x_{min}、y_{min}、z_{min}、x_{max}、y_{max}、z_{max}。根据这六个值可以创建出与 X、Y、Z 轴分别平行的包围盒。然后将包围盒划分,形成栅格状分布的搜索盒。首先需要确定搜索盒的尺寸 d_B,应满足以下要求:

$$d_{Pmax} < d_B < d_{Hmax} \tag{3.4.1}$$

式中,d_{Pmax} 为点云点距的最大值;d_{Hmax} 为点云中最小孔洞的尺寸（若存在）。在选择 d_B 时应综合考虑计算量与内存占用的问题,显然,d_B 定得越小,搜索量越少,但相应储存搜索盒所占用的内存也会增加,但 d_B 还不是最终的搜索盒尺寸。每个坐

标方向的搜索盒数量分别为

$$N_x = \text{int}\left(\frac{x_{\max} - x_{\min}}{d_B}\right) + 1$$

$$N_y = \text{int}\left(\frac{y_{\max} - y_{\min}}{d_B}\right) + 1 \qquad (3.4.2)$$

$$N_z = \text{int}\left(\frac{z_{\max} - z_{\min}}{d_B}\right) + 1$$

最终,每个坐标方向的搜索盒尺寸分别为

$$D_x = \frac{x_{\max} - x_{\min}}{N_x - 1}, \quad D_y = \frac{y_{\max} - y_{\min}}{N_y - 1}, \quad D_z = \frac{z_{\max} - z_{\min}}{N_z - 1} \qquad (3.4.3)$$

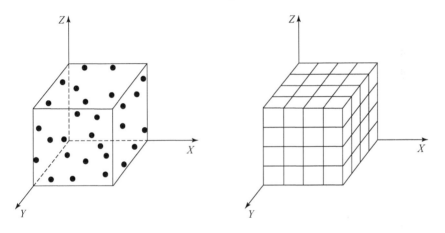

图 3.4.5　搜索盒示意图

2) 数据点和前沿的嵌入

根据数据点的坐标,把每一个点放入所在的搜索盒中,通过点的三向编号,确立各散乱点与搜索盒的对应关系。每个数据点在三个坐标轴方向的编号分别为

$$\text{In}_{xi} = \text{int}\left(\frac{x_i - x_{\min}}{D_x}\right), \quad \text{In}_{yi} = \text{int}\left(\frac{y_i - y_{\min}}{D_y}\right), \quad \text{In}_{zi} = \text{int}\left(\frac{z_i - z_{\min}}{D_z}\right) \quad (3.4.4)$$

前沿的嵌入是由前沿两端端点决定的,即前沿同时属于其两端端点所属的搜索盒。将所有的点和前沿都嵌入相应的搜索盒后,在计算中便可以根据点或前沿的编号,迅速确定与某点相邻的点和前沿,或与前沿相邻的点和前沿,这对点的搜索和波前推进法中大量的相交判断、距离判断等是十分有利的。

3. 点云边界搜索

使用波前推进法进行网格剖分是从边界开始向内生成网格单元,第一步就是要离散边界生成初始前沿。对曲面来说,边界是明确存在的,可以从曲面函数中提取出边界线;但点云没有明确的边界,因此在网格划分前首先要搜索出点云的边界,即从点云中提取出所有的边界点,连接这些点组成初始边界。在边界搜索前,先引入 R 邻域的定义:以某点为球心,半径为 R 的球形内包含的点组成的集合,称为该点的 R 邻域。具体的边界搜索步骤如下:

(1) 给出两个初始边界点(外边界按逆时针方向给出,内边界按顺时针方向给出)。

(2) 计算每一个当前边界点 R 邻域的坐标形心点,如图 3.4.6 所示的点 C,R 邻域半径取平均点距的 m 倍。

(3) 将当前边界点与形心点连线,计算 R 邻域中所有数据点与该线的夹角。

(4) 取出夹角最大的 m 个点,依据数据点与当前边界点的距离由小到大排序 $(P_1,P_2,\cdots,P_m)$。若距离最小的点 (P_1) 夹角也最大,则选择该点为下一个边界点;否则,选出夹角最大的点 P_b,依次对点 $P_1,\cdots,P_i,\cdots,P_{b-1}$ 计算 $\angle P_1 P_i P_b$,当出现一个点满足 $\angle P_1 P_i P_b > 150°$ 时,选择点 P_i 为下一个边界点。

以上操作是为了在选出边界点的同时,避免边界点过于稀疏,虽然点 P_2 与中心点连线的夹角最大,但 $\angle P_1 P_i P_b > 150°$,因此还是选择点 P_1 为下一个边界点。这样得到的较密集的边界点可以更好地描述点云边界形状。

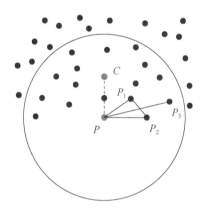

图 3.4.6 边界搜索示意图

4. 新节点的生成

在应用波前推进生成网格时,前沿推进过程中常需要生成一个新的节点,与当前推进前沿构成三角形。在介绍新节点生成方法前,需要先阐述两个定义和两条准则。

1) 定义一:质量系数

理论上,最理想点应该与当前前沿构成正三角形,但这样的点一般并不存在,只能选择尽量接近理想的点。为了选取最优点,需要确定一个选取标准,为此定义三角形质量系数为

$$\delta = \varphi + \rho \tag{3.4.5}$$

质量系数包含两部分:第一项是形状质量系数,可按照式(3.3.11)计算;第二项是尺寸系数,按式(3.4.6)计算:

$$\rho = \min\left(\frac{l_1}{l_e}, \frac{l_e}{l_1}\right) \cdot \min\left(\frac{l_2}{l_e}, \frac{l_e}{l_2}\right) \tag{3.4.6}$$

式中,l_1、l_2 为新节点到当前前沿节点的距离;l_e 为期望网格尺寸。

2) 定义二:点到线段的距离

如图 3.4.7 所示,由点到线段 AB 所在的直线作垂线,若垂足在 AB 点之间(点 P_1),则点到线段的距离为垂线长度;若垂足在 AB 之外(点 P_2),则点到线段的距离为点到较近端点的距离。

图 3.4.7　点到线段距离示意图

3) 准则一:正面积准则

在生成新节点时,需要保证新节点落在待剖分区域内,而不能向着已剖分区域推进前沿。符合这一条件的新节点 P(图 3.4.8)应满足:

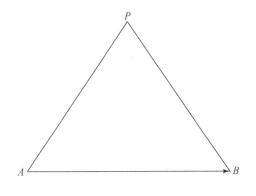

图 3.4.8　正面积准则示意图

$$(AP \times AB) \cdot n > 0 \tag{3.4.7}$$

式中,n 为当前前沿的参考内法向,可近似为当前前沿另一侧已经生成的三角形的内法向。

4) 准则二:相交判断准则

波前推进法中计算最多的是相交判断,新生成的单元不能与已有单元相交。判断单元是否相交可转化为判断线段是否相交,需满足以下条件:

$$(CA \times CB) \cdot (DA \times DB) < 0 \quad 且 \quad (AC \times AD) \cdot (BC \times BD) < 0 \tag{3.4.8}$$

具体步骤如下。

(1) 在点云中找出当前前沿的最理想点。

波前推进法进行曲面网格划分时一般采取的做法是:过当前前沿的中点作曲面的切平面,在切平面上作正三角形的顶点,再投影到曲面上。但对于点云,求切平面比较复杂,该做法在曲率大的区域可能得不到最优点。因此,本节采用垂直平分面法(Aubry et al.,2011)。作当前前沿的垂直平分面 Γ,然后搜索所有满足以下条件的数据点:①到 Γ 的距离 $d_1 \leqslant b$;②到当前前沿的距离 $r - h \leqslant d_2 \leqslant r + h$;③与当前前沿构成的三角形面积为正;④非已有节点。其中,b、h 分别为搜索框的宽度与高度;$r = \dfrac{\sqrt{3}}{2}(w_1 l_e + w_2 l)$,$w_1$、$w_2$ 为两个权重因子,满足 $w_1 + w_2 = 1$。

以上前三个条件定义了最优点的搜索框,前两个条件决定了搜索范围,第三个条件决定了搜索方向。b 和 h 的值应根据点云的点距和期望网格尺寸确定,一般取两者为最大点距的 3 倍,即可得到较好的结果(前提是期望网格尺寸大于 3 倍点距),然后从搜索框内的数据点中选择与当前前沿构成质量最优三角形,且生成的新前沿不与任何已存前沿相交的点,为最理想点 P_{best}。

(2) 计算 P_{best} 与周围前沿的距离,若到周围所有前沿的距离都大于 $l_e/2$,则取 P_{best} 为新节点,否则转到步骤(3)。

(3) 提取出所有与 P_{best} 距离小于 $l_e/2$ 的前沿,分别计算它们的两个端点与当前前沿构成的三角形的质量系数,取质量系数最高的点为新节点。

如图 3.4.9 所示,虽然已生成了与当前前沿能组成近乎正三角形的最理想点 P_{best},但 P_{best} 周围存在距离小于 $l_e/2$ 的前沿,则 P_{best} 不能选为新节点,而要从前沿节点中选出两个候选新节点 P_1、P_2,分别将其与当前前沿相连构成三角形,比较两个三角形质量系数,最终选择质量系数较高的点 P_2 为新节点。

5. 网格划分算例

通过三维扫描获取点云,再按照本章阐述的波前推进法在点云上生成网格,并分别采取两个不同的期望网格尺寸,得到网格模型。

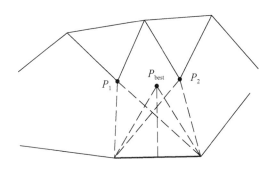

图 3.4.9 新节点选取示意图

1）算例 I

网格划分算例 I 如图 3.4.10 所示。

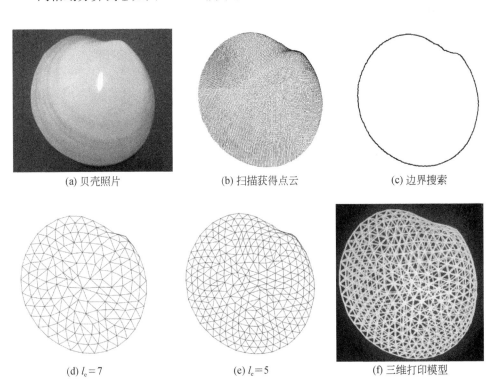

(a) 贝壳照片   (b) 扫描获得点云   (c) 边界搜索

(d) $l_e = 7$ (e) $l_e = 5$ (f) 三维打印模型

图 3.4.10 波前推进法用于贝壳点云网格划分算例 I

2）算例 II

网格划分算例 II 如图 3.4.11 所示。

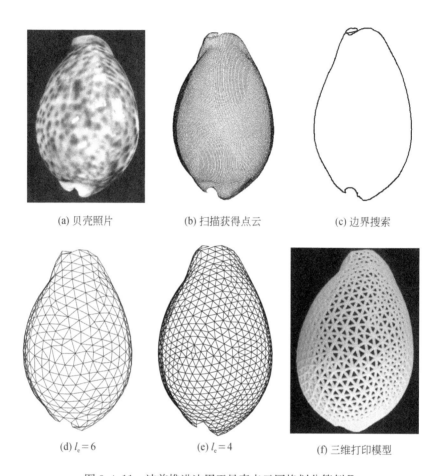

(a) 贝壳照片　　　　　(b) 扫描获得点云　　　　　(c) 边界搜索

(d) $l_e = 6$　　　　　(e) $l_e = 4$　　　　　(f) 三维打印模型

图 3.4.11　波前推进法用于贝壳点云网格划分算例 II

第4章 平面可变结构形态

随着物质生活水平的提高,人们向往更加美好的生活,也对建筑结构提出了新的需求。例如,天晴时希望享受阳光,下雨时希望遮风挡雨;又如,闲置时希望可收纳节省空间,使用时希望能展开覆盖大区域。这些需求无法由形状和外形固定的结构形式满足。可变结构(transformable structure)是一种可以改变形状和外形以达到人们某些功能需求的结构体系,在土木工程领域用于构造大跨度的可展开、可开合的结构。可变结构的研究是与机构密切相关的,主要关注变化过程中机构的自由度(几何协调性)和运动轨迹。本章首先对可变结构进行概述,然后研究平面可变结构的形态,包括各种平面连杆机构的形式、模块化机构设计、基于机构原理的开启结构形式等。

4.1 可变结构概述

4.1.1 可变结构的发展

在土木工程中,结构的概念是指起骨架作用、能承受或传递预定荷载的体系,机构的概念是指受到荷载作用后构件将发生刚体位移的体系。从原理上来说,可变结构可认为是具有有限机构位移的结构。可变结构在承受荷载时表现出结构稳固的特性,而在运动过程中表现出机构运动的特性。

传统的结构理论中,可变或瞬变的结构体系都是要避免的,因而机构的概念经常被研究人员忽视,造成结构领域中机构学基本理论和方法的研究应用发展甚缓。即便如此,现有的许多土木工程结构已经或多或少地引用了机构学的概念。尤其是近半个世纪以来,机构学理论在可变结构中得到广泛应用。随着宇航天线结构、可开启屋盖和折叠结构等的需求和应用,可变结构体系及其分析理论逐渐成为研究热点。以目前可变结构发展所出现的各种不同的形式来分析,从其运动展开机理出发,可变结构大致分为以下四类。

(1)杆件单元在外力牵引下相互旋转而折叠:剪式单元结构、基于连杆机构的结构等。

(2)单元在弹簧或电机的驱动下伸长缩短:可展张力集成体系、网格状抛物面天线等。

（3）可展材料在外力作用下展开：充气式可展结构、薄壁管伸展臂等。

（4）刚性板单元折叠重合在节点的作用下展开或刚性板单元旋转展开：伸缩式伸展臂、可开合结构、刚性板天线等。

可变结构在土木工程领域较多地用于构造可展结构，因此其发展也与可展结构密不可分。富勒是早期最有影响的可展结构倡导者和建议者。1960 年，富勒首先提出可展结构的概念。20 世纪 80 年代，NASA 在建太空站时开始研制太空系统，该系统运载到太空后的展开面积达到运输状态的数十倍，可展结构在航空中的应用对可展结构的发展起到巨大的推动作用。Gantes 等（1989）对自稳定可展网架进行了大量研究，特别是可展网架的几何设计。在 1998 年国际薄壳与空间结构协会（International Association for Shell and Spatial Structures，IASS）年会关于可展结构的讨论中，将可展结构从概念上具体分为折叠结构、充气及索膜结构、张拉整体结构、开合结构四大类。随着航空航天技术的发展，Pellegrino 教授等建立了可展结构实验室，与欧洲航空局一起进行可展结构的研究，对可展结构的理论研究以及在航空中的应用都产生了深远的影响（Pellegrino，1995）。Kawaguchi 将基于可展概念的攀达穹顶应用于工程实践。Motro（2003）利用机构理论对可展张力集成体系进行了大量研究，包括折叠准则、基本可展模型、展开过程模拟等。Sultan 和 Skelton（2003）从动力学方面对张力集成体系的展开过程进行了分析研究。目前土木领域的相关研究主要集中在可变结构的形态研究以及结构体系判定的研究。

近代可展结构最初应用在大型宇航结构、天线结构以及桅杆结构等结构上，由于这些结构展开时尺寸都比较大，为方便运输往往需要将它们收缩打包，在使用它们的时候再打开。这些结构都是多个机构的组合体，各个机构将保持自身的自由度以保持结构的展开能力。这种机构称为结构式机构，如图 4.1.1 所示。结构式机构的研究重点不同于其他机构：其他机构的研究主要关心机构的运动轨迹；而结构式机构首先是研究什么样的机构可以用来组装成可动的结构模块，然后是研究怎样将这些结构模块组装成一定跨度或尺度的可展结构，使它在展开过程中始终保持单自由度而且始终满足结构的几何兼容性。

(a) 西班牙某游泳池屋盖

(b) Hoberman发明的球形连杆机构

图 4.1.1　结构式机构实例(不同的结构状态)

4.1.2　可变结构与连杆机构

可变结构实际上是一种加了锁定装置的机构。这样可变结构的研究就与机构的研究紧密结合起来了。1875 年 Reuleaux 发表了第一本关于机构运动学的著作,对机构做如下定义:机构是由刚体或有承载能力的物体连接而成的组合,连接时应使它们在运动中彼此具有确定的相对运动。

其中,连杆机构是指由一些相互连接的刚性构件组成的机构。刚性构件也称为杆,在两个构件之间的连接体称为铰。铰有多种类型,如球铰、柱铰和螺旋铰等。各构件的运动都平行于一参考平面的连杆机构称为平面连杆机构;反之,构件的运动不都平行于同一参考平面的连杆机构为空间连杆机构。本书的可变结构形态研究大部分基于连杆机构展开。

Denavit 和 Hartenberg(1955)提出了一种标准的连杆机构运动分析方法,即对于一个闭合环形连杆机构,其可动的充分必要条件是传递矩阵的乘积为单位矩阵:

$$T_{i(i+1)}T_{34}T_{23}T_{12}=I \tag{4.1.1}$$

式中,$T_{i(i+1)}$为构件$(i-1)i$和构件$i(i+1)$之间的传递矩阵,有

$$T_{i(i+1)}=\begin{bmatrix} 1 & 0 & 0 & 0 \\ -a_{i(i+1)} & \cos\theta_i & \sin\theta_i & 0 \\ -R_i\sin\alpha_{i(i+1)} & -\cos\alpha_{i(i+1)}\sin\theta_i & \cos\alpha_{i(i+1)}\cos\theta_i & \sin\alpha_{i(i+1)} \\ -R_i\cos\alpha_{i(i+1)} & \sin\alpha_{i(i+1)}\sin\theta_i & -\sin\alpha_{i(i+1)}\cos\theta_i & \cos\alpha_{i(i+1)} \end{bmatrix}$$

$$\tag{4.1.2}$$

其中，$a_{i(i+1)}$ 为杆 $i(i+1)$ 的长度；$\alpha_{i(i+1)}$ 为铰 i 和 $i+1$ 的轴线转角；R_i 为铰 i 连接的两杆沿轴 Z_i 的偏移距离；θ_i 为相邻两杆间的夹角。当 $i+1>n$ 时，$i+1$ 由 1 代替。旋转铰连接的两个构件的坐标系相对关系示意图如图 4.1.2 所示。根据这一结论，可以计算出连杆机构在任意时刻的位置。该结论适用于平面与空间的任意连杆机构。

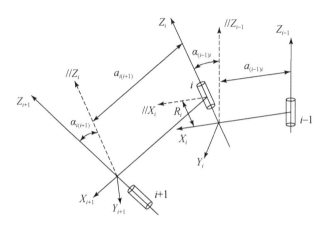

图 4.1.2　由旋转铰连接的两个构件的坐标系

4.2　平面可变结构的机构形式

4.2.1　Kempe 连杆机构

Kempe(1877)提出了如图 4.2.1 所示的平面过约束连杆机构。Kempe 关于连杆机构的研究基于以下的假设：如果一个四连杆机构能够找到它的共轭四连杆，将这两个四连杆机构通过剪式铰在附加连接点处相连，那么这个组合机构将是一个可动的体系。共轭四连杆是指它的附加连接点构成的四边形和它的原四连杆的附加连接点构成的四边形在运动过程中始终保持相等。方便起见，沿用 Kempe 对他的机构采用的数学记号，如图 4.2.2 所示：$\alpha\beta\gamma\delta$ 为四连杆机构附加连接点构成的四边形；M、N、L、R 分别为四连杆的四个连接点；A、B、C、D 分别为四个三角形 $\triangle M\beta N$、$\triangle L\alpha M$、$\triangle N\gamma R$、$\triangle R\delta L$ 的面积；$\angle M$、$\angle N$、$\angle L$、$\angle R$、$\angle\alpha$、$\angle\beta$、$\angle\gamma$、$\angle\delta$ 分别为字母标示处的三角形内角大小；令 a 为 LM 的长度、b 为 MN 的长度、c 为 NR 的长度、d 为 RL 的长度。此外，用"'"表示共轭四连杆与原四连杆的区别，剪式铰用⊙表示。下面给出 Kempe 提出的六类平面过约束连杆机构的示意图和数学条件。

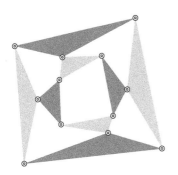

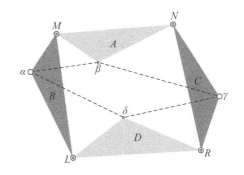

图 4.2.1　Kempe 连杆机构　　　　　图 4.2.2　Kempe 机构的数学记号

1. 类型 I

图 4.2.3 所示为 Kempe 连杆机构类型 I。图 4.2.3(a)是其中一个四连杆机构,这个四连杆机构必须满足条件：

$$\triangle M\beta N \backsim \triangle L\alpha M \backsim \triangle N\gamma R \backsim \triangle R\delta L \tag{4.2.1}$$

图 4.2.3(b)所示的是与图 4.2.3(a)中的四连杆共轭的四连杆机构,它必须满足条件：

$$\triangle M\beta N \cong \triangle M'\beta'N', \quad \triangle L\alpha M \cong \triangle L'\alpha'M'$$
$$\triangle N\gamma R \cong \triangle N'\gamma'R', \quad \triangle R\delta L \cong \triangle R'\delta'L' \tag{4.2.2}$$

图 4.2.3(c)所示的是两个四连杆的组合机构,其组合规律为：α 与 γ' 相连,β 与 δ' 相连,γ 与 α' 相连,δ 与 β' 相连。

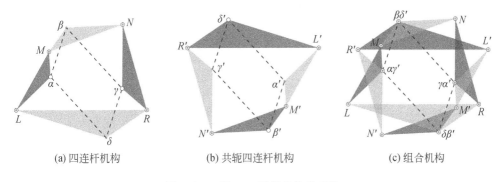

(a) 四连杆机构　　　　　(b) 共轭四连杆机构　　　　　(c) 组合机构

图 4.2.3　Kempe 连杆机构类型 I

2. 类型 II

图 4.2.4 所示为 Kempe 连杆机构类型 II。图 4.2.4(a)所示的是其中一个四

连杆机构,这个四连杆机构必须满足条件:

$$A+C=B+D \tag{4.2.3}$$

图 4.2.4(b)所示的是与图 4.2.4(a)中的四连杆共轭的四连杆机构,它必须满足条件:

$$A'=A, \quad B'=B, \quad C'=C, \quad D'=D \tag{4.2.4}$$

$$\angle\alpha'=\pi-\angle\gamma, \quad \angle\beta'=\pi-\angle\delta, \quad \angle\gamma'=\pi-\angle\alpha, \quad \angle\delta'=\pi-\angle\beta \tag{4.2.5}$$

$$a'=C_ia, \quad b'=C_ib, \quad c'=C_ic, \quad d'=C_id \tag{4.2.6}$$

式中,C_i 为 Kempe 给出的一个比例系数,其计算公式比较复杂,有兴趣的读者可以参考相关文献。图 4.2.4(c)为两个四连杆的组合机构,其组合规律为:α 与 γ' 相连,β 与 δ' 相连,γ 与 α' 相连,δ 与 β' 相连。

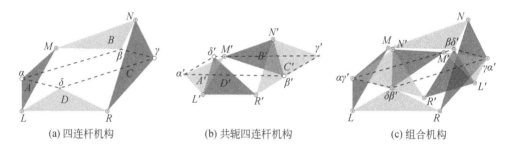

　　　　(a) 四连杆机构　　　　　　　(b) 共轭四连杆机构　　　　　　(c) 组合机构

图 4.2.4　Kempe 连杆机构类型 Ⅱ

3. 类型 Ⅲ

图 4.2.5 所示为 Kempe 连杆机构类型 Ⅲ。图 4.2.5(a)是其中一个四连杆机构,这个四连杆机构必须满足条件:

$$\triangle L\alpha M \backsim \triangle R\delta L, \quad \triangle M\beta N \backsim \triangle N\gamma R \tag{4.2.7}$$

$$\angle M=\angle R \tag{4.2.8}$$

$$A+C=B+D \tag{4.2.9}$$

图 4.2.5(b)是与图 4.2.5(a)中的四连杆共轭的四连杆机构,它必须满足条件:

$$\triangle M\beta N \cong \triangle M'\beta'N', \quad \triangle L\alpha M \cong \triangle L'\alpha'M', \quad \triangle N\gamma R \cong \triangle N'\gamma'R', \quad \triangle R\delta L \cong \triangle R'\delta'L' \tag{4.2.10}$$

图 4.2.5(c)所示的是两个四连杆的组合机构,其组合规律为:α 与 δ' 相连,β 与 γ' 相连,γ 与 β' 相连,δ 与 α' 相连。

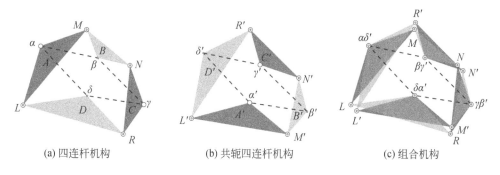

(a) 四连杆机构　　　　　(b) 共轭四连杆机构　　　　　(c) 组合机构

图 4.2.5　Kempe 连杆机构类型Ⅲ

4. 类型Ⅳ

如图 4.2.6 所示为 Kempe 连杆机构类型Ⅳ。图 4.2.6(a)所示的是其中一个四连杆机构,这个四连杆机构必须满足条件:

$$\triangle L\alpha M \backsim \triangle R\delta L \backsim \triangle M\beta N \backsim \triangle N\gamma R \tag{4.2.11}$$

$$A+C=B+D \tag{4.2.12}$$

$$a^2+c^2=b^2+d^2 \tag{4.2.13}$$

图 4.2.6(b)是与图 4.2.6(a)中的四连杆共轭的四连杆机构,它必须满足条件:

$$L\alpha=L'\alpha', \quad M\beta=M'\beta', \quad N\gamma=N'\gamma', \quad R\delta=R'\delta'$$
$$\alpha M=\alpha'M', \quad \beta N=\beta'N', \quad \gamma R=\gamma'R', \quad \delta L=\delta'L' \tag{4.2.14}$$

$$\angle\alpha'=\pi-\angle\alpha, \quad \angle\beta'=\pi-\angle\beta, \quad \angle\gamma'=\pi-\angle\gamma, \quad \angle\delta'=\pi-\angle\delta \tag{4.2.15}$$

图 4.2.6(c)所示的是两个四连杆的组合机构,其组合规律为:α 与 γ' 相连,β 与 δ' 相连,γ 与 α' 相连,δ 与 β' 相连。

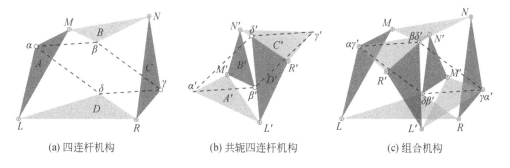

(a) 四连杆机构　　　　　(b) 共轭四连杆机构　　　　　(c) 组合机构

图 4.2.6　Kempe 连杆机构类型Ⅳ

5. 类型 V

图 4.2.7 所示为 Kempe 连杆机构类型 V。图 4.2.7(a)是其中一个四连杆机构,这个四连杆机构必须满足条件:

$$\triangle L\alpha M \backsim \triangle R\delta L \backsim \triangle M\beta N \backsim \triangle N\gamma R \tag{4.2.16}$$

图 4.2.7(b)是与图 4.2.7(a)中的四连杆共轭的四连杆机构,它必须满足条件:

$$\triangle L'\alpha'M' \backsim \triangle R'\delta'L' \backsim \triangle M'\beta'N' \backsim \triangle N'\gamma'R' \tag{4.2.17}$$

$$\alpha'\beta'\gamma'\delta' \cong \alpha\beta\gamma\delta \tag{4.2.18}$$

图 4.2.7(c)所示的是两个四连杆的组合机构,其组合规律为:α 与 α' 相连,β 与 β' 相连,γ 与 γ' 相连,δ 与 δ' 相连。

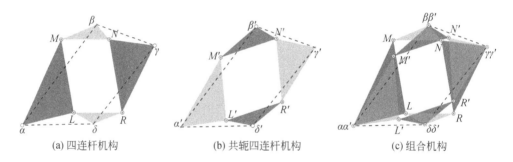

(a) 四连杆机构　　　　　(b) 共轭四连杆机构　　　　　(c) 组合机构

图 4.2.7　Kempe 连杆机构类型 V

6. 类型 VI

图 4.2.8 所示为 Kempe 连杆机构类型 VI。图 4.2.8(a)是其中一个四连杆机构,这个四连杆机构必须满足条件:

$$\triangle L\alpha M \backsim \triangle R\delta L \backsim \triangle M\beta N \backsim \triangle N\gamma R \tag{4.2.19}$$

图 4.2.8(b)是与图 4.2.8(a)中的四连杆共轭的四连杆机构,它必须满足条件:

$$\triangle L'\alpha'M' \backsim \triangle R'\delta'L' \backsim \triangle M'\beta'N' \backsim \triangle N'\gamma'R' \tag{4.2.20}$$

$$\alpha'\beta'\gamma'\delta' \cong \alpha\beta\gamma\delta \tag{4.2.21}$$

图 4.2.8(c)所示的是两个四连杆的组合机构,其组合规律为:α 与 δ' 相连,β 与 β' 相连,γ 与 γ' 相连,δ 与 α' 相连。

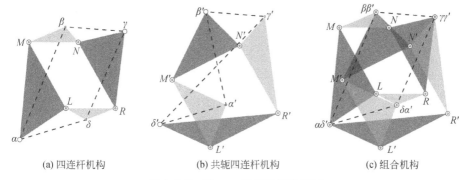

(a) 四连杆机构	(b) 共轭四连杆机构	(c) 组合机构

图 4.2.8　Kempe 连杆机构类型 Ⅵ

4.2.2　双链形连杆机构

Kempe 的平面过约束连杆机构为我们的研究提供了很好的思路,但是这些机构均是由 8 个构件和 12 个剪式铰组成的,机构的构件太少,很难完成稍大尺度可展结构的需求。You 和 Chen(2011)、Wohlhart(2000)、Hoberman(1992;1991;1990)等分别对其进行了改进与扩展,总结并提出了双链形连杆机构(double-chain mechanisms,DC 连杆机构)的概念:由两圈连杆机构通过剪式铰连接而成的过约束机构。这类机构的组成特点是:均由 $2n$ 个构件和 $3n$ 个剪式铰构成。

1. Hoberman 连杆机构

Hoberman 从 20 世纪 80 年代后期开始致力于可展机构的研究与设计,将平面过约束连杆机构的研究应用于大跨度可展结构领域。现在世界上许多地方都可以看到他设计的玩具、展览品、建筑物等,从小尺寸到大跨度的可展结构的应用,树立了理论与实践相结合的典范。其中,比较著名的作品 Iris Dome(图 4.2.9)等。

图 4.2.9　Hoberman 可展结构的代表设计

Hoberman 的大部分设计是基于图 4.2.10 所示的 Hoberman 角单元 (Hoberman angulated element,HAE),它是由相等的两段弯折的角梁单元通过剪式铰在中部连接而成的,当两个角梁单元绕着中间的剪式铰转动时,梁端的夹角 α 会始终保持不变。利用这个性质,Hoberman 将 n 个相同的角单元用剪式铰连接起来组成闭合环形连杆机构,如图 4.2.11 所示。Hoberman 利用这种简单却又不平凡的发现成功地将连杆机构带到建筑结构领域。

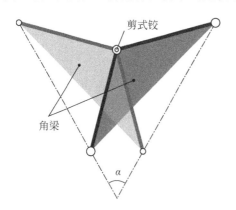

图 4.2.10　Hoberman 角单元

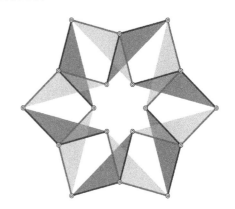

图 4.2.11　Hoberman 闭合环形连杆机构

2. You 连杆机构

You 等的工作很大程度上拓展了 Hoberman 的发现,他们提出两大类可以保持梁端的夹角 α 不变的角单元。这两类角单元是比 HAE 更为一般的角单元 (generalised angulated elements,GAE),他们把这两类角单元分别称为 I 类广义角单元(type I GAE)和 II 类广义角单元(type II GAE),分别如图 4.2.12 和图 4.2.13 所示。 I 类广义角单元又分为 I 类最简广义角单元(simplest type I GAE)和 I 类一般广义角单元(general type I GAE); II 类广义角单元分为 II 类最简广义角单元 (simplest type II GAE)和 II 类一般广义角单元(general type II GAE)。下面将分别阐述它们的分类条件。

首先,如图 4.2.12(a)所示, I 类最简广义角单元是由两个角梁组合而成的,将 ϕ 记为其中一个角梁的夹角,将 φ 记为另一个角梁的夹角,保持梁端夹角不变的条件为

$$OA=OC, \quad OB=OD \tag{4.2.22}$$

如图 4.2.12(b)所示, I 类一般广义角单元是由数目大于或等于 4 的偶数个角梁组合而成的,它保持梁端夹角不变的条件为

$$OA=OC, \quad PE=PF, \quad OBPD \text{ 是平行四边形} \tag{4.2.23}$$

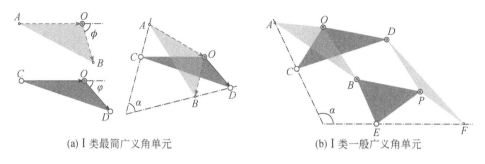

(a) Ⅰ类最简广义角单元   (b) Ⅰ类一般广义角单元

图 4.2.12 Ⅰ类广义角单元

如图 4.2.13(a)所示,Ⅱ类最简广义角单元也是由两个角梁组合而成的,它保持梁端夹角不变的条件为

$$\frac{OA}{OC}=\frac{OB}{OD}, \quad \phi=\varphi \tag{4.2.24}$$

如图 4.2.13(b)所示,Ⅱ类一般广义角单元是由数目大于或等于 4 的偶数个角梁组合而成的,它保持梁端夹角不变的条件为

$$\frac{OA}{OC}=\frac{PE}{PF}, \quad OBPD \text{ 是平行四边形} \tag{4.2.25}$$

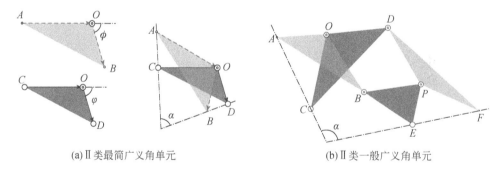

(a) Ⅱ类最简广义角单元   (b) Ⅱ类一般广义角单元

图 4.2.13 Ⅱ类广义角单元

可以看出,HAE 既属于Ⅰ类最简广义角单元,又属于Ⅱ类最简广义角单元,它是一种十分特殊的角单元。You 和 Pellegrino 还提出了一种更实用的角单元——多角单元,它的出现能增加平面闭合过约束连杆机构的跨度。他们把所有这些角单元之间组合而成的闭合连杆机构称为折叠杆系结构(foldable bar structures,FBS),它既拓展了 Hoberman 连杆机构跨度,如图 4.2.14(a)所示,又突破了 Hoberman 机构圆形的限制,可以是任意多边形、圆角矩形、椭圆形等,如图 4.2.14(b)所示。

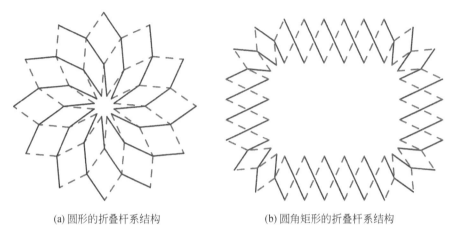

(a) 圆形的折叠杆系结构　　　　　　　(b) 圆角矩形的折叠杆系结构

图 4.2.14　折叠杆系结构

3. Wohlhart 连杆机构

Wohlhart(2000)使用图解的方法提出了 DC 连杆机构的概念。与 Hoberman 以及 You 的发现不同的是,Hoberman 以及 You 提出的角单元是由一对交叉角梁构成的,而 Wohlhart 提出的角单元是由一对非交叉角梁构成的,如图 4.2.15(a)所示。其实 Kempe 机构中就已经出现了非交叉角梁单元的影子,只是 Wohlhart 机构突破了 Kempe 机构 8 杆的限制。Wohlhart 指出一个由非交叉角单元构成的 DC 连杆机构是个可动体系的条件如下。

（1）非交叉角单元的数目是大于等于 4 的偶数。

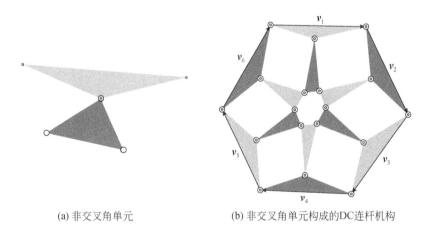

(a) 非交叉角单元　　　　　　　(b) 非交叉角单元构成的DC连杆机构

图 4.2.15　非交叉角单元和非交叉角单元构成的 DC 连杆机构

(2) 相邻非交叉角单元之间围成的四边形均是平行四边形。

(3) 图 4.2.15(b)所示的向量有 $v_1+v_3+v_5+\cdots=0$；$v_2+v_4+v_6+\cdots=0$。

4.2.3 闭合环形旋转连杆机构

鉴于 DC 连杆机构不容易设置固定支承,Rodriguez 和 Chilton(2003)提出了一类基于正多边形的、由角单元与直杆单元铰接而成的闭合环形旋转连杆机构,此类机构在展开与闭合过程中,角单元绕基础多边形顶点定点旋转,直杆单元做平移运动,最大展开角度 α 与多边形边数 n 成反比,即 $\alpha=360/n$。

进一步分析可知,上述每一种旋转连杆机构都对应一种 DC 连杆机构,图 4.2.16 绘制了分别与八边形和九边形旋转连杆机构对应的 DC 连杆机构。

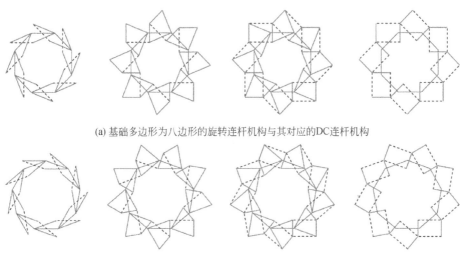

(a) 基础多边形为八边形的旋转连杆机构与其对应的DC连杆机构

(b) 基础多边形为九边形的旋转连杆机构与其对应的DC连杆机构

图 4.2.16 旋转连杆机构与其对应的 DC 连杆机构

4.3 双链形连杆机构的模块分析

DC 连杆机构的基本组成单元为剪铰单元。最常见的是直杆剪铰单元,由两根直杆于杆件中点经旋转铰连接而成,如图 4.3.1 所示。通过改变中间铰的位置和杆件形状,得到一系列基本剪铰单元。由于直杆剪铰单元组成的闭合环形体系是不可动的,有一定局限性,而角杆剪铰单元可形成可动闭合环形体系,故以角杆剪铰单元作为主要分析

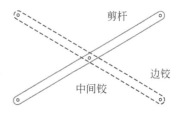

剪杆

边铰

中间铰

图 4.3.1 基本直杆剪铰单元

对象。首先介绍常用基本角单元并分析其几何特性,再介绍由这些基本角单元组成的复合角单元和混合角单元,进而详细介绍闭合环形机构的构成条件、设计方法及其运动特性。

4.3.1 剪铰单元

1. 基本角单元

根据每对构件的相互位置关系,将角单元分为两类,即交叉角单元(crossing angulated element, CAE)和非交叉角单元(non-crossing angulated element, NAE)。表4.3.1归纳了常用基本角单元及其几何特性,并给出了相应平面组形的简单例子。

表 4.3.1　常用基本角单元 $(0{\leqslant}\alpha,\beta{\leqslant}\pi)$

剪铰单元		几何特性	平面组形示例
Hoberman 角单元		$a=b=c=d$ $\alpha=\beta$ $\gamma=\pi-(\alpha+\beta)/2$	
I 类最简交叉角单元 (simplest type I CAE)		$a=b,c=d$ $\alpha\neq\beta$ $\gamma=\pi-(\alpha+\beta)/2$	
II 类最简交叉角单元 (simplest type II CAE)		$a=b,c=d$ $\alpha=\beta$ $\gamma=\pi-(\alpha+\beta)/2$	
		$a/b=d/c$ $\alpha=\beta$ $\gamma=\pi-(\alpha+\beta)/2$	

剪铰单元		几何特性	平面组形示例
最简非交叉角单元 (simplest NAE)	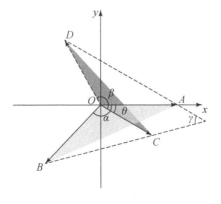 $a=b, c=d$ $\gamma=(\alpha-\beta)/2$		
	$a=b, c=d$ $\alpha\neq\beta$ $\gamma=\pi-(\alpha+\beta)/2$		

　　基本角单元的几何特性可由几何方法或代数方法推导得出。下面以最简交叉角单元为例,从向量分析的角度来考察任意的最简交叉角单元在满足什么数学条件下将具有保持杆端夹角不变的特性。

　　如图 4.3.2 所示,建立直角坐标系 xOy,AOB 为其中一个角杆单元,COD 为另一个角杆单元;$\angle AOB=\alpha$,$\angle COD=\beta$,$\angle AOC=\theta$。α、β、θ 总是为正,角杆的向量可以表示为

$$\begin{aligned}
\boldsymbol{OA}&=a_1\begin{bmatrix}1 & 0\end{bmatrix}\\
\boldsymbol{OB}&=a_2\begin{bmatrix}\cos\alpha & -\sin\alpha\end{bmatrix}\\
\boldsymbol{OC}&=b_1\begin{bmatrix}\cos\theta & -\sin\theta\end{bmatrix}\\
\boldsymbol{OD}&=b_2\begin{bmatrix}\cos(\beta-\theta) & -\sin(\beta-\theta)\end{bmatrix}
\end{aligned} \qquad (4.3.1)$$

图 4.3.2　最简交叉角单元的向量分析

则有

$$DA = OA - OD = [a_1 - b_2\cos(\beta - \theta) \quad -b_2\sin(\beta - \theta)]$$
$$BC = OC - OB = [(b_1\cos\theta - a_2\cos\alpha) \quad -(b_1\sin\theta - a_2\sin\alpha)] \tag{4.3.2}$$

记向量 DA 和 BC 之间的夹角为 γ，有

$$\gamma = \arctan\frac{a_2\sin\alpha - b_1\sin\theta}{b_1\cos\theta - a_2\cos\alpha} - \arctan\frac{b_2\sin(\beta - \theta)}{b_2\cos(\beta - \theta) - a_1} \tag{4.3.3}$$

令 γ 始终为常数，对 γ 进行求导有

$$\frac{d\gamma}{d\theta} = b_1\frac{a_2\cos(\alpha - \theta) - b_1}{a_2^2 + b_1^2 - 2a_2b_1\cos(\alpha - \theta)} - b_2\frac{a_1\cos(\beta - \theta) - b_2}{a_1^2 + b_2^2 - 2a_1b_2\cos(\beta - \theta)} = 0 \tag{4.3.4}$$

化简式(4.3.4)得

$$(a_1^2b_1^2 - a_2^2b_2^2) + a_2b_1(b_2^2 - a_1^2)\cos(\alpha - \theta) + a_1b_2(a_2^2 - b_1^2)\cos(\beta - \theta) = 0 \tag{4.3.5}$$

下面分两种情况对式(4.3.5)的解进行讨论：

(1) 当 $\alpha \neq \beta$ 时，有

$$a_1 = b_2 \quad 且 \quad a_2 = b_1 \tag{4.3.6}$$

这个数学解对应于 You 和 Pellegrino 得到的 I 类最简广义角单元。

(2) 当 $\alpha = \beta$ 时，有

$$\frac{a_1}{a_2} = \frac{b_2}{b_1} \tag{4.3.7}$$

这个数学解对应于 You 和 Pellegrino 得到的 II 类最简广义角单元。HAE 是这个数学解的特殊情况，它对应于条件：$\alpha = \beta, a_1 = a_2 = b_1 = b_2$。

2. 复合角单元

除了前面所述的一系列新的 CAE 和 NAE 单元，还有它们的混合体：交叉与非交叉混合的角单元(crossing and non-crossing angulated element, CNAE)，其也具有保持梁端夹角不变的性质。最简单的 CNAE 是从一般化的交叉与非交叉混合的角单元开始的，它有两种类型：I 类一般混合角单元(general type I CNAE)和 II 类一般混合角单元(general type II CNAE)，如图 4.3.3 所示。

复合剪铰单元是指利用机构加法拓展基本剪铰单元所得的新剪铰单元，其具有原基本剪铰单元在转动过程中剪杆端部夹角不变的性质。机构加法是指将角单元在中间铰处进行拆分平移，再插入若干剪杆单元，原剪杆单元与新增剪杆单元组合形成多个新角单元。按插入单元的特性，复合剪铰单元可分为三类：P 型复合角单元、S 型复合角单元和 H 型复合角单元。

1) P 型复合角单元

插入单元为若干平行四边形或等效平行四边形。等效平行四边形插入单元是将平行四边形插入单元拆分平移，再插入若干满足 $a/d = b/c = 1$ 且 $\alpha = \beta = \pi$ 的 II 类最简交叉角单元[图 4.3.4(d)、(e)、(f)，点划线线框内为插入单元]。

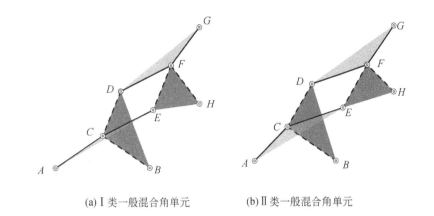

(a) I 类一般混合角单元　　　　　　　(b) II 类一般混合角单元

图 4.3.3　一般交叉与非交叉混合的角单元

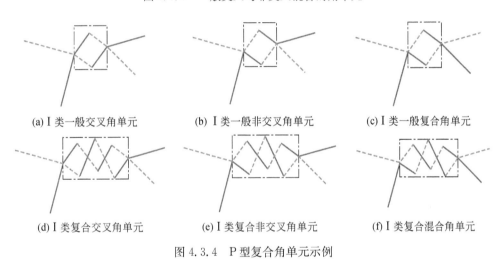

(a) I 类一般交叉角单元　　　(b) I 类一般非交叉角单元　　　(c) I 类一般复合角单元

(d) I 类复合交叉角单元　　　(e) I 类复合非交叉角单元　　　(f) I 类复合混合角单元

图 4.3.4　P 型复合角单元示例

2) S 型复合角单元

插入单元为若干对相似四边形,如图 4.3.5 所示。

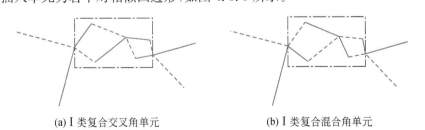

(a) I 类复合交叉角单元　　　　　　　(b) I 类复合混合角单元

图 4.3.5　S 型复合角单元示例

3）H 型复合角单元

插入单元为若干平行四边形和若干对相似四边形，如图 4.3.6 所示。

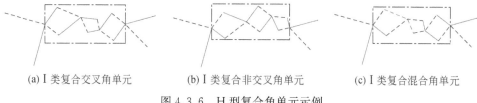

(a) Ⅰ类复合交叉角单元　　　　(b) Ⅰ类复合非交叉角单元　　　　(c) Ⅰ类复合混合角单元

图 4.3.6　H 型复合角单元示例

此外，由图 4.3.4～图 4.3.6 可以发现，在按机构加法构造新角单元时，插入单元的位置与插入单元的角单元的属性（图中以实线杆件和虚线杆件区分）不影响所得新角单元在转动过程中保持剪杆端部夹角不变的性质，其只影响新角单元在按角单元是否交叉进行分类时的类型。

4.3.2　机构构造方法

由 4.3.1 节所述剪铰单元通过一定的构造方法可形成 DC 连杆机构，从而构造平面可动结构。构造方法包括对称法、相似准则、平行四边形法则、机构加法等，所形成的 DC 连杆机构称为基于平行四边形单元的 DC（parallelogram double-chain，PDC）连杆机构、基于相似四边形单元的 DC（similar quadrangle double-chain，SDC）连杆机构及通过机构加法进行拆分组合得到的基于不同四边形单元组合的 DC（hybrid double-chain，HDC）连杆机构。

1. 对称法

机构的对称性主要是指正对称性，正对称性不仅包括角单元自身的对称性 [图 4.3.7(a)]，还包括角单元之间的对称性 [图 4.3.7(b)]。

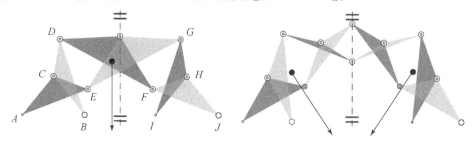

(a) 角单元自身的对称性　　　　　　　　(b) 角单元之间的对称性

图 4.3.7　DC 连杆机构的对称性

对于自身具有对称性的角单元,其 DC 连杆机构的正对称构造规则十分简单。若将角单元梁端包含的不变夹角记为 γ,则其构造法则见表 4.3.2。对于自身不具有对称性的角单元,最简单实用的方法就是在它们的对称方向构造一个相同的非对称角单元,这两个相同的非对称角单元的组合也为对称,即角单元之间具有对称性。

表 4.3.2　具有对称性的角单元的正对称构造法

剪铰单元	几何特性	构造法则	平面组形示例
Hoberman 角单元	$AO=BO=CO=DO$, $\angle AOB=\angle COD$	$2\pi/\gamma$ 为大于 2 的整数	
特殊最简非交叉角单元	$AO=BO=CO=DO$	π/γ 为大于 1 的整数	
特殊复合混合交叉角单元	$AC=BC=IH=JH$, $CD=CE=HF=HG$, $\angle ACE=\angle BCD=$ $\angle FHJ=\angle GHI$	π/γ 为大于 1 整数	
特殊复合混合角单元	$AC=BC=IH=JH$, $CD=CE=HF=HG$, $\angle ACE=\angle GHJ$, $\angle BCD=\angle FHI$	$2\pi/\gamma$ 为大于 1 的整数	

2. 相似准则

相似准则构造法的特点是组成 DC 连杆机构的所有四边形单元都是一组相似四边形。DC 连杆机构的可动性条件为：由三对以上角单元构成，角单元均为 CAE；构件间围成的各四边形按一定规则保持相似性，若四边形的个数为奇数还需要求各四边形均为平行四边形。如图 4.3.8 所示，六个四边形组成的环链，其可动性条件为：四边形 $AGML$、四边形 $NGBH$、四边形 $CIOH$、四边形 $PIDJ$、四边形 $EKQJ$、四边形 $RKFL$ 均保持相似，即

$$\triangle AGL \backsim \triangle NGH \backsim \triangle CIH \backsim \triangle PIJ \backsim \triangle EKJ \backsim \triangle RKL$$
$$\triangle MLG \backsim \triangle BHG \backsim \triangle OHI \backsim \triangle DJI \backsim \triangle QJK \backsim \triangle FLK \tag{4.3.8}$$

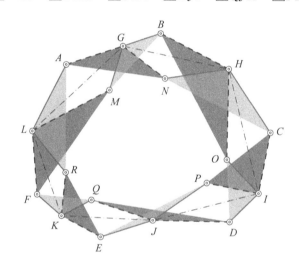

图 4.3.8　相似准则构造法

3. 平行四边形法则

图 4.3.9(a)所示为一段由 CAE 构成的可动链，按图 4.3.9(b)的方式添加杆件。其中，四边形 $EILH$、四边形 $FJMI$ 和四边形 $GKNJ$ 需均是平行四边形，根据平行四边形自身的几何特性，对边杆件始终保持平行且相等，则这些添加的杆件在一定范围内不会改变机构运动的特性。进一步，如果四边形 $BFIE$ 和四边形 $CGJF$ 也是平行四边形，根据平行四边形性质，原先的角梁 AEI 和后加角梁 IM、原先的角梁 BFJ 和后加角梁 JN、原先的角梁 CFI 和后加角梁 IL、原先的角梁 DGJ 和后加角梁 JM 之间的夹角始终保持不变，也就是说，可以将这些杆件都合二为一，分别组成角梁 $AEIM$、角梁 $BFJN$、角梁 $CFIL$、角梁 $DGJM$。注意到角单

元构成方式不同,对基于 NAE 按照相同的方法添加杆件所得到的链杆是不可动的。

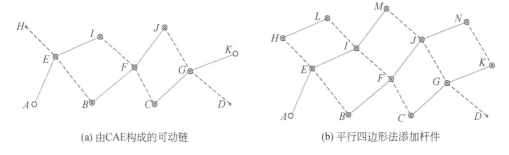

(a) 由CAE构成的可动链　　　　　　　　　(b) 平行四边形法添加杆件

图 4.3.9　平行四边形法则

4. 机构加法

运用机构加法来构造新 DC 连杆机构的规则如下:

(1) 这类机构由大于 4 的偶数个 CAE 或 NAE 构造。

(2) 这类机构同时也是由两类以上不同的 DC 连杆机构通过加法对应连接而形成的。

(3) 其中必须有一类 DC 连杆机构满足相似准则。

例如,图 4.3.10(a)所示的是由四个平行四边形构成的 DC 连杆机构,它要满足条件:

$$\square BCFR \backsim \square JKNV, \quad \square BONX \backsim \square GFTJ \qquad (4.3.9)$$

它的可动性尚且未知。

图 4.3.10(b)所示的机构是根据相似准则得到的,即 Kempe 连杆机构类型 V,满足条件:

$$\triangle ABN \backsim \triangle BFS \backsim \triangle FIJ \backsim \triangle JNW, \quad \triangle BEF \backsim \triangle FJU \backsim \triangle JMN \backsim \triangle NBQ$$

$$(4.3.10)$$

它们的加减法规则如图 4.3.10(c)所示,注意到图中用数字标识的平行四边形的前后对应关系。图 4.3.10(c)实际上是 II 类一般广义角单元的组合,它是一个不对称的 DC 连杆机构。这个结论可以推广到 I 类一般广义角单元组合、I 类一般广义角单元和 II 类一般广义角单元组合的情形。也可以推广到复合交叉角单元的组合上。

利用对称规则构造的 DC 连杆机构显然具有可动性,无需进行严格的数学证明。而对于利用相似准则和机构加法构造的非对称的 DC 连杆机构,则需运用4.1.2 节介绍的连杆机构运动分析方法进行数学证明。

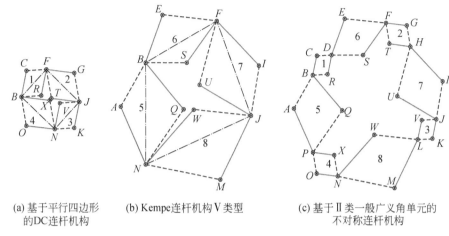

(a) 基于平行四边形
的DC连杆机构

(b) Kempe连杆机构Ⅴ类型

(c) 基于Ⅱ类一般广义角单元的
不对称连杆机构

图 4.3.10　基于 CAE 的不对称 DC 连杆机构

　　运用上述四种方法,可以构造出一系列形态各异的 DC 连杆机构。即使采用相同的构造方法与结构构件,也可以因构件间组合方式的不同而构造出不同的结构形态,类似化学中的分子同分异构现象。如图 4.3.11 所示是运用平行四边形法利用相同的角杆构件构造出的三种形式的 DC 连杆机构。

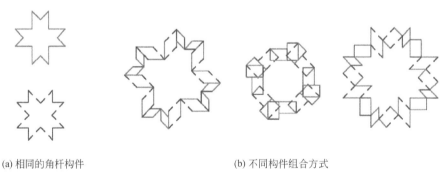

(a) 相同的角杆构件

(b) 不同构件组合方式

图 4.3.11　同型异构的 DC 连杆机构单元

4.3.3　机构运动特点

　　由剪铰单元构成的 DC 连杆机构,其特征铰点的运动方式包括直线运动和定点转动两种。

　　1. 直线运动

　　如图 4.3.12 所示,分析在边铰 A、C 沿直线运动的情况下,中间铰 B 的可能运动轨迹。当一对角单元边铰均做直线运动时,其解析解为表 4.3.1 中的 Ⅰ 类最简交叉角单元和Ⅱ类最简交叉角单元。所有在转动过程中保持剪杆端部夹角不变的剪铰单元按对称法构造出的 DC 连杆机构具有相应边铰均沿直线径向运动的特点。其中仅Ⅱ类最简交叉角单元按对称法构造出的 DC 连杆机构具有所有铰点均沿直线径向运动的特点。

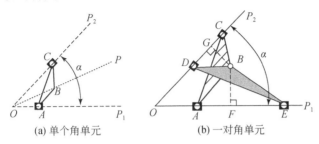

(a) 单个角单元　　　　　(b) 一对角单元

图 4.3.12　角单元分析

2. 定点转动

运用平行四边形法构造的 DC 连杆机构具有可绕定点转动的特性。例如，Hoberman 连杆机构(图 4.3.13)，将角梁单元 $A_1B_1C_1$ 固定于 D_1，将角梁单元 $A_2B_2C_2$ 固定于 D_2 等。在机构运动过程中，所有实线表示的角梁单元将会绕着它们各自的定点转动，而所有虚线表示的角梁单元将会做相应的平移，不会改变机构整体的运动特性。

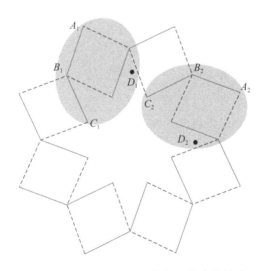

图 4.3.13　Hoberman 连杆机构的定点转动

可以证明,所有基于平行四边形法则的 DC 连杆机构,无论是 CAE 构成的,还是 NAE 构成的,都存在定点,并且它们不只存在一组定点;基于不变角度角单元的对称 DC 连杆机构若不满足平行四边形法则,则不存在定点。

4.3.4 机构平面拓展

通过在平面内扩展,DC 连杆机构运动可以覆盖更大的范围。机构平面拓展有两种方式:一是单纯拓展单个机构模块;二是对单个机构模块进行模块组合。本节仅介绍第一种方式,后者将在 4.4 节中进行介绍。

1. 径向拓展

FBS 可视为典型的 DC 连杆机构径向拓展机构,如图 4.3.14 所示。FBS 是通过在 DC 连杆机构外围添加菱形单元的方式来拓展机构的,拓展后机构的运动特性不变,但某些情况下会影响机构整体的可动程度。FBS 的组成单元均为交叉角单元。

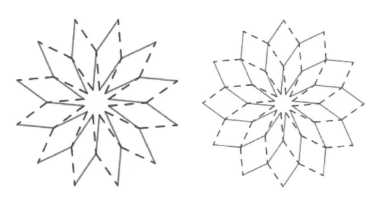

图 4.3.14　FBS 径向拓展思路

在 FBS 径向拓展方式中机构的拓展次数是有限的,如图 4.3.15(a)所示,DC 连杆机构只能进行一次拓展。但可结合平行四边形环链的特点,扩展其思路,按图 4.3.15(b)所示调整添加杆件的方式进一步多次拓展该机构。因此,对于任意平行四边形环链机构均可采用密铺砌式添加平行四边形单元的方式进行径向拓展,拓展次数不限,称为广义 FBS 拓展法。需要注意的是,所得拓展机构的超限拓展部分的运动方式与原机构将不再完全保持一致。运用广义 FBS 拓展法多次径向拓展图 4.3.15(a)所示平行四边形环链机构,得到某广义 FBS 径向拓展机构的运动过程如图 4.3.16 所示。此机构按此法可无限次拓展,拓展后不影响其可展程度。

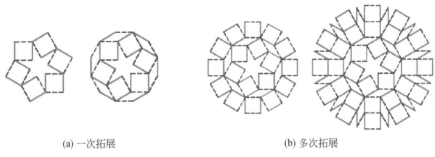

(a) 一次拓展　　　　　　　　　　　　　　　(b) 多次拓展

图 4.3.15　广义 FBS 径向拓展

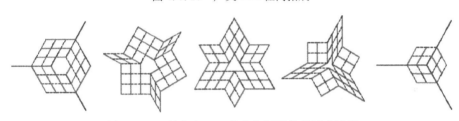

图 4.3.16　某广义 FBS 径向拓展机构的运动过程

2. 环向拓展

利用机构加法可以将基本剪铰单元拓展为复合剪铰单元,同样可以依照该方法将对称 DC 连杆机构进行环向拓展,如图 4.3.17 所示。

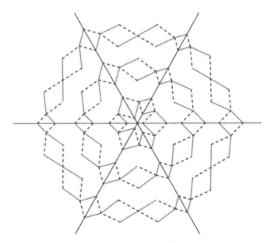

图 4.3.17　对称 DC 连杆机构的环向拓展

此外,在任意剪铰单元内部插入若干个平行四边形单元将不改变原剪铰单元夹角运动的等角速度性,利用这一特性还可以对任意单自由度平行四边形环链机构进行环向拓展,如图 4.3.18 所示。在基础机构为一已知的单自由度平行四边形环链机构、插入单元为平行四边形单元的情况下,所得环链的各四边形仍然都为平行四边形。由平行四边形环链机构的可动性条件可知,插入单元仅需满足新插入单元的两组角单元向量之和分别等于 0,无须考虑插入单元的位置与数量的影响。例如,以图 4.3.18(a)所示的机构为基础机构,以最简单的 DC 连杆机构为插入单元,显然插入单元的两组角单元向量之和分别等于 0,可得环向拓展机构,如图 4.3.18(b)所示。

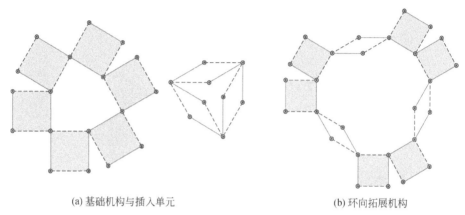

(a) 基础机构与插入单元 　　　　　　　　　　 (b) 环向拓展机构

图 4.3.18　平行四边形环链的环向拓展

利用该环向拓展方法,可方便快速地将一个圆形环链机构拓展为一系列类椭圆形环链机构,如图 4.3.19 所示。

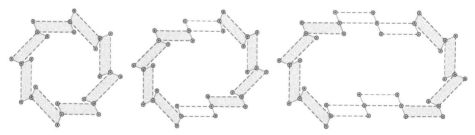

图 4.3.19　圆形环链机构拓展为类椭圆形环链机构

4.4　双链形连杆机构的模块组合

前面主要关注该如何构造新的 DC 连杆机构以及它们可动性条件,所涉及的机构仅限于一圈的角单元组合,因此这样的机构仅适用于覆盖小面积的可展结构。如果要在大面积的可展结构中应用 DC 连杆机构,就必须引入模块组合的理论。模块组合是指将多个单体模块按一定规则组织成一个有效的整体。考虑到模块组合的目标是重复排列某种或某几种模块以覆盖一定的平面区域,模块组合问题在一定程度上与几何镶嵌问题有密切联系。在讨论模块组合问题之前,先了解几何镶嵌的有关知识,以便拓展其思路,丰富 DC 连杆机构组合模块的构型想象空间。然后将详细介绍模块组合的几大基本问题,包括存在性问题、构造问题、计数问题和最优化问题。

4.4.1　几何镶嵌理论

1. 几何镶嵌的形式

几何镶嵌通常为完全铺满平面,重复排列某种图案而覆盖整个平面,图像可以变化万千,但其排列规则是有限的。镶嵌的形式有很多,下面将主要针对正多边形镶嵌、对偶镶嵌、铰链式镶嵌、有空隙的铺砌做简单介绍。

1) 正多边形镶嵌

所有的拼块都是正多边形的镶嵌称为正多边形镶嵌,包括正则镶嵌、半正则镶嵌和非正则镶嵌。只使用一种正多边形的镶嵌称为正则镶嵌;使用一种以上的正多边形来镶嵌,并且在每个顶点处都有相同的正多边形排列,称为半正则镶嵌;正则镶嵌或半正则镶嵌的混合镶嵌称为非正则镶嵌。

2) 对偶镶嵌

每一种正多边形镶嵌都有一种对偶镶嵌,即将每一块正多边形的中心作为对偶镶嵌的顶点,连接相邻两个顶点得到的镶嵌。正六边形镶嵌与正三角形镶嵌互为对偶镶嵌;正方形与其本身互为对偶镶嵌;正方形和正三角形镶嵌的对偶镶嵌也称为开罗镶嵌,如图 4.4.1(a)所示;图 4.4.1(b)粗线表示正六边形和正三角形镶嵌的一个对偶镶嵌。

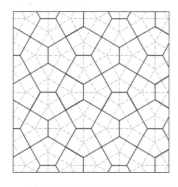

(a) 正方形和正三角形镶嵌的对偶镶嵌

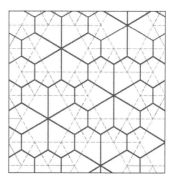

(b) 正六边形和正三角形镶嵌的对偶镶嵌

图 4.4.1　对偶镶嵌

3）铰链式镶嵌

如果把某些镶嵌看作在顶点处带铰链，并由被空隙隔开的硬片所组成，那么这种镶嵌可以展开或闭合，图 4.4.2 所示为六边形和三角形组成的铰链式镶嵌及其展开过程的形态。

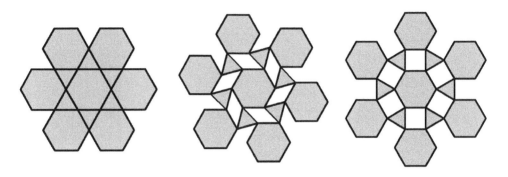

图 4.4.2　六边形和三角形组成的铰链式镶嵌

另外，能单独镶嵌的正多边形可以转化多边形和星形的镶嵌，只要将各正多边形稍稍分开，再分割它们之间的空间即可。这也可以理解为一种铰链式镶嵌。如图 4.4.3 所示，星形的每一条非正六边形的边就像一个搭扣带，它的两端点连接两个正六边形。六边形分得越开，星形就变得越宽，有一时刻星形变成大的等边三角形，最后变成和原六边形相同的六边形。

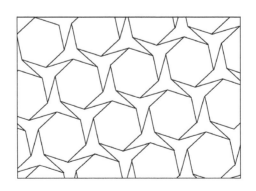

图 4.4.3　多边形和星形组成的铰链式镶嵌

4）有空隙的铺砌

当一类简单的铺块不可避免地出现空隙（镶嵌本身使用这些空隙）时，若把这些空隙当作某种图案的特征，则该类镶嵌可称为有空隙的铺砌（图 4.4.4）。

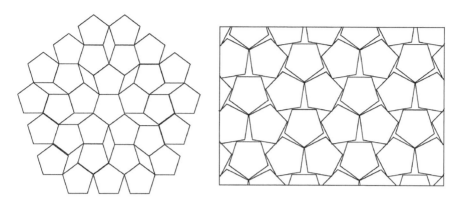

图 4.4.4 有空隙的铺砌

2.正多边形镶嵌的数学排列

多边形的排列通常表达为一个节点上若干多边形顺时针或逆时针围绕组合而成。采取下列的数学记号来表示平面的多边形排列:

(3^6)表示多边形的排列类型是一个节点由 6 个三角形围绕组合而成,3 表示多边形的边数,上标 6 表示多边形的数目,如图 4.4.5(a)所示。

$(3^3.4^2)$表示多边形的排列类型是一个节点由 3 个三角形和两个四边形围绕组合而成,如图 4.4.5(b)所示。

$(3^6;3^2.6^2)$表示多边形的排列类型有两种节点形式:一种节点由 6 个三角形围绕组合而成;另一种节点由两个三角形和两个六边形围绕组合而成,如图 4.4.5(c)所示。其他的记号以此类推。

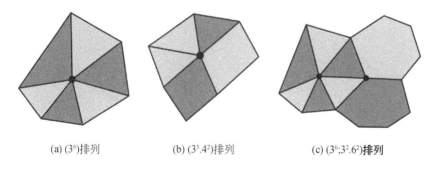

(a) (3^6)排列　　　　(b) $(3^3.4^2)$排列　　　　(c) $(3^6;3^2.6^2)$排列

图 4.4.5 一般多边形排列的数学记号

一般多边形的排列并没有什么规律可言,如图 4.4.6 所示,只要相互之间耦合即可。除了特殊的需求,多数情况下需要的是一种规整的对称的可展结构,这就涉及正多边形的排列类型和图案。

图 4.4.6　一般多边形排列

　　按照边对边规则并且只包含一种正多边形单元的排列仅有三种,如图 4.4.7 所示,其基本多边形单元分别是正三角形、正方形和正六边形。按照边对边规则的正多边形排列中只存在一种节点形式的排列一共只有 11 种,它们分别是(3^6)、$(3^4.6)$、$(3^3.4^2)$、$(3^2.4.3.4)$、$(3.4.6.4)$、$(3.6.3.6)$、(3.12^2)、(4^4)、$(4.6.12)$、(4.8^2)、(6^3),如图 4.4.7 和图 4.4.8 所示。

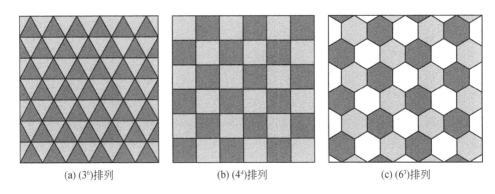

(a) (3^6)排列　　　　　　(b) (4^4)排列　　　　　　(c) (6^3)排列

图 4.4.7　按照边对边规则并且只包含一种正多边形单元的排列

4.4.2　双链形连杆机构的组合形式

　　以表 4.3.1 所示的 HAE 平面组形为基础单元,按几种不同规则进行模块组

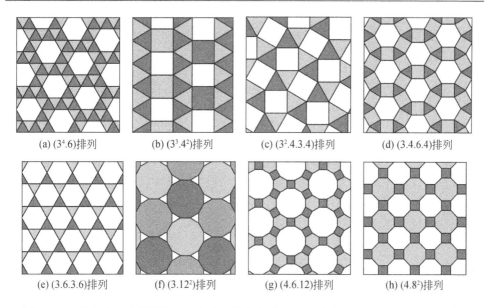

(a) (3⁴.6)排列　　(b) (3³.4²)排列　　(c) (3².4.3.4)排列　　(d) (3.4.6.4)排列

(e) (3.6.3.6)排列　　(f) (3.12²)排列　　(g) (4.6.12)排列　　(h) (4.8²)排列

图 4.4.8　按照边对边规则并且只存在一种节点形式的排列(加上图 4.4.7 所示的三种)

合。若直接根据模块单元的几何形状特点进行组合,可得组合模块 I 如图 4.4.9 所示。

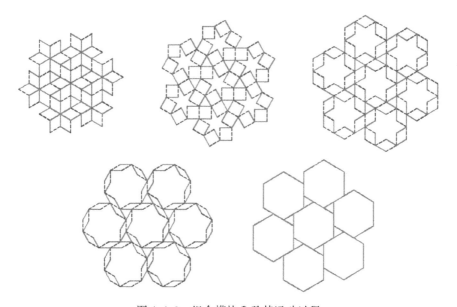

图 4.4.9　组合模块 I 及其运动过程

　　若将模块单元的几何形状用其外边铰连线形成的多边形表示,则其组合问题在一定程度上将转化为多边形平面镶嵌问题。将该 Hoberman 模块单元抽象为外边铰连线形成的正六边形,分别按边对边和角对角规则组合,可得组合模块Ⅱ和组合模块Ⅲ,分别如图 4.4.10 和图 4.4.11 所示。

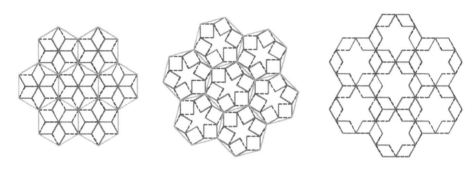

图 4.4.10　组合模块Ⅱ及其运动过程

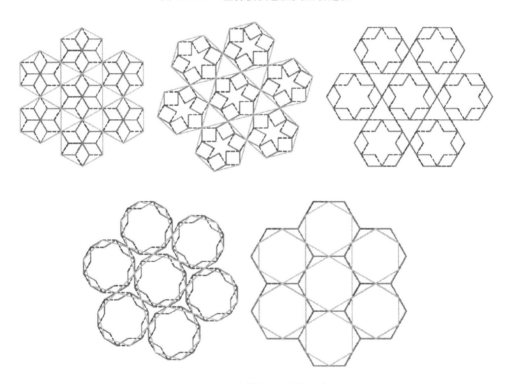

图 4.4.11　组合模块Ⅲ及其运动过程

　　若模块单元的几何形状用其中间铰连线形成的多边形表示,则其组合问题在一定程度上也将转化为多边形平面镶嵌问题。将该 Hoberman 模块单元抽象为中间铰连线形成的正六边形,同样分别按边对边和角对角规则组合,可得组合模块Ⅳ和组合模块Ⅴ,分别如图 4.4.12 和图 4.4.13 所示。

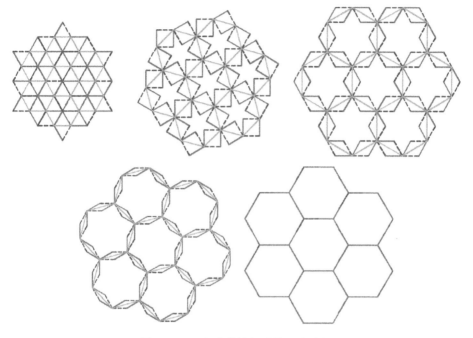

图 4.4.12　组合模块Ⅳ及其运动过程

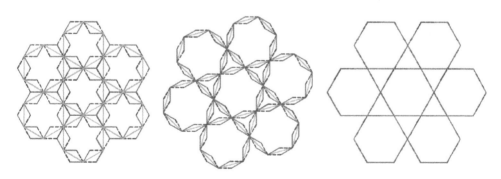

图 4.4.13　组合模块Ⅴ及其运动过程

　　由于上述 Hoberman 模块单元本身就具有高度对称性,除组合模块Ⅵ外,组合模块Ⅰ～Ⅴ在平面内均可向各方向无限拓展延伸。此外,可以考虑利用机构加减法进行组合模块的平面拓展。例如,在组合模块的各基础单元间插入若干平行四边形构件单元进行拓展,可得新组合模块Ⅶ、Ⅷ,分别如图 4.4.14 和图 4.4.15所示。

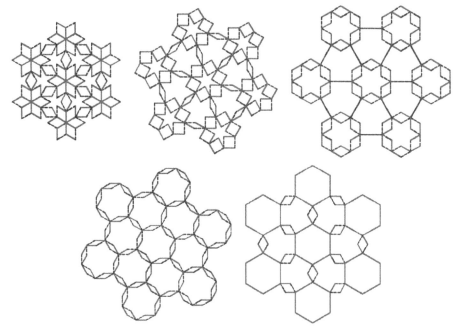

图 4.4.14 组合模块Ⅶ及其运动过程

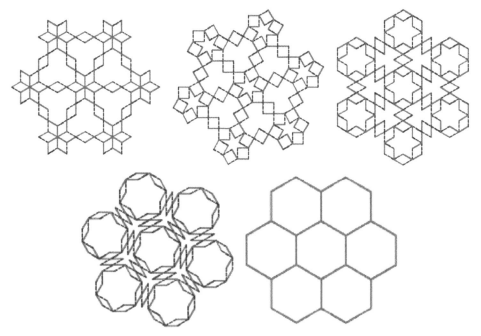

图 4.4.15 组合模块Ⅷ及其运动过程

制作组合模块Ⅶ和Ⅰ的物理模型分别如图 4.4.16 和图 4.4.17 所示。

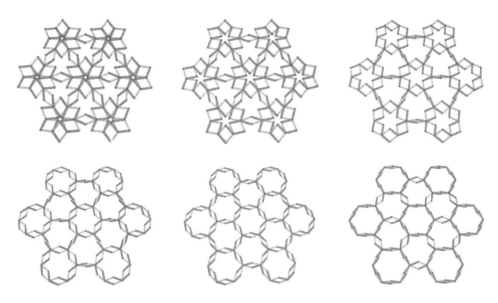

图 4.4.16　制作组合模块Ⅶ的物理模型及其运动过程

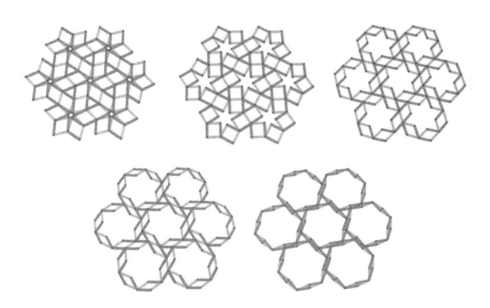

图 4.4.17　制作组合模块Ⅰ的物理模型及其运动过程

4.4.3　组合模块的构造方法

构造问题主要是围绕如何保证组合模块在运动过程中始终保持单自由度且始终满足几何兼容性展开的。可以从已知基础模块单元出发构造可动组合模块,也可以从所需特定外形出发构造相应组合模块。

1. 基础模块铺砌法

从已知基础模块单元出发构造组合模块时,可根据基础模块单元的不同特点选择不同方式进行构造,以保证组合模块的可动性。具体实施上,可采用对称法或反对称法进行铺砌。

先以三角形模块单元为基础模块单元来说明铺砌法构造过程。对三角形模块单元分析可知,按不变角度角单元构造法时,无论是按对称法则还是相似准则构造出的单元,同时都符合平行四边形法则构造法,即三角形模块单元均符合平行四边形法则构造法。

符合平行四边形法则构造法的模块单元,其每个四边形均关于相应基础边反对称,故可按反对称法则进行模块组合,如图 4.4.18 所示。具体过程如下:

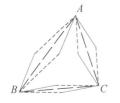 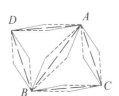 

(a) 基础单元模块　　　　　(b) 两单元组合模块　　　　(c) 六单元组合模块及其发生一定运动后的形态

图 4.4.18　反对称法则的模块组合过程

(1) 将基础单元关于基础边(如 AB)进行反对称处理,生成反对称单元。

(2) 将基础单元与新生反对称单元于公共边处叠加,合并重叠构件,生成两单元组合模块。

(3) 重复上述步骤即可生成更多单元组成的组合模块,如六单元组合模块。

按平行四边形法则构造出的模块单元,若其四边形为菱形,则除了反对称法则,其还可按正对称法则进行模块组合,如图 4.4.19 所示,具体过程如下:

(1) 将基础单元关于基础边(如 AB)进行正对称处理,生成过渡单元,将过渡单元构件类型全部对换生成所需正对称单元。

(2) 将基础单元与正对称单元于公共边叠加,合并重叠构件,生成两单元组合模块。

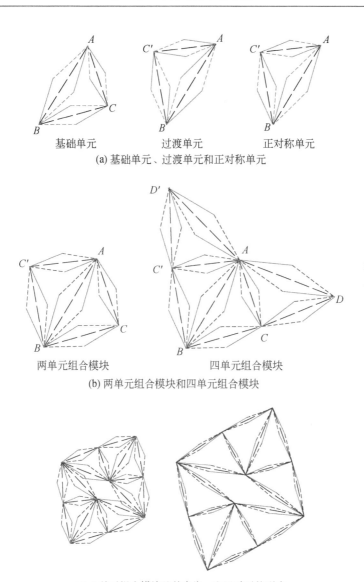

(a) 基础单元、过渡单元和正对称单元

(b) 两单元组合模块和四单元组合模块

(c) 八单元组合模块及其发生一定运动后的形态

图 4.4.19　正对称法则的模块组合过程

（3）重复上述步骤生成四单元组合模块；再将四单元组合模块关于 DD' 进行正对称处理，依上述方法可得到八单元组合模块。

以符合平行四边形法则构造法的四边形模块单元为基础单元进行模块组合时，其组合方法与三角形模块单元组合类似，如图 4.4.20(a) 所示。不符合平行四边形法则构造法的四边形模块单元进行模块组合时，其组合方法类似于反对称法，如图 4.4.20(b)所示。此外,从五边形、六边形等多边形模块单元出发构造组合模块的方法同上述四边形模块单元类似。

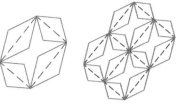

(a) 按平行四边形法则构造的模块单元及其组合模块　　　(b) 按相似准则构造的模块单元及其组合模块

图 4.4.20　四边形模块单元及其组合模块

2. 特殊外形拼图法

以图 4.4.21 说明从所需特定外形出发以拼图法构造相应组合模块的过程。若需要设计一个心形的组合模块,则可先将其划分为若干个多边形(如三角形),对每个多边形依次按满足基础多边形在运动过程中保持相似的条件设计连杆机构,再合并重叠构件得到最终组合模块。

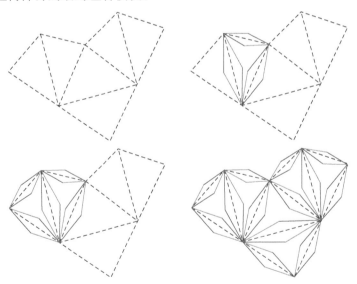

图 4.4.21　特殊外形拼图法设计过程

3. 机构精简法

采用本小节所述方法设计所得的组合模块都具有去掉部分支链仍为可动组合

模块的特性,如图 4.4.22 所示。

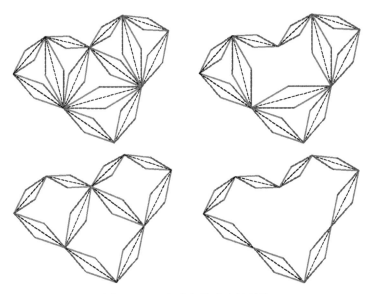

图 4.4.22　组合机构去支链精简

　　将图 4.4.22 所示组合模块与 Kiper 等(2008)提出的可展多边形结构(图 4.4.23)进行对比可以发现,此类可展多边形结构实质上均可视为 DC 连杆机构的组合模块。

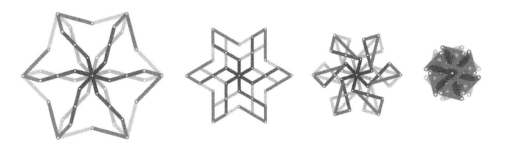

图 4.4.23　某种可展多边形结构(Kiper et al.,2008)

4.4.4　组合模块的计数和优化

1. 规则组合模块的计数

DC 连杆机构的几何形状用其基础多边形代表,这样每个组合模块都将对应一种多边形的排列方式。由几何镶嵌理论可知,多边形之间有无数种排列方式,而正多边形之间的排列方式是可计数的。

考虑到大多数建筑结构均为规整对称结构,再结合每个基础多边形可对应多类 DC 连杆机构的特点,引入正多边形镶嵌理论在一定程度上是具有一般化意义的。若记正多边形排列种类数目为 $K(k)$,k 为其节点类型的数目,则 $K(1)=11$、$K(2)=20$、$K(3)=39$、$K(4)=33$、$K(5)=15$、$K(6)=10$、$K(7)=7$ 和 $K(k)=0(k\geqslant8)$,共计 135 种。

将由单一 HAE 组成的连杆机构称为高度对称的 Hoberman 连杆机构,其基础多边形均为正多边形,运用上述结论易知其组合模块种类一共是 135 种。图 4.4.24 给出了其中一些组合模块。

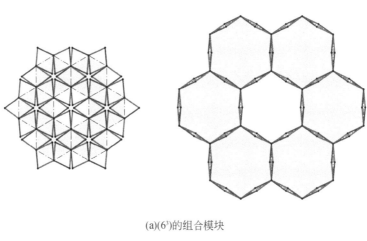

(a)(6³)的组合模块

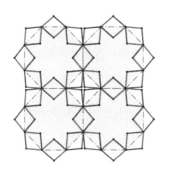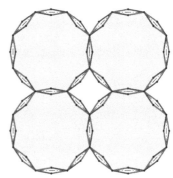

(b)(4.8²)的组合模块

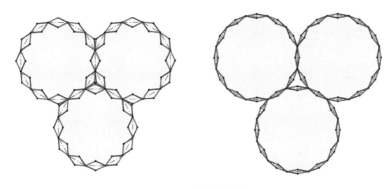

(c)(3.12²)的组合模块

图 4.4.24　Hoberman 连杆机构的组合模块

2. 组合匹配率

在图 4.4.24 所示的 Hoberman 连杆机构的组合模块中,部分组合模块各单体连杆机构从完全闭合到完全展开的程度与没有组合前的单体连杆机构的相比较大,而在另一些组合模块中则较小。例如,图 4.4.24(a)中的(6^3)组合模块中各单体连杆机构的展开程度与组合前的单体连杆机构的相同,而图 4.4.24(b)中的(4.8^2)组合模块和图 4.4.24(c)中的(3.12^2)组合模块中各单体连杆机构的展开程度与组合前的单体连杆机构的相比有不同程度的减小。究其原因,图 4.4.24(a)中的组合模块只有一种单体 Hoberman 连杆机构;而图 4.4.24(b)中的组合模块实际上可以看成由基础多边形是正八边形的 Hoberman 连杆机构和基础多边形是正方形的 Hoberman 连杆机构组合而成的;同样,图 4.4.24(c)中的组合模块可以看成基础多边形是正十二边形的 Hoberman 连杆机构和基础多边形是正三角形的 Hoberman 连杆机构的组合,这就涉及一个两种或两种以上 Hoberman 连杆机构的组合匹配问题。将组合模块中最大的单体连杆机构展开程度与最小的单体连杆机构展开程度的比值定义为组合匹配率。

采用单体 Hoberman 连杆机构在整个运动过程中的转角来描述这个展开程度。将 Hoberman 连杆机构的基础多边形的边数记为 n,它在整个运动过程中的转角为

$$\Phi = \pi - \frac{2\pi}{n} \tag{4.4.1}$$

将组合匹配率记为 R,根据定义可知:

$$R = \frac{\Phi_{\min}}{\Phi_{\max}} \tag{4.4.2}$$

式中，Φ_{max} 为组合模块中最大的单体 Hoberman 连杆机构转角；Φ_{min} 为组合模块中最小的单体 Hoberman 连杆机构转角。

本节对组合模块类型的记号采用了与多边形排列相同的方法，这个记号里面包含了组合模块中涉及其组合机构单元种类的信息，因此可根据这个记号方便地计算出各种组合模块的组合匹配率。基本步骤是：找出记号中除上标之外的最大数和最小数，最大数表示组合模块中最大单体 Hoberman 连杆机构的基础多边形的边数；最小数表示组合模块中最小单体 Hoberman 连杆机构的基础多边形的边数。例如，对于 (6^3) 的组合模块，它只有一种单体 Hoberman 连杆机构，其组合匹配率 R 就等于 1；对于 (4.8^2) 的组合模块，它包含两种单体 Hoberman 连杆机构，其组合匹配率 R 等于 $\dfrac{\pi-2\pi/4}{\pi-2\pi/8}=\dfrac{2}{3}$。表 4.4.1 中给出了一些常用组合模块的组合匹配率。

表 4.4.1　一些常用组合模块的组合匹配率

组合模块类型	组合匹配率 R	组合模块类型	组合匹配率 R	组合模块类型	组合匹配率 R	组合模块类型	组合匹配率 R
$(3^6),(4^4),(6^3)$	1	$(4.6.12)$	0.6	$(3^6;3^2.4.3.4)$	2/3	$(3^3.4^2;4^4)_2$	2/3
$(3^4.6)$	0.5	(4.8^2)	2/3	$(3^6;3^2.6^2)$	0.5	$(3^2.4.3.4;3.4.6.4)$	0.5
$(3^3.4^2)$	2/3	$(3^6;3^4.6)_1$	0.5	$(3^6.6;3^2.6^2)$	0.5	$(3^2.6^2;3.6.3.6)$	0.5
$(3^2.4.3.4)$	2/3	$(3^6;3^4.6)_2$	0.5	$(3^3.4^2;3^2.4.3.4)_1$	2/3	$(3.4.3.12;3.12^2)$	0.4
$(3.4.6.4)$	0.5	$(3^6;3^3.4^2)_1$	2/3	$(3^3.4^2;3^2.4.3.4)_2$	2/3	$(3.4^2.6;3.4.6.4)$	0.5
$(3.6.3.6)$	0.5	$(3^6;3^3.4^2)_2$	2/3	$(3^3.4^2;3.4.6.4)$	0.5	$(3.4^2.6;3.6.3.6)_1$	0.5
(3.12^2)	0.4	$(3^6;3^2.4.12)$	0.4	$(3^3.4^2;4^4)_1$	2/3	$(3.4.6.4;4.6.12)$	0.4

3. 模块开启率

为便于应用于建筑结构，在表 4.4.1 中常用的连杆机构组合模块中寻求一种最优的组合模块。这些组合模块的组合匹配率越大，则连杆机构的利用率越高。因此，最优组合模块从组合匹配率为 1 的 (3^6)、(4^4)、(6^3) 这三个组合模块中来选取。在开启结构设计中，一个重要的优化指标是达到开启时尽量大的开启空间和闭合时尽量小的结构体积，因此引入组合模块最大开启率的概念来判断这三个组合模块的优劣。

在 (3^6)、(4^4)、(6^3) 这三个组合模块中，所有的单体连杆机构都相同，其最大开启率就代表了整个组合模块的最大开启率。因此将最大开启率定义为连杆机构完全开启时内接圆直径 d_{max} 和完全闭合时外接圆直径 D_{min} 的比值，d_{max}、D_{min} 和角杆单元杆长 l 的定义如图 4.4.25 所示。

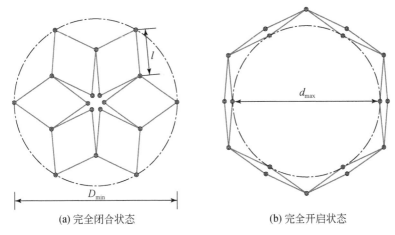

(a) 完全闭合状态　　　　　　　　(b) 完全开启状态

图 4.4.25　组合连杆机构模块

从几何推导上易知,若不考虑杆件和节点尺寸的影响,则对于基础多边形为 n 边形的 Hoberman 连杆机构有

$$d_{\max} = l \arctan \frac{\pi}{n} \tag{4.4.3}$$

$$D_{\max} = 2l \cos \frac{\pi}{n} \tag{4.4.4}$$

将最大开启率记为 OR,根据前述定义,有

$$\mathrm{OR} = \frac{d_{\max}}{D_{\min}} = \frac{1}{2} \sin \frac{\pi}{n} \tag{4.4.5}$$

则根据式(4.4.5)可以计算出在 (3^6) 组合模块中,OR 等于 0.58;在 (4^4) 组合模块中,OR 等于 0.71;在 (6^3) 组合模块中,OR 等于 1。因此,(6^3) 组合模块是最优的组合模块,最适合在建筑结构中得到应用。

此外,对于非正多边形的组合模块,从组合匹配率和模块开启率角度上评判,其组合性能不及正多边形的组合模块;但从结构开展形态多样性角度上评判,则其可能具有不凡的表现。图 4.4.26 所示是以具有一定对称性的六边形 DC 连杆机构

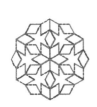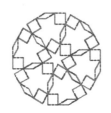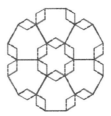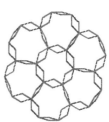

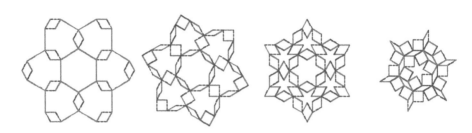

图 4.4.26 一种非正多边形的组合模块及其运动过程

为模块单元的六单元组合模块,其运动开展形态类似于花朵的绽放与合拢,可作为一种较为美观的动态平面结构加以应用。

4.4.5 几种结构实现方式

1. 板式组合结构

前面讨论的都是基于角杆单元的折叠杆系组合模块,若将组合模块作为一种遮蔽物加以应用,使其在晴天时能通风采光,阴雨天时可以遮风挡雨,避免渗漏。通过研究发现,为这种杆系组合模块加上刚性的板单元,这种板单元可以完美地附着在相应的角杆单元上,且这些板单元在模块运动过程中不相互重叠和碰撞。下面介绍这种刚性板单元的设计原理。

图 4.4.24(a)中的(6³)组合模块是由一系列菱形组成的,且在模块变形过程中始终保持菱形的组合。菱形是一种特殊的平行四边形,下面将首先研究该如何为一个普通的平行四边形加上刚性板单元。

1) 平行四边形的刚性板单元设计

如图 4.4.27(a)所示为一个平行四边形的四连杆机构,它由一对平行的杆一和杆二及一对平行的连接杆组合而成。杆二与地面固定,其他杆可以自由运动,四连杆的左上角的角度记为旋转角 ω,顺时针为正。

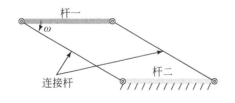

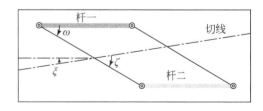

(a) 平行四边形四连杆机构　　　　　　　(b) 加刚性板单元后切线

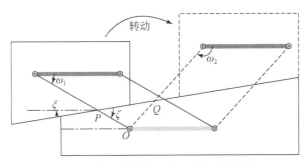

(c) 加刚性板单元后四连杆机构的运动

图 4.4.27　平行四边形四连杆机构刚性板单元设计

将一块刚性板单元同时固定到杆一和杆二上,该刚体消除了四连杆的运动特性。如果在板单元中间切开,如图 4.4.27(b)所示,四连杆就可以恢复运动特性。切线与杆一或杆二的夹角记为 ξ,切线与连接杆的夹角记为 ζ。因为板单元之间不允许相互重叠,四连杆运动时,ω 将发生变化,板单元就在切线处出现缝隙。当两块板单元重新闭合时,板单元后面的四连杆机构也就停止了运动,如图 4.4.27(c)所示。

在图 4.4.27(c)中,四连杆运动过程中两个状态的旋转角分别用 ω_1 和 ω_2 表示,则可知:

$$\zeta = \omega_1 + \xi \qquad (4.4.6)$$

根据 $\triangle OPQ$ 的内角和等于 π:

$$\pi = 2\zeta + \omega_2 - \omega_1 \qquad (4.4.7)$$

将式(4.4.6)代入式(4.4.7)中,可以得到:

$$\xi = (\pi - \omega_1 - \omega_2)/2 \qquad (4.4.8)$$

2) 相连平行四边形的刚性板单元设计

通过共享一根连接杆将两个相等的平行四边形 P 和 Q 连接在一起,如图 4.4.28 所示。因此 P 中的杆一和 Q 中的杆一组合成一根连续的角杆,杆二也成为一根连续的角杆,将这些角杆的节间角记为 α。P 和 Q 中旋转角 ω 是不同的,它们之间的关系为

$$\omega^Q = \omega^P + \alpha \qquad (4.4.9)$$

现在分别将两块板单元附着到 P 和 Q 上,为使这些平行四边形具有可动性,则相应地在 P 位置的板单元上和 Q 位置的板单元上分别切开。此时,如果确定 P 中的 ω_1^P 和 ω_2^P,则根据式(4.4.9)可以计算出相应 Q 中的 ω_1^Q 和 ω_2^Q。根据式(4.4.8),两个斜切角分别为

$$\xi^P = \frac{\pi - \omega_1^P - \omega_2^P}{2} \qquad (4.4.10)$$

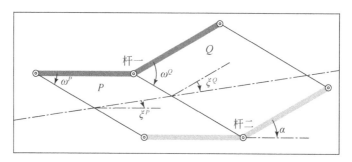

图 4.4.28　相连平行四边形四连杆机构刚性板单元设计

$$\xi^Q = \frac{\pi - \omega_1^Q - \omega_2^Q}{2} \tag{4.4.11}$$

将式(4.4.9)代入式(4.4.11),可发现两道切线是平行的:

$$\xi^Q = \xi^P - \alpha \tag{4.4.12}$$

因此,将一块刚性的板单元附着到相连的平行四边形上,只需在板单元中切开就可以使平行四边形恢复运动特性。

3) Hoberman 连杆机构的刚性板单元设计

Hoberman 连杆机构是由多个相等的菱形组合而成的,因此对于每一个菱形的斜切角均相等,板单元可以绕结构圆心旋转对称布置。图 4.4.29 所示为加上刚性板单元后 Hoberman 连杆机构完全闭合和完全开启的两个状态。可以看到,刚性板单元在两个状态时完全吻合,并且它们不会对机构的运动产生影响。

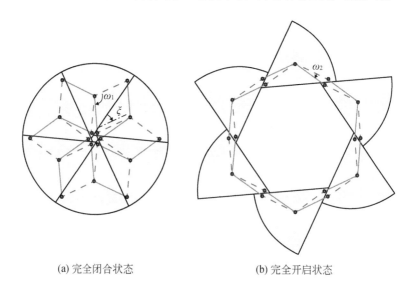

(a) 完全闭合状态　　　　　　(b) 完全开启状态

图 4.4.29　Hoberman 连杆机构刚性板单元设计

4)（6³）组合模块的刚性板单元设计

（6³）组合模块是由多个 Hoberman 连杆机构组合而成的,对于它的刚性板单元设计不同的是:不但要考虑斜切线的斜切角大小,还要考虑斜切线的位置。如图 4.4.30 所示,取图 4.4.24(a)中的部分为例来说明该如何为(6³)组合模块设计刚性板单元。首先,斜切角 ξ 的大小可以根据式(4.4.8)计算得出;接着,通过 OA、OB 和 OC 连线的中点分别作与 AD、BE 和 CF 角杆夹角为 ξ 的直线,则这些直线围成的△GHI 就是(6³)组合模块刚性板单元。也可以用双层的板单元来代替所有的角杆,组合成板式组合结构,如图 4.4.31 所示。

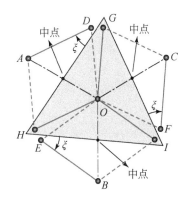

图 4.4.30　(6³)组合模块刚性板单元设计

值得注意的是,图 4.4.31 中刚性板单元的布置满足对称法则,并且板单元上铰点的位置和对应的角杆单元的铰点位置相同。如图 4.4.31(a)所示,各 Hoberman 连杆机构的中心均有一个小孔,这是采用这种板单元设计方法之下不可避免的,如果将这种组合结构应用在屋盖上,可能会造成不必要的渗漏。因此4.5 节将着重讨论连杆机构在开合屋盖上的应用,并用数学方法解决这个小孔问题。此处采用最简单的方法,在小孔处加一块小板以掩盖小孔,这样结构就能完美地闭合了,并且不会影响结构的开合。(6³)组合模块的物理模型如图 4.4.32 所示,实际中,这个物理模型可以流畅地开启和关闭。

2. 锥体组合结构

1）单个锥体连杆机构设计

众所周知,正棱锥在平面上的投影为正多边形。Hoberman 连杆机构最外圈节点所形成的多边形是正多边形,逆向地将这个正多边形拉伸成一个正棱锥。Hoberman 连杆机构也通过投影的方法做相应的拉伸,如图 4.4.33 所示,拉伸后正多边形变成正多棱锥,拉伸时必须满足的规则是:OA＝OB＝OC＝OD,

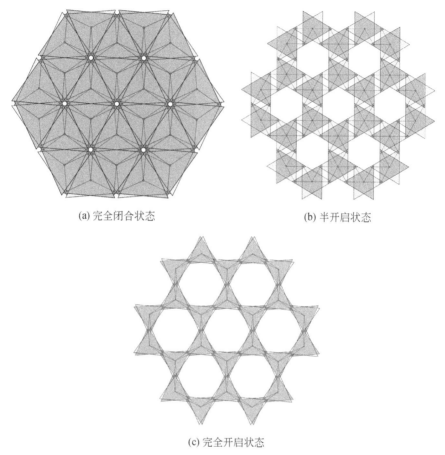

(a) 完全闭合状态　　　　　　　　　　(b) 半开启状态

(c) 完全开启状态

图 4.4.31　(6³)组合模块的板式组合结构

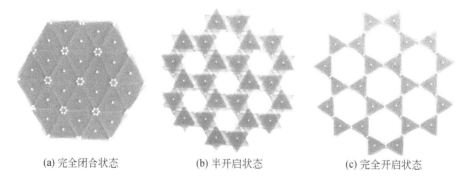

(a) 完全闭合状态　　　　(b) 半开启状态　　　　(c) 完全开启状态

图 4.4.32　(6³)组合模块的物理模型

且∠AOB＝∠COD，其他单元依次类推。这些角单元在运动过程中可以始终保持杆端夹角不变，而棱锥各棱之间的夹角是相同的，因此从这个规则可以判断出这个锥体连杆结构在数学上成立。单个锥体连杆机构的物理模型如图 4.4.34所示。

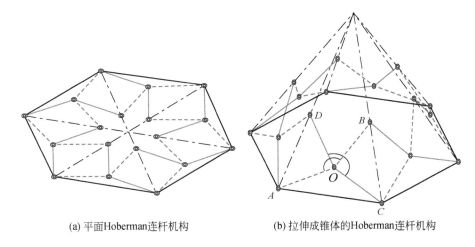

(a) 平面Hoberman连杆机构　　　　　(b) 拉伸成锥体的Hoberman连杆机构

图 4.4.33　单个锥体连杆机构理想数学模型

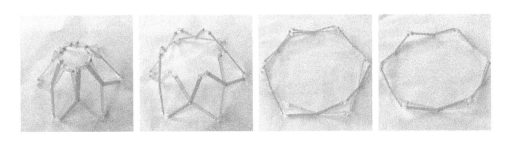

图 4.4.34　单个锥体连杆机构物理模型的展开过程

2）锥体组合连杆机构设计

根据正多边形排列的数学原理，将许多单个锥体连杆机构组合起来，其中(6^3)组合锥体连杆机构模块的几何设计如图 4.4.35 所示。

另外一种组合模块的思路是将多角单元进行锥体组合，因为多角单元也有保持杆端夹角不变的特性，对多角单元进行类似图 4.4.33 的工作，图 4.4.36 所示为多角单元锥体组合的一系列展开过程。可以看到，这个锥体组合每个棱面上有 3个角单元，而且折叠展开的幅度较大。

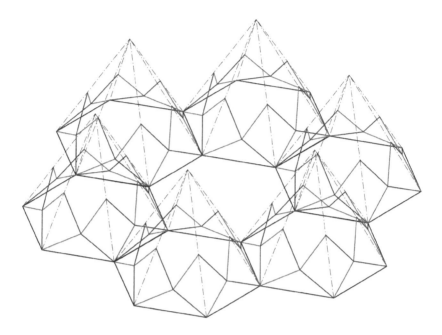

图 4.4.35　(6³)组合锥体连杆机构模块

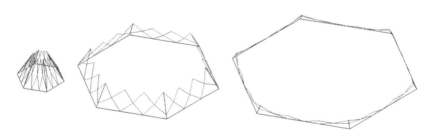

图 4.4.36　多角单元组合锥体连杆机构

3. 投影组合连杆结构

　　将平面的 DC 连杆机构变换为空间的 DC 连杆机构,可采用对部分节点进行投影的方式,如图 4.4.37 所示。图 4.4.37(a)中的机构是对多角组合机构的最外圈节点进行投影,其顶面为平面机构,是图 4.4.31 中板式组合结构的 FBS,因此它的设计可以和板式组合机构联系起来。图 4.4.37(b)中的机构是对图 4.4.31 中板式组合结构的 FBS 中间节点进行投影。

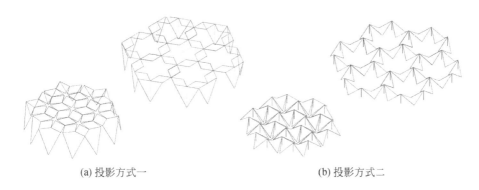

(a) 投影方式一 　　　　　　　　　　　　(b) 投影方式二

图 4.4.37　投影组合连杆机构

4.5　径向可开启结构

虽然 Kempe 早在 100 多年前就开始研究 DC 连杆机构,但之后的 100 年里研究人员只是不断丰富和发展这种机构的构造理论,并没有太多地关注其实际运用。直到 20 世纪 90 年代初,Hoberman 才开始将这一机构创造性地应用于玩具、展览品、建筑物等设计上,完成了很多公共艺术和商业领域的项目。自此 DC 连杆机构开始向世人展示其独特魅力。此后,You、Pellegrino 等展开了一系列研究,构造出 DC 连杆机构的拓展类型,包括 FBS、径向可开启板式结构(radially retractable plate structures,RPS)等新型结构形式。其中,RPS 的出现具有一定的代表性意义。它完全继承了 DC 连杆机构的机构特性,仅有一个自由度,相对运动关系简单,整体性十分强,较传统开合屋盖结构可节省不少驱动能量;其展开过程中结构中心开口的形状类似于花朵的不断绽放,完全开启后结构中心有一个巨大的开口空间,具有较好的应用前景。它使得 DC 连杆机构与开合屋盖的设计可以完美地结合起来。本节主要介绍 RPS 的设计方法。

4.5.1　设计参数

每一个 RPS 总有一个相对应的 FBS,且具有相同的剪式铰位置,因此在 FBS 中定义这些设计参数。为简单起见,以下分析均限制在一个 n 折对称的 FBS 中,它是由一系列相等的多角单元组合而成的,并且它对应的 RPS 具有圆形的开口。非圆形开口 RPS 将在后面进行介绍。

考虑一个由 $2n$ 根相等的多角梁组合而成的 FBS,如图 4.5.1(a)所示。每根角梁有 k 个直线段,每个直线段的长度(两个剪式铰中心的距离)记为 l,相邻直线段之间夹角记为 $\pi-\alpha$,有

$$\alpha = \frac{2\pi}{n} \tag{4.5.1}$$

假设与该 FBS 对应的 RPS 完全闭合状态和完全开启状态分别如图 4.5.1 (b)、(c)所示。将结构的中心记为 O,当 RPS 处于完全开启的状态时,其开口形状是个圆,这个圆的半径记为 r_{cmax}。两个角 ψ_1 和 ψ_2 分别用来描述 FBS 的两个状态,分别对应于 RPS 完全闭合和完全开启的两种状态。虽然在数学上这两个角可以是 0,但是实际中这是不可能的,原因是必须考虑节点的尺寸和角梁的大小。

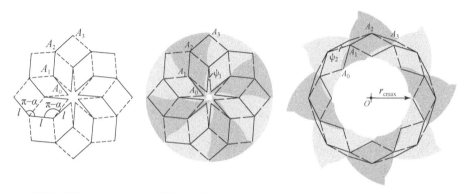

(a) 16根多角梁组合而成的FBS　(b) 相应RPS的完全闭合状态　　(c) 相应RPS的完全开启状态

图 4.5.1　FBS 及其对应 RPS 的设计参数定义

现考察单个角梁单元在整个结构开合过程中的转动情况。图 4.5.2(a)、(b) 分别展示了一个角梁单元和它相应板单元处于结构完全闭合和完全开启两个状态时的位置。在结构完全闭合时,将中心 O 和多角梁单元各剪式铰中心之间的距离记为 $r_0, r_1, \cdots, r_k$,每根角梁在开合过程中都会绕着各自的一个固定点转动,在图中这个固定点用 O^* 表示,O 和 O^* 之间的距离记为 r^*。ψ_1 和 ψ_2 分别有效地描述了角梁第一个剪式铰和第 $k-1$ 个剪式铰的位置,如图 4.5.2(a)、(b)所示,有

$$r^* = \frac{l}{2\sin\frac{\alpha}{2}} \tag{4.5.2}$$

$$r_i = 2r^* \sin\left(\frac{i\alpha}{2} + \frac{\psi_1}{2}\right), \quad i = 0, 1, \cdots, k \tag{4.5.3}$$

FBS 中任一个角梁单元在结构整个开合过程中的转角记为 Φ,其表达式为

$$\Phi = \pi - (k-1)\alpha - (\psi_1 + \psi_2), \quad \psi_1 \geqslant 0, \quad \psi_2 \geqslant 0 \tag{4.5.4}$$

为保证结构能够运动,必须有

$$\Phi > 0 \tag{4.5.5}$$

因为 $\psi_1 \geqslant 0$,$\psi_2 \geqslant 0$,根据式(4.5.4)可得

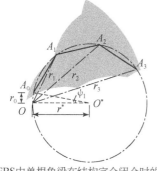
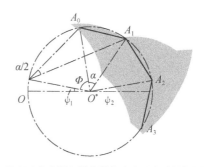

(a) FBS中单根角梁在结构完全闭合时的位置   (b) FBS中单根角梁在结构完全开启时的位置

图 4.5.2 单根角梁及其相应板单元设计参数的定义

$$k < \frac{n}{2} + 1 \qquad (4.5.6)$$

使用已定义的设计参数写出结构处于完全开启状态时 RPS 的开口最大半径为

$$r_{\text{cmax}} = 2r^* \cos\left[(k-1)\frac{\alpha}{2} + \frac{\psi_1 + \psi_2}{2}\right] \qquad (4.5.7)$$

为了进一步定义其他几何参数,先对 RPS 板单元的设计过程做简单介绍。以一个 $n=8$ 和 $k=2$ 的 FBS 为例,假定它相应 RPS 闭合时外边界是个圆,来阐述 RPS 板单元的设计过程。首先,通过 FBS 中心画一系列对称轴将它分成 8 个相等的扇形区域,如图 4.5.3(a)所示;接着将这些对称轴转过一个角度 α_D,这个角度稍后将做推导,它保证每一个扇形基本上可以包含一个角梁单元转动后的结果,如图 4.5.3(b)所示。将这些扇形分割线定义为倾斜线,沿每条倾斜线作半径为 r_{cmax} 的圆弧,被弧线截得的倾斜线长度是 $2r_{\text{cmax}}\sin(\alpha/2)$。利用边界形状周期性的性质,在整段倾斜线上重复周期作圆弧,如图 4.5.3(c)所示,可以确定相应 RPS 的板单元形状并代替对应的角梁。

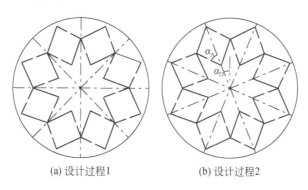

(a) 设计过程1   (b) 设计过程2

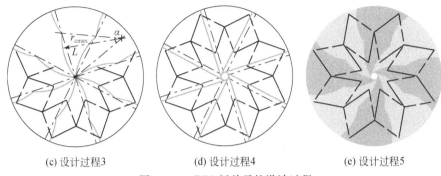

(c) 设计过程3　　　　　(d) 设计过程4　　　　　(e) 设计过程5

图 4.5.3　RPS 板单元的设计过程

将图 4.5.3(c)中被弧线所截的倾斜线长度记为 L,容易推得

$$L = 2r_{cmax}\sin\frac{\alpha}{2} \tag{4.5.8}$$

这些弧线具有相同的半径是因为它们是组成 RPS 圆形开口的部分,如图 4.5.1(c)所示。为了获得圆形开口,必须有

$$r_{cmax} \geqslant l \tag{4.5.9}$$

将式(4.5.2)代入式(4.5.7)和式(4.5.9)可得

$$\psi_1 + \psi_2 \leqslant \pi - k\alpha \tag{4.5.10}$$

显然,RPS 的板单元采用这种方法设计可以保证结构闭合时板单元不会重叠,而且在结构运动过程中板单元不会相互碰撞。

将 RPS 其中一个板单元放大,如图 4.5.4(a)所示,将 OF 和 A_0M 之间的夹角定义为倾斜角 α_A,可表示为

$$\alpha_A = (k-1)\frac{\alpha}{2} + \frac{\psi_1 + \psi_2}{2} \tag{4.5.11}$$

根据图 4.5.4(a),可以从几何上推导出角度 α_D 的表达式为

$$\alpha_D = (3-k)\frac{\alpha}{2} - \frac{\psi_2}{2} \tag{4.5.12}$$

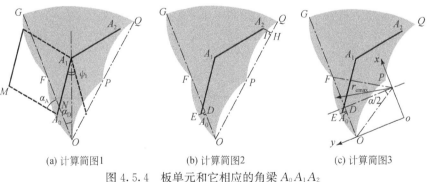

(a) 计算简图1　　　　　(b) 计算简图2　　　　　(c) 计算简图3

图 4.5.4　板单元和它相应的角梁 $A_0A_1A_2$

用板单元代替相应的角梁单元之后,需保证所有的剪式铰节点位于相应的板单元之内。以 $k=3$ 为例,由倾斜线划分的扇形区域并不能完全包住相应的角梁单元,稍微移动倾斜线的位置,就可以使得板单元包住相应的角梁单元,如图 4.5.3(d)所示。之后,RPS 板单元的确定方法和前面所述的周期性画弧方法相同,如图 4.5.3(e)所示。

但由于倾斜线被移动,不再交于 RPS 的中心,结果中心出现了一个多边形的小豁口。这就解释了为什么 4.4.5 节中设计的 RPS 在完全闭合状态下结构中心会出现难以消除的小孔洞。事实上,通过移动倾斜线来满足屋面设计的需求是没有必要的。根据板单元边界可弯曲的特性,应保证角梁单元位于弯曲的边界之内,而没有必要保证它位于倾斜线的直边界之内,4.5.2 节将证明其在特定几何条件下的可行性。

4.5.2　板单元设计

本节分别介绍 $k=2$、$k=3$ 及 $k>3$ 情况下圆形开口径向可开启结构板单元的设计方法,还将给出非圆形开口径向可开启结构板单元的设计。

1. $k=2$ 圆形开口板单元

在 RPS 完全闭合的情况下,其中一个板单元和它对应的角梁单元如图 4.5.4(b)所示。假设 O 为结构的中心,A_0、A_1、A_2 分别为三个剪式铰节点的位置,OG 和 OQ 分别为倾斜线。在图 4.5.4(b)中,角梁的 A_0 节点已经超出了两条倾斜线限定的扇形区域。

令 $A_0D \perp OF$、$A_2H \perp OQ$,并分别延长 A_0D、A_2H,使其交弧线 OF、弧线 PQ 于 E 点、I 点。为保证 A_0 和 A_2 位于板单元的边界内,需满足:

$$A_0D \leqslant DE \quad 且 \quad A_2H \geqslant IH \tag{4.5.13}$$

观察图 4.5.4(b)可以发现,如果 A_0 和 A_2 位于板单元的边界之内,则中间铰点 A_1 也会位于板单元的边界之内,从而整个角梁位于板单元之内。

首先考虑铰点 A_0,为将式(4.5.13)中的长度用设计参数来表示,在图 4.5.4(c)中引入笛卡儿坐标系,x 轴平行于 OG 并通过弧线 OEF 的圆心,y 轴通过板单元的顶端 O。由于 $OA_0 = r_0$,E 点的坐标可写为

$$\left(r_0 \cos\angle A_0OG, \sqrt{r_{\text{cmax}}^2 - \left(r_0 \cos\angle A_0OG - r_{\text{cmax}} \sin\frac{\alpha}{2} \right)^2} \right) \tag{4.5.14}$$

因此

$$DE = \sqrt{r_{\text{cmax}}^2 - \left(r_0 \cos\angle A_0OG - r_{\text{cmax}} \sin\frac{\alpha}{2} \right)^2} - r_{\text{cmax}} \cos\frac{\alpha}{2} \tag{4.5.15}$$

几何上易知:

$$A_0D = OA_0\sin\angle A_0OG = r_0\sin\angle A_0OG \tag{4.5.16}$$

观察图 4.5.4(a) 可知：

$$\angle A_0OG = \angle A_0OA_1 - \angle GOA_1 = \frac{\alpha}{2} - \alpha_D \tag{4.5.17}$$

将式(4.5.12)和 $k=2$ 代入式(4.5.17)可得

$$\angle A_0OG = \frac{\psi_2}{2} \tag{4.5.18}$$

根据式(4.5.15)、式(4.5.16)和式(4.5.18)，式(4.5.13)的第一个不等式可表示为

$$r_0\sin\frac{\psi_2}{2} \leqslant \sqrt{r_{cmax}^2 - \left(r_0\cos\frac{\psi_2}{2} - r_{cmax}\sin\frac{\alpha}{2}\right)^2} - r_{cmax}\cos\frac{\alpha}{2} \tag{4.5.19}$$

根据式(4.5.3)、式(4.5.4)、式(4.5.7)，式(4.5.19)可以简化为

$$\sin\frac{\psi_1}{2} \leqslant 2\cos\left(\frac{\alpha}{2} + \frac{\psi_1+\psi_2}{2}\right)\sin\left(\frac{\alpha}{2} - \frac{\psi_2}{2}\right) \tag{4.5.20}$$

式(4.5.20)即为保证铰点 A_0 位于板单元之内的条件。

建立关于 $\psi_1O\psi_2$ 的直角坐标系，根据式(4.5.20)可以得到 ψ_1 和 ψ_2 的可行取值范围。考虑到式(4.5.10)的圆形开口条件，可以得到 ψ_1 和 ψ_2 的解以保证铰点 A_0 位于板单元之内，并且 RPS 完全开启时具有圆形的开口。

分析铰点 A_0 位置的相同方法也可应用于铰点 A_2 的分析，式(4.5.13)的第二个不等式可表达为

$$r_2\sin\frac{\psi_2}{2} \geqslant \sqrt{r_{cmax}^2 - \left(r_2\cos\frac{\psi_2}{2} - 3r_{cmax}\sin\frac{\alpha}{2}\right)^2} - r_{cmax}\cos\frac{\alpha}{2} \tag{4.5.21}$$

根据式(4.5.3)、式(4.5.4)、式(4.5.7)，式(4.5.21)可以写为

$$2\cos\left(\frac{\alpha}{2} + \frac{\psi_1+\psi_2}{2}\right)\sin\left(\alpha + \frac{\psi_1}{2}\right)\left(3\sin\frac{\alpha}{2}\cos\frac{\psi_2}{2} - \cos\frac{\alpha}{2}\sin\frac{\psi_2}{2}\right)$$

$$\leqslant \sin^2\left(\alpha + \frac{\psi_1}{2}\right) + 8\cos^2\left(\frac{\alpha}{2} + \frac{\psi_1+\psi_2}{2}\right)\sin^2\frac{\alpha}{2} \tag{4.5.22}$$

式(4.5.22)保证了铰点 A_2 位于板单元之内，和式(4.5.10)、式(4.5.20)一起保证所有剪式铰节点位于板单元的边界之内，并且保证 RPS 完全开启时具有圆形的开口。

事实上，式(4.5.22)在一些情况下可能变得比其他条件式更加严格，例如，当 $n=8$，$k=2$，$\psi_1=10°$，$\psi_2=2°$ 时，将这些值一起代入式(4.5.10)、式(4.5.20)和式(4.5.22)发现，前两个式子可以被满足，而最后一个式子得不到满足，也就是说，这种情况下铰点 A_2 在板单元的边界之外。据此可以总结出一个基本的取值准则：为了保证三个条件式都满足，ψ_1 和 ψ_2 不应该取值过小或过大，并且两者之间的差值不能过大。

以上分析没有在式(4.5.20)和式(4.5.22)的推导中考虑剪式铰尺寸的影响。然而,实际中必须保证板单元边界到剪式铰中心有足够的空白距离,以便用来布置剪式铰。将这个空白距离的最小值记为 ml,其中,m 是系数,l 是两个相邻剪式铰节点之间的距离,则式(4.5.13)中的第一个不等式变为

$$A_0D + ml \leqslant DE \tag{4.5.23}$$

将 A_0D 和 DE 用前面定义的设计参数代替,可得

$$\sin\frac{\psi_1}{2} \leqslant 2\cos\frac{\alpha+\psi_1+\psi_2}{2} \cdot \sin\frac{\alpha-\psi_2}{2}$$

$$-\left[\frac{\sin^2\dfrac{\alpha}{2}}{\sin\dfrac{\psi_1}{2}}m^2 + 2\cos\frac{\alpha+\psi_1}{2}\cos\frac{\alpha+\psi_2}{2}\frac{\sin\dfrac{\alpha}{2}}{\sin\dfrac{\psi_1}{2}}m\right] \tag{4.5.24}$$

同样,考虑节点尺寸后,式(4.5.13)中的第二个不等式可写为

$$A_2H \geqslant IH + ml \tag{4.5.25}$$

或

$$\sin\frac{2\alpha+\psi_1}{2}\sin\frac{\psi_2}{2} \geqslant \sqrt{\cos^2\frac{\alpha+\psi_1+\psi_2}{2} - \left(\sin\frac{2\alpha+\psi_1}{2}\cos\frac{\psi_2}{2} - 3\cos\frac{\alpha+\psi_1+\psi_2}{2}\sin\frac{\alpha}{2}\right)^2}$$

$$-\cos\frac{\alpha+\psi_1+\psi_2}{2}\cos\frac{\alpha}{2} + m\sin\frac{\alpha}{2} \tag{4.5.26}$$

将所有的设计参数代入式(4.5.25),则式(4.5.10)、式(4.5.24)和式(4.5.26)保证了一个 $k=2$ 完全开启时具有圆形开口 RPS 的所有剪式铰节点位于板单元之内,并且节点中心离边界的距离至少是 ml。

根据以上推导设计一个 RPS 的物理模型,如图 4.5.5 所示。这个物理模型由两个相等的层,即黄色的有机板层和蓝色的有机板层组成。其设计取值为 $n=9$,$k=2$,$m=7.2\%$,$\psi_1=15°$,$\psi_2=10°$,满足式(4.5.10)、式(4.5.24)和式(4.5.26)。当浅色的板单元和深色的板单元重合时,整个 RPS 呈现为完整圆形;展开时的开口形状也为完整圆形。

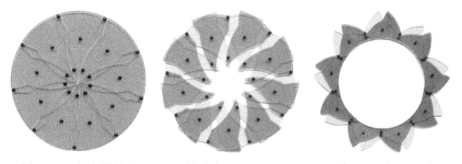

图 4.5.5　具有圆形开口 RPS 的展开过程($n=9,k=2,m=7.2\%,\psi_1=15°,\psi_2=10°$)

2. $k=3$ 圆形开口板单元

在图 4.5.6 中考虑一个 $k=3$ 的多角梁单元, 铰点 A_0 位于板单元边界内的条件为

$$A_0E \leqslant HE \tag{4.5.27}$$

采用和 $k=2$ 时相同的推导方法, 并注意到 $\angle A_0OG = \dfrac{\alpha}{2} + \dfrac{\psi_2}{2}$, 则式 (4.5.27) 可写为

$$r_0\sin\left(\frac{\alpha}{2}+\frac{\psi_2}{2}\right) \leqslant \sqrt{r_{\mathrm{cmax}}^2 - \left[r_{\mathrm{cmax}}\sin\frac{\alpha}{2} - r_0\cos\left(\frac{\alpha}{2}+\frac{\psi_2}{2}\right)\right]^2} - r_{\mathrm{cmax}}\cos\frac{\alpha}{2} \tag{4.5.28}$$

将式 (4.5.2)、式 (4.5.3)、式 (4.5.7) 和 $k=3$ 代入以上不等式可得

$$\sin\left(\alpha+\frac{\psi_1}{2}+\psi_2\right) \leqslant 2\sin\frac{\alpha}{2}\cos\left(\frac{\alpha}{2}+\frac{\psi_1}{2}\right) \tag{4.5.29}$$

可推导出 ψ_1 和 ψ_2 在同时满足式 (4.5.29) 和圆形开口条件时的唯一解是

$$\psi_1 = \psi_2 = 0 \tag{4.5.30}$$

证明如下:

因为 $2\sin\dfrac{\alpha}{2}\cos\left(\dfrac{\alpha}{2}+\dfrac{\psi_1}{2}\right) \leqslant \sin\alpha$, 且 $\psi_1 \geqslant 0$, 式 (4.5.29) 可以写为

$$\sin\left(\alpha+\frac{\psi_1}{2}+\psi_2\right) \leqslant \sin\alpha \tag{4.5.31}$$

所以当 $\psi_1, \psi_2 > 0$ 时, 式 (4.5.31) 的唯一解就是式 (4.5.30)。

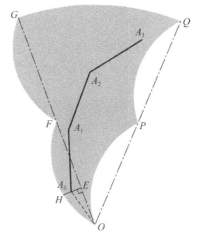

图 4.5.6 板单元和相应的角梁 $A_0A_1A_2A_3$

该唯一解表明,最内圈的剪式铰必须重合于 RPS 的中心 O。实际上,当考虑剪式铰节点尺寸后这是不可能的。因此,无法构造一个 RPS,使其同时满足完全闭合时在结构中央没有豁口且完全开启后具有圆形开口的条件。该矛盾的解决只能通过去掉圆形开口条件的方法,其将在本节第 4 部分(非圆形开口板单元)中详细讨论。

3. $k>3$ 圆形开口板单元

当 $k>3$ 时,若采用与角梁单元相同数目的板单元,则角梁单元无法完全位于相应的板单元之内,如图 4.5.7(a)所示 $k=4,n=12$ 时的情况。将板单元数减半,每一块板单元仍然对应一根角梁,这根角梁单元位于板单元的边界之内。因此,对于图 4.5.7(a)所示的 RPS,需要六块更大的板单元来包含角梁。图 4.5.7(b)所示的 6 根角梁,分别用黑色的实线表示,其能够完全被对应的板单元所覆盖。在实际中,板单元和角梁单元需要排列成三层并通过较长的剪式铰连接。第一层由图 4.5.7(b)中虚线表示的角梁单元构成;第二层由灰色实线表示的角梁单元构成;第三层由黑色实线表示的角梁单元构成,实际中这层角梁单元可以用对应的板单元代替。其剪式铰节点位于板单元边界之内的条件可以使用和本节第 1 部分($k=2$ 圆形开口板单元)相同的方法推导得出。

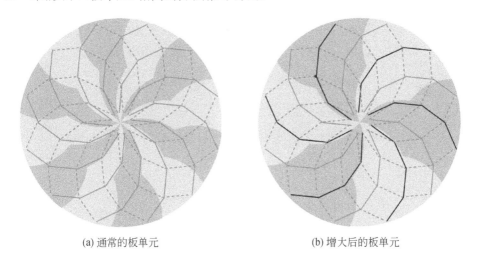

(a) 通常的板单元　　　　　　　　　　　　(b) 增大后的板单元

图 4.5.7　$k=4$ 时的板单元设计

使用增大板单元面积方法的 RPS 模型如图 4.5.8 所示。这个模型中,$n=12$,$k=4$,仅有一层的板单元被固定在相应的角梁单元上,其他角梁单元被保持在其他层上。

图 4.5.8　使用增大板单元面积方法的 RPS 模型($n=12, k=4$)

4. 非圆形开口板单元

在前面的分析中,所讨论的 RPS 处于完全开启状态时必须具有圆形的开口。当 $k=3$ 时,不可能构造出一个完全闭合时中央没有豁口的 RPS,并且它在完全开启状态下具有圆形开口。但是,这个问题可以通过允许采用其他形状开口的方法来解决。

圆形开口的要求虽然在开启时具有较好的艺术效果,但条件较苛刻。不仅需要板单元的设计满足式(4.5.10),且板单元边界形状须采用半径为 r_{cmax} 的圆弧。

考虑图 4.5.4(b)中板单元的其中一条边界 OEF,并在图 4.5.9 中重画它。圆弧 OEF 的半径是 r_{cmax},圆弧的圆心是 O^*,圆弧对应的圆心角是 α。假设弧线 OSF 为曲线边界,其圆心为 M,弧 OSF 的半径是 l,弧线包含的夹角 Φ 可以由式(4.5.4)计算得到。所有可能的边界形状都要位于弧 OSF 之内,否则 RPS 将不能运动。

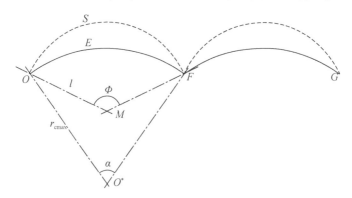

图 4.5.9　板单元边界的设计范围

从图 4.5.9 中可以看到,弧 OEF 与弧 OSF 之间有一块区域。假如板单元的边界位于弧 OEF 与弧 OSF 之间,则由这些板单元构成的 RPS 依然可以运动,但是 RPS 在完全开启时不再形成圆形开口。例如,选择弧 OSF 作为板单元的边界,则得到的 RPS 在完全开启时就会形成类似于梅花形的开口。此处也可以用折线

来代替弧 OEF,则得到的 RPS 在完全开启时就会形成多边形的开口。

以 $k=3$ 的 RPS 为例,采用弧 OSF 作为板单元边界,在图 4.5.9 中用虚线表示。采用与前面相同的方法,最内圈剪式铰节点位于 RPS 板单元之内的条件可以写为

$$r_0\sin\left(\frac{\alpha}{2}+\frac{\psi_2}{2}\right)\leqslant\sqrt{l^2-\left[l\sin\frac{\Phi}{2}-r_0\cos\left(\frac{\alpha}{2}+\frac{\psi_2}{2}\right)\right]^2}-l\cos\frac{\Phi}{2}$$

(4.5.32)

考虑式(4.5.2)、式(4.5.3)、式(4.5.4),式(4.5.32)可写为

$$\sin\frac{\psi_1}{2}\leqslant2\sin\frac{\alpha}{2}\cos\left(\frac{3\alpha}{2}+\frac{\psi_1}{2}+\psi_2\right)$$

(4.5.33)

类似地,可以得到其他剪式铰节点位于相应板单元边界之内的条件。如果考虑节点的尺寸,通过引入边界与节点中心距离 ml,式(4.5.32)可以写为

$$r_0\sin\left(\frac{\alpha}{2}+\frac{\psi_2}{2}\right)+ml\leqslant\sqrt{l^2-\left[l\sin\frac{\Phi}{2}-r_0\cos\left(\frac{\alpha}{2}+\frac{\psi_2}{2}\right)\right]^2}-l\cos\frac{\Phi}{2}$$

(4.5.34)

或

$$\sin\frac{\psi_1}{2}\leqslant2\sin\frac{\alpha}{2}\cos\left(\frac{3\alpha}{2}+\frac{\psi_1}{2}+\psi_2\right)$$
$$-\left[\frac{\sin^2\frac{\alpha}{2}}{\sin\frac{\psi_1}{2}}m^2+2\sin\frac{\alpha+\psi_1}{2}\sin\left(\alpha+\frac{\psi_2}{2}\right)\frac{\sin\frac{\alpha}{2}}{\sin\frac{\psi_1}{2}}m\right]$$

(4.5.35)

图 4.5.10 提供了当 $n=12,k=3$ 时 ψ_1 和 ψ_2 的可行取值范围。

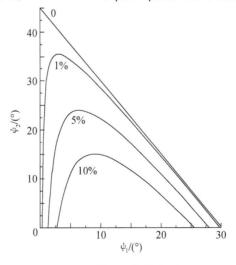

图 4.5.10　ψ_1 和 ψ_2 的可行取值范围($n=12,k=3$)

　　现对上述 RPS 板单元设计方法进行改进,不移动倾斜线,以免结构中央出现豁口。假设一个 RPS 的设计参数为 $n=12,k=3,l=4\text{m},r_{\text{joint}}=0.2\text{m}$。将这些参数代入式(4.5.35),可以在图 4.5.10 中找到一组 ψ_1 和 ψ_2 的可行值,取 $\psi_1=\psi_2=9°$。将这些参数代入其他剪式铰节点位于相应板单元边界之内的条件,检验满足。根据式(4.5.12),可以计算得到 $\alpha_D=-4.5°$。

　　根据上述参数进行设计:首先,画一个圆心对称的 FBS 和一个圆,圆的半径就是需要设计 RPS 的半径,并通过圆心画倾斜线将圆划分成 12 等份,如图 4.5.11(a)所示;接着将这些倾斜线绕圆心逆时针转过 α_D,如图 4.5.11(b)所示;然后沿着每一条倾斜线周期性画弧线,弧线半径为 r_{cmax},倾斜线被每一段弧线所截长度为 r_{cmax},多余的弧线可被外圆所截,如图 4.5.11(c)所示,至此 RPS 的板单元已设计完成;用板单元代替相应的角梁单元,就得到了一个完整的 RPS,如图 4.5.11(d)所示;一个放大的 RPS 板单元设计如图 4.5.11(e)所示,很明显,所有的剪式铰节点都位于相应的板单元之内。当 $k=2$ 和 $k>3$ 时也可以采用相同的方法进行设计。

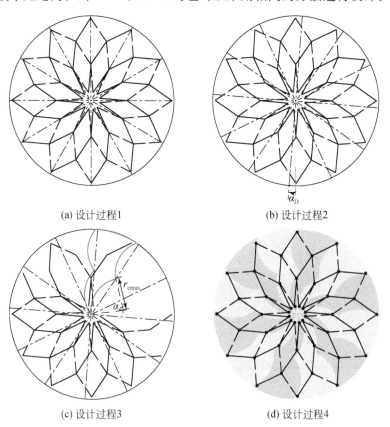

(a) 设计过程1　　　　　　　　　　　(b) 设计过程2

(c) 设计过程3　　　　　　　　　　　(d) 设计过程4

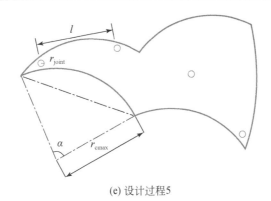

(e) 设计过程5

图 4.5.11　RPS 板单元的设计过程($n=12,k=3$)

表 4.5.1 总结了对于任意给定 n 和 $k(k\leqslant3)$，用上述分析方法设计得到的板单元组合而成的 RPS 在完全开启时可能得到的几种开口形状。

表 4.5.1　RPS 完全开启时可能的几种开口形状

参数	$k=2$			$k=3$
	$n=4$	$n=5$	$n\geqslant6$	$n\geqslant6$
可能开口形状	⬤	⬤ / ❀ / ⬡	⬤ / ❀ / ⬡	❀ / ⬡

图 4.5.12～图 4.5.14 所示为几种非圆形开合结构的物理模型及其展开过程。

图 4.5.12　具有梅花形开口 RPS 的展开过程($n=12,k=3,m=9\%,\psi_1=\psi_2=9°$)

图 4.5.13　具有多边形开口 RPS 的展开过程($n = 9, k = 2, \psi_1 = \psi_2 = 10°$)

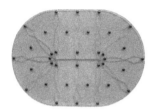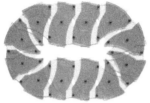

图 4.5.14　类椭圆形的径向可开启结构模型

4.6　旋转可开启结构

4.6.1　概念分析与选型

前面指出,所有在转动过程中保持剪杆端部夹角不变的剪铰单元,其边铰均可以做直线运动,其按对称法构造出的 DC 连杆机构具有相应边铰均沿直线径向运动的特点。其中,仅 II 类最简交叉角单元具有边铰和中间铰可同时做直线运动的特性;II 类最简交叉角单元按对称法构造出的 DC 连杆机构具有所有铰点均沿直线径向运动的特点。并证明了包含 PDC 在内的所有平行四边形环链机构都具有可绕一系列固定点做旋转运动的特点。

上述两类 DC 连杆机构的交集为按对称法构造出的菱形单元组成的 DC 连杆机构。该类机构有两种运动方式:一是各边铰沿直线做径向运动;二是各铰节点绕定点沿圆弧做旋转运动。其中,由 II 类最简交叉角单元组成的按对称法构造出的 DC 连杆机构(表 4.3.1),其运动方式可做到所有铰节点均沿直线做径向运动。

理论上采用该交集内的任一机构形式都既可以设计出径向开合结构又可以设计出旋转开合结构。对称的 Hoberman 连杆机构显然是满足该要求的。进一步研究可以发现,对于基础多边形为正 n 边形的对称的 Hoberman 连杆机构,随着 n 的增大,定点离相应角单元中间铰的距离就越远(图 4.6.1),这样就很难保证定点在相应板单元内部。这也导致基于对称的 Hoberman 连杆机构的旋转开合结构相关研究较少。

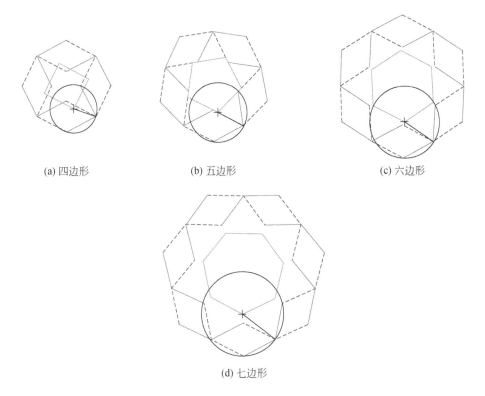

(a) 四边形　　　　　(b) 五边形　　　　　(c) 六边形

(d) 七边形

图 4.6.1　定点位置与基础多边形之间的关系

为保证定点在相应板单元内部,首先对比 DC 连杆机构与 SDC 连杆机构的差异。DC 连杆机构的组成特点是由 n 对构件(每对构件包括两个角杆单元)和 $3n$ 个转动副构成。以图 4.6.2(a)所示 DC 连杆机构为例,机构在开启与闭合过程中,角杆单元 $A_1B_1C_1$、$A_2B_2C_2$、$A_3B_3C_3$、$A_4B_4C_4$、$A_5B_5C_5$、$A_6B_6C_6$ 绕基础多边形 $P_1P_2P_3P_4P_5P_6$ 顶点定点旋转,同时角杆单元 $A_1B_2C_3$、$A_2B_3C_4$、$A_3B_4C_5$、$A_4B_5C_6$、$A_5B_6C_1$、$A_6B_1C_2$ 做平移运动;其角杆单元可用板单元等价替换。SDC 连杆机构的组成特点为由 n 对构件(每对构件包括一个角杆单元和一个直杆单元)、$3n$ 个转动副及一个正 n 边形机架构成。以图 4.6.2(b)所示 SDC 连杆机构为例,可看成由平行四边形 $A_1B_1B_2C_2$、$A_2B_2B_3C_3$、$A_3B_3B_4C_4$、$A_4B_4B_5C_5$、$A_5B_5B_6C_6$、$A_6B_6B_1C_1$ 组成的平行四边形环链机构。机构在开展与闭合过程中,角杆单元 $A_1B_1C_1$、$A_2B_2C_2$、$A_3B_3C_3$、

$A_4B_4C_4$、$A_5B_5C_5$、$A_6B_6C_6$绕基础多边形 $B_1B_2B_3B_4B_5B_6$ 顶点定点旋转,同时直杆单元 A_1C_2、A_2C_3、A_3C_4、A_4C_5、A_5C_6、A_6C_1 做平移运动;其角杆单元也可用板单元等价替换。

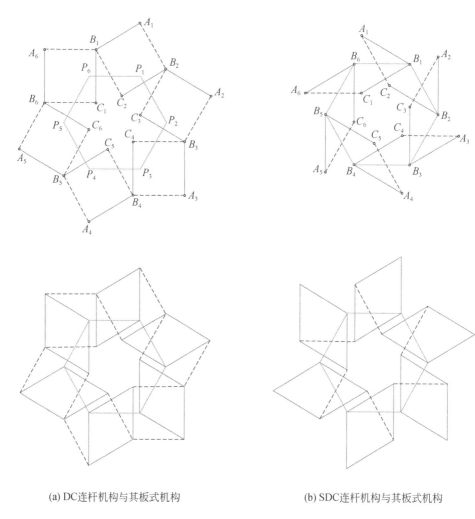

(a) DC连杆机构与其板式机构　　　　　　(b) SDC连杆机构与其板式机构

图 4.6.2　基础多边形为六边形的 DC 连杆机构与 SDC 连杆机构

对比图 4.6.2(a)、(b)可以发现,两板式机构开启外观和运动形式一致,两者的不同之处仅在于 DC 连杆机构各板单元间的联系部件多于 SDC 连杆机构。故由一组全等平行四边形(非菱形)组成的 DC 连杆机构适合设计成类似 SDC 连杆机构的绕定点转动开启的板式结构,即可以通过缩减 Hoberman 连杆机构的一组角单元剪杆的长度来达到使各定点位于板单元边界之内的目的。此时,该类机构已经不适合设计成径向开合结构了。

4.6.2　板单元几何协调性设计

旋转开合结构板单元设计的目标如下：

（1）所有铰节点与定点位于相应的板单元边界之内。

（2）板单元在任何状态下不相互碰撞和重叠。

（3）结构完全闭合时，板单元可以无孔洞地覆盖整个屋面。

与 RPS 板单元设计相比，旋转开合结构板单元设计多一个要求，即各定点位于相应板单元边界之内。故旋转开合结构的开启率一般较 RPS 要小。不过对于开合屋盖结构，旋转开合结构的开启率基本都能满足要求。

旋转开合结构与 RPS 的板单元设计一样，都是基于平行四边形四连杆机构板单元设计原理，如图 4.4.7(c)所示。图中，ω_1 和 ω_2 为四连杆机构两种运动状态下杆件间夹角；ξ 为切线与杆一或杆二的夹角；φ 为连接杆转过的角度；ζ 为切线与连接杆的夹角。有以下关系：

$$\xi = \frac{\pi - \omega_1 - \omega_2}{2}$$

$$\zeta = \frac{\pi + \omega_1 - \omega_2}{2} = \frac{\pi - \varphi}{2}$$

按上述原理，可以对任意的平行四边形环链机构进行板单元设计，一般步骤如下：

（1）由初始态(结构闭合状态)与最终态(结构完全开启状态)计算切线角；在结构闭合状态下试画出各平行四边形单元的直切线。

（2）在保持相邻两直切线夹角不变的情况下，调整直切线位置使所有铰节点(与定点)位于相应的板单元边界内；相邻两直切线夹角不变可保证结构在闭合和完全开启状态下各板单元交接处无间隙。

调整直切线有以下两种方法。

方法一：对切线进行平移，注意平移会改变切线交点位置，若本来交于一点，平移之后则将交于若干点；这样结构中部将出现小孔，为消除小孔则板单元尖端边界需调整，调整后切线由直线变为折线。

方法二：对切线进行整体旋转，注意旋转会改变切线角 ξ 的值，即改变了结构开启的角度，初始态与最终态必改变其一。

如图 4.6.3 所示，对某非规则 PDC 连杆机构按上述方法进行板单元设计；图 4.6.3(a)为粗实线角单元覆上相应板单元后机构运动的三个状态；图 4.6.3(b)为虚线角单元覆上相应板单元后机构运动的三个状态。

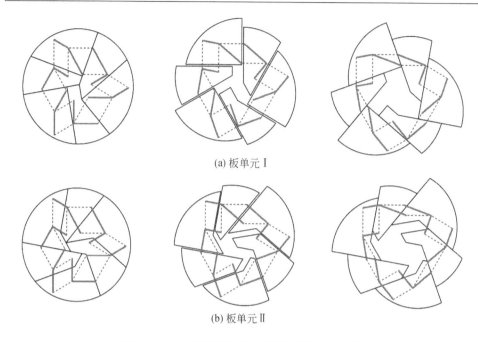

(a) 板单元 I

(b) 板单元 II

图 4.6.3　非规则 PDC 连杆机构的板单元设计

当调整直切线所得结构开口形状或开启角度不满足设计要求时,有两种处理措施:一是调整切线形状为周期性曲线形式,曲线边界范围如图 4.6.4 所示;二是调整机构形式,例如,调整 PDC 连杆机构的两组角单元剪杆的长度比,以达到调整铰节点(与定点)位置使其较易被包络于板边界之内的目的。

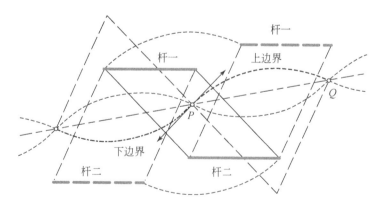

图 4.6.4　板单元曲线边界范围

如图 4.6.5 所示,对基于某规则 PDC 连杆机构的旋转开合结构按上述方法采用直切线进行板单元设计。当结构最大开启角度较小时,可以较容易地调整直切线使所有铰节点与定点位于相应的板单元边界之内,如图 4.6.5(a)所示。随着结构最大开启角度增大到一定程度,采用直切线形式已经难以再使板边界包络定点,如图 4.6.5(b)所示为最大开启角度为 45°时定点刚好在直切线上的情况。此时,可换用曲线形式的边界,如图 4.6.6(a)所示。此外,同径向开合结构一样,旋转开合结构也可采用多段角单元的形式,如图 4.6.6(b)所示。

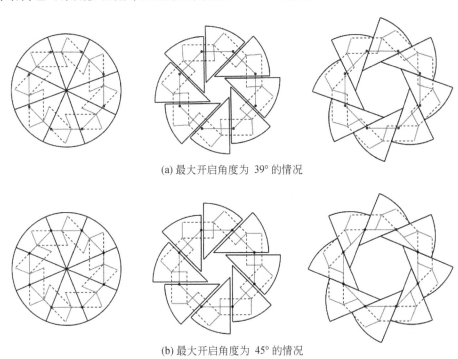

(a) 最大开启角度为 39° 的情况

(b) 最大开启角度为 45° 的情况

图 4.6.5 直线边界的旋转开合结构板单元设计

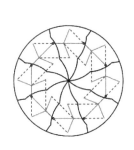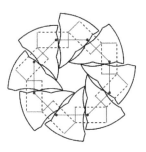

(a) 简单角单元的情况

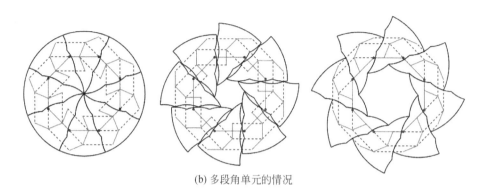

(b) 多段角单元的情况

图 4.6.6 曲线边界的旋转开合结构板单元设计

此外,从图 4.4.7(c)中的 $\zeta = \dfrac{\pi - \varphi}{2}$ 可推知,在已知定点位置和结构开启角度的情况下,板单元的切线角度是唯一的,如图 4.6.7 所示。从只为保证板单元几何协调的目的来看,板单元设计可脱离 DC 连杆机构而进行。因此,对于旋转开合结构,可以先根据定点位置和结构拟开启角度进行板单元设计,再设计连杆机构。当只设计板单元而不配置连杆单元时,各板单元将相互独立,需要外部设备进行协同控制。

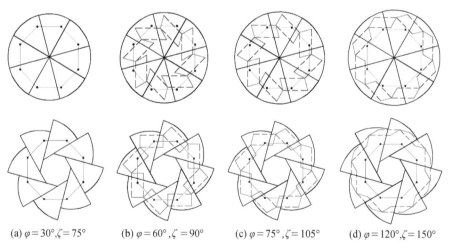

(a) $\varphi = 30°, \zeta = 75°$ (b) $\varphi = 60°, \zeta = 90°$ (c) $\varphi = 75°, \zeta = 105°$ (d) $\varphi = 120°, \zeta = 150°$

图 4.6.7 不同 DC 连杆机构对应同一板单元形式

图 4.6.8、图 4.6.9 分别为圆形和椭圆形旋转开合结构的物理模型及其运动过程。

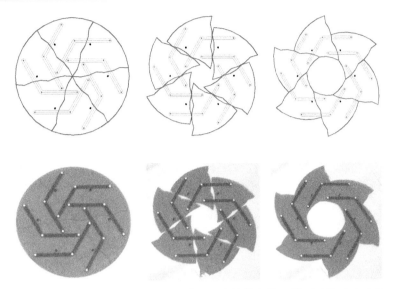

图 4.6.8　带定点旋转开启的圆形旋转开合结构的物理模型及其运动过程

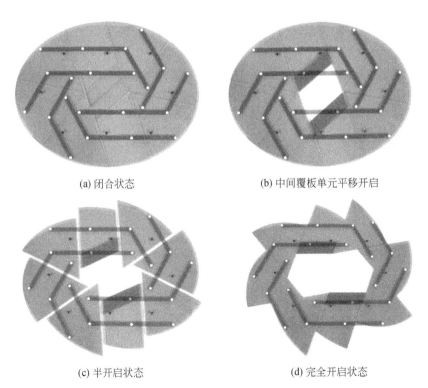

　　　　　(a) 闭合状态　　　　　　　　　　　　(b) 中间覆板单元平移开启

　　　　　(c) 半开启状态　　　　　　　　　　　(d) 完全开启状态

图 4.6.9　椭圆形旋转开合结构的物理模型及其运动过程

第 5 章　空间可变结构形态

在第 4 章所介绍的平面可变结构形态基础上,本章将进一步介绍空间可变结构形态。空间可变结构形态更为复杂多样,本章首先从机构形式出发,介绍四连杆机构、五连杆机构、六连杆机构等空间可变结构的机构形式,然后对空间连杆机构的模块组合进行研究,进一步对空间可变结构的应用形式进行介绍,最后给出一种空间可变结构形态的数值模拟方法。

5.1　空间可变结构的机构形式

空间可变结构最常见的机构形式是空间过约束连杆机构。不同于平面连杆机构,空间连杆机构的所有杆件不在同一平面内,呈一定的空间关系。三个杆和三个旋转铰组成的环,当三个旋转轴共面且交于一点时,可形成一个无穷小机构;其他情况下是一个刚性结构。要形成由旋转铰连接的可动闭合环,至少需要四个杆。空间过约束连杆机构可以有 4 个、5 个或 6 个构件,分别称为四连杆机构、五连杆机构和六连杆机构。本节主要介绍几种常用的空间过约束连杆机构的形式及其特点。

5.1.1　四连杆机构

一般的四连杆机构分成两类:

(1) 4 个旋转轴相互平行,形成平面连杆机构。

(2) 4 个旋转轴相交于一点,形成球面连杆机构。

其他任何不同于这两种特殊的轴布置方式的四杆环通常是完全刚性的,不能形成机构。但是有一个特例,这就是 Bennett(1903)发明的四连杆机构,简称 Bennett 连杆机构。

1. Bennett 连杆机构的基本形式

Bennett 连杆机构由四个杆和连接杆的四个旋转铰组成,旋转铰轴线之间既不平行也不交于一点,如图 5.1.1 所示。四个杆用旋转铰相互连接,并且铰轴线都垂直于它所连接的两个杆,杆的长度和相邻轴线转角已在图 5.1.1 中标明。

Bennett(1914)确定了该连杆机构做单自由度运动的几何条件。令 $a_{i(i+1)}$ 为

(a) 原模型

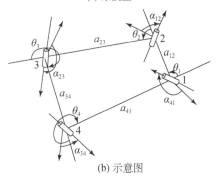

(b) 示意图

图 5.1.1　Bennett 连杆机构

相邻节点轴的距离,即杆长;$\alpha_{i(i+1)}$ 为相邻节点轴的相对转角(以从 i 轴到 $i+1$ 轴为正),也称杆 $i(i+1)$ 的扭转角;R_i 为杆 $(i-1)i$ 到杆 $i(i+1)$ 沿 i 轴正向的距离,也称为节点 i 的轴偏移距离;θ_i 为杆 $(i-1)i$ 到杆 $i(i+1)$ 绕节点 i 的转角(按右手法则确定方向),也称机构的旋转变量。具体的几何条件如下。

(1) 相对两根杆的长度相同、扭转角相同:

$$a_{12}=a_{34}=a, \quad a_{23}=a_{41}=b \tag{5.1.1}$$

$$\alpha_{12}=\alpha_{34}=\alpha, \quad \alpha_{23}=\alpha_{41}=\beta \tag{5.1.2}$$

(2) 杆长和扭转角需满足条件:

$$\frac{\sin\alpha}{a}=\frac{\sin\beta}{b} \tag{5.1.3}$$

(3) 节点轴偏移距离为 0,即

$$R_i=0, \quad i=1,2,3,4 \tag{5.1.4}$$

(4) 旋转变量 θ_1、θ_2、θ_3、θ_4 的值随连杆的运动而变化,但是满足:

$$\theta_1+\theta_3=2\pi$$

$$\theta_2+\theta_4=2\pi \tag{5.1.5}$$

$$\tan\frac{\theta_1}{2}\tan\frac{\theta_2}{2}=\frac{\sin\frac{1}{2}(\alpha_{23}+\alpha_{12})}{\sin\frac{1}{2}(\alpha_{23}-\alpha_{12})} \tag{5.1.6}$$

式(5.1.5)和式(5.1.6)中三个等式保证了只有一个变量是独立的,所以此连杆的运动具有单自由度。令 $\theta_1=\theta$,$\theta_2=\varphi$,式(5.1.6)变为

$$\tan\frac{\theta}{2}\tan\frac{\varphi}{2}=\frac{\sin\frac{1}{2}(\beta+\alpha)}{\sin\frac{1}{2}(\beta-\alpha)} \tag{5.1.7}$$

Bennett 还提出了该连杆机构的一些特殊情况。

(1) 若 $a=b$ 且 $\alpha+\beta=\pi$,则连杆是等边连杆,式(5.1.7)变为

$$\tan\frac{\theta}{2}\tan\frac{\varphi}{2}=\frac{1}{\cos\alpha} \tag{5.1.8}$$

(2) 若 $a=b$ 且 $\alpha=\beta$,则连杆的运动不连续:当 $\theta=\pi$ 时,φ 可为任意值;当 $\varphi=\pi$ 时,θ 可为任意值。

(3) 若 $\alpha=0$ 且 $\beta=\pi$,则连杆为二维平行四边形。

(4) 若 $a=b=0$,则连杆为球面四杆连杆机构。

需要说明的是,Bennett 连杆机构是唯一的一种由旋转铰连接的四连杆机构。如图 5.1.2 所示为一例典型的 Bennett 连杆机构实体模型。

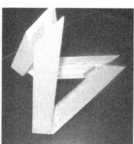

　　(a) 完全折叠　　　　　　　　(b) 展开过程　　　　　　　　(c) 完全展开

图 5.1.2　Bennett 连杆机构实体模型

2. Bennett 连杆机构的衍生形式

1) 基本形式到衍生形式的过程

如图 5.1.3 所示,定义一种 Bennett 连杆机构的特殊情况,令 $a_{AB}=a_{BC}=a_{CD}=a_{DA}=l$,且 $\alpha_{AB}=\alpha_{CD}=\alpha$,$\alpha_{BC}=\alpha_{DA}=\pi-\alpha$。

定义 M 和 N 为 BD 和 AC 的中点,如图 5.1.3(b)所示,由对称性可证明:

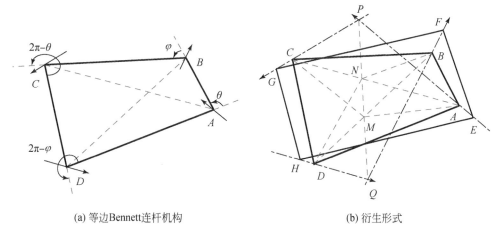

(a) 等边Bennett连杆机构　　　　　　　(b) 衍生形式

图 5.1.3　等边 Bennett 连杆机构及其衍生形式

$\triangle ABD \cong \triangle CDB$；$\triangle BCA \cong \triangle DAC$；$\triangle AMC \cong \triangle BND$。故 MN 分别垂直于 AC 和 BD，延长铰轴线，取 $CG=AE=c$，$HD=BF=d$。延长 MN 与轴线的延长线分别交于点 P 和点 Q，根据余弦定理可知：

$$EF=FG=\sqrt{l^2+c^2+d^2+2cd\cos\alpha} \tag{5.1.9}$$

同理可得

$$EF=FG=GH=HE \tag{5.1.10}$$

由式(5.1.10)可知，对于任意给出的 Bennett 连杆机构 $ABCD$，如果 c 和 d 已知，则 EF、FG、GH、HE 为常数，它们不会随角度变量 θ 和 φ 变化。因此，$EFGH$ 是 $ABCD$ 的衍生形式。进一步可知，其衍生形式存在特殊情况，具有完全折叠性和完全展开性。

2）完全折叠性

当结构完全折叠时，设 $\theta=\theta_f$，$\varphi=\varphi_f$，必须满足：

$$EF=FG=0 \tag{5.1.11}$$

此时结构体变成一束，EG 和 FH 可由 c、d 以及角度变量表示如下：

$$EG^2=4(c+CP)^2\frac{-\cos\theta-\cos\varphi}{1-\cos\theta} \tag{5.1.12}$$

$$FH^2=4(d+BQ)^2\frac{-\cos\theta-\cos\varphi}{1-\cos\varphi} \tag{5.1.13}$$

一般情况下，$\angle APC$ 和 $\angle BQD$ 不能同时为 0，故

$$c=-CP=-l\sqrt{\frac{(1+\cos\varphi_f)(1-\cos\theta_f)}{-2(\cos\varphi_f+\cos\theta_f)}} \tag{5.1.14}$$

$$d=-BQ=-l\sqrt{\frac{(1-\cos\varphi_{\mathrm{f}})(1+\cos\theta_{\mathrm{f}})}{-2(\cos\varphi_{\mathrm{f}}+\cos\theta_{\mathrm{f}})}} \tag{5.1.15}$$

式(5.1.14)和式(5.1.15)说明了 c 和 d 与连杆机构完全折叠时的角度 θ_{f} 和 φ_{f} 的关系。事实上,当 E 和 G 移到 P 点,F 和 H 移到 Q 点时,机构已经完全折叠了。

3）完全展开性

如图 5.1.4 所示,根据对称性 EG 交 MN 于 T,FH 交 MN 于 S。要使 $EFGH$ 覆盖的面积最大,则 $EFGH$ 须完全展开为菱形。此时,定义展开角度变量为 θ_{d} 和 φ_{d},则有

$$ST=l\sqrt{-\frac{\cos\theta_{\mathrm{d}}+\cos\varphi_{\mathrm{d}}}{2}}-d\frac{\cos\frac{\theta_{\mathrm{d}}}{2}}{\sin\frac{\varphi_{\mathrm{d}}}{2}}-c\frac{\cos\frac{\varphi_{\mathrm{d}}}{2}}{\sin\frac{\theta_{\mathrm{d}}}{2}}=0 \tag{5.1.16}$$

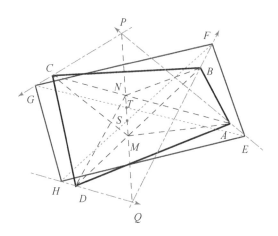

图 5.1.4　Bennett 连杆机构衍生形式的完全展开性

考虑到

$$\tan\frac{\theta_{\mathrm{d}}}{2}\tan\frac{\varphi_{\mathrm{d}}}{2}=\tan\frac{\theta_{\mathrm{f}}}{2}\tan\frac{\varphi_{\mathrm{f}}}{2}=\frac{\sin\frac{1}{2}(\alpha+\pi-\alpha)}{\sin\frac{1}{2}(\pi-\alpha-\alpha)}=\frac{1}{\cos\alpha} \tag{5.1.17}$$

结合式(5.1.14)～式(5.1.17)可得

$$\tan^{4}\alpha\,\tan^{2}\frac{\theta_{\mathrm{d}}}{2}\tan^{2}\frac{\theta_{\mathrm{f}}}{2}=\left(\sec^{2}\frac{\theta_{\mathrm{d}}}{2}\sec^{2}\frac{\theta_{\mathrm{f}}}{2}+\tan^{2}\alpha\right)^{2} \tag{5.1.18}$$

如果 $0\leqslant\theta_{\mathrm{f}}\leqslant\pi$,则 $\pi\leqslant\theta_{\mathrm{d}}\leqslant2\pi$,式(5.1.18)变为

$$-\tan^{2}\alpha\tan\frac{\theta_{\mathrm{d}}}{2}\tan\frac{\theta_{\mathrm{f}}}{2}=\sec^{2}\frac{\theta_{\mathrm{d}}}{2}\sec^{2}\frac{\theta_{\mathrm{f}}}{2}+\tan^{2}\alpha \tag{5.1.19}$$

只要满足式(5.1.19),连杆机构就可以完全展开成平面菱形,如图 5.1.5 所示。

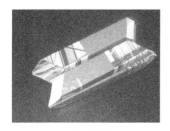  

(a) 完全折叠　　　　　　　　　(b) 展开过程　　　　　　　　　(c) 完全展开

图 5.1.5　可展开为平面的 Bennett 连杆机构模型

5.1.2　五连杆机构

在已知的多种五连杆机构中,仅由旋转铰连接的有 Goldberg(1989)提出的连杆机构和 Myard 于 1931 年提出的连杆机构,分别称为 Goldberg 连杆机构和 Myard 连杆机构。

1. Goldberg 连杆机构

Goldberg 连杆机构是通过将一对 Bennett 连杆机构组合变化而得到的,方法是移除两个 Bennett 连杆机构共用的一个杆,然后将两个相邻杆刚性连接,如图 5.1.6所示。

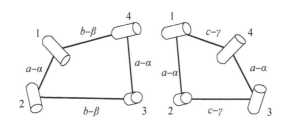

(a) 共用杆的两个Bennett连杆机构

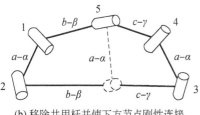 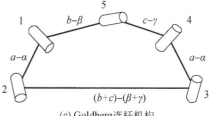

(b) 移除共用杆并使下方节点刚性连接　　　　　　(c) Goldberg连杆机构

图 5.1.6　Goldberg 连杆机构的形成过程

2. Myard 连杆机构

Myard 连杆机构是一种平面对称的五连杆机构,如图 5.1.7 所示,可以认为是 Goldberg 连杆机构的一种特殊情况,其几何条件如下:

$$a_{34}=0, \quad a_{12}=a_{51}, \quad a_{23}=a_{45}$$

$$\alpha_{23}=\alpha_{45}=\frac{\pi}{2}, \quad \alpha_{51}=\pi-\alpha_{12}, \quad \alpha_{34}=\pi-2\alpha_{12}$$

$$R_i=0, \quad i=1,2,\cdots,5$$

$$a_{12}=a_{23}\sin\alpha_{12}$$

(5.1.20)

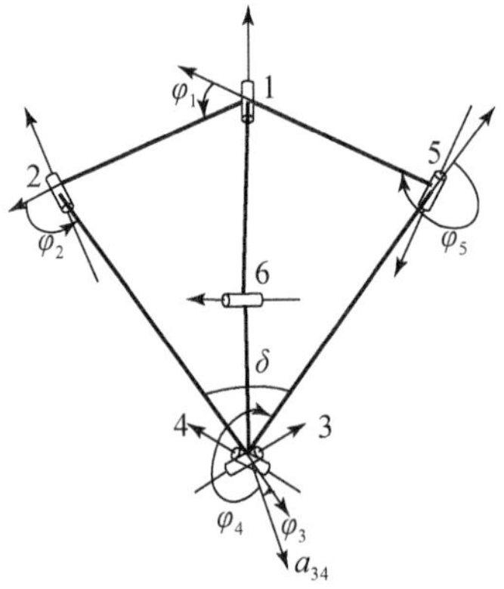

图 5.1.7　Myard 连杆机构

5.1.3　六连杆机构

1. Sarrus 连杆机构

1853 年 Sarrus 最早提出 Sarrus 连杆机构,其是一种空间过约束连杆机构,如图 5.1.8(a)所示。Bennett 也曾对这种连杆进行过研究,并制作了模型,如图 5.1.8(b)所示。四个构件 A、R、S、B 分别由三个平行的水平铰连接,构件 A、T、U、B 也类似,只是方向不同。在这种安装情况下,构件 A 能垂直上下平动并最终和构件 B 重叠。

2. 双重胡克铰接连杆机构

双重胡克铰接(double Hooke's joint)连杆机构是由两个球面四连杆机构转变而来的。如图 5.1.9(a)所示,两个球面四连杆机构分别包含铰 5、6、1、0 和铰 2、3、4、0,并且中心点不同。铰 6 的轴线垂直于铰 1 和铰 5 的轴线,铰 3 的轴线垂直于

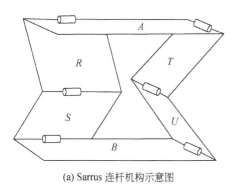

(a) Sarrus 连杆机构示意图

(b) Bennett 制作的模型

图 5.1.8　Sarrus 连杆机构

铰 2 和铰 4 的轴线,铰 0 的轴线也垂直于铰 1 和铰 2 的轴线。用杆 12 代替铰 0,并在铰 5 和铰 4 之间加入杆 45,就形成了这个六连杆机构,参数特性如下:

$$a_{23} = a_{34} = a_{56} = a_{61} = 0$$

$$\alpha_{23} = \alpha_{34} = \alpha_{56} = \alpha_{61} = \frac{\pi}{2}$$

$$R_1 = R_2 = R_3 = R_6 = 0 \tag{5.1.21}$$

双重胡克铰接连杆机构广泛应用于传输机构,模型图如图 5.1.9(b)所示。

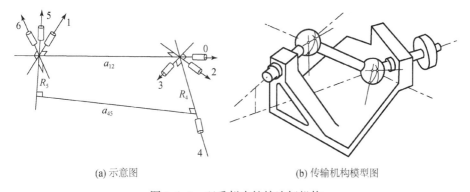

(a) 示意图

(b) 传输机构模型图

图 5.1.9　双重胡克铰接连杆机构

3. Bennett 混合六连杆机构

图 5.1.10 是由 Bennett 发现的一种六连杆机构。铰 1、铰 2 和铰 3 依次连接构件 A、R、S 和 B,并且轴线交于点 X;铰 4、铰 5 和铰 6 依次连接构件 B、U、T 和 A,并且轴线交于点 Y;点 X 与 Y 不重合。构件 A 和 B 可相对于轴 XY 进行旋转运动,标记为铰 0。这个连杆机构也可以认为包含两个中心点不同的球面四连杆

机构,一个包含构件 A、R、S、B 和铰 1、2、3、0,另一个包含构件 B、U、T、A 和铰 4、5、6、0。其中,构件 A、B 和铰 0 由两个球面四连杆机构共用;移除多余铰 0 就可以得到 Bennett 混合六连杆机构。可以发现,双重胡克铰接连杆机构是 Bennett 混合六连杆的一个特例。把点 X 和 Y 中的一个或两个移动到无穷远处,可以得到连杆两个特殊的形式,前者形成一个 Bennett 平行-球形混合六连杆机构,其模型如图5.1.11 所示;后者就是 Sarrus 连杆机构。

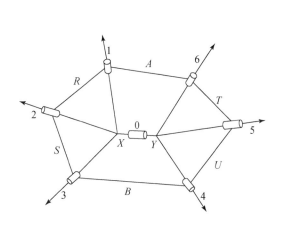

图 5.1.10　Bennett 混合六连杆机构

图 5.1.11　混合六连杆机构模型

4. Bricard 连杆机构

Bricard 分别于 1897 年和 1927 年发现了六种不同的可动六连杆机构:线对称 Bricard 连杆机构、平面对称 Bricard 连杆机构、三面体 Bricard 连杆机构、线对称八面体 Bricard 连杆机构、平面对称八面体 Bricard 连杆机构和双轴环八面体 Bricard 连杆机构,这六种可动 Bricard 六连杆机构的几何条件如下。

(1) 线对称情形。

$$a_{12}=a_{45}, \quad a_{23}=a_{56}, \quad a_{34}=a_{61}$$
$$\alpha_{12}=\alpha_{45}, \quad \alpha_{23}=\alpha_{56}, \quad \alpha_{34}=\alpha_{61}$$
$$R_1=R_4, \quad R_2=R_5, \quad R_3=R_6 \tag{5.1.22}$$

(2) 平面对称情形。

$$a_{12}=a_{61}, \quad a_{23}=a_{56}, \quad a_{34}=a_{45}$$
$$a_{12}+a_{61}=\pi, \quad a_{23}+a_{56}=\pi, \quad a_{34}+a_{45}=\pi$$
$$R_1=R_4=0, \quad R_2=R_6, \quad R_3=R_5 \tag{5.1.23}$$

（3）三面体情形。

$$a_{12}^2 + a_{34}^2 + a_{56}^2 = a_{23}^2 + a_{45}^2 + a_{61}^2$$

$$\alpha_{12} = \alpha_{34} = \alpha_{56} = \frac{\pi}{2}, \quad \alpha_{23} = \alpha_{45} = \alpha_{61} = \frac{3\pi}{2}$$

$$R_i = 0, \quad i = 1, 2, \cdots, 6 \tag{5.1.24}$$

（4）线对称八面体情形。

$$a_{12} = a_{23} = a_{34} = a_{45} = a_{56} = a_{61} = 0$$

$$R_1 + R_4 = R_2 + R_5 = R_3 + R_6 = 0 \tag{5.1.25}$$

（5）平面对称八面体情形。

$$a_{12} = a_{23} = a_{34} = a_{45} = a_{56} = a_{61} = 0$$

$$R_4 = -R_1, \quad R_2 = -R_1 \frac{\sin\alpha_{34}}{\sin(\alpha_{12}+\alpha_{34})}, \quad R_5 = R_1 \frac{\sin\alpha_{61}}{\sin(\alpha_{45}+\alpha_{61})}$$

$$R_3 = R_1 \frac{\sin\alpha_{12}}{\sin(\alpha_{12}+\alpha_{34})}, \quad R_6 = -R_1 \frac{\sin\alpha_{45}}{\sin(\alpha_{45}+\alpha_{61})} \tag{5.1.26}$$

（6）双轴环八面体情形。

$$a_{12} = a_{23} = a_{34} = a_{45} = a_{56} = a_{61} = 0$$

$$R_1 R_3 R_5 + R_2 R_4 R_6 = 0 \tag{5.1.27}$$

其中，三面体 Bricard 连杆机构和线对称八面体 Bricard 连杆机构的模型如图 5.1.12 所示。

在六类 Bricard 连杆机构中，通过组合变化平面对称型和三面体型，可以得到一种新型 Bricard 连杆机构，即三轴对称六连杆机构。该机构由六个杆和六个旋转铰组成，在基本情况下，每个杆都垂直于相邻的两个旋转铰轴线，机构做单自由度运动的几何条件见式（5.1.28）。该机构有两个特点：

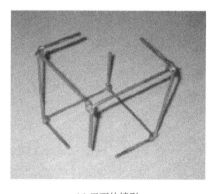

(a) 三面体情形

(b) 线对称八面体情形

图 5.1.12　Bricard 连杆机构

（1）机构的运动具有单自由度运动。

（2）环形机构在任何运动位置都有三个对称平面，三个平面相互间夹角为120°，即认为其为三轴对称机构。

$$a_{12}=a_{23}=a_{34}=a_{45}=a_{56}=a_{61}=l$$
$$\alpha_{12}=\alpha_{34}=\alpha_{56}=\alpha, \quad \alpha_{23}=\alpha_{45}=\alpha_{61}=2\pi-\alpha$$
$$R_i=0, \quad i=1,2,\cdots,6 \tag{5.1.28}$$

有一类特殊的 Bricard 连杆机构，为 Bricard 连杆机构的四面体，即人们所说的四面体旋转环（kaleidocycle）。四面体旋转环是由几个相同四面体连接成的空间环，将在 5.3.1 节中进行详细描述。

5. Goldberg 六连杆机构

同 Goldberg 五连杆机构相似，Goldberg 六连杆机构（Chen and You，2007）也是由 Bennett 连杆机构组合变化而成，根据组合变化方式的不同分为四种形式，如图 5.1.13 所示。

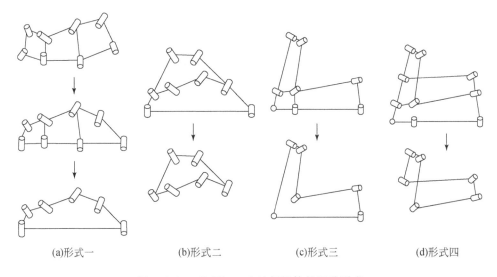

(a)形式一　　　　　(b)形式二　　　　　(c)形式三　　　　　(d)形式四

图 5.1.13　Goldberg 六连杆机构的四种形式

5.2　空间连杆机构的模块组合

5.1 节介绍了几种常用空间过约束连杆机构的基本单元，本节介绍将基本单元进行模块组合的方法。通过模块组合，空间连杆机构能够实现更大空间区域的覆盖。

5.2.1　Bennett 连杆机构组合

本节介绍 Bennett 连杆机构的模块组合。根据组合层数的不同,Bennett 连杆机构可组合为单层网格或复层网格;其中单层网格组合又可分为重叠式网格、搭接式网格和剪式网格。另外,本节还将介绍基于 Bennett 四连杆机构衍生形式的网格形式。

1. 单层网格

1) 重叠式网格

重叠式网格(Chen and You,2005)是若干相同的 Bennett 连杆单元互相交叉重叠而形成的,为方便描述,采用图 5.2.1 所示的示意图,四根连杆用线条表示,四个铰用两线的交点表示,轴线的转角定义为 α 和 β,分别沿连杆标出。连杆长度 $a_{AB}=a_{CD}=a$,$a_{BC}=a_{DA}=b$。为了保证一个自由度,网格中每个小的四边形都必须为 Bennett 连杆机构。大的连杆机构 $ABCD$ 周围的小连杆机构分别用 1~8 表示,边长为 a_i 和 b_i;转角为 α_i 和 β_i。

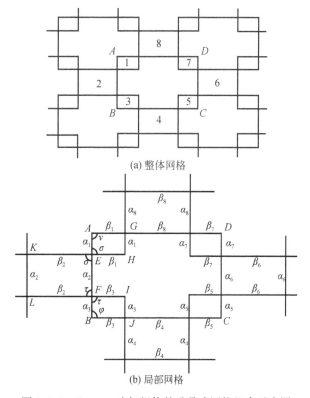

(a) 整体网格

(b) 局部网格

图 5.2.1　Bennett 连杆机构的重叠式网格组合示意图

考虑连杆 AB、BC、CD、DA，有

$$a_1+a_2+a_3=a, \quad \alpha_1+\alpha_2+\alpha_3=\alpha$$
$$b_3+b_4+b_5=b, \quad \beta_3+\beta_4+\beta_5=\beta$$
$$a_5+a_6+a_7=a, \quad \alpha_5+\alpha_6+\alpha_7=\alpha$$
$$b_7+b_8+b_1=b, \quad \beta_7+\beta_8+\beta_1=\beta \tag{5.2.1}$$

定义角变量 σ、τ、ν、φ，在连杆机构 1 中，有

$$\tan\frac{\pi-\nu}{2}\tan\frac{\pi-\sigma}{2}=\frac{\sin\frac{1}{2}(\beta_1+\alpha_1)}{\sin\frac{1}{2}(\beta_1-\alpha_1)} \tag{5.2.2}$$

在连杆机构 2 中，有

$$\tan\frac{\pi-\sigma}{2}\tan\frac{\pi-\tau}{2}=\frac{\sin\frac{1}{2}(\beta_2+\alpha_2)}{\sin\frac{1}{2}(\beta_2-\alpha_2)} \tag{5.2.3}$$

在连杆机构 3 中，有

$$\tan\frac{\pi-\tau}{2}\tan\frac{\pi-\varphi}{2}=\frac{\sin\frac{1}{2}(\beta_3+\alpha_3)}{\sin\frac{1}{2}(\beta_3-\alpha_3)} \tag{5.2.4}$$

在大连杆机构 $ABCD$ 中，有

$$\tan\frac{\pi-\nu}{2}\tan\frac{\pi-\varphi}{2}=\frac{\sin\frac{1}{2}(\beta+\alpha)}{\sin\frac{1}{2}(\beta-\alpha)} \tag{5.2.5}$$

综合式(5.2.1)～式(5.2.5)得

$$\frac{\sin\frac{1}{2}(\beta_1+\alpha_1)\sin\frac{1}{2}(\beta_3+\alpha_3)}{\sin\frac{1}{2}(\beta_1-\alpha_1)\sin\frac{1}{2}(\beta_3-\alpha_3)}=\frac{\sin\frac{1}{2}(\beta+\alpha)\sin\frac{1}{2}(\beta_2+\alpha_2)}{\sin\frac{1}{2}(\beta-\alpha)\sin\frac{1}{2}(\beta_2-\alpha_2)} \tag{5.2.6}$$

这是个存在多组解的非线性方程，其中一组解为

$$\begin{cases} a_i=a/3, \\ b_i=b/3, \\ \alpha_1=\alpha_2=-\alpha_3=\alpha_4=\alpha_5=\alpha_6=-\alpha_7=\alpha_8=\alpha, \\ \beta_1=\beta_2=-\beta_3=\beta_4=\beta_5=\beta_6=-\beta_7=\beta_8=\beta, \end{cases} \quad i=1,2,\cdots,8 \tag{5.2.7}$$

将其制作为模型，如图 5.2.2 所示。

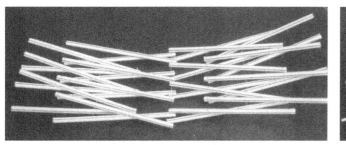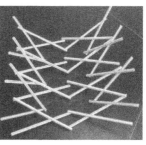

图 5.2.2　Bennett 连杆机构的重叠式网格组合模型图

2）搭接式网格

搭接式网格组成形式的分析方法与重叠式网格相似。如图 5.2.3 所示，其基本单元是 Bennett 连杆机构单元四边各伸出一段互相搭接。

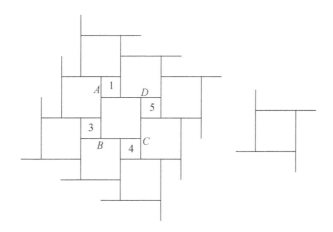

图 5.2.3　Bennett 连杆机构的搭接式网格组合示意图

分析可得如下关系：

$$\frac{\sin\frac{1}{2}(-\alpha+\beta)}{\sin\frac{1}{2}(\alpha+\beta)}=\frac{\sin\frac{1}{2}(\alpha_1+\beta_1)}{\sin\frac{1}{2}(\beta_1-\alpha_1)}=\frac{\sin\frac{1}{2}(\alpha_3+\beta_3)}{\sin\frac{1}{2}(\beta_3-\alpha_3)}=\frac{\sin\frac{1}{2}(\alpha_4+\beta_4)}{\sin\frac{1}{2}(\beta_4-\alpha_4)}=\frac{\sin\frac{1}{2}(\alpha_5+\beta_5)}{\sin\frac{1}{2}(\beta_5-\alpha_5)}$$

$$(5.2.8)$$

其中一组解为

$$\begin{cases}\alpha_2=\alpha_6=2\alpha\\\beta_2=\beta_6=0\\\alpha_1=\alpha_3=\alpha_4=\alpha_5=-\alpha\\\beta_1=\beta_3=\beta_4=\beta_5=-\beta\end{cases}$$

$$(5.2.9)$$

取 $a_i=a/3,b_i=b/3,\alpha=\pi/4,\beta=3\pi/4$ 制作模型,图 5.2.4 为已制成的模型照片,形状与马鞍面相似。

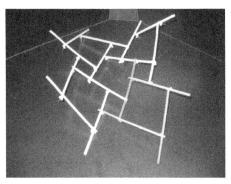

图 5.2.4　Bennett 连杆机构的搭接式网格组合模型图

3) 剪式网格

两个相邻的 Bennett 连杆机构组合后不再为一维机构,但可利用剪式交叉的形式构造大小相同且相邻的 Bennett 连杆机构,如图 5.2.5 所示。在保证小连杆机构单元 1、2、3、4 为 Bennett 连杆机构的同时,大连杆机构 ABCD 也为 Bennett 连杆机构,分析过程与前面相似。

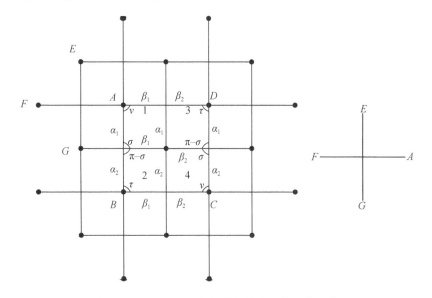

图 5.2.5　Bennett 连杆机构的剪式网格组合示意图

经过分析可得

$$\frac{\sin\frac{1}{2}(\alpha_1+\beta_1)}{\sin\frac{1}{2}(\beta_1-\alpha_1)}=\frac{\sin\frac{1}{2}(\alpha_2+\beta_2)}{\sin\frac{1}{2}(\beta_2-\alpha_2)} \tag{5.2.10}$$

$$\frac{\sin\frac{1}{2}(\alpha_2+\beta_1)}{\sin\frac{1}{2}(\beta_1-\alpha_2)}=\frac{\sin\frac{1}{2}(\alpha_1+\beta_2)}{\sin\frac{1}{2}(\beta_2-\alpha_1)} \tag{5.2.11}$$

$$\frac{\sin\frac{1}{2}(\alpha_1+\beta_1)}{\sin\frac{1}{2}(\beta_1-\alpha_1)}\cdot\frac{\sin\frac{1}{2}(\alpha_2+\beta_1)}{\sin\frac{1}{2}(\beta_1-\alpha_2)}=\frac{\sin\frac{1}{2}(\alpha_1+\alpha_2+\beta_1+\beta_2)}{\sin\frac{1}{2}(\beta_1+\beta_2-\alpha_1-\alpha_2)} \tag{5.2.12}$$

其中一组解为

$$\begin{cases}\alpha_1=\alpha_2\\\beta_1=\beta_2\end{cases} \tag{5.2.13}$$

取 $\alpha_1=\alpha_2=\pi/4$，$\beta_1=\beta_2=3\pi/4$ 制作模型如图 5.2.6 所示。

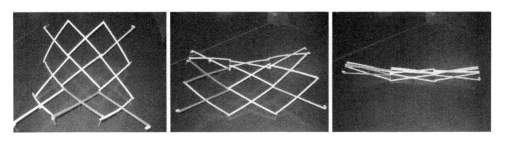

图 5.2.6　Bennett 连杆机构的剪式网格组合模型图

2. 复层网格

本节采用前述方法可以构造出复层网格的形式。从图 5.2.1 提取 Bennett 连杆机构的一个单元，如图 5.2.7(a)所示，转角已经沿杆标出，类似于单层网格形式的分析，要求每个方格都为 Bennett 连杆机构，才能保证整个网格结构做一维运动。

如图 5.2.7(b)所示，机构 $ABCD$ 中有

$$\tan\frac{\pi-\nu}{2}\tan\frac{\pi-\sigma}{2}=\frac{\sin\frac{1}{2}(\beta+\alpha)}{\sin\frac{1}{2}(\beta-\alpha)} \tag{5.2.14}$$

机构 $JBKS$ 中有

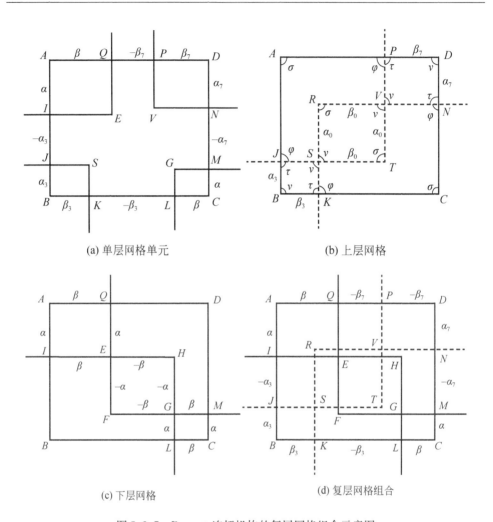

(a) 单层网格单元　　　　　　　　(b) 上层网格

(c) 下层网格　　　　　　　　(d) 复层网格组合

图 5.2.7　Bennett 连杆机构的复层网格组合示意图

$$\tan \frac{\pi-\nu}{2}\tan \frac{\pi-\tau}{2}=\frac{\sin \frac{1}{2}(\beta_3+\alpha_3)}{\sin \frac{1}{2}(\beta_3-\alpha_3)} \tag{5.2.15}$$

机构 $PVND$ 中有

$$\tan \frac{\pi-\nu}{2}\tan \frac{\pi-\tau}{2}=\frac{\sin \frac{1}{2}(\beta_7+\alpha_7)}{\sin \frac{1}{2}(\beta_7-\alpha_7)} \tag{5.2.16}$$

机构 $RSTV$ 中有

$$\tan\frac{\pi-\nu}{2}\tan\frac{\pi-\sigma}{2}=\frac{\sin\frac{1}{2}(\beta_0+\alpha_0)}{\sin\frac{1}{2}(\beta_0-\alpha_0)} \tag{5.2.17}$$

机构 $AJTP$ 中，转角为 $\alpha_0+\alpha_7$、$\beta_0+\beta_3$，角度变量为 $\pi-\varphi$、$\pi-\sigma$，有

$$\tan\frac{\pi-\varphi}{2}\tan\frac{\pi-\sigma}{2}=\frac{\sin\frac{1}{2}[(\beta_0+\beta_3)+(\alpha_0+\alpha_7)]}{\sin\frac{1}{2}[(\beta_0+\beta_3)-(\alpha_0+\alpha_7)]} \tag{5.2.18}$$

机构 $RKCN$ 中，转角为 $\alpha_0+\alpha_7$、$\beta_0+\beta_3$，角度变量为 $\pi-\varphi$、$\pi-\sigma$，有

$$\tan\frac{\pi-\varphi}{2}\tan\frac{\pi-\sigma}{2}=\frac{\sin\frac{1}{2}[(\beta_0+\beta_7)+(\alpha_0+\alpha_3)]}{\sin\frac{1}{2}[(\beta_0+\beta_7)-(\alpha_0+\alpha_3)]} \tag{5.2.19}$$

综合式(5.2.14)~式(5.2.19)可以推出以下关系：

$$\frac{\sin\frac{1}{2}(\beta+\alpha)}{\sin\frac{1}{2}(\beta-\alpha)}=\frac{\sin\frac{1}{2}(\beta_0+\alpha_0)}{\sin\frac{1}{2}(\beta_7-\alpha_7)}$$

$$\frac{\sin\frac{1}{2}(\beta_3+\alpha_3)}{\sin\frac{1}{2}(\beta_3-\alpha_3)}=\frac{\sin\frac{1}{2}(\beta_7+\alpha_7)}{\sin\frac{1}{2}(\beta_7-\alpha_7)}$$

$$\frac{\sin\frac{1}{2}[(\beta_0+\beta_3)+(\alpha_0+\alpha_7)]}{\sin\frac{1}{2}[(\beta_0+\beta_3)-(\alpha_0+\alpha_7)]}=\frac{\sin\frac{1}{2}[(\beta_0+\beta_7)+(\alpha_0+\alpha_3)]}{\sin\frac{1}{2}[(\beta_0+\beta_7)-(\alpha_0+\alpha_3)]}$$

$$\frac{\sin\frac{1}{2}(\beta_3+\alpha_3)}{\sin\frac{1}{2}(\beta_3-\alpha_3)}\cdot\frac{\sin\frac{1}{2}[(\beta_0+\beta_7)+(\alpha_0+\alpha_3)]}{\sin\frac{1}{2}[(\beta_0+\beta_7)-(\alpha_0+\alpha_3)]}=\frac{\sin\frac{1}{2}(\beta_0+\alpha_0)}{\sin\frac{1}{2}(\beta_0-\alpha_0)} \tag{5.2.20}$$

当 α，$\beta\neq0$ 和 π 时，获得两组解：

$$\begin{cases}\alpha_3=\alpha_7=\alpha\\ \alpha_0=-\alpha\\ \beta_3=\beta_7=\beta\\ \beta_0=-\beta\end{cases} \quad 和 \quad \begin{cases}\alpha_3=\alpha_7=0\\ \alpha_0=\alpha\\ \beta_3=\beta_7=0\\ \beta_0=\beta\end{cases} \tag{5.2.21}$$

据此构造出复层网格形式的单元如图 5.2.7(d)所示，取 $\alpha=\pi/4$，$\beta=3\pi/4$ 制作模型，如图 5.2.8 所示。

3. Bennett 连杆机构衍生形式的组合

虽然 Bennett 连杆机构的基本形式能组装成多种网格，但是所有杆不能规整

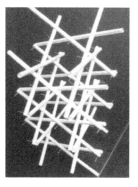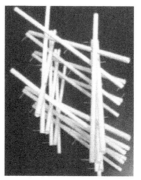

图 5.2.8　Bennett 连杆机构的复层网格组合模型图

地收缩成一束。接下来将先介绍单个 Bennett 连杆机构衍生形式的可折叠性，再介绍其网格形式。根据 1973 年 Crawford 提出的理论，对于一个由 n 个杆组成且具有相同横截面的环形闭合体来说，如果要求整个结构能完全折叠，横截面必须选择规则的 n 边形。因此，此四连杆机构的横截面应选为正方形，如图 5.2.9 所示。

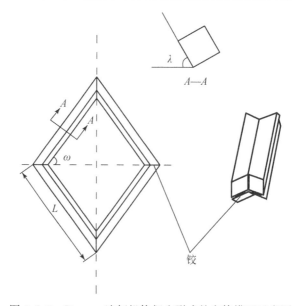

图 5.2.9　Bennett 连杆机构衍生形式的实体模型示意图

如图 5.2.9 所示的模型有三个设计参数 L、λ、ω，这三个参数实际代表原 Bennett 连杆机构衍生形式的参数 l、α、$c(d)$，可证明它们之间的关系为

$$\cos\alpha = \pm \frac{\sin(2\lambda)\sin(2\omega)}{\sqrt{\sin^2(2\lambda)\sin^2(2\omega)+8[1-\cos(2\lambda)\cos(2\omega)]}} \qquad (5.2.22)$$

$$\frac{L}{l}=2\sqrt{\frac{1-\cos(2\omega)\cos(2\lambda)}{1-\cos(4\omega)}} \tag{5.2.23}$$

$$\frac{c}{l}=\frac{\cos\lambda\ \sin^2\omega}{\cos\omega}\sqrt{\frac{1-\sin^2\omega\ \sin^2\lambda}{\sin^2\lambda\ \cos^2\omega+\sin^2\omega\ \cos^2\lambda}} \tag{5.2.24}$$

$$\frac{d}{l}=\frac{\sin\lambda\ \cos^2\omega}{\sin\omega}\sqrt{\frac{1-\cos^2\omega\ \cos^2\lambda}{\sin^2\lambda\ \cos^2\omega+\sin^2\omega\ \cos^2\lambda}} \tag{5.2.25}$$

以单个 Bennett 四连杆机构衍生形式为基本单元拓展成网格,具体模型折叠过程如图 5.2.10 所示,能完全规整地折叠成束状。

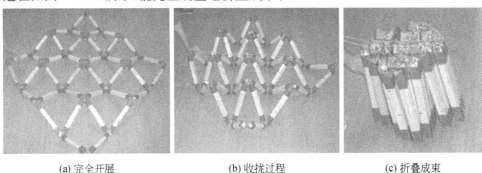

(a) 完全开展　　　　　　　(b) 收拢过程　　　　　　　(c) 折叠成束

图 5.2.10　Bennett 连杆机构衍生形式组合模型

5.2.2　Myard 连杆机构组合

Chen 以 Myard 连杆机构为基本单元,于 2009 年提出了若干种组合机构,包括三角形网格、四边形网格和六边形网格等。下面简单介绍这类结构的形态。

1. 三角形网格

当 $\alpha_{12}=\pi/4$ 时,三个 Myard 连杆机构组成如图 5.2.11(a)所示的模块单元,其展开形状可视为等边三角形。将模块单元之间通过交叉杆连接可得到如图 5.2.11(b)所示的组合形式。该组合形式下,每个连杆机构是相同的,其运动状态是一致的,实物模型如图 5.2.12 所示,当机构展开时模块单元的中心点 O_1、O_3、O_5 一起向上运动,O_2、O_4、O_6 一起向下运动。

2. 四边形网格

当 $\alpha_{12}=\pi/4$ 时,四个 Myard 连杆机构组成如图 5.2.13(a)所示的模块单元,其展开形状可视为正方形,同样将模块单元之间通过交叉杆连接可得到如图 5.2.13(b)所示的组合形式,实物模型如图 5.2.14 所示。

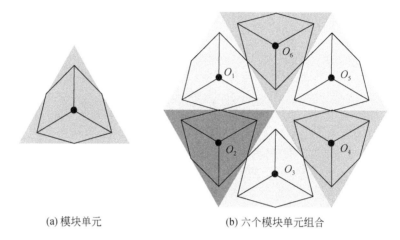

(a) 模块单元　　　　　　　　　　　(b) 六个模块单元组合

图 5.2.11　Myard 连杆机构组合($\alpha_{12} = \pi/4$)

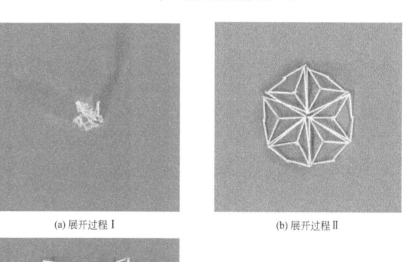

(a) 展开过程 I　　　　　　　　　　　(b) 展开过程 II

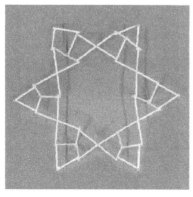

(c) 展开过程 III (俯视图)　　　　　　(d) 展开过程 III (侧视图)

图 5.2.12　制作的 Myard 连杆机构组合模型($\alpha_{12} = \pi/4$)

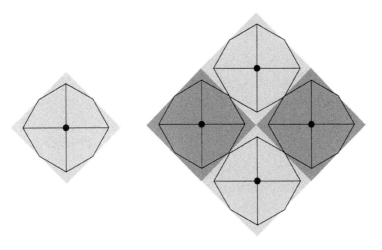

(a) 模块单元　　　　　　　　(b) 四个模块单元组合

图 5.2.13　Myard 连杆机构组合($\alpha_{12} = \pi/4$)

(a) 展开过程 I

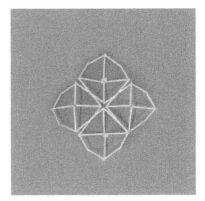

(b) 展开过程 II

(c) 展开过程 III(俯视图)

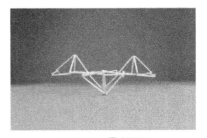

(d) 展开过程 III(侧视图)

图 5.2.14　制作的 Myard 连杆机构组合模型($\alpha_{12} = \pi/4$)

3. 六边形网格

当 $\alpha_{12}=\pi/6$ 时,六个 Myard 连杆机构组成如图 5.2.15(a)所示的模块单元。此时再按上述方法构造其组合形式所得体系将不再满足可动性条件,需对模块单元进行调整。在原模块单元的构造形式上,以双 Myard 连杆机构替换单 Myard 连杆机构形成新模块单元,如图 5.2.15(b)所示。所得单元依旧为单自由度机构,机构中心节点 C 向上运动时,周围节点 $C_i(i=1,2,\cdots,6)$ 将向下运动。将新模块单元拓展为其组合形式,如图 5.2.15(c)所示,此时的新体系尚为多自由度体系,节点 A 所连接的三个模块单元能独立运动。为使整个体系运动一致,添加连杆,如图 5.2.15(c)中虚线所示,保证了组合机构恢复为单自由度体系。实物模型如图 5.2.16 所示。

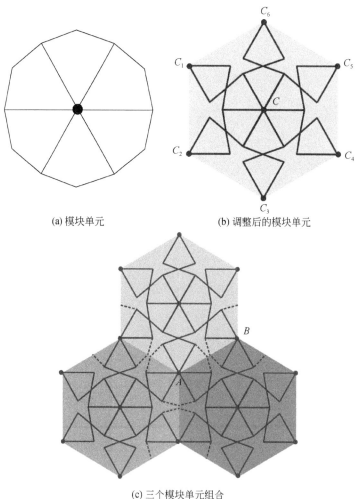

(a) 模块单元   (b) 调整后的模块单元

(c) 三个模块单元组合

图 5.2.15　Myard 连杆机构组合($\alpha_{12}=\pi/6$)

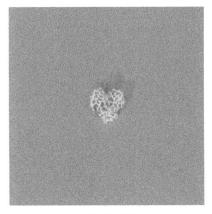

(a) 展开过程Ⅰ

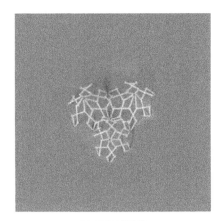

(b) 展开过程Ⅱ

(c) 展开过程Ⅲ(俯视图)

(d) 展开过程Ⅲ(侧视图)

图 5.2.16 制作的 Myard 连杆机构组合模型($\alpha_{12} = \pi/6$)

5.2.3 三轴对称六连杆机构组合

三轴对称六连杆机构(图 5.2.17)是由 Bricard 连杆机构通过组合变化得到的,其基本形式及特点已在 5.1.3 节(Bricard 连杆机构)中做过介绍。本节将给出三轴对称六连杆机构的组合方式,首先给出组合的路径协调条件,然后给出几种典型的组合方式,如蜂窝式、三角式、剪铰式等。

1. 路径协调分析

三轴对称六连杆机构具有对称性,根据连杆机构的运动条件可推得,对于任何确定的值 $\alpha(0 \leqslant \alpha \leqslant \pi)$,该机构的路径协调条件为

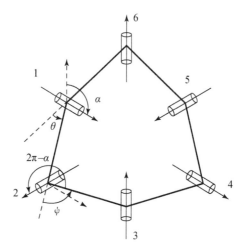

图 5.2.17　三轴对称六连杆机构的示意图

$$\cos^2\alpha\cos\theta - \cos^2\alpha\cos\theta\cos\psi - \cos^2\alpha + \cos^2\alpha\cos\psi$$
$$+ 2\cos\alpha\sin\theta\sin\psi - \cos\theta - \cos\theta\cos\psi - \cos\psi = 0 \qquad (5.2.26)$$

式(5.2.26)形成了关于这个三轴对称六连杆的独立闭合方程,保证了只有一个变量是独立的,所以此连杆的运动具有单自由度。注意到协调路径是周期性的,且 θ 和 ψ 的周期是 2π。因此,仅考虑区域 $-\pi \leqslant \theta \leqslant \pi$ 和 $-\pi \leqslant \psi \leqslant \pi$ 内的协调路径,如图 5.2.18 所示。

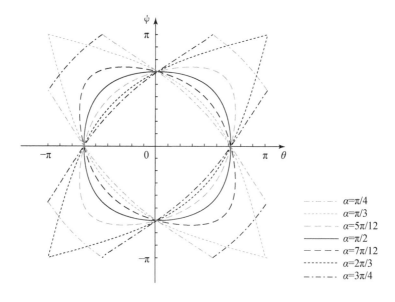

图 5.2.18　三轴对称六连杆中 α 取不同值时 ψ 与 θ 的关系

根据图 5.2.18 可以得到 α 取不同值时三轴对称六连杆的几个特点:

(1) 相邻铰轴线之间转角是 α 和 $\pi-\alpha$ 时,连杆的运动特点相同。

(2) α 为任意值时,协调曲线通过点 $(0,-2\pi/3)$、$(0,2\pi/3)$、$(-2\pi/3,0)$ 和 $(2\pi/3,0)$,这说明所有的三轴对称连杆都可以展开成边长为 l 的平面等边三角形,如图 5.2.19(a)、图 5.2.20(a) 和图 5.2.21(a) 所示。

(3) 当 $0<\alpha<\pi/3$ 或 $2\pi/3<\alpha<\pi$ 时,连杆的运动不是连续的。通过模型验证,在这种情况下,当 θ 或 ψ 的值到达 π 或 $-\pi$ 时,所有的杆在中点处交叉,连杆停止运动。图 5.2.19 表示 $\alpha=\pi/4$ 时的连杆模型。

(4) 当 $\pi/3<\alpha<2\pi/3$ 时,协调曲线形成一个闭合环,因此连杆可以连续运动。图 5.2.20 表示 $\alpha=5\pi/12$ 时的连杆模型。

(5) 当 $\alpha=\pi/3$ 或 $\alpha=2\pi/3$ 时,θ 和 ψ 的值可同时到达 π 或 $-\pi$,此时对应的模型如图 5.2.21 所示,连杆可完全折叠成一束。

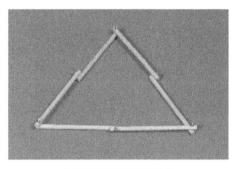
(a) 平面等边三角形状态

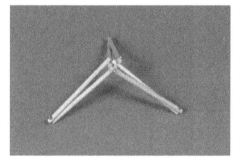
(b) 自锁状态

图 5.2.19　三轴对称六连杆机构的模型($\alpha=\pi/4$)

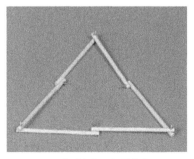
(a) 平面等边三角形状态

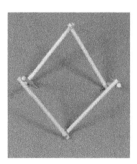
(b) 运动状态一

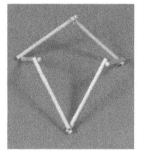
(c) 运动状态二

图 5.2.20　三轴对称六连杆机构的模型($\alpha=5\pi/12$)

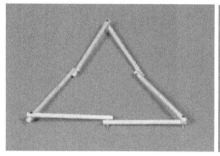

　　　(a) 平面等边三角形状态　　　　　　　　(b) 运动状态　　　　(c) 完全折叠状态

图 5.2.21　三轴对称六连杆机构的模型($\alpha=\pi/3$ 或 $\alpha=2\pi/3$)

　　当三轴对称六连杆机构的相邻旋转铰轴线的转角 $\alpha=\pi/3$ 或 $\alpha=2\pi/3$ 时,机构可完全折叠成一束,并且可展开成平面等边三角形形式。下面将利用这一特点,以该机构为基本单元形成几种组合网格,并分析这几种形式可否组成向各方向无限延伸的可展式网格结构。

　　2. 蜂窝式网格

　　三轴对称六连杆机构单元的示意图如图 5.2.22(a)所示,相邻铰轴线之间的转角交替为 α 和 $2\pi-\alpha$,相应标于两铰间杆的附近。假设三轴对称六连杆机构按图 5.2.22(b)的形式组合连接成蜂窝式网格,环 L_1、L_2 和 L_3 为三个相同的三轴对称六连杆,对于每个环形连杆,相邻铰轴线之间的转角交替为 α 和 $2\pi-\alpha$。假设 $\alpha_{AC}=\alpha$,对于环 L_2,可以得到 $\alpha_{BA}=2\pi-\alpha$;对于环 L_3,可以得到 $\alpha_{AD}=2\pi-\alpha$。这样就存在一个问题,即对于环形连杆 L_1,有

$$\alpha_{BA}=\alpha_{AD}=2\pi-\alpha \tag{5.2.27}$$

　　L_1 中转角交替为 α 和 $2\pi-\alpha$,有

$$\alpha_{BA}=2\pi-\alpha=\alpha \tag{5.2.28}$$

或

$$\alpha_{AD}=2\pi-\alpha=\alpha \tag{5.2.29}$$

　　由式(5.2.28)和式(5.2.29)可以得到

$$\alpha=\pi \tag{5.2.30}$$

　　满足这一条件的六连杆机构,六个铰轴线互相平行,六个杆在同一平面内,是平面环形连杆机构。显而易见,该机构的运动具有多个自由度,不再是单自由度连杆。因此,三轴对称六连杆机构单元不适合组合成蜂窝式网格。

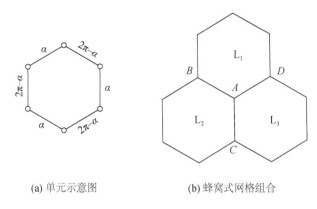

(a) 单元示意图　　　　　　(b) 蜂窝式网格组合

图 5.2.22　三轴对称六连杆机构的蜂窝式网格组合

3. 三角式网格

从前面的介绍可以看出,三轴对称六连杆机构可以展开成一个平面三角形形式,如图 5.2.23(a)所示。这样三轴对称六连杆机构的一种最基本的组合连接方式如图 5.2.23(b)所示。当机构运动时,整个组合结构的可能变化形式如图 5.2.23(c)和(d)所示。显而易见,中心连杆机构的运动状态和其周围三个连杆机构完全不同。因此,三轴对称六连杆机构不能通过该连接方式继续向各方向扩展成有规律的网格机构。

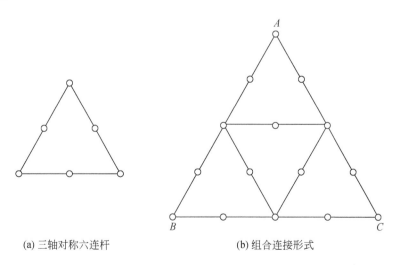

(a) 三轴对称六连杆　　　　　　(b) 组合连接形式

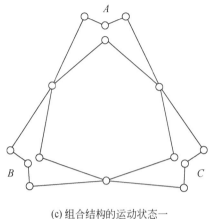

(c) 组合结构的运动状态一

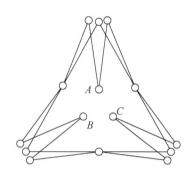

(d) 组合结构的运动状态二

图 5.2.23 三轴对称六连杆机构的三角形网格组合

4. 剪铰式网格

利用剪铰对三轴对称六连杆进行修改,转化成图 5.2.24 所示的基本单元形式。该基本单元包含三对等长的交叉杆,每对交叉杆有两种可能的转角形式,即图 5.2.25(a) 中的 A 类和图 5.2.25(b) 中的 B 类。仅考虑 $\alpha = \pi/3$ 的特殊情况,因为这种情况下交叉杆可以形成完全折叠的形式。在图 5.2.25(b) 中,$\alpha = \pi/3$,$\beta = 2\pi - \pi/3$。每个基本单元根据采用的三对交叉杆类型的不同有四种可能的组合形式,即 A-A-A、A-A-B、A-B-B 和 B-B-B,其中 A-A-B 排列形式的单元示意图如图 5.2.25(c) 所示。

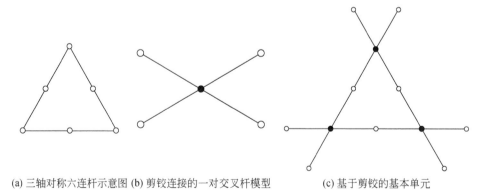

(a) 三轴对称六连杆示意图 (b) 剪铰连接的一对交叉杆模型 (c) 基于剪铰的基本单元

图 5.2.24 采用剪铰的三轴对称六连杆基本单元

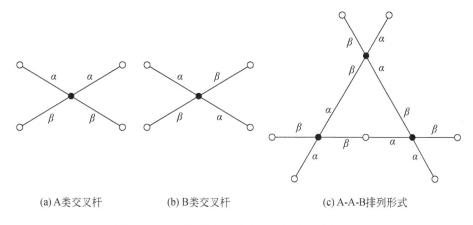

(a) A类交叉杆　　　　　　(b) B类交叉杆　　　　　　(c) A-A-B排列形式

图 5.2.25　不同转角形式交叉杆组成的基本单元

　　将两个基本单元进行简单连接,如图 5.2.26 所示,矩形框中的交叉杆可以是A 类或 B 类。矩形框中的交叉杆的形式为 A 类时,结构的模型如图 5.2.27 所示,可以看出,两个基本单元可以协调地展开和折叠,因此 A 类交叉杆可以组合成可展结构;矩形框中的交叉杆是 B 类时,结构的模型如图 5.2.28 所示,结构不能完全折叠,这一折叠过程中两个单元互相交叉,因此 B 类交叉杆不可以组合成可展结构。

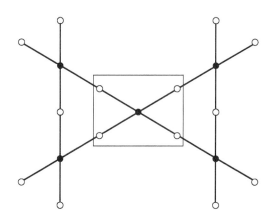

图 5.2.26　两个基本单元的连接

　　因此,仅当三组交叉杆的形式为 A-A-A 时,组成网格结构时结构的折叠和展开具有一定规律,并可以形成如图 5.2.29 所示的可展结构体系,模型如图 5.2.30所示。这种可展结构可作为结构的骨架,与膜共同作用形成可展式开合结构,结构与膜的结合方式和协调性还需进一步分析。

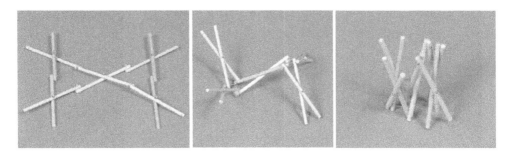

图 5.2.27　A 类交叉杆连接两个基本单元的模型

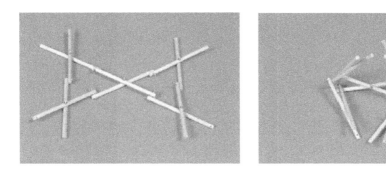

图 5.2.28　B 类交叉杆连接两个基本单元的模型

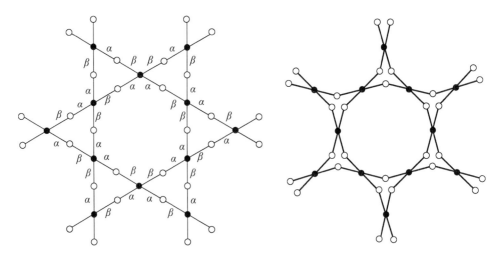

图 5.2.29　三轴对称六连杆的剪铰式网格结构示意图

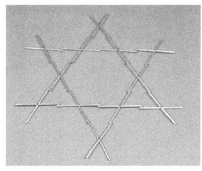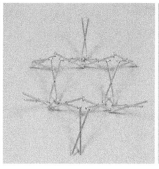

图 5.2.30　三轴对称六连杆的剪铰式网格结构模型

5.3　空间可变结构的若干应用形式

空间可变结构具有形态可变、可折叠展开等特点,在建筑、航天等领域具有广阔的应用前景,本节将介绍空间可变结构的若干种应用形式。

5.3.1　翻转开启式开合结构

1. 原理和形式

四面体旋转环是由 Schatz 于 1929 年发明的一种空间环形机构,由 N 个相同四面体通过旋转铰连接形成。四面体旋转环可以通过中心孔向内或向外连续转动,旋转方式如图 5.3.1 所示。它源于娱乐数学,常常用于形式可变的装饰品和玩具等。下面介绍一种以四面体旋转环原理为基础的翻转开启式开合结构。

形成闭合环至少需要 6 个四面体,首先考虑组成环的 N 个四面体相同,N 是偶数且 $N \geqslant 6$ 的情况。N 个四面体的四个面是相同的等腰三角形(或等边三角形),相互连接的边是等腰三角形的底边,称为公共边。

以四面体旋转环的原理为基础,通过改变四面体的形状和尺寸,可形成一种闭合开启的结构。对于四面体旋转环,形成开合结构的思想是,保证结构在运动到某一状态时,相邻四面体有一个面重合,结构闭合。因此,要形成开合结构,需满足以下几个基本原则。

(1) N 个四面体排列成环形,四面体交替相同,相邻四面体关于平面对称。

(2) 相邻四面体有一个边相连,在边的连接处沿边的方向设置旋转连接件,连接示意图如图 5.3.2 所示(在以后的图形中,用线表示旋转连接件的轴线位置,而

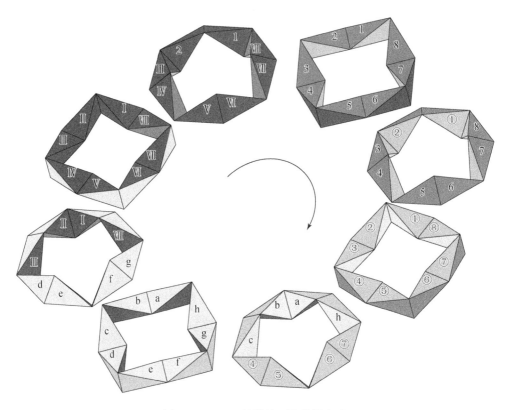

图 5.3.1 四面体旋转环的旋转方式

不再具体画出旋转连接件),当环运动时,四面体可以绕相邻旋转铰轴线转动。

(3)环形机构转动到某一状态时,相邻四面体的面与面重合,结构闭合。

(4)结构运动时保持 $N/2$ 轴对称,$N/2$ 个对称平面间夹角为 $4\pi/N$。

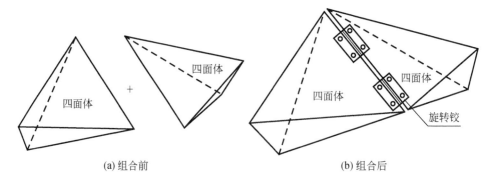

图 5.3.2 两个四面体连接示意图

　　满足基本原则的开合结构可以有多种形式,组成结构的四面体个数 N 不同时,根据其在水平方向投影形状不同,有正六边形、三角形、正八边形、正方形、矩形等,结构几种形式的模型如图 5.3.3 所示。

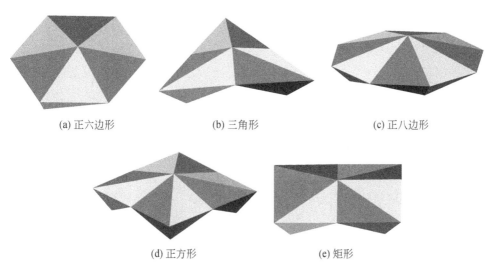

(a) 正六边形　　　　　　　　(b) 三角形　　　　　　　　(c) 正八边形

(d) 正方形　　　　　　　　(e) 矩形

图 5.3.3　翻转开启式开合结构模型

　　多种形式开合结构的基本开合机理是相同的,即支座在同一平面内沿直线向结构中心轴的方向或背离中心轴的方向运动以控制结构开合。当支座向结构中心轴的方向运动时,结构向外翻转逐渐开启;相反,当支座远离结构中心轴的方向运动时,结构向内翻转,直至相邻四面体的内侧面重新接触时,运动停止,结构闭合。将这种开合结构称为翻转开启式开合结构,其开合方式如图 5.3.4 所示。

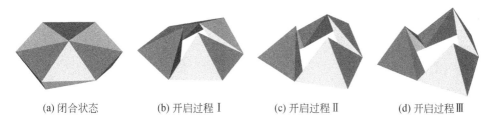

(a) 闭合状态　　　　(b) 开启过程 I　　　　(c) 开启过程 II　　　　(d) 开启过程 III

图 5.3.4　翻转开启式开合结构的开合方式

2. 设计参数

考虑到四面体个数 $N=6$ 时,结构的运动具有单自由度,结构开启和闭合的运动容易控制,因此选择 $N=6$ 的结构作为主要介绍对象。此时,这种翻转开启式开合结构也是一种特殊的三轴对称六连杆机构。

以正六边形翻转开启式开合结构为例,其六个四面体间隔相同,并且相邻四面体关于平面对称。图 5.3.5 为该结构闭合时的示意图和结构模型,示意图中六条粗线表示结构中旋转铰轴线位置。根据旋转铰在结构中的位置,六个旋转铰的轴线,三个称为屋面轴,即 A_1A、C_1C 和 E_1E;另外三个称为支座轴,即 BG、DM 和 FN;支座设在支座轴的底端 G、M 和 N 处。模型中颜色相同的四面体几何尺寸相同,并且不同颜色的两组四面体平面对称,表示结构顶面六个等腰三角形相同。结构闭合时,四面体的面 A_1BG 与 C_1BG 重合,面 C_1DM 与 E_1DM 重合,面 E_1FN 与 A_1FN 重合;等腰三角形的顶点 A_1、C_1 和 E_1 重合于一点 O(忽略旋转铰尺寸);底边形成一个正六边形,O' 为正六边形 $ABCDEF$ 的中心。

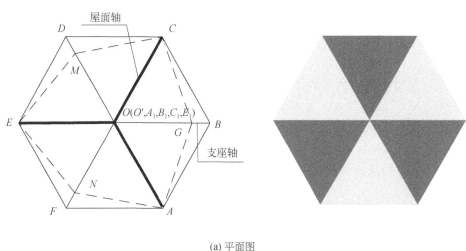

(a) 平面图

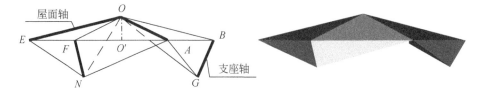

(b) 立面图

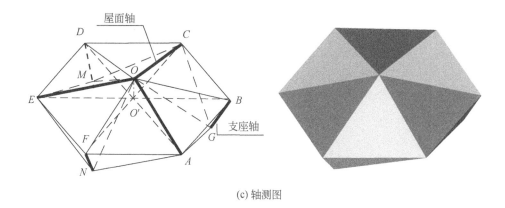

(c) 轴测图

图 5.3.5　结构闭合时示意图和结构模型

设定正六边形开合结构的基本几何参数如下。

(1) a 为结构闭合时顶面在水平方向的正六边形投影的边长,即图 5.3.5 中正六边形 $ABCDEF$ 的边长,且满足:

$$a>0 \tag{5.3.1}$$

(2) 令 $\xi=c/a$,其中 c 为结构闭合时顶面矢高,即图 5.3.5 中 $OO'=c$,且 $\xi>0$; φ 为结构闭合时支座轴的倾斜角,即图 5.3.5 中 $\angle O'BG=\angle O'DM=\angle O'FN=\varphi$, 且满足:

$$0<\varphi<\pi-\arccos\frac{\xi}{\sqrt{1+\xi^2}} \tag{5.3.2}$$

(3) 令 $\eta=d/a$,其中 d 为支座轴的长度,即图 5.3.5 中 $BG=DM=FN=d$,且满足:

$$0<\eta<\frac{1}{2\cos\varphi} \tag{5.3.3}$$

参数 a、ξ、η 是结构的基本几何参数,决定了结构的几何尺寸和运动关系,结构的其他几何参数可以根据这几个参数确定。所需要确定的结构主要几何关系包括四面体的几何尺寸、开合结构与三轴对称六连杆的参数关系及四面体与连杆的位置关系等。主要运动关系包括旋转铰轴线变化关系和连杆端点位置变化关系等。

3. 几何关系

对翻转开启式开合结构进行几何分析的目的是了解支座运动距离、结构开启率和开启速率的特点及变化关系,并能根据几何参数准确地制作结构模型。为此,首先要得到几个重要的几何关系,作为后续几何分析和模型制作的基础。

1）四面体的几何尺寸

根据结构基本几何参数可以确定结构中六个四面体的几何尺寸。六个四面体相同或对称，只需计算其中一个四面体 A_1ABG 的几何尺寸。以图 5.3.6 中 O' 为原点，$O'B$ 为 X 轴，$O'Q$（Q 为 AF 中点）为 Y 轴，$O'O$ 为 Z 轴建立直角坐标系 $O'XYZ$，则四面体 A_1ABG 在坐标系 $O'XYZ$ 中的示意图如图 5.3.6 所示。

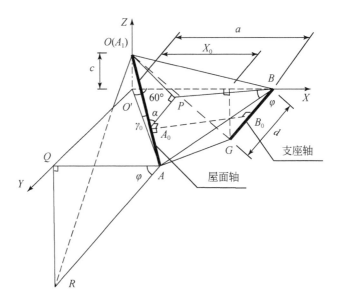

图 5.3.6　结构闭合时四面体 A_1ABG 计算简图

结构闭合时，四面体 A_1ABG 各角点坐标分别为 $A_1(0,0,c)$、$A(a/2,\sqrt{3}\,a/2,0)$、$B(a,0,0)$、$G(a-d\cos\varphi,0,-d\sin\varphi)$。四面体 A_1ABG 的六条边与结构基本几何参数 a、ξ、φ 和 η 的关系为

$$
\begin{aligned}
AB &= a \\
BG &= \eta a \\
A_1G &= a\sqrt{1+\xi^2+\eta^2-2\eta(\cos\varphi-\xi\sin\varphi)} \\
AG &= a\sqrt{1+\eta^2-\eta\cos\varphi}
\end{aligned}
\tag{5.3.4}
$$

2）开合结构与三轴对称六连杆的参数关系

前面已经说明，这种开合结构是三轴对称六连杆的特殊形式，即用四面体代替三轴对称六连杆中的直杆，该直杆与相邻旋转铰轴线垂直且相交。因此，在结构的四面体内作直线与相邻旋转铰轴线垂直且相交[图 5.3.7(a)中四面体内的虚线]。由于结构的对称性，相邻虚线的端点与旋转铰轴线交于同一点。这样，六条线与旋转铰构成三轴对称六连杆，即图 5.3.7(b)中的 $A_0B_0C_0D_0E_0F_0$。

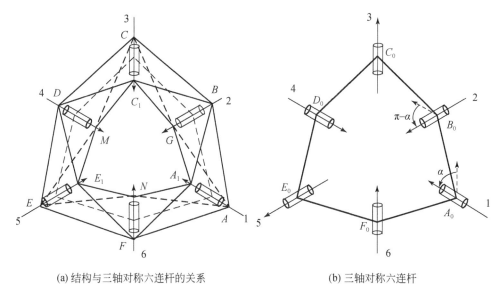

(a) 结构与三轴对称六连杆的关系　　　　(b) 三轴对称六连杆

图 5.3.7　开合结构与三轴对称六连杆的参数关系

下面给出三轴对称六连杆的几何参数 α 和 l 与结构基本几何参数的关系。其中，α 和 l 分别为相邻旋转铰轴线的转角和距离，可参考式(5.1.28)。同样取其中的一个四面体 A_1ABG 进行分析，如图 5.3.6 所示。设直线 A_0B_0 垂直四面体的两个轴 A_1A 和 BG，且分别交于 A_0 和 B_0，则四面体两轴 A_1A 和 BG 的转角为 α，距离为 l，即 $A_0B_0=l$；过 A 作 $AR//BG$ 且交平面 $O'YZ$ 于 R，则 $\angle OAR=\pi-\alpha$，R 点坐标为 $(0,\sqrt{3}a/2,-a\tan\varphi/2)$。通过几何推导可得三轴对称六连杆的参数 α 和 l 与结构基本几何参数 a、ξ、φ 和 η 的关系：

$$\alpha=\arccos\frac{2\xi\sin\varphi-\cos\varphi}{2\sqrt{1+\xi^2}} \tag{5.3.5}$$

$$l=\frac{\sqrt{3}a(\sin\varphi+\xi\cos\varphi)}{\sqrt{(4\xi^2-1)\cos^2\varphi+4+4\xi\sin\varphi\cos\varphi}} \tag{5.3.6}$$

3）四面体与杆的位置关系

求开合结构的四面体与三轴对称六连杆相应杆的位置关系，即求四面体的几个角点到杆端点的距离。用 e、f 和 h 分别表示屋面轴顶点、底端点以及支座轴顶点到杆端点的距离，即在图 5.3.6 中，有 $A_1A_0=e$，$AA_0=f$，$BB_0=h$；已知 $BG=d$，则 $GB_0=d-h$。过 A_0 作 $A_0P//BB_0$ 且 $A_0P=BB_0=h$，则 $BP=l$，$\angle A_1A_0P=\alpha$。通过几何推导可得结构中四面体与连杆中相应杆的关系：

$$e = \frac{2(2+3\xi^2) - 2(2-\xi^2-4\xi^4)\cos^2\varphi + 12\xi(1+\xi^2)\sin\varphi\cos\varphi}{2\sqrt{1+\xi^2}\left[(4\xi^2-1)\cos^2\varphi + 4 + 4\xi\sin\varphi\cos\varphi\right]}a$$

$$f = \frac{2(2+\xi^2) + 2(1+2\xi^2)\cos^2\varphi - 4\xi(1+\xi^2)\sin\varphi\cos\varphi}{2\sqrt{1+\xi^2}(4\xi^2-1)\cos^2\varphi + 4 + 4\xi\sin\varphi\cos\varphi}$$

$$h = \frac{(3+2\xi^2)\cos\varphi - 2\xi\sin\varphi}{4+(4\xi^2-1)\cos^2\varphi + 4\xi\sin\varphi\cos\varphi}a \tag{5.3.7}$$

4）结构单自由度运动关系

前面提到六个四面体的开合结构具有单自由度运动关系，下面可得到结构运动时转动变量的协调方程（Luo et al.，2008b）。因为结构具有对称性，所以结构运动时三个屋面轴的倾斜角相同，三个支座轴的倾斜角也相同。用 γ 和 τ 分别表示结构运动时屋面轴和支座轴的倾斜角，γ 和 τ 作为结构的运动变量，随结构运动而变化。根据开合结构的开合范围，有 $\gamma_c \leqslant \gamma \leqslant \gamma_d$，$\tau_d \leqslant \tau \leqslant \tau_c$。其中，$\gamma_d$ 和 τ_d 为结构完全开启状态时 γ 与 τ 的值。γ_c 和 τ_c 为结构闭合时 γ 与 τ 的值，有

$$\tau_c = \varphi$$
$$\gamma_c = \arccos\frac{1}{\sqrt{1+\xi^2}} \tag{5.3.8}$$

结构在开启过程中的示意图和模型如图 5.3.8 所示，屋面轴 A_1A、C_1C 和 E_1E 的延长线交于 O_1，支座轴 BG、DM 和 FN 的延长线交于 O_2，平面 $A_0C_0E_0$ 与结构的中心轴 O_1O_2 相交于 O_{01}，平面 $B_0D_0F_0$ 与 O_1O_2 相交于 O_{02}。把原直角坐标系 $O'XYZ$ 原点平移到 O_{01} 点，建立直角坐标系 $O_{01}X_{01}Y_{01}Z_{01}$，如图 5.3.9 所示。结构的六个四面体相同或对称，只需取其中一个四面体 A_1ABG 计算结构开启时的几何关系。

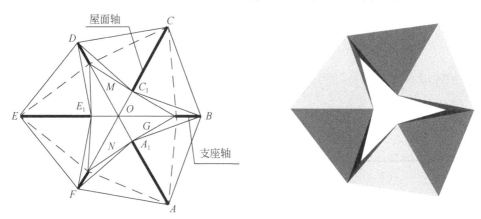

(a) 平面图

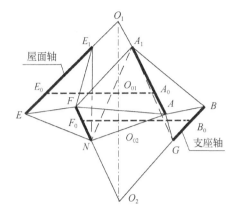
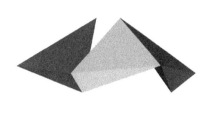

(b) 立面图

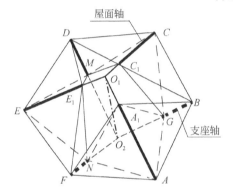
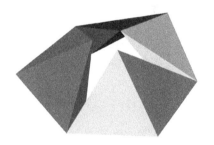

(c) 轴测图

图 5.3.8　结构在开启过程中的示意图和模型

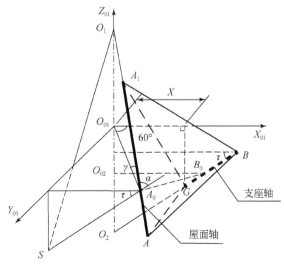

图 5.3.9　结构在开启过程中四面体 A_1ABG 计算简图

图 5.3.9 为四面体 A_1ABG 和坐标系 $O_{01}X_{01}Y_{01}Z_{01}$ 的示意图。过 A_0 作 $A_0S/\!/$ BB_0，并交平面 $O_{01}Y_{01}Z_{01}$ 于 S，设 $A_0O_1=e'$，则 $\triangle O_1A_0S$ 各顶点坐标为 $A_0\left(e'\cos\dfrac{\gamma}{2},\sqrt{3}\,e'\cos\dfrac{\gamma}{2},0\right)$，$O_1(0,0,e'\sin\gamma)$，$S\left(0,\sqrt{3}\,e'\cos\dfrac{\gamma}{2},-e'\cos\gamma\tan\dfrac{\tau}{2}\right)$。通过几何关系可得到结构开启过程中的几何参数关系：

$$\cos\alpha=\sin\gamma\sin\tau-\frac{1}{2}\cos\gamma\cos\tau \tag{5.3.9}$$

式(5.3.9)形成了结构运动时转动变量的协调方程，保证结构在基本几何参数确定时，只有一个变量是独立的，所以也可以说明开合结构的运动具有单自由度。对于任何确定的转角 $\alpha(0\leqslant\alpha\leqslant\pi)$，式(5.3.9)为转动变量 γ 和 τ 的输入-输出关系。选择 γ 作为输入变量，τ 作为输出变量，由式(5.3.9)可得

$$\tau=\arccos\frac{-2\cos\gamma\cos\alpha+2\sin\gamma\sqrt{4\sin^2\alpha-3\cos^2\gamma}}{4-3\cos^2\gamma} \tag{5.3.10}$$

已知结构闭合时，$\tau_c=\varphi$，$\gamma_c=\arccos(1/\sqrt{1+\xi^2})$，满足式(5.3.10)。结构完全开启时，若开启角度 γ_d 为定值，则由式(5.3.10)可得到 τ_d。结构从闭合状态到完全开启状态的过程中，屋面轴倾斜角 γ 从 γ_0 向 γ_d 逐渐增大，而支座轴倾斜角 τ 从 τ_0 向 τ_d 逐渐减小。

5) 三轴对称六连杆端点位置关系

在结构运动过程中，相应的三轴对称六连杆 $A_0B_0C_0D_0E_0F_0$ 也随之运动，除了考虑旋转铰轴线变化关系外，还要分析三轴对称六连杆的端点位置变化关系。连杆 $A_0B_0C_0D_0E_0F_0$ 和坐标系 $O_{01}X_{01}Y_{01}Z_{01}$ 的示意图如图 5.3.10 所示。其中，六条粗线表示连杆的六根杆。在结构运动过程中，由于连杆的三轴对称性，端点 $A_0C_0E_0$ 和 $B_0D_0F_0$ 分别构成等边三角形，并且两个平面 $A_0C_0E_0$ 和 $B_0D_0F_0$ 平行。

结构在某一运动状态时，设三角形 $A_0C_0E_0$ 边长为 a_0，三角形 $B_0D_0F_0$ 边长为 b_0，平面 $A_0C_0E_0$ 和 $B_0D_0F_0$ 的距离为 c_0，即 $O_{01}O_{02}=c_0$。在直角坐标系 $O_{01}X_{01}Y_{01}Z_{01}$ 中，连杆各端点坐标分别为 $A_0(a_0/2\sqrt{3},a_0/2,0)$，$B_0(b_0/\sqrt{3},0,-c_0)$，$C_0(a_0/2\sqrt{3},-a_0/2,0)$，$D_0(-b_0/2\sqrt{3},-b_0/2,-c_0)$，$E_0(-a_0/\sqrt{3},0,0)$，$F_0(-b_0/2\sqrt{3},b_0/2,-c_0)$。可得结构运动过程中连杆端点的位置关系如式(5.4.7)所示，其中，α 和 l 可见式(5.3.5)和式(5.3.6)。

$$
\begin{aligned}
a_0&=\frac{\sin\tau\cos\gamma+2\cos\tau\sin\gamma}{\sin\alpha}l\\[4pt]
b_0&=\frac{2\sin\tau\cos\gamma+\cos\tau\sin\gamma}{\sin\alpha}l\\[4pt]
c_0&=\frac{\sqrt{3}\,\cos\tau\cos\gamma}{2\sin\alpha}l
\end{aligned}
\tag{5.3.11}
$$

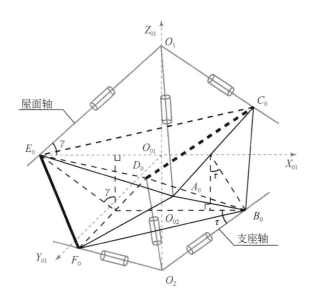

图 5.3.10　结构开启时垂直杆端点位置关系示意图

4. 模型设计

翻转开合结构模型设计参数见表 5.3.1。分析计算可得到结构四面体六条边的长度，即 $AB = 210\text{mm}$，$BG = 70\text{mm}$，$A_1A = A_1B = 221.36\text{mm}$，$A_1G = 221.36\text{mm}$，$A_1G = 200.10\text{mm}$，$BG = 196.48\text{mm}$。按照前面所述连接方式，制作开合结构模型，如图 5.3.11 和图 5.3.12 所示。

表 5.3.1　翻转开启式开合结构模型设计参数

a/mm	ξ	$\varphi/(°)$	η
210	1/3	45	1/3

图 5.3.11　正六边形开合结构模型 I

(a) 完全闭合状态

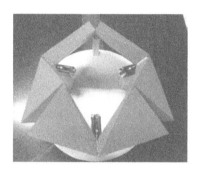

(b) 完全展开状态

图 5.3.12　正六边形开合结构模型 Ⅱ

5.3.2　Bennett 与膜材组合结构

如 5.2.1 节所述,Bennett 连杆机构衍生形式的单元可以折叠成一束,并可展开构成马鞍形曲面(Yu et al.,2007)。若将 Bennett 连杆机构与膜材组合(即折叠膜单元),则可以形成独特的建筑效果,也可以在膜上附着柔性太阳能板,应用于航天领域。但膜能否与 Bennett 连杆机构一起运动,它们之间是否存在几何不协调的问题还需要进一步讨论。膜通过预应力张紧在 Bennett 连杆机构上,如果Bennett 连杆机构运动的方向和膜拉力的方向相反,膜将被不断拉紧,整个结构运动到某点后无法再动,从而出现几何不协调。本节将分析折叠膜单元和单元集合体的几何协调性。

1. 折叠膜单元的几何协调性分析

图 5.3.13 表示 Bennett 连杆机构的基本形式从展开到收缩的情况,从状态 Ⅰ运动到状态 Ⅲ的过程中,AC 之间的距离逐渐变大,BD 之间的距离逐渐变小。若

在完全展开状态(图 5.3.13)装上膜并张紧,在到状态 II 时,BD 向因为距离变小,机构运动的方向与膜拉力的方向相同,所以在此方向膜出现褶皱;然而,在 AC 向因为机构运动的方向与膜拉力的方向相反,膜会将机构拉得更紧,同时机构也被膜控制,不能继续收缩。由以上过程可知,Bennett 连杆机构的基本形式无法和膜一起协调收缩展开,只要对角线 AC 和 BD 有一个方向在收缩过程中变长,连杆机构和膜就会出现几何不协调的情况。因此,只有对角线在折叠过程中同时缩短的连杆机构才能与膜组合形成折叠膜结构单元。

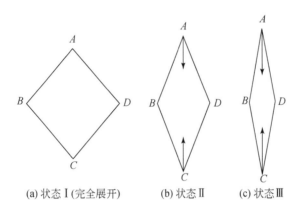

(a) 状态 I (完全展开)　　　(b) 状态 II　　　(c) 状态 III

图 5.3.13　Bennett 连杆机构基本形式的收拢过程

对于 Bennett 连杆机构的衍生形式,如图 5.3.14 所示,对角线 AC 和 BD 在折叠过程中距离同时减小,故连杆机构和膜有可能协调运动。展开为平面和展开不共面的连杆机构都能与膜一起折叠,但采用展开不共面的连杆机构与膜组合,膜能张成双曲抛物面,形状既美观又便于排水。由于实体模型必须考虑截面的影响,膜装在连杆机构哪一位置合适,需通过以下的分析说明。

单独分析图 5.3.14 中的 AB 杆和 AD 杆,如图 5.3.15 所示。模型完全展开时,平面 AEFG 和 A'E'F'G' 完全重合,在 EF(E'F') 处安装合页。当两杆绕 EF (E'F') 运动时,AA'、EE' 距离随着折叠的程度逐渐增大。如果在平面 AEJB 和平面 A'E'J'B' 上装膜,无疑在折叠过程中膜会在平面 GAA' 处越拉越紧,最终导致无法折叠。如果膜装在平面 AGHB 和平面 A'G'H'B' 或平面 GFIH 和平面 G'F'I'H',也会出现同样的情况。由此可知,只有平面 EFJI 和 E'F'I'J' 适合装膜。同理,单独分析 AB 杆和 BC 杆,对 AB 杆来说,适合装膜的平面是 AEJB。综合两种情况,能全部满足几何协调条件适合装膜的位置只能是平面 AEJB 和 EFIJ 的交集——线段 EJ。

由上述分析可知,连杆机构要与膜共同展开折叠而不出现几何不协调的情况,膜只能装在确定的位置,即线段 EJ、E'J' 以及与其对称的两条线段。按以上方法

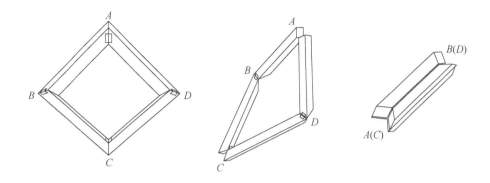

图 5.3.14　Bennett 连杆机构衍生形式的折叠过程

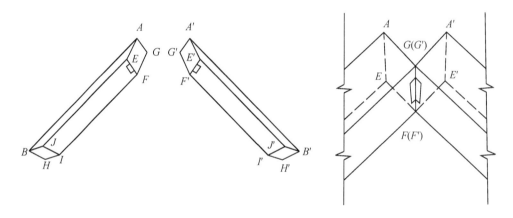

图 5.3.15　AB 杆和 AD 杆的连接详图

安装的 Bennett 连杆机构与膜材组合机构模型如图 5.3.16 所示。

2. 单元集合体的几何协调性分析

多个折叠膜单元可相互组合成集合体,如图 5.3.17 所示,四个折叠膜单元相连,编号分别为 1、2、3、4。这四个单元如果分别按照上述的位置装膜,在折叠过程中不存在几何不协调的情况,问题是当它们相互组合后中间会形成单元 5,单元 1 与单元 3 以及单元 1 与单元 2 连接处应该如何处理才能使单元 5 也能完全折叠。

设点 A、C、F、L、J、H 为高点,B、D、K、E、G、I 为低点。折叠时,期望 A、C、F、L、J、H 在上方靠拢,B、D、K、E、G、I 在下方靠拢。在单元 5 中如果要完全折叠必须要求 C 和 J、D 与 G 分别重合,铰位置的设置有两种方法,构件 1、2、3、4 的铰安装位置与单元完全相同,不同之处就在构件 5 处,下面将分别进行讨论。

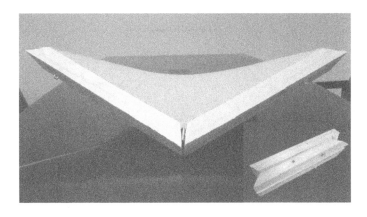

图 5.3.16 Bennett 连杆机构与膜材组合机构模型

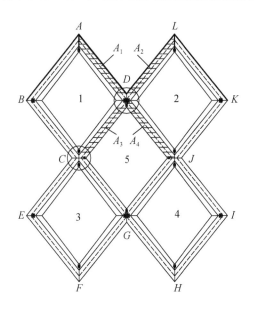

图 5.3.17 连杆机构单元集合体

方法一：以 C、J 为高点，D、G 为低点安装铰，如图 5.3.18 所示。由于对称性，取构件 5 的一半，即只取 D、C 两点进行分析，D 点安装铰的位置在面 A_3 和 A_4 的连接处，C 点安装铰的位置在面 A_5 和 A_6 的连接处。若作为单元以这种方式装铰，构件 5 完全可以折叠，但是要放入集合体中，可以看到，若单元 5 要完全折叠，则面 A_3 和 A_4 必须重合；若单元 1 要完全折叠，面 A_3 和 A_1 必须重合；若单元 2 要完全折叠，面 A_4 和 A_2 必须重合。面 A_3 不可能同时与 A_1 和 A_4 重合，同样 A_4 不可能同时与 A_2 和 A_3 重合，因此此种铰安装方法对单元折叠可行，但对单元集合体的折叠是不可行的。

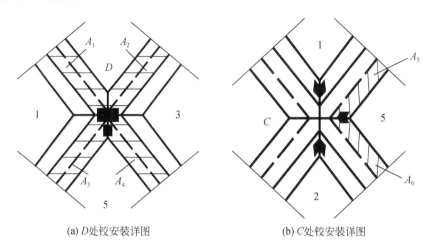

(a) D 处铰安装详图　　　　　　　　　　　(b) C 处铰安装详图

图 5.3.18　方法一的铰安装示意图

方法二：如果将构件 5 翻转过来，可以视 D、G 为高点，C、J 为低点反向安装铰，如图 5.3.19 所示，D 处铰安装在 A_5 和 A_7 的连接处，C 处铰安装在 A_8 和 A_9 的连接处。此时，单元 5 在集合体折叠时运动的方向和其他四个单元相反，整个连杆机构网格可以完全折叠，不会出现方法一的现象。但是，单元 5 膜的安装位置也应该与其他四个单元方向相反，即若其他四个单元膜装在上部的固定位置，则单元 5 必须装在下部的位置，否则就会出现之前所述的膜与连杆机构几何不协调的情况。

5.3.3　蝶翅形结构

刚性拱常用于膜结构，其可以得到高效的膜材表面，且其自身的弧度有利于减小构件的弯矩。而一般的以刚性拱为支撑的膜结构均是半圆柱形的，刚性拱相互平行排列。这种构形的一大缺点是由于膜材形状只有一个曲率，故需要对其施加较高的预应力。本节介绍一种 Tran 等提出的蝶翅形结构，其刚性拱通过膜材和拉索来保持稳定，倾斜的刚性拱也使膜材处于马鞍形，从而能更好地抵抗外力。

蝶翅形结构由刚性支撑拱、扇形锚索以及膜材组成，支撑拱和基础支撑间铰接，其倾斜性通过处于中部的膜材以及外围的扇形锚索来保持。其结构成形的原理和创新之处在于使用刚性拱的自重来张拉膜材，使其形成马鞍形。该结构的高效性在于膜材的张拉力和拱的自重、锚索的张力相平衡，从而减小了支撑拱的重量。通过排布拱的位置可以得到不同的结构形状。图 5.3.20 为蝶翅形结构单元的分类，包括双翅形、三翅形、四翅形等。

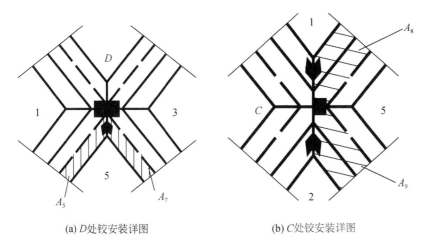

(a) D 处铰安装详图　　　　　　　　　　(b) C 处铰安装详图

图 5.3.19　方法二的铰安装示意图

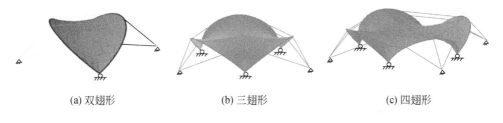

(a) 双翅形　　　　　　(b) 三翅形　　　　　　(c) 四翅形

图 5.3.20　蝶翅形结构单元的分类

　　膜材的部分张拉通过拱的自重实现。图 5.3.21 所示为不同蝶翅形结构的展开过程。在安装过程中,结构都先竖起,再使拱在自重的作用下慢慢下倾来张拉膜。扇形拉索用于进一步下拉拱,使膜张拉至最终形状。

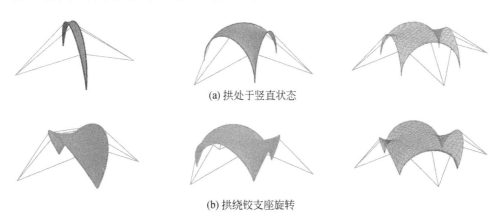

(a) 拱处于竖直状态

(b) 拱绕铰支座旋转

(c) 膜张拉至最终形状

图 5.3.21　不同蝶翅形结构的展开过程

　　通过蝶翅形结构基本单元的组合也可以得到更多的结构形式。两相邻单元的相邻拱在最高弧度处进行铰接,两拱具有相同切线。由于铰的约束使得组合单元的运动相互依赖,从而保证各单元展开过程的一致性。拱的水平移动则以地基梁作为导轨。图 5.3.22 所示为几种不同的蝶翅形单元结构组合方式。

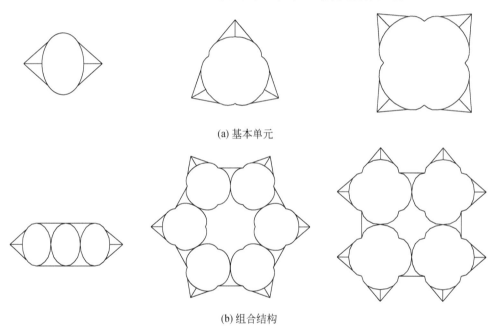

(a) 基本单元

(b) 组合结构

图 5.3.22　不同蝶翅形单元结构组合方式

　　由双翅形单元可组合成线性组合结构,其展开过程如手风琴的拉动(图 5.3.23);由三翅形单元和四翅形单元可分别组合成六边形和四边形组合结构,其展开过程如同花朵的开放(图 5.3.24、图 5.3.25)。

图 5.3.23　双翅形群体结构的展开过程

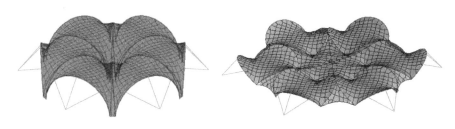

图 5.3.24 三翅形群体结构的展开过程

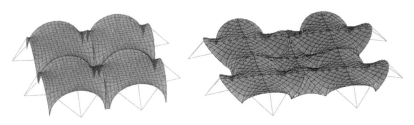

图 5.3.25 四翅形群体结构的展开过程

5.3.4 动态折板结构

动态折板结构(图 5.3.26)的发展基于折纸原理:一张纸的平面外刚度很小,但经一定方式折叠后,不仅可以自行站立,还能承受一定的外界荷载;此外,折纹也为纸自身形状的变化起着导向作用。折纸原理在一些生物系统中也得到印证,如阔叶树叶、花瓣、昆虫的折纹翅膀。在航空业和汽车制造业中,基于该原理使用薄平的金属板制造了高强度的自承重墙体、模具、板层等;在建筑工业领域,折纸原理也逐渐被人们所关注。

图 5.3.26 动态折板结构示意图

　　Leitner 提出了几种常见的动态折板结构形式。图 5.3.27 所示为一个折叠大厅模型,在平面状态时,其折纹是三向相交的直线。折纹在折叠过程中仍为直线,并成为最终结构的脊线或谷线。值得注意的是,木材这种各向异性材料需要和三角形板的受力性能相匹配。现场安装速度快是这类结构的一个优点。另外,采用织物节点时,无需多余的结构构件,就可以达到很好的建筑效果。

(a) 平面折纹　　　　　　　(b) 折板结构模型　　　　　　(c) 折叠大厅实物模型

图 5.3.27　折叠大厅

5.3.5　可展卫星天线结构

　　可展卫星天线结构是空间可变结构在航天领域的一类典型应用(关富玲和戴璐,2012;程亮等,2010;You,2000;Guest and Pellegrino,1996)。重量轻、收纳比高、收拢体积尽可能小是可展卫星天线结构所追求的目标。卫星发射时,结构收拢起来位于火箭整流罩内;在轨工作时,结构展开,位于卫星的端部。可展卫星天线结构既需要满足发射时火箭整流罩的尺寸要求,又需要保证其使用性能。按照反射面结构形式的不同,可展卫星天线结构主要可分为固面展开式、桁架展开式、气动展开式等,如图 5.3.28 所示。

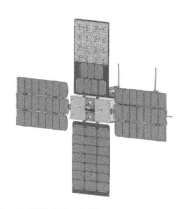

(a) 固面展开式(斯坦福大学、加州理工州立大学)

(b) 桁架展开式(浙江大学)

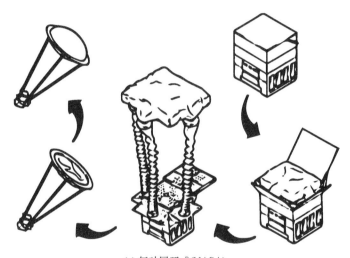

(c) 气动展开式(NASA)

图 5.3.28　可展卫星天线结构的形式

2015 年 9 月 20 日 7 时 1 分,我国新型运载火箭长征六号在太原卫星发射中心点火发射,成功将 20 颗微小卫星送入太空,创造了中国航天一箭多星发射的亚洲纪录。浙江大学自主研制的两颗皮卫星"皮星二号"与另外的 18 颗卫星一起准确入轨,其展开过程如图 5.3.29 所示。

"皮星二号"可展卫星天线结构由浙江大学研究团队研制,采用单层六边形平面结构方案(图 5.3.30),由 84 根杆件、42 个双向节点、6 个三向节点、6 个四向节点、6 个六向节点及 168 个接头构成。其基本可展单元如图 5.3.31 所示,三角形顶点处为多向节点(三向节点、四向节点、六向节点),三角形由三根杆件通过双向节点连接,节点处安装扭簧以提供展开的驱动力。对该结构方案进行了试验研究,其收拢和展开状态如图 5.3.32 所示。

(a) 展开过程   (b) 完全展开状态

图 5.3.29 浙江大学"皮星二号"可展卫星天线结构

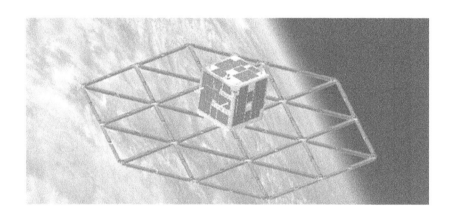

图 5.3.30 "皮星二号"可展卫星天线

(a) 收拢状态   (b) 半展开状态   (c) 完全展开状态

图 5.3.31 "皮星二号"基本可展单元

(a) 收拢状态

(b) 展开状态

图 5.3.32　"皮星二号"可展卫星天线结构试验

5.4　空间可变结构形态数值模拟

与常规结构的静态分析相比,空间可变结构的形态变化过程涉及大变位,机构位移与构件的弹性位移耦合,有限单元法中的刚度矩阵易出现病态。当前,有多种数值方法可用于模拟可变结构形态的变化过程,如力法、多体动力学方法等。本节将介绍采用有限质点法(罗尧治和喻莹,2019;喻莹,2010;Yu and Luo,2009)进行可变结构形态的数值模拟,首先是有限质点法的基本原理,然后分别给出可变结构杆件和节点分析方法,最后提供一些空间可变结构形态模拟示例。

5.4.1　基本原理

有限质点法有以下几个基本概念:

(1) 构件的空间点值描述。质点是结构的最小元素和基本单位,是结构空间位置、质量、受力、变形和边界条件的载体(图 5.4.1),结构的性质通过质点的性质来描述。

(2) 运动轨迹的途径单元描述。质点受力后的运动轨迹在时间域上可划分为许多离散的微段,并通过一组时间点上的值来描述各个质点的位移,质点在每个时间微段内的运动路径即为途径单元,如图 5.4.1 所示,$x_a \rightarrow x_b$。途径单元的概念显著简化了结构的运动描述。

(3) 变形描述机制。固体微元的变形梯度增量反映了微元的刚体运动和纯变形,如图 5.4.2 所示。有限质点法根据途径单元起止时刻质点的位置,使质点经历虚拟的逆向刚体运动达到一个中间形态,以此扣除固体的刚体运动。这一概念在处理可变结构形态变化过程中的机构位移时较为有效。

(4) 控制方程式及其求解。从真实物理力学模式的角度考虑,有限质点法认

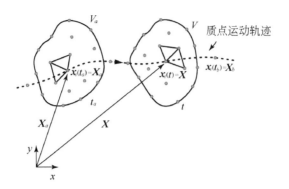

图 5.4.1　点值描述和途径单元描述

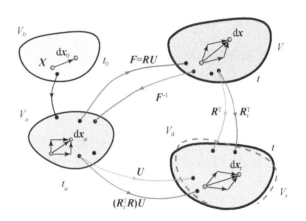

图 5.4.2　变形描述机制

为运动变形过程中每一个质点均处于动平衡状态,任一质点在每个途径单元内的运动控制方程为遵循牛顿第二定律的向量方程式。如认为质点有平动和转动共 6 个自由度,则

$$m_i \ddot{\boldsymbol{x}}_i = \boldsymbol{F}_i^{\mathrm{ext}} - \boldsymbol{F}_i^{\mathrm{int}}, \quad \boldsymbol{I}_i \ddot{\boldsymbol{\theta}}_i = \boldsymbol{M}_i^{\mathrm{ext}} - \boldsymbol{M}_i^{\mathrm{int}} \qquad (5.4.1)$$

式中,m_i 为质点 i 的质量;$\boldsymbol{I}_i$ 为质点 i 的质量惯性矩阵;$\ddot{\boldsymbol{x}}_i$ 为质点 i 的线加速度;$\ddot{\boldsymbol{\theta}}_i$ 为质点 i 的角加速度;$\boldsymbol{F}_i^{\mathrm{ext}}$ 为质点 i 所受的外力向量;$\boldsymbol{F}_i^{\mathrm{int}}$ 为单元传递到质点的内力向量;$\boldsymbol{M}_i^{\mathrm{ext}}$ 为质点 i 所受的外力矩向量;$\boldsymbol{M}_i^{\mathrm{int}}$ 为单元传递到质点的内力矩向量。式(5.4.1)可采用显式的中心差分算法进行计算,避免迭代求解。

5.4.2　可变结构杆件分析

本章所述可变结构大部分基于过约束连杆机构,连杆构件的受力可采用梁单元进行模拟,因此本节简要地给出梁单元的分析方法。详细的分析方法以及可变结构中其他形式构件(如板、膜等)的分析方法,可参考《结构复杂行为分析的有限质点法》(罗尧治和喻莹,2019)一书。

一根连杆构件可以离散为多个梁单元(图 5.4.3),每个梁单元有 2 个质点,每个质点有 6 个自由度,其运动求解可参照式(5.4.1)进行。梁单元用于可变结构分析的关键,在于通过虚拟逆向运动扣除机构位移,从而获得一个途径单元内构件的纯变形。以下主要介绍梁单元的逆向运动及纯变形计算。

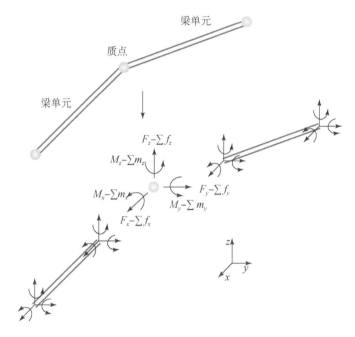

图 5.4.3　梁单元离散

1. 主轴转动向量的计算

已知单元在 t_a 和 $t_b = t_a + \Delta t$ 时刻的空间位置分别为(x_A^a, x_B^a)和(x_A^b, x_B^b),节点转角分别为$(\boldsymbol{\beta}_A^a, \boldsymbol{\beta}_B^a)$和$(\boldsymbol{\beta}_A^b, \boldsymbol{\beta}_B^b)$,则单元从 t_a 到 t_b 时刻的位移和转角分别为

$$\Delta x_i = x_i^b - x_i^a, \quad i = A, B$$
$$\Delta \boldsymbol{\beta}_i = \boldsymbol{\beta}_i^b - \boldsymbol{\beta}_i^a, \quad i = A, B \tag{5.4.2}$$

单元由 t_a 到 t_b 时刻的主轴转动向量包括垂直于主轴的转动和绕轴转动两部分[图 5.4.4(a)]。垂直于主轴的转动为单元两主轴 $\hat{\boldsymbol{e}}_x^a$ 和 $\hat{\boldsymbol{e}}_x^b$ 间的转动 $\boldsymbol{\theta}_{ba}$,绕轴转动为单元自身的扭转 $\Delta \hat{\boldsymbol{\beta}}_x^A$。

首先是 $\boldsymbol{\theta}_{ba}$ 的计算。由单元在 t_a 和 t_b 时刻的位置向量,可得主轴 $\hat{\boldsymbol{e}}_x^a$ 和 $\hat{\boldsymbol{e}}_x^b$ 的方向向量为

$$\hat{\boldsymbol{e}}_x^a = \frac{\boldsymbol{x}_B^a - \boldsymbol{x}_A^a}{|\boldsymbol{x}_B^a - \boldsymbol{x}_A^a|}, \quad \hat{\boldsymbol{e}}_x^b = \frac{\boldsymbol{x}_B^b - \boldsymbol{x}_A^b}{|\boldsymbol{x}_B^b - \boldsymbol{x}_A^b|} \tag{5.4.3}$$

则两主轴之间的转动为

$$\boldsymbol{\theta}_{ba} = \theta_{ba} \boldsymbol{e}_{ba}$$

$$\theta_{ba} = \arcsin(|\hat{\boldsymbol{e}}_x^a \times \hat{\boldsymbol{e}}_x^b|)$$

$$\boldsymbol{e}_{ba} = \frac{\hat{\boldsymbol{e}}_x^a \times \hat{\boldsymbol{e}}_x^b}{|\hat{\boldsymbol{e}}_x^a \times \hat{\boldsymbol{e}}_x^b|} \tag{5.4.4}$$

其次是 $\Delta \hat{\boldsymbol{\beta}}_x^A$ 的计算。单元自身的扭转表示为

$$\Delta \hat{\boldsymbol{\beta}}_x^A = \Delta \boldsymbol{\beta}_A \hat{\boldsymbol{e}}_x^a \tag{5.4.5}$$

综合式(5.4.4)和式(5.4.5),质点 A 从 t_a 到 t_b 时刻的主轴转动向量为

$$\boldsymbol{\gamma} = \boldsymbol{\theta}_{ba} + \Delta \hat{\boldsymbol{\beta}}_x^A = \theta_{ba} \boldsymbol{e}_{ba} + \Delta \boldsymbol{\beta}_A \hat{\boldsymbol{e}}_x^a \tag{5.4.6}$$

式中,$\boldsymbol{\gamma}$ 为转动向量,其转角大小为 γ,$\boldsymbol{e}_\gamma = [l_\gamma, m_\gamma, n_\gamma]^T$ 为转轴方向。

求得主轴间的转动向量后,主轴方向间的空间转动矩阵为

$$\boldsymbol{R}^* = \boldsymbol{I}_3 + (1 - \cos\gamma)\boldsymbol{A}^2 + (\sin\gamma)\boldsymbol{A} \tag{5.4.7}$$

式中,$\boldsymbol{I}_3$ 为 3×3 的单位矩阵。

$$\boldsymbol{A} = \begin{bmatrix} 0 & -n_\gamma & m_\gamma \\ n_\gamma & 0 & -l_\gamma \\ -m_\gamma & l_\gamma & 0 \end{bmatrix} \tag{5.4.8}$$

求得 t_a 到 t_b 时刻主轴的转动矩阵后,可求得 t_b 时刻单元主轴 $\hat{\boldsymbol{e}}_y^b$ 和 $\hat{\boldsymbol{e}}_z^b$ 的方向:

$$\hat{\boldsymbol{e}}_y^b = \boldsymbol{R}^* \hat{\boldsymbol{e}}_y^a$$

$$\hat{\boldsymbol{e}}_z^b = \hat{\boldsymbol{e}}_x^b \times \hat{\boldsymbol{e}}_y^b \tag{5.4.9}$$

2. 逆向运动后纯变形的计算

经历一个虚拟的逆向平动 $-\Delta \boldsymbol{x}_A$ 和逆向转动 $-\boldsymbol{\theta}_{ba}$ 后,单元位置从位置 $A'B'$ 到达虚拟位置 $A''B''$[图5.4.4(b)],则单元的轴向伸缩变形为

$$\Delta \boldsymbol{u}_B^d = (l_b - l_a) \hat{\boldsymbol{e}}_x^a \tag{5.4.10}$$

式中,l_a 和 l_b 分别为单元在 t_a 和 t_b 时刻的长度。单元的扭转变形为

$$\Delta \varphi_x^A = \Delta \hat{\beta}_x^A - \Delta \hat{\beta}_x^A = 0$$

$$\Delta \varphi_x^B = \Delta \hat{\beta}_x^B - \Delta \hat{\beta}_x^A \tag{5.4.11}$$

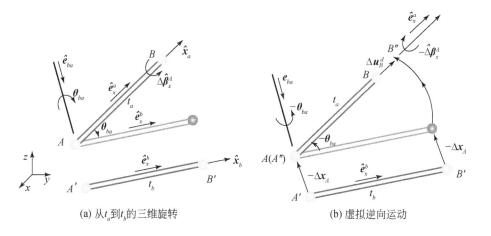

(a) 从 t_a 到 t_b 的三维旋转　　　　　　　　　(b) 虚拟逆向运动

图 5.4.4　空间梁单元的运动

单元的弯曲变形为

$$\Delta\varphi_y^A = \Delta\hat{\beta}_y^A - \Delta\theta_y$$

$$\Delta\varphi_z^A = \Delta\hat{\beta}_z^A - \Delta\theta_z$$

$$\Delta\varphi_y^B = \Delta\hat{\beta}_y^B - \Delta\theta_y \qquad\qquad (5.4.12)$$

$$\Delta\varphi_z^B = \Delta\hat{\beta}_z^B - \Delta\theta_z$$

式中，$\Delta\hat{\pmb{\beta}}_i = \pmb{\Omega}\Delta\beta^i, i = A, B$；$\Delta\theta_y = \pmb{\theta}_{ba}\hat{e}_y^a$；$\Delta\theta_z = \pmb{\theta}_{ba}\hat{e}_z^a$；$\pmb{\Omega} = \left[\hat{e}_x^a, \hat{e}_y^a, \hat{e}_z^a\right]^{\mathrm{T}}$。

　　得到纯变形后，可与有限单元法类似，基于小变形原理计算得到构件的内力增量，如轴力增量、弯矩增量、扭矩增量等。将内力增量与 t_a 时刻的内力相加，然后再经历一个与虚拟逆向运动相反的正向运动后，即可得到 t_b 时刻的构件内力。得到构件内力后，代入式(5.4.1)，即可对质点运动进行求解。限于篇幅，具体计算步骤此处不再展开。

5.4.3　可变结构节点分析

　　可变结构的节点对其可变性及变化形式起着至关重要的作用。有限质点法将节点离散为质点，分析的关键是质点自由度的耦合处理。以下介绍球铰节点、转动铰节点及对应的含间隙节点的求解方法。

1. 球铰节点

球铰节点包括球体和套筒,如图 5.4.5 所示。将球体和套筒分别离散为质点,用 i 和 j 表示。球体的平移运动受套筒的约束,而球体的旋转运动是自由的。因此,质点 i 和 j 的平动自由度是耦合的。两质点的运动方程为

$$m_i \ddot{\boldsymbol{d}}_i = \boldsymbol{F}_i^{\mathrm{ext}} - \boldsymbol{F}_i^{\mathrm{int}} + \boldsymbol{f}_i^{\mathrm{con}}$$
$$m_j \ddot{\boldsymbol{d}}_j = \boldsymbol{F}_j^{\mathrm{ext}} - \boldsymbol{F}_j^{\mathrm{int}} + \boldsymbol{f}_j^{\mathrm{con}} \tag{5.4.13}$$

式中,$\boldsymbol{f}_i^{\mathrm{con}} = -\boldsymbol{f}_j^{\mathrm{con}}$ 为球体和套筒间的接触力。由于平动自由度耦合,这两个质点的位置、速度和加速度相等[图 5.4.5],即

$$\ddot{\boldsymbol{d}}_i = \ddot{\boldsymbol{d}}_j \tag{5.4.14}$$

接触力可以通过将方程(5.4.14)代入方程(5.4.13)得出:

$$\boldsymbol{f}_i^{\mathrm{con}} = -\boldsymbol{f}_j^{\mathrm{con}} = \frac{m_j (\boldsymbol{F}_i^{\mathrm{int}} - \boldsymbol{F}_i^{\mathrm{ext}}) - m_i (\boldsymbol{F}_j^{\mathrm{int}} - \boldsymbol{F}_j^{\mathrm{ext}})}{m_i + m_j} \tag{5.4.15}$$

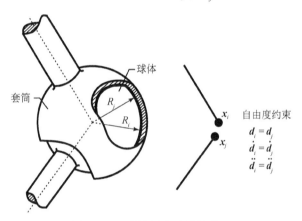

图 5.4.5 球铰节点及计算模型

2. 转动铰节点

转动铰节点在 Bennett 连杆机构等过约束连杆机构中广泛采用。相对于球铰节点,转动铰节点的分析要更为复杂,因为它不仅包含质点平动自由度的耦合,还包含质点在三维空间指定方向转动自由度的耦合。转动铰节点由轴心和套筒组成,如图 5.4.6(a)所示。将轴心和套筒分别离散为质点,用 i 和 j 表示。两质点平动自由度耦合的考虑与球铰节点类似,相互作用力的计算也类似。而由于轴心只能绕转动轴自由转动,在其他方向受到套筒约束,因此需要建立局部坐标系来考虑转动自由度的耦合。

设节点的旋转轴为 e_r,t_0 时刻的初始值为 e_r^0,并且随着质点 i 旋转,则 t_b 时刻的旋转轴 e_r^b 可以由 t_a 时刻的旋转轴 e_r^a 导出:

$$e_r^b = R(\theta_i^b - \theta_i^a)e_r^a \tag{5.4.16}$$

式中,$R(\theta_i^b - \theta_i^a)$ 为旋转矩阵,可按式(5.4.7)计算。在质点 i 处建立局部坐标系 $\hat{O}\hat{x}\hat{y}\hat{z}$ [图 5.4.6(b)],坐标系的三个轴按式(5.4.17)计算:

$$\hat{e}_z = e_r^b$$

$$\hat{e}_y = \begin{cases} \dfrac{\hat{e}_z \times e_z}{|\hat{e}_z \times e_z|}, & \hat{e}_z \times e_z \neq 0 \\[2mm] [0,1,0]^T, & \hat{e}_z \times e_z = 0 \end{cases} \tag{5.4.17}$$

$$\hat{e}_x = \hat{e}_y \hat{e}_z$$

局部坐标系下质点 i 和 j 的转动惯性矩阵、转角位移和力矩等物理量按式(5.4.18)计算:

$$\begin{cases} \hat{I}_k = \Omega I_k \Omega^T, \\ \hat{\theta}_k = \Omega \theta_k, & k = i,j \\ \hat{M}_k = \Omega M_k, \end{cases}$$

$$\hat{I}_k = \begin{bmatrix} \hat{I}_{kxx} & \hat{I}_{kxy} & \hat{I}_{kxz} \\ \hat{I}_{kyx} & \hat{I}_{kyy} & \hat{I}_{kyz} \\ \hat{I}_{kzx} & \hat{I}_{kzy} & \hat{I}_{kzz} \end{bmatrix} \tag{5.4.18}$$

式中,$\Omega = [\hat{e}_x, \hat{e}_y, \hat{e}_z]^T$ 为整体坐标系到局部坐标系的转换矩阵。

质点绕 $\hat{z}$ 轴的转动方程与绕 $\hat{x}$ 轴和 $\hat{y}$ 轴的转动方程是分开求解的。质点 i 和 j 绕 $\hat{z}$ 轴有独立的自由度,因此其绕 $\hat{z}$ 轴的运动方程按式(5.4.19)求解:

$$\hat{I}_{kzz}\ddot{\hat{\theta}}_{kz} = \hat{M}_{kz}^{\text{ext}} - \hat{M}_{kz}^{\text{int}}, \quad k = i,j \tag{5.4.19}$$

质点 i 和 j 绕 $\hat{x}$ 轴和 $\hat{y}$ 轴有相同的转角,因此其运动方程必须联合求解,如式(5.4.20)所示。需要注意的是,质点 i 和 j 绕 $\hat{x}$ 和 $\hat{y}$ 轴的转动惯性矩阵和弯矩也需要相应地进行计算。

$$\hat{I}_{xy}\ddot{\hat{\theta}}_{xy} = \hat{M}_{xy}^{\text{ext}} - \hat{M}_{xy}^{\text{int}}$$

$$\hat{I}_{xy} = \begin{bmatrix} \hat{I}_{ixx} + \hat{I}_{jxx} & \hat{I}_{ixy} + \hat{I}_{jxy} \\ \hat{I}_{iyx} + \hat{I}_{jyx} & \hat{I}_{iyy} + \hat{I}_{jyy} \end{bmatrix}$$

$$\ddot{\boldsymbol{\theta}}_{xy} = \begin{bmatrix} \ddot{\hat{\theta}}_{ix} \\ \ddot{\hat{\theta}}_{iy} \end{bmatrix} = \begin{bmatrix} \ddot{\hat{\theta}}_{jx} \\ \ddot{\hat{\theta}}_{jy} \end{bmatrix} \tag{5.4.20}$$

$$\hat{\boldsymbol{M}}_{xy}^{\text{ext}} = \begin{bmatrix} \hat{M}_{ix}^{\text{ext}} + \hat{M}_{jx}^{\text{ext}} \\ \hat{M}_{iy}^{\text{ext}} + \hat{M}_{jy}^{\text{ext}} \end{bmatrix}$$

$$\hat{\boldsymbol{M}}_{xy}^{\text{int}} = \begin{bmatrix} \hat{M}_{ix}^{\text{int}} + \hat{M}_{jx}^{\text{int}} \\ \hat{M}_{iy}^{\text{int}} + \hat{M}_{jy}^{\text{int}} \end{bmatrix}$$

求解出 $\hat{\boldsymbol{\theta}}_k (k=i,j)$ 后，整体坐标系下质点的转角可按式(5.4.21)计算：

$$\boldsymbol{\theta}_k = \boldsymbol{\Omega}^{\text{T}} \hat{\boldsymbol{\theta}}_k \tag{5.4.21}$$

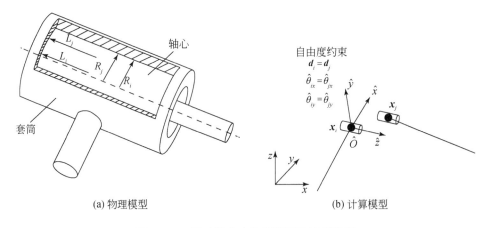

(a) 物理模型　　　　　　　　　　　(b) 计算模型

图 5.4.6　转动铰节点物理模型及计算模型

3. 含间隙节点

除了球铰节点和转动铰节点之外，还有其他类型的节点，如万向铰节点等，其分析也可按以上方法进行。另外，在实际应用中，可动结构的节点中不可避免地存在间隙，其会给结构运动过程带来附加动力效应，从而影响结构性能，因此也需要进行一定的考虑。

图 5.4.7 所示为球铰间隙节点和转动铰间隙节点的示意图。可以看出，球铰（转动铰）间隙节点中的球体（轴心）尺寸小于球套（套筒）内部空间尺寸，这样球体（轴心）就能在球套（套筒）内部的有限空间内自由运动。其运动模式一般划分为三种：①自由运动模式；②碰撞模式；③持续接触模式。含间隙节点的分析关键在于

球体(轴心)与球套(套筒)的接触状态判定,以及接触力的计算。接触状态的判定可根据球铰或转动铰的几何关系进行,接触力的计算一般采用罚函数法,根据嵌入深度及接触力模型得出。限于篇幅,具体计算方法不再展开。

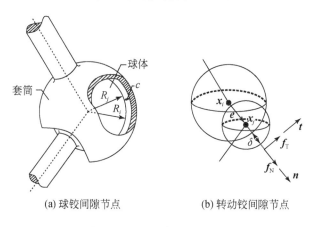

(a) 球铰间隙节点   (b) 转动铰间隙节点

图 5.4.7 含间隙节点示意图

5.4.4 空间可变结构形态模拟示例

1. Bennett 连杆机构单元运动分析

本例对单个 Bennett 连杆机构的运动过程进行分析。杆件均为等截面直杆,横截面为圆形,杆长取为 5m。四个柱铰节点的坐标分别为 $D(-4.33,0,1.04)$、$A(0,1.39,-1.04)$、$B(4.33,0,1.04)$、$C(0,-1.39,-1.04)$,单位为 m。弹性模量 $E=206\text{GPa}$,剪切模量 $G=79\text{GPa}$,横截面面积 $A=1\times10^{-4}\ \text{m}^2$,密度 $\rho=7850\text{kg/m}^3$,惯性矩 $I_y=I_z=5\times10^{-8}\ \text{m}^4$。时间步长 $\Delta t=1\times10^{-4}\ \text{s}$,总时长为 1.7s,阻尼取为 0.01。对于图 5.4.8 所示的单个 Bennett 连杆机构,A、B、C 和 D

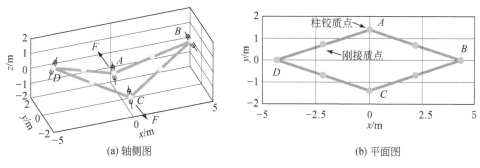

(a) 轴侧图   (b) 平面图

图 5.4.8 Bennett 连杆机构质点模型

为柱铰质点,其余为刚接质点。在点 A 和点 C 分别施加大小相等方向相反的力 $F=20\mathrm{N}$。

采用有限质点法进行模拟,从时间 $t=0$ 到 $t=1.7\mathrm{s}$,结构逐渐闭合,如图 5.4.9 所示。结构运动过程中对角线上两点间距离与杆 a_{12} 及杆 a_{23} 间夹角的关系,如图 5.4.10 所示。将有限质点法的结果与采用 Bennett 连杆机构运动几何原理计算的结果进行对比,两者非常接近。

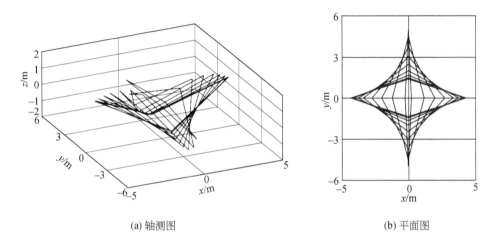

(a) 轴测图   (b) 平面图

图 5.4.9   Bennett 连杆机构作闭合运动时的运动轨迹

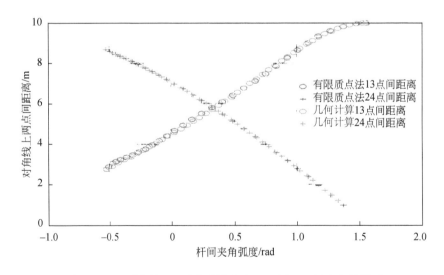

图 5.4.10   对角线上两点间距离与杆 a_{12} 及杆 a_{23} 间夹角的关系

2. Bennett 连杆机构衍生形式组合运动分析

5.2.1 节给出了 Bennett 连杆机构衍生形式的组合方式。该结构可以收拢为一束或展开覆盖较大范围,具有良好的可展性。此处给出采用有限质点法进行该可变结构分析的例子。图 5.4.11 所示为一 Bennett 连杆机构衍生形式组合示意图,其中,构件尺寸 $L=0.45$m,构件方形截面边长 $a=0.07$m,$\omega=54°$,$\mu=22.5°$,$\lambda=60°$,两个方向的网格数量均为 4。构件的弹性模量取 10^{10}Pa,密度为 800kg/m³,泊松比为 0.3。固定约束加在最左侧的截面上,最右侧截面受到集中力作用,大小为 2400N。力的方向首先沿 x 轴正向,验证完全展开状态的模拟;然后沿 x 轴负向,验证折叠至收拢状态的模拟。

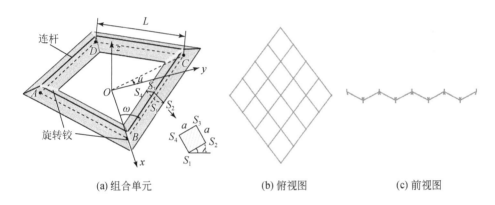

(a) 组合单元　　　　(b) 俯视图　　　　(c) 前视图

图 5.4.11　Bennett 连杆机构衍生形式组合示意图

图 5.4.12 所示为 Bennett 边杆机构衍生形式组合的质点模型,圆球表示质点,每根构件采用 1 个梁单元模拟。为考虑端部截面尺寸,代表转动铰的质点和代表构件截面中心的质点不重合,之间采用刚度较大的梁单元连接。转动铰处采用两个重合质点模拟,转轴方向根据机构设计确定。另外,为了考虑机构展开状态下构件端部截面的接触以及机构收拢状态下构件侧面的接触,采用了图 5.4.13 所示的约束计算模型,接触力矩分别为 $k_r\theta_{12}e_r$ 和 $k_r\varphi_{12}e_r$,其中 θ_{12} 和 φ_{12} 分别为端部界面和侧面的嵌入角度,k_r 为接触刚度,取为 10^4N・m/rad。

图 5.4.14 所示为结构不同时刻的状态。从图 5.4.14(a) 可以看出,收到作用力后的完全展开状态与初始状态非常接近,说明设置的端部截面约束起到了作用。图 5.4.14(b) 和(c) 分别为折叠过程中的两个状态,可以看出符合 Bennett 连杆机构衍生形式的运动规律。图 5.4.14(d) 为收拢状态,可以看出构件侧面的约束也起到了作用。整个折叠过程与图 5.2.10 所示实物模型较为吻合。

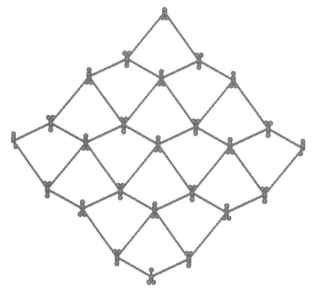

图 5.4.12　Bennett 连杆机构衍生形式组合的质点模型

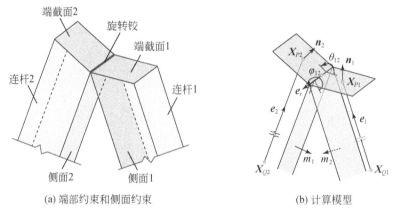

(a) 端部约束和侧面约束　　　　　　　　　(b) 计算模型

图 5.4.13　端部和侧面约束的计算模型

3. 含间隙节点的机构运动分析

　　前面提到含间隙节点会引起附加的动力效应,此处给出一个含间隙节点机构运动分析的例子。图 5.4.15 所示空间四杆机构由曲柄、联轴和摇臂组成。该机构有两个转动节点(RJ)和两个球铰节点(SJ)。其中,一个转动节点(RJ$_1$)将曲柄连接到地面,可以绕全局 x 轴旋转;另一个转动节点(RJ$_2$)将摇臂连接到地面,可以绕全局 y 轴旋转。球铰节点 SJ$_1$ 和 SJ$_2$ 分别将联轴连接到曲柄和摇臂。默认情况下,SJ$_1$ 被视为理想节点,SJ$_2$ 被视为间隙节点。该机构受到负 z 方向的重力,并以零速度从初始位置释放。各构件的长度、质量和转动惯量见表 5.4.1。
表 5.4.2 列出了用于求解该机构动力响应的球铰间隙节点建模中的参数。

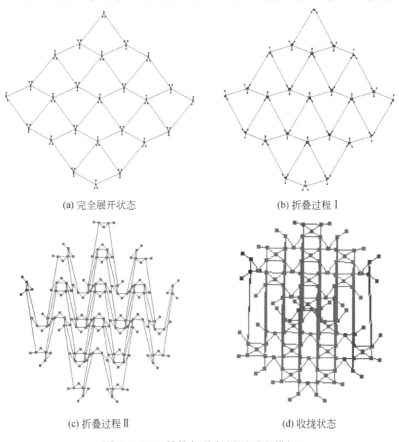

(a) 完全展开状态　　　　　　　　　　　　　　(b) 折叠过程 Ⅰ

(c) 折叠过程 Ⅱ　　　　　　　　　　　　　　(d) 收拢状态

图 5.4.14　结构折叠与展开过程模拟

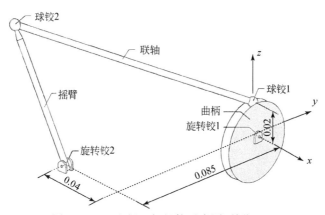

图 5.4.15　空间四杆机构示意图(单位:m)

表 5.4.1 空间四杆机构杆件的物理性质

构件	长度/m	质量/kg	转动惯量/(kg·m²)		
			$\hat{I}_x$	$\hat{I}_y$	$\hat{I}_z$
曲柄	0.020	0.0196	0.0000392	0.0000197	0.0000197
联轴	0.122	0.1416	0.0017743	0.0000351	0.0017743
摇臂	0.074	0.0316	0.0001456	0.0000029	0.0001456

表 5.4.2 球铰间隙节点的参数

参数	数值	参数	数值
套筒内径/mm	10.0	弹性模量/GPa	207
球体直径/mm	9.8	泊松比	0.3
间隙大小/mm	0.2	碰撞恢复系数	0.9

该机构的质点模型如图 5.4.16 所示。假设圆曲柄是刚性的,并使用具有相同质量和惯性矩的等效梁单元进行建模。联轴离散为 7 个质点和 6 个梁单元,摇臂离散为 4 个质点和 2 个梁单元。每个构件的杨氏模量设置为 2×10^{13} Pa,以模拟刚体运动。质点(数字标识)和单元(带有前缀"E")的编号如图 5.4.16 所示。具体来说,计算时间为 2s,时间步长为 2×10^{-8} s。

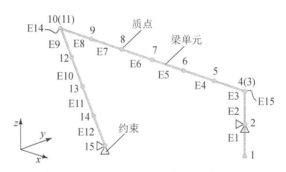

图 5.4.16 空间四杆机构的质点模型

图 5.4.17 所示为该机构的动力响应。从图 5.4.17(a)可以看出,间隙节点对机构的位移响应峰值和周期稍有影响,但图 5.4.17(b)的接触力曲线则表明,间隙的存在显著地增加了球体和套筒间的相互作用力峰值,并且加剧了接触力的振荡。图 5.4.17(c)绘制了球体中心相对于套筒中心的运动轨迹,从图中可以区分出间隙节点的三种运动模式(自由运动、碰撞、持续接触)。图 5.4.17(d)绘制了机构能量的变化。可以看出,由于间隙的存在,球体和球体间的接触碰撞使机构的能量持续减少。

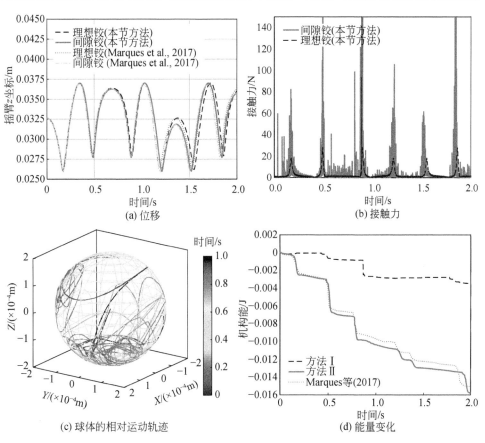

(a) 位移

(b) 接触力

(c) 球体的相对运动轨迹

(d) 能量变化

图 5.4.17 含间隙节点的空间四杆机构动力响应

第6章 张力空间结构形态

张力空间结构是一类包含索膜等受拉构件,通过施加预应力成形并承受荷载的轻质、高效结构,其结构的工作机理和特性依赖于自身的形状,没有合理的初始形态,结构就没有良好的工作性能。因此,形态分析是张力空间结构设计与应用的重要内容,本章将着重对张力空间结构的形态进行介绍。

6.1 张力空间结构的体系分析

6.1.1 张力空间结构的基本特性

传统结构中,结构是从几何和材料中获取刚度的,称为刚性结构。与刚性结构不同,张力空间结构通常包含索、膜等柔性构件,由于索、膜等基本组成材料本身几乎没有抗弯刚度和抗压刚度,结构体系在自然状态下尚不具备承载能力,它必须通过施加预应力来实现稳定的几何形状并获取刚度,从而使结构具有承载能力。因此,初始形态分析对于张力空间结构尤为重要。张力空间结构的初始形态分析主要包括找形分析和找力分析。找形分析是为了分析张力与结构之间的关系,在保证张力充满整个结构不引起流失的同时使结构性能最优,其控制变量主要是结构的外形;找力分析是在给定结构外形的前提下寻找可以满足平衡性及稳定性的结构内力分布。图 6.1.1 所示为几种典型的张力空间结构:张拉整体结构[图 6.1.1(a)]、索穹顶结构[图 6.1.1(b)]、悬索结构[图 6.1.1(c)]及膜结构[图 6.1.1(d)]。

6.1.2 结构体系分析方法

张力空间结构多为铰接杆系结构,对于铰接杆系结构,Maxwell 通过组成结构的节点、杆件及约束数量来分析判定结构体系的稳定性,即著名的 Maxwell 准则。对于空间三维结构,应满足:

$$b \geqslant 3j - 6 \tag{6.1.1}$$

式中,b 为杆件数;j 为节点数。

Maxwell 所定义的结构,其所有杆件由若干节点相连,杆件为直杆,并且荷载作用在节点上。他认为不改变体系内一根或多根连接杆件长度,则任意两点间距

(a) 某张拉整体建筑小品(张拉整体结构)

(b) 韩国汉城奥林匹克体操馆(索穹顶结构)

(c) 中国北京工人体育馆(悬索结构)

(d) 中国上海体育场(膜结构)

图 6.1.1　张力空间结构工程应用

离不会改变,该体系为几何不变、稳定的。对于静定结构,结构中每根杆件的内力可通过静力平衡方程求得。

但是,在实际中会存在少于 Maxwell 准则所要求杆件数的稳定体系。图 6.1.2 所示为一个张拉整体结构,$j=12,b=24$,如果按照式(6.1.1),为保证体系几何不变,还需 6 根杆件,否则应是不稳定状态。可以用试验证明该结构是具有刚度的稳定结构体系。Calladine(1978)指出,少于必要的杆件数量的结构仍能保持几何稳定的特征如下:

(1) 结构可以发生无穷小机构运动。

(2) 至少存在一个预应力模态,存在可刚化的自应力平衡体系。

图 6.1.2 所示结构的确存在一个机构,存在可动自由度,但是当杆件长度即将发生改变时,在节点上将产生不平衡力,该不平衡力能使节点具有恢复初始位置的

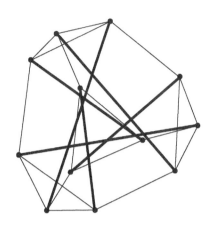

图 6.1.2　张拉整体结构

趋势,使结构趋于硬化,这种一阶无穷小机构便具有了刚度,因此结构处于稳定状态。

　　另外一种典型的机构是瞬变体系(图 6.1.3)。在荷载作用下,机构发生运动,但随即结构产生刚化,并能抵抗外荷载,使结构处于稳定的平衡状态,显然,它也是一阶无穷小机构。瞬变体系用一般线性方法无法求解,需要引入非线性方法求解。

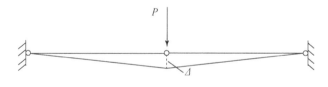

图 6.1.3　瞬变体系

　　1965 年,Timoshenko 和 Young(1965)提出了确定结构体系的两个重要参数:机构位移模态数 m 和自应力模态数 s。m 和 s 分别由平衡矩阵(Przemieniecki, 1985)的秩确定,即

$$m=3j-6-r \tag{6.1.2}$$

$$s=b-r \tag{6.1.3}$$

可写为

$$b-3j+6=s-m \tag{6.1.4}$$

式中,r 为平衡矩阵的秩。当 $m=0$ 时结构动定,当 $s=0$ 时结构静定。

6.1.3　平衡矩阵分析理论

1. 势能函数的建立

建立结构的势能函数 Π_R（Pellegrino,2001）：

$$\Pi_R = -\sum_{i=1}^{n} P_i(Q_i - Q_i^0) + \sum_{k=1}^{c} \Lambda_k F_k \qquad (6.1.5)$$

式中，P_i 为广义节点荷载；Q_i^0 和 Q_i 分别为初始参考坐标和当前坐标；F_k 为约束方程；Λ_k 为拉格朗日乘子；n 为广义自由度数；c 为广义约束数。约束方程为

$$F_k(Q_1,Q_2,\cdots,Q_n)=0 \qquad (6.1.6)$$

系统处于平衡状态，可以用势能函数 Π_R 的一阶变分等于 0 来表示，即

$$\delta\Pi_R = \left[\left(\frac{\partial \Pi_R}{\partial Q_i}\right)^T \quad \left(\frac{\partial \Pi_R}{\partial \Lambda_k}\right)^T \right] \begin{bmatrix} (\delta Q_i) \\ (\delta \Lambda_k) \end{bmatrix} = 0 \qquad (6.1.7)$$

展开，分别得到平衡方程[式(6.1.8)]和约束方程[式(6.1.9)]：

$$\left(\frac{\partial \Pi_R}{\partial Q_i}\right) = -P_i + \sum_{k=1}^{c} \Lambda_k \frac{\partial F_k}{\partial Q_i} = 0, \quad i=1,2,\cdots,n \qquad (6.1.8)$$

$$\left(\frac{\partial \Pi_R}{\partial \Lambda_k}\right) = F_k = 0, \quad k=1,2,\cdots,c \qquad (6.1.9)$$

根据式(6.1.8)，得到平衡方程的矩阵表达式：

$$J^T \Lambda = P \qquad (6.1.10)$$

式中，J 为雅可比矩阵，$J=[\partial F_k/\partial Q_i]_{c\times n}$；$\Lambda$ 为拉格朗日矩阵，表示单元内力，$\Lambda = t$。记 $A=J^T$，A 为平衡矩阵，式(6.1.10)可表示为

$$At = P \qquad (6.1.11)$$

该方程表示结构体系各节点的力平衡关系，平衡矩阵的行数为结构总自由度数，列数为单元数。平衡矩阵仅体现了结构的几何拓扑关系，与材料本构无关。

相应地，建立体系的位移协调方程：

$$Bd = e \qquad (6.1.12)$$

式中，B 为协调矩阵；d 为节点位移；e 为单元变形。根据虚功原理有

$$P^T d = t^T e \qquad (6.1.13)$$

将方程(6.1.11)和式(6.1.12)代入式(6.1.13)，有

$$t^T A^T d = t^T Bd \qquad (6.1.14)$$

因此，对于任意的节点位移 d 都存在转置关系：

$$B = A^T \qquad (6.1.15)$$

故式(6.1.12)可以写为

$$A^T d = e \qquad (6.1.16)$$

材料的本构关系可表示为

$$\boldsymbol{Ft}=\boldsymbol{e} \tag{6.1.17}$$

将 $\boldsymbol{F}$ 定义为柔度矩阵。特别地，对于杆单元来说，有

$$\boldsymbol{F}=\mathrm{diag}\left(\frac{L_1}{EA},\frac{L_2}{EA},\frac{L_3}{EA},\cdots\right) \tag{6.1.18}$$

式中，diag( )为对角矩阵的构造符号；E 为材料的弹性模量；A 为单元截面积；L_i 为单元 i 的长度。

2. 平衡矩阵求解方法

平衡方程[式(6.1.11)]、位移协调方程[式(6.1.12)]与材料本构关系[式(6.1.17)]三者共同构成了任意静定、线弹性结构分析的基本方程。结构平衡矩阵 $\boldsymbol{A}$ 除用来对结构进行线弹性分析之外，还可以通过平衡矩阵的秩来判定结构的静、动定特性，确定自应力模态和机构位移模态。

矩阵秩的求解有多种方法，如传统的高斯消元法（Grcar，2011）、奇异值分解法（Wall et al.，2003）等。奇异值分解不仅能求得矩阵的秩和特征值，同时，通过奇异值分解并利用矩阵的零空间基的正交特性，还可以更方便地进行铰接杆系结构体系的成形和受力分析（Pellegrino，1993；Pellegrino and Calladine，1986）。

3. 平衡矩阵奇异值分解

根据矩阵分析理论，设 $\boldsymbol{A}\in\boldsymbol{C}^{n_r\times n_c}$，秩 $\mathrm{rank}(\boldsymbol{A})=r$，则存在酉矩阵 $\boldsymbol{U}\in\boldsymbol{C}^{n_r\times n_r}$，$\boldsymbol{V}\in\boldsymbol{C}^{n_c\times n_c}$，有如下关系：

$$\boldsymbol{A}=\boldsymbol{U}\begin{bmatrix}\boldsymbol{S}&0\\0&0\end{bmatrix}\boldsymbol{V}^{\mathrm{T}} \tag{6.1.19}$$

式中，$\boldsymbol{S}=\mathrm{diag}(s_{11},s_{22},\cdots,s_{rr})$，且 $s_{11}\geqslant s_{22}\geqslant\cdots\geqslant s_{rr}>0$；$\boldsymbol{U}、\boldsymbol{V}$ 均为正交矩阵。

记 $\boldsymbol{V}_r=[\boldsymbol{v}_1,\boldsymbol{v}_2,\cdots,\boldsymbol{v}_r]$，$\boldsymbol{V}_{n_c-r}=[\boldsymbol{v}_{r+1},\cdots,\boldsymbol{v}_{n_c}]$，则 $\boldsymbol{V}=[\boldsymbol{V}_r,\boldsymbol{V}_{n_c-r}]$ 满足：

$$\boldsymbol{V}^{\mathrm{T}}\boldsymbol{A}^{\mathrm{T}}\boldsymbol{A}\boldsymbol{V}=\begin{bmatrix}\boldsymbol{V}_r^{\mathrm{T}}\\\boldsymbol{V}_{n_c-r}^{\mathrm{T}}\end{bmatrix}\boldsymbol{A}^{\mathrm{T}}\boldsymbol{A}\begin{bmatrix}\boldsymbol{V}_r&\boldsymbol{V}_{n_c-r}\end{bmatrix}=\begin{bmatrix}\boldsymbol{S}^2&0\\0&0\end{bmatrix} \tag{6.1.20}$$

可得

$$\boldsymbol{V}_r^{\mathrm{T}}\boldsymbol{A}^{\mathrm{T}}\boldsymbol{A}\boldsymbol{V}_r=\boldsymbol{S}^2 \tag{6.1.21}$$

$$\boldsymbol{V}_{n_c-r}^{\mathrm{T}}\boldsymbol{A}^{\mathrm{T}}\boldsymbol{A}\boldsymbol{V}_{n_c-r}=0 \tag{6.1.22}$$

由式(6.1.21)可得

$$\boldsymbol{S}^{-1}\boldsymbol{V}_r^{\mathrm{T}}\boldsymbol{A}^{\mathrm{T}}\boldsymbol{A}\boldsymbol{V}_r\boldsymbol{S}^{-1}=\boldsymbol{I}_r \tag{6.1.23}$$

由式(6.1.22)可得

$$\boldsymbol{A}\boldsymbol{V}_{n_c-r}=0 \tag{6.1.24}$$

V 的列向量是 $A^{\mathrm{T}}A$ 的标准正交特征向量,即 A 的右奇异向量;V 的前 r 列对应 $A^{\mathrm{T}}A$ 的 r 个非零特征值的特征向量。

设 $U=[U_r,U_{n_r-r}],U_r=AV_rS^{-1}\in C^{n_r\times r}$,则有

$$U^{\mathrm{T}}U_r=I_r \tag{6.1.25}$$

式(6.1.25)表明,U_r 的 r 个列向量是标准正交的。取 U_{n_r-r} 为 $R(U_r)^{\perp}$ [$R(U_r)^{\perp}$ 表示 $R(U_r)$ 的正交补]的任一标准正交基底,则有

$$U_{n_r-r}^{\mathrm{T}}U_r=0 \tag{6.1.26}$$

可以得到:

$$A^{\mathrm{T}}U_{n_r-r}=0 \tag{6.1.27}$$

U 的列向量是 AA^{T} 的特征向量,即 A 的左奇异向量。从 $AV_r=U_rS$ 和 $AV_{n_c-r}=0$ 得出如下结果:

(1) V_{n_c-r} 的列向量为 $N(A)$ 的一个标准正交基底。

(2) V_r 的列向量为 $N(A)^{\perp}$ 的一个标准正交基底。

(3) U_r 的列向量为 $R(A)$ 的一个标准正交基底。

(4) U_{n_r-r} 的列向量为 $R(A)^{\perp}$ 的一个标准正交基底。

其中,$N(A)$ 为 A 的零空间,$R(A)$ 为 A 的列空间。

一旦对 A 进行了奇异分解,也就得到了 A 的秩。当然,理论上 S 包含 r 个非零元素,实际计算时可能出现十分小的数,考虑到计算精度和数值稳定设定控制小量 ε:小于 ε 的奇异值都被当成零处理,一般 ε 取为 $0.001s_{11}$。

4. 自应力模态和机构位移模态

根据式(6.1.19),将式(6.1.11)中平衡矩阵分解为

$$A=USV^{\mathrm{T}} \tag{6.1.28}$$

根据式(6.1.24),杆件内力可表达为

$$t=t'+V_{n_c-r}\boldsymbol{\alpha} \tag{6.1.29}$$

式中,t' 为对应于荷载 q 的方程(6.1.11)的特解;$\boldsymbol{\alpha}$ 为 s 维实常数向量;V_{n_c-r} 为 A 的零空间的基,即为 s 个自应力模态。结构的预应力可由式(6.1.30)确定:

$$\bar{t}=V_{n_c-r}\boldsymbol{\alpha} \tag{6.1.30}$$

由于张力体系存在多个自应力模态,且比例系数可以变化,一个结构初始几何形态,可能对应多种初始应力状态。任何一种初始应力状态下,所有的索单元都应处于张力状态。

同理,节点位移可表达为

$$d=d'+U_{n_r-r}\boldsymbol{\beta} \tag{6.1.31}$$

式中,d' 为由式(6.1.16)式(6.1.17)计算得到的特解;$\boldsymbol{\beta}$ 为 m 维实常数向量;

U_{n_r-r} 为 A 的列空间的基,即为 m 个机构位移模态。结构的机构位移可以由式(6.1.32)确定:

$$\bar{d}=U_{n_r-r}\boldsymbol{\beta} \tag{6.1.32}$$

6.1.4　基于平衡矩阵的结构几何稳定性

1. 结构体系分类

对于铰接杆系结构体系分类,根据自应力模态数 s 与机构位移模态数 m 的不同可以分为四种类型,见表 6.1.1。

表 6.1.1　结构体系分类

结构体系类型	静动定特性	平衡方程解
Ⅰ	$s=0$,静定 $m=0$,动定	方程(6.1.11)和方程(6.1.16)对任意荷载模式有唯一解
Ⅱ	$s=0$,静定 $m>0$,动不定	方程(6.1.11)对某些特定荷载模式有唯一解 方程(6.1.16)对任意荷载模式有无穷解
Ⅲ	$s>0$,静不定 $m=0$,动定	方程(6.1.11)对任意荷载模式有无穷解 方程(6.1.16)对某些特定荷载模式有唯一解
Ⅳ	$s>0$,静不定 $m>0$,动不定	方程(6.1.11)和方程(6.1.16)对某些特定荷载模式有唯一解,否则无解

基于这种分类方法,类型Ⅰ为静定结构,不存在机构位移模态和自应力模态,此类结构不能施加预应力,且不能发生零应变几何变位,如图 6.1.4(a)所示;类型Ⅱ为有限机构,此类结构可以产生零应变的几何大变位,当然它不可以施加预应力以达到自平衡,如图 6.1.4(b)所示;类型Ⅲ为超静定结构,它可以施加预应力,在零外荷载下达到自平衡,如图 6.1.4(c)所示;类型Ⅳ则是一类较为特殊的结构,它既可以产生零应变几何大变位,又可以施加预应力,张拉整体结构、索穹顶结构等一些张力结构均属于此类型。若产生的零应变几何大变位能在自应力作用下得到刚化,它就可以成为几何稳定的结构,通常称为无穷小机构,如图 6.1.4(d)所示。

值得一提的是,虽然当 $s>0$ 时结构可以施加预应力,但是对索杆张力结构而言,只有当预应力状态能使所有的索保持张力,这种预应力状态才是可以实现的、有效的。

另外,当索松弛时,发生松弛的单元对结构不起约束作用,只有当索存在张力时才能提供结构刚度。因此,在索杆张力结构体系分析时,首先需要判定能否施加

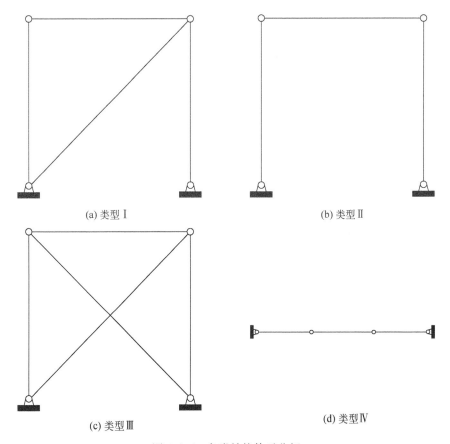

(a) 类型Ⅰ   (b) 类型Ⅱ

(c) 类型Ⅲ   (d) 类型Ⅳ

图 6.1.4　各类结构体系分析

预应力,如果可以施加预应力,则在体系分析时,将它认为是起约束作用的张力单元;否则,不能将该单元反映到平衡矩阵中。

2. 不考虑荷载作用的结构几何稳定性

对于结构体系Ⅰ和Ⅲ,由于不存在机构位移模态($m=0$),不可能产生内部机构位移,所以结构几何是稳定的。对于结构体系Ⅱ,存在内部机构位移($m>0$),但不存在自应力模态($s=0$),也就不可能传递应力使结构刚化,所以结构是几何不稳定的。而对于结构体系Ⅳ,由于同时存在自应力模态($s>0$)和机构位移模态($m>0$),所以结构有可能是几何稳定,也有可能是几何不稳定。下面着重讨论结构体系Ⅳ的结构几何稳定性。

1) 动不定体系几何稳定条件

在荷载作用下,结构产生机构位移,同时在节点上将可能产生不平衡力,如果该不平衡力能使节点具有恢复初始位置的趋势,而使结构趋于刚化,那么这种结构是一阶无穷小机构,可以认为是几何稳定的(Pellegrino,1986)。若节点发生机构位移 d,由于自应力 t 的存在,节点处将产生不平衡力,这个不平衡力称为几何力 G,由相应的自应力模态和内部机构位移模态求得。

如图 6.1.5 所示,建立节点 i 处的平衡方程:

$$\frac{x_i - x_h}{L_l}t_l^s + \frac{x_i - x_j}{L_k}t_k^s = p_{ix}$$

$$\frac{y_i - y_h}{L_l}t_l^s + \frac{y_i - y_j}{L_k}t_k^s = p_{iy}$$

$$\frac{z_i - z_h}{L_l}t_l^s + \frac{z_i - z_j}{L_k}t_k^s = p_{iz} \tag{6.1.33}$$

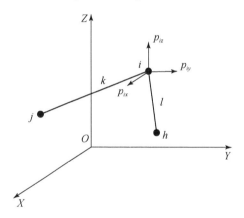

图 6.1.5 节点 i 的几何坐标

式中,t_l^s、t_k^s 分别为 s 自应力模态下单元 l、k 的轴力分量。假设结构发生无限小位移 d^m,同样在节点 i 处建立平衡方程:

$$\frac{(x_i + d_{ix}^m) - (x_h + d_{hx}^m)}{L_l}t_l^s + \frac{(x_i + d_{ix}^m) - (x_j + d_{jx}^m)}{L_k}t_k^s = p'_{ix}$$

$$\frac{(y_i + d_{iy}^m) - (y_h + d_{hy}^m)}{L_l}t_l^s + \frac{(y_i + d_{iy}^m) - (y_j + d_{jy}^m)}{L_k}t_k^s = p'_{iy}$$

$$\frac{(z_i + d_{iz}^m) - (z_h + d_{hz}^m)}{L_l}t_l^s + \frac{(z_i + d_{iz}^m) - (z_j + d_{jz}^m)}{L_k}t_k^s = p'_{iz} \tag{6.1.34}$$

式中,$(d_{ix}^m, d_{iy}^m, d_{iz}^m)$、$(d_{jx}^m, d_{jy}^m, d_{jz}^m)$、$(d_{hx}^m, d_{hy}^m, d_{hz}^m)$ 分别为对应于 m 机构位移模态的节点 i、j、h 的无限小机构位移。与式(6.1.33)相比,节点力的变化为节点不平衡力 g,这种不平衡力是由于节点发生无限小几何变位引起的,因此称这种不平衡力为几何力,满足关系:

$$p_{ix} + g_{ix} = p'_{ix}$$

$$p_{iy} + g_{iy} = p'_{iy}$$
$$p_{iz} + g_{iz} = p'_{iz}$$

(6.1.35)

得到节点 i 处几何力 $\boldsymbol{g}$ 的计算公式：

$$g_{ix} = \frac{d_{ix}^m - d_{hx}^m}{L_l} t_l^s + \frac{d_{ix}^m - d_{jx}^m}{L_k} t_k^s$$

$$g_{iy} = \frac{d_{iy}^m - d_{hy}^m}{L_l} t_l^s + \frac{d_{iy}^m - d_{jy}^m}{L_k} t_k^s$$

$$g_{iz} = \frac{d_{iz}^m - d_{hz}^m}{L_l} t_l^s + \frac{d_{iz}^m - d_{jz}^m}{L_k} t_k^s$$

(6.1.36)

式(6.1.36)也可表达为

$$g_{i\xi}^m = \sum_u \frac{t_u^s}{L_u} (d_{i\xi}^m - d_{h\xi}^m), \quad \xi = x, y, z$$

(6.1.37)

式中，u 为与节点 i 连接的单元编号集合；$\dfrac{t_u^s}{L_u}$ 为 u 单元的力密度。对应 s 自应力模态的几何力矩阵 $\boldsymbol{G}^m$ 可通过结构各节点的 $g_{i\xi}^m$ 集成。若结构存在多个机构位移模态（$m > 1$），则对应的几何力矩阵可表示为

$$\boldsymbol{G}_s = (\boldsymbol{G}^1 \quad \boldsymbol{G}^2 \quad \cdots \quad \boldsymbol{G}^m)$$

(6.1.38)

式中，$\boldsymbol{G}^m$ 的维数为 $b \times 1$；$\boldsymbol{G}_s$ 的维数为 $b \times m$。

式(6.1.33)表示的节点平衡方程可以用平衡矩阵表示，即式(6.1.11)。对平衡方程(6.1.11)两边求一阶变分可得

$$\delta \boldsymbol{A} \boldsymbol{t} + \boldsymbol{A} \delta \boldsymbol{t} = \delta \boldsymbol{P}$$

(6.1.39)

$$\delta \boldsymbol{t} = 0$$

(6.1.40)

式中，$\delta \boldsymbol{A}$ 为发生无限小位移 $\boldsymbol{d}^m$ 后的平衡矩阵 $\boldsymbol{A}'$ 相对于初始平衡矩阵 $\boldsymbol{A}$ 的增量；$\delta \boldsymbol{P}$ 为几何力矩阵 $\boldsymbol{G}_s$，满足：

$$\boldsymbol{G}_s = \delta \boldsymbol{A} \boldsymbol{t}$$

(6.1.41)

Pellegrino 和 Calladine(1986)提出使用乘积力 $\boldsymbol{G}^{\mathrm{T}} \boldsymbol{U}_m$ 的正定性来判定结构的机构位移是否在自应力模态下得到刚化。其中，$\boldsymbol{U}_m$ 为机构位移模态矩阵。乘积力的正定性要求可表述为，对于任意的非零向量 $\boldsymbol{\beta}_{m \times 1}$，满足：

$$\boldsymbol{\beta}^{\mathrm{T}} \sum_{i=1}^{s} (\alpha_i \boldsymbol{G}_i^{\mathrm{T}} \boldsymbol{U}_m) \boldsymbol{\beta} > 0$$

(6.1.42)

式(6.1.42)可以改写为

$$\boldsymbol{\beta}^{\mathrm{T}} \boldsymbol{Q} \boldsymbol{\beta} > 0$$

(6.1.43)

式中，$\boldsymbol{Q} = \displaystyle\sum_{i=1}^{s} (\alpha_i \boldsymbol{G}_i^{\mathrm{T}} \boldsymbol{U}_m)$。式(6.1.43)的左边项为标准的二次型，该不等式等价于二次型的正定条件。同时，上述二次型的正定与否取决于矩阵 $\boldsymbol{Q}$ 的正定性。对于只有一个自应力模态的结构体系，其预应力的分布形式只有一种，此时判定式(6.1.43)是否

成立是非常简单的,直接令 $\alpha_i=1$ 代入即可。对于拥有多个自应力模态的结构体系,α_i 的组合形式在理论上有无穷多种情况,对于满足几何稳定性要求的张力结构要求至少存在一种满足式(6.1.43)的组合情况,确定这种可行组合的过程需要将构件分组,或借助一定的优化方法以获得单一的整体可行预应力,相关方法将在6.3 节中进行介绍。

2) 数值分析示例

图 6.1.6 为一鞍形索网结构。经分析,平衡矩阵的秩 $r=11$,自应力模态数 $s=1$,机构位移模态数 $m=1$,为静不定、动不定体系(Ⅳ),机构位移模态如图 6.1.7所示。

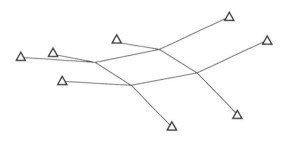

图 6.1.6　鞍形索网结构

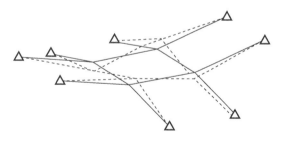

图 6.1.7　机构位移模态

计算可得该体系自应力模态为

$$\boldsymbol{V}_1=\begin{bmatrix} a_1 & b_1 & a_1 & a_1 & b_1 & a_1 & d_1 & c_1 & d_1 & d_1 & c_1 & d_1 \end{bmatrix} \quad (6.1.44)$$

式中,$a_1=0.9448$;$b_1=0.9194$;$c_1=0.9761$;$d_1=1.0$。

机构位移模态为

$$\boldsymbol{U}_1=\begin{bmatrix} a_2 & -b_2 & c_2 & -a_2 & -b_2 & -c_2 & a_2 & b_2 & -c_2 & -a_2 & b_2 & c_2 \end{bmatrix}$$
$$(6.1.45)$$

式中,$a_2=0.2363$;$b_2=0.2226$;$c_2=1.0$。

取自应力模态作为结构的预应力,则对应的几何力为

$$\boldsymbol{G}_1 = \begin{bmatrix} a_3 & -b_3 & c_3 & -a_3 & -b_3 & -c_3 & a_3 & b_3 & -c_3 & -a_3 & b_3 & c_3 \end{bmatrix}$$

$$\tag{6.1.46}$$

式中，$a_3 = 0.1439$；$b_3 = 0.1314$；$c_3 = 0.9104$，故

$$\boldsymbol{Q} = \boldsymbol{G}_1^{\mathrm{T}} \boldsymbol{U}_1 = 3.895 \tag{6.1.47}$$

即 $\boldsymbol{Q}$ 为正定，因此该结构为几何稳定体系。

3. 考虑荷载作用的结构受荷可动性及平衡稳定性

1) 结构受荷可动性

表 6.1.1 对结构体系的分类只涉及结构的几何关系，并未反映结构的荷载、预应力状态和性质。荷载作用方向与机构位移一致时将会使该节点发生较大的变形。此时，结构发生几何运动或瞬态变化，用公式表达如下：

$$\begin{cases} \boldsymbol{U}_{n_r - r}^{\mathrm{T}} \boldsymbol{P} = 0, & \text{结构不可动} \\ \boldsymbol{U}_{n_r - r}^{\mathrm{T}} \boldsymbol{P} \neq 0, & \text{机构运动或瞬态} \end{cases} \tag{6.1.48}$$

$\boldsymbol{U}_{n_r - r}$ 为机构位移模态矩阵，由平衡矩阵通过奇异值分解求得。如果奇异值分解求得的 $\boldsymbol{U}_{n_r - r}$ 均为 0，可以对 $\boldsymbol{B} = \boldsymbol{A}^{\mathrm{T}}$ 进行分解，机构位移模态取为 $\boldsymbol{V}_{n_r - r}$。几何不稳定的结构，在荷载作用下可能发生机构运动，但也有可能不动，能抵抗外荷载，而使结构保持平衡。

2) 平衡稳定性

平衡态下的结构体系在外界扰动下可存在如图 6.1.8 所示的三种不同状态。第二类动不定结构在满足 $\boldsymbol{U}_{n_r - r}^{\mathrm{T}} \boldsymbol{P} = 0$ 的外荷载 $\boldsymbol{P}$ 作用下处于平衡状态 $\boldsymbol{\Psi}^0$。若出现微小扰动($\delta \boldsymbol{d}$)，机构将偏离当前平衡位置，$\boldsymbol{P}$ 是否有能力将机构返回平衡状态 $\boldsymbol{\Psi}^0$，还是偏离至状态 $\boldsymbol{\Psi}^{\delta d}$，就涉及机构稳定性问题。其中，图 6.1.8(a)是稳定平衡状态，球位置的小扰动将不能显著改变系统状态；图 6.18(b)是不稳定平衡状态，任意小扰动将导致系统状态很大变化，最终偏离初始平衡位置；图 6.18(c)是随遇平衡状态。需要指出的是，可动性与稳定性是不同的概念，体系不平衡表现为可动，而稳定是基于不可动这一层面来继续分析不同平衡状态的。

(a) 稳定平衡　　　　　　　(b) 不稳定平衡　　　　　　　(c) 随遇平衡

图 6.1.8　球面平衡状态

对势能函数求二阶变分 $\delta^2 \Pi_{\mathrm{R}}$，得出机构平衡状态下的稳定性判定：

$$\begin{cases} \delta^2\Pi_R > 0, & \text{稳定} \\ \delta^2\Pi_R = 0, & \text{考察}\,\delta\,\Pi_R^t, \quad t > 2 \\ \delta^2\Pi_R < 0, & \text{不稳定} \end{cases} \tag{6.1.49}$$

展开 $\delta^2\Pi_R$,有

$$\delta^2\Pi_R = \begin{bmatrix} (\delta\boldsymbol{Q}_i)^{\mathrm{T}} & (\delta\boldsymbol{\Lambda}_k)^{\mathrm{T}} \end{bmatrix} \begin{bmatrix} \displaystyle\sum_{h=1}^{c}\Lambda_h\dfrac{\partial^2 F_h}{\partial Q_i\partial Q_j} & \dfrac{\partial F_i}{\partial Q_k} \\[3mm] \dfrac{\partial F_k}{\partial Q_i} & F \end{bmatrix} \begin{bmatrix} \delta Q_i \\ \delta\Lambda_k \end{bmatrix} \tag{6.1.50}$$

令 $\boldsymbol{H} = \left[\displaystyle\sum_{h=1}^{c}\Lambda_h\dfrac{\partial^2 F_h}{\partial Q_i\partial Q_j}\right]_{n\times n}$,$\boldsymbol{J} = \left[\dfrac{\partial F_k}{\partial Q_i}\right]_{l\times n}$,$\mathrm{d}\boldsymbol{Q} = [\delta Q_i]_{n\times 1}$,$\mathrm{d}\boldsymbol{P} = [\delta P_j]_{n\times 1}$,则

$$\delta^2\Pi_R = \begin{bmatrix} \mathrm{d}\boldsymbol{Q}^{\mathrm{T}} & \mathrm{d}\boldsymbol{\Lambda}^{\mathrm{T}} \end{bmatrix} \begin{bmatrix} \mathrm{d}\boldsymbol{P} \\ \mathrm{d}t \end{bmatrix} \tag{6.1.51}$$

$$\begin{bmatrix} \mathrm{d}\boldsymbol{P} \\ \mathrm{d}t \end{bmatrix} = \begin{bmatrix} \boldsymbol{H} & \boldsymbol{J}^{\mathrm{T}} \\ \boldsymbol{J} & \boldsymbol{F} \end{bmatrix} \begin{bmatrix} \mathrm{d}\boldsymbol{Q} \\ \mathrm{d}\boldsymbol{\Lambda} \end{bmatrix} \tag{6.1.52}$$

式中,$\boldsymbol{H}$ 为 $\displaystyle\sum_{h=1}^{c}\Lambda_h F_h$ 的 Hessian 矩阵;$\boldsymbol{J}$ 为 F_k 的雅可比矩阵;$\boldsymbol{F}$ 为柔度矩阵;$\mathrm{d}\boldsymbol{Q}$ 为节点坐标增量;$\mathrm{d}\boldsymbol{\Lambda}$ 为杆力增量;$\mathrm{d}\boldsymbol{P}$ 为节点荷载增量;$\mathrm{d}t$ 为杆件伸缩量增量。

可以将 $\boldsymbol{H}$ 的正定性作为机构平衡稳定性的充分条件:

$$\boldsymbol{H}\,\text{正定}\Rightarrow\text{机构稳定平衡} \tag{6.1.53}$$

$$\boldsymbol{H}\,\text{负定}\Rightarrow\text{机构不稳定平衡} \tag{6.1.54}$$

若 $\boldsymbol{H}$ 正不定、负不定或不定,则考察 $\boldsymbol{U}_m^{\mathrm{T}}\boldsymbol{H}\boldsymbol{U}_m$ 的正定性。

3) 数值分析示例

图 6.1.9 所示悬杆机构的平衡矩阵为

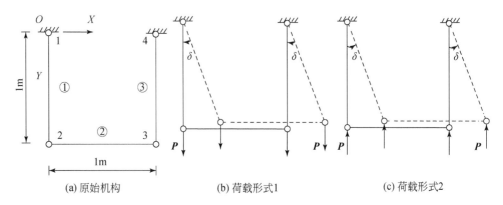

(a) 原始机构　　　　　(b) 荷载形式1　　　　　(c) 荷载形式2

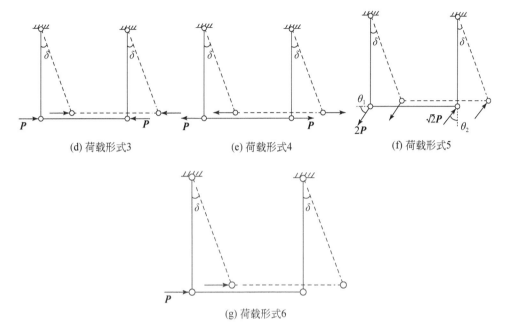

(d) 荷载形式3　　　　　　(e) 荷载形式4　　　　　　(f) 荷载形式5

(g) 荷载形式6

图 6.1.9　悬杆机构受不同形式荷载作用

$$
\boldsymbol{A} = \begin{bmatrix} 0 & -1 & 0 \\ 1 & 0 & 0 \\ 0 & 1 & 0 \\ 0 & 0 & 1 \end{bmatrix}, \quad m=1, \quad s=0 \tag{6.1.55}
$$

对于图 6.1.9(b),有

$$
\boldsymbol{t} = \begin{bmatrix} 1 \\ 0 \\ 1 \end{bmatrix}, \quad \boldsymbol{H} = \begin{bmatrix} 1 & 0 & 0 & 0 \\ 0 & 1 & 0 & 0 \\ 0 & 0 & 1 & 0 \\ 0 & 0 & 0 & 1 \end{bmatrix}, \quad \boldsymbol{U}_m = \begin{bmatrix} -0.707 \\ 0 \\ -0.707 \\ 0 \end{bmatrix}, \quad \boldsymbol{P} = \begin{bmatrix} 0 \\ 1 \\ 0 \\ 1 \end{bmatrix} \tag{6.1.56}
$$

由于 $\boldsymbol{U}_m^\top \boldsymbol{P} = 0$,机构不可动;$\boldsymbol{U}_m^\top \boldsymbol{H} \boldsymbol{U}_m = 1$,所以机构处于稳定平衡状态。

对于图 6.1.9(c),有

$$
\boldsymbol{t} = \begin{bmatrix} -1 \\ 0 \\ -1 \end{bmatrix}, \quad \boldsymbol{H} = \begin{bmatrix} -1 & 0 & 0 & 0 \\ 0 & -1 & 0 & 0 \\ 0 & 0 & -1 & 0 \\ 0 & 0 & 0 & -1 \end{bmatrix}, \quad \boldsymbol{U}_m = \begin{bmatrix} -0.707 \\ 0 \\ -0.707 \\ 0 \end{bmatrix}, \quad \boldsymbol{P} = \begin{bmatrix} 0 \\ -1 \\ 0 \\ -1 \end{bmatrix}
$$

$$\tag{6.1.57}$$

由于 $\boldsymbol{U}_m^\top \boldsymbol{P} = 0$,机构不可动;$\boldsymbol{U}_m^\top \boldsymbol{H} \boldsymbol{U}_m = -1$,所以机构处于不稳定平衡状态。

对于图 6.1.9(d)，有

$$t = \begin{bmatrix} 0 \\ -1 \\ 0 \end{bmatrix}, \quad H = \begin{bmatrix} -1 & 0 & 1 & 0 \\ 0 & -1 & 0 & 1 \\ 1 & 0 & -1 & 0 \\ 0 & 1 & 0 & -1 \end{bmatrix}, \quad U_m = \begin{bmatrix} -0.707 \\ 0 \\ -0.707 \\ 0 \end{bmatrix}, \quad P = \begin{bmatrix} 1 \\ 0 \\ -1 \\ 0 \end{bmatrix} \tag{6.1.58}$$

由于 $U_m^T P = 0$，机构不可动；$U_m^T H U_m = 0$，所以机构处于随遇平衡状态。

对于图 6.1.9(e)，有

$$t = \begin{bmatrix} 0 \\ 1 \\ 0 \end{bmatrix}, \quad H = \begin{bmatrix} 1 & 0 & -1 & 0 \\ 0 & 1 & 0 & -1 \\ -1 & 0 & 1 & 0 \\ 0 & -1 & 0 & 1 \end{bmatrix}, \quad U_m = \begin{bmatrix} -0.707 \\ 0 \\ -0.707 \\ 0 \end{bmatrix}, \quad P = \begin{bmatrix} -1 \\ 0 \\ 1 \\ 0 \end{bmatrix} \tag{6.1.59}$$

由于 $U_m^T P = 0$，机构不可动；$U_m^T H U_m = 0$，所以机构处于随遇平衡状态。

对于图 6.1.9(f)，$\theta_1 = 60°$，$\theta_2 = 45°$，有

$$t = \begin{bmatrix} 1.732 \\ 1 \\ -1 \end{bmatrix}, \quad H = \begin{bmatrix} 2.732 & 0 & -1 & 0 \\ 0 & 2.732 & 0 & -1 \\ -1 & 0 & 0 & 0 \\ 0 & -1 & 0 & 0 \end{bmatrix}, \quad U_m = \begin{bmatrix} -0.707 \\ 0 \\ -0.707 \\ 0 \end{bmatrix}, \quad P = \begin{bmatrix} -1 \\ 1.732 \\ 1 \\ -1 \end{bmatrix} \tag{6.1.60}$$

由于 $U_m^T P = 0$，机构不可动；$U_m^T H U_m = 0.366$，所以机构处于稳定平衡状态。

对于图 6.1.9(g)，有

$$H = \begin{bmatrix} 1 & 0 & -1 & 0 \\ 0 & 1 & 0 & -1 \\ -1 & 0 & 1 & 0 \\ 0 & -1 & 0 & 1 \end{bmatrix}, \quad U_m = \begin{bmatrix} -0.707 \\ 0 \\ -0.707 \\ 0 \end{bmatrix}, \quad P = \begin{bmatrix} 1 \\ 0 \\ 0 \\ 0 \end{bmatrix} \tag{6.1.61}$$

由于 $U_m^T P = -0.707 < 0$，机构可动，处于不平衡状态。

6.2 张力空间结构找形

6.2.1 找形的定义

张力空间结构的初始形态是一种稳定自平衡状态，确定这种稳定自平衡状态的过程就是通常所说的找形。对于存在初始应力的任何体系，每一种状态都是通

过两组参数来确定的:形状参数和内力参数。这两组参数又同时由以下要素决定:构件的连接关系、节点的空间位置、构件的拉压属性及构件的初始长度与构件的截面刚度。而张力空间结构的形态分析过程实际上就是在给定若干上述要素的条件下寻找合适的其他未知要素,从而使整个体系能达到稳定自平衡状态。找形可以定义为:在给定某些要素如结构内力的条件下,以结构形状参数作为主要参数的形态分析过程。

6.2.2　传统找形方法

1. 静力学找形方法

静力学找形方法的共同特点是建立结构的平衡状态并给定构件拓扑、单元内力的相互关系,通过这种关系来进行各种分析。

1) 力密度法

力密度法是由 Schek(1974)和 Linkwitz(1999)提出的,并应用于索网结构的找形分析(Zhang and Ohsaki,2006)。构件单元力密度的定义为

$$q_{ij} = \frac{t_{ij}}{l_{ij}} \tag{6.2.1}$$

式中,t_{ij} 和 l_{ij} 分别为连接节点 i 和节点 j 的构件的内力和长度。在应用力密度法找形分析时,力密度值在找形前须为已知。

包含 b 个单元 n 个节点的结构在 x 方向的平衡方程可以写为

$$\boldsymbol{C}_s^{\mathrm{T}} \boldsymbol{Q} \boldsymbol{C}_s \boldsymbol{X}_s = \boldsymbol{f}_x \tag{6.2.2}$$

式中,$\boldsymbol{C}_s$ 为关联矩阵;$\boldsymbol{Q}$ 为一个力密度的对角矩阵;$\boldsymbol{X}_s$ 为 x 坐标的列向量;$\boldsymbol{f}_x$ 为外荷载在 x 方向的列向量。y、z 方向的方程同样可写成式(6.2.2)的形式。

关联矩阵 $\boldsymbol{C}_s$,大小为 $b \times n$,用来描述结构的单元连接关系;如果一个单元连接节点 i 和节点 j,则在 $\boldsymbol{C}_s$ 的对应行位置的 i 列为 $+1$,j 列为 -1。如果给出某些节点的坐标,如这些节点固定在基础上,$\boldsymbol{C}_s$ 可写为

$$\boldsymbol{C}_s = [\boldsymbol{C} \quad \boldsymbol{C}_f] \tag{6.2.3}$$

式中,$\boldsymbol{C}_f$ 对应于约束节点。这样,式(6.2.2)可以写为

$$\boldsymbol{C}^{\mathrm{T}} \boldsymbol{Q} \boldsymbol{C} \boldsymbol{X} = \boldsymbol{f}_x - \boldsymbol{C}^{\mathrm{T}} \boldsymbol{Q} \boldsymbol{C}_f \boldsymbol{X}_f \tag{6.2.4}$$

其中,$\boldsymbol{X}_s$ 和 $\boldsymbol{X}_f$ 分别为未知和已知的 x 方向坐标的列向量。式(6.2.2)与 y、z 方向的类似方程可以求解出节点坐标。通常外荷载在找形分析中是 0。

采用力密度法对索网结构进行找形时,由于索网结构中所有的张力系数都是正数,即 $q_{ij} > 0$,$\boldsymbol{C}^{\mathrm{T}} \boldsymbol{Q} \boldsymbol{C}$ 正定可逆,故这种找形问题都有唯一解。相似的方法同样可以应用于由索杆构成的张拉整体结构。但是因为张拉整体结构是自应力、自平衡的,没有固定节点和外荷载,所以方程(6.2.4)转换为

$$DX_s = 0 \tag{6.2.5}$$

式中，$D = C^T Q C$。y、z 方向有类似的方程。

力密度矩阵 D 也可以不用通过 C_s 和 Q 矩阵直接得到：

$$\begin{cases} D_{ij} = -q_{ij}, & i \neq j \\ D_{ij} = \sum_{i \neq k} q_{ik}, & i = j \\ D_{ij} = 0, & i,j \text{ 不相连接} \end{cases} \tag{6.2.6}$$

D 矩阵的每行(列)向量总和为零，因此有至少一个零特征值，故为奇异矩阵。对于包含固定节点的索网结构，力密度矩阵总是正定的；但对于张拉整体结构，其中压杆存在 $q_{ij} < 0$ 的情况，因此力密度矩阵是半正定的，这给找形过程带来了一些复杂情况。在给定秩的情况下，Vassart 和 Motro(1999) 给出了一种有效的方法可以找出一组力密度产生一个满足条件的力密度矩阵，从而获得满足要求的张拉整体结构。

2) 能量法

Connelly 从能量的角度对找形问题进行了研究，其主要思路描述如下。

d 维空间中 n 个节点的构形可以表示为

$$P = [P_1, P_2, \cdots, P_n]^T \tag{6.2.7}$$

一个索杆张力空间结构 $G(P)$ 是一个参数 P 的图形，每个边代表一根索或压杆；索的长度不能增加，压杆的长度不能减小，棒的长度不变。$G(P)$ 的应力状态 ω 是自应力状态，如果每个节点满足：

$$\sum_{ij} \omega_{ij} (P_j - P_i) = 0 \tag{6.2.8}$$

则对索而言，$\omega_{ij} \geqslant 0$；对压杆而言，$\omega_{ij} \leqslant 0$。比较方程(6.2.8)和相同的节点力密度平衡方程，明显可见应力 ω_{ij} 等同于力密度 q_{ij}。

满足上述平衡方程对于处于稳定平衡状态的张拉整体结构是必要不充分条件。结构稳定的一个基本原则就是在给定结构形式稳定的条件下，总势能最小。与总势能类比，用应力 ω 表示的能量形式为

$$E(P) = \frac{1}{2} \sum_{ij} \omega_{ij} \| P_j - P_i \|^2 \tag{6.2.9}$$

这里的思想是，当单元端点位置发生变化时，能量以伸长平方函数的形式增长。方程(6.2.9)中的函数对应于单元的原始长度必须得到一个最小值。假设所有的单元均处于线弹性状态。索只受拉，杆只受压。

$$\overline{P} = \begin{bmatrix} x \\ y \\ z \end{bmatrix} \tag{6.2.10}$$

$\overline{P}$ 是长度 dn 的列向量，包括 P 的 x、y、z 坐标，这样方程(6.2.9)可以写为

$$E(\boldsymbol{P}) = \frac{1}{2}\overline{\boldsymbol{P}}^{\mathrm{T}}\begin{bmatrix}\boldsymbol{\Omega} & & \\ & \ddots & \\ & & \boldsymbol{\Omega}\end{bmatrix}\overline{\boldsymbol{P}} \tag{6.2.11}$$

式中，$\boldsymbol{\Omega}$ 为

$$\begin{cases}\Omega_{ij} = -\omega_{ij}, & i \neq j \\ \Omega_{ij} = \sum_{k \neq j}\omega_{ik}, & i = j \\ \Omega_{ij} = 0, & i,j \text{ 不相连}\end{cases} \tag{6.2.12}$$

可以看出，$\boldsymbol{\Omega}$ 和 $\boldsymbol{D}$ 相同，式(6.2.12)也说明了力密度法的深层含义及其可以用来找到结构稳定平衡状态的原因。

3) 坐标缩减法

Sultan 等(1999)提出针对张拉整体结构找形的坐标缩减法。设想一个张拉整体结构有 b 个单元，其中 M 根索，N 根压杆，这些压杆可以看成一组双向约束作用于索结构上。这样可以定义一组独立坐标 $\boldsymbol{g} = [g_1, g_2, \cdots, g_N]$，而这些压杆的位置和方向也被确定下来。

假设结构处于某种自应力状态，t_j 为 j 索单元的轴力；索力 $\boldsymbol{t} = [t_1, t_2, \cdots, t_M]$ 和压杆自相平衡。利用虚功原理可以得到一组与索力相关的平衡方程，这些方程并没有明显地表示出压杆力。

假设一个结构中没有引起压杆伸长的虚位移 $\delta \boldsymbol{g}$，j 索的长度变化为

$$\delta l_j = \sum_{i=1}^{N}\frac{\partial l_j}{\partial g_i}\partial g_i \tag{6.2.13}$$

对于所有的索单元，有

$$\delta \boldsymbol{l} = \boldsymbol{A}^{\mathrm{T}}\delta \boldsymbol{g} \tag{6.2.14}$$

式中，$N \times M$ 矩阵 $\boldsymbol{A}$ 的元素为

$$A_{ij} = \frac{\partial l_j}{\partial g_i} \tag{6.2.15}$$

因为压杆的伸长量为 0，所以压杆的虚功也是 0，只有索具有内功：

$$\boldsymbol{t}^{\mathrm{T}}\delta \boldsymbol{l} = (\boldsymbol{A}\boldsymbol{t})^{\mathrm{T}}\delta \boldsymbol{g} \tag{6.2.16}$$

因为结构处于平衡状态，内功对任何虚位移必定为 0，于是可以得到下面的折算平衡方程：

$$\boldsymbol{A}\boldsymbol{t} = 0 \tag{6.2.17}$$

为了得到此方程的一个非平凡解必须满足：

$$\mathrm{rank}\boldsymbol{A} < M \tag{6.2.18}$$

式中，rank 为取秩。只有正的索力解才有意义，即

$$t_j > 0, \quad j = 1, 2, \cdots, M \tag{6.2.19}$$

一般对于给定拓扑关系的情况,决定张拉整体结构形式的解析条件都可以通过分析方程(6.2.17)得到。

2. 动力学找形方法

动力学找形方法的特点是保持索长固定不变,增大压杆长度直到一个最大值;或者保持压杆长度不变,缩短索的长度到一个最小值。这种方法模拟了索杆张力结构的实际构造过程,无需索预先张紧。

1) 动力松弛法

动力松弛法很早就被应用于张力空间结构,如膜结构和索网结构的找形分析(Barnes,1988;Brew and Brotton,1971;Otter et al.,1966),其基本思想可描述如下。

决定节点运动规律的是牛顿第二定律,对于节点 i,t 时刻 x 方向满足如下关系:

$$R_{ix}^t = M_{ix}\dot{V}_{ix}^t \tag{6.2.20}$$

式中,R_{ix}^t 为残余内力;M_{ix} 为与构件相关的虚拟集中质量;$\dot{V}_{ix}^t$ 为节点加速度。t 时刻的节点加速度可以由中心差分形式表示为

$$\dot{V}_{ix}^t = \frac{V_{ix}^{t+\Delta t/2} - V_{ix}^{t-\Delta t/2}}{\Delta t} \tag{6.2.21}$$

其中,Δt 为微小时间间隔。将式(6.2.21)代入式(6.2.20),可得节点速度的递归形式:

$$V_{ix}^{t+\Delta t/2} = V_{ix}^{t-\Delta t/2} + \frac{\Delta t}{M_i} R_{ix}^t \tag{6.2.22}$$

M_i 可由算法的稳定条件确定:

$$M_i = \frac{\lambda \Delta t^2}{2} S_{i\max} \tag{6.2.23}$$

式中,λ 为整个结构的收敛参数;$S_{i\max}$ 为节点刚度,与该节点相连构件的刚度有关,通常可以选为

$$S_{i\max} = \sum^{N_i} \left(\frac{EA}{L_0} + \frac{T}{L} \right) \tag{6.2.24}$$

式中,N_i 为与节点 i 相连的构件数量;EA/L_0 为它们的轴向线刚度,L_0 为初始长度;T/L 为它们的几何刚度,T、L 分别为所考虑时刻的内力与长度。

将式(6.2.23)代入式(6.2.22),可得到 $t+\Delta t$ 时刻的速度,而此时结构的几何构形可由式(6.2.25)确定:

$$x_t^{t+\Delta t} = x_i^t + \Delta t / V_{ix}^{t+\Delta t/2} \tag{6.2.25}$$

采用上述更新的几何构形,新的单元内力可表示为

$$T^{t+\Delta t} = T^s + (EA/L_0)^s (L^{t+\Delta t} - L^s) \tag{6.2.26}$$

式中，T^s 和 EA/L_0 分别为构件的初始内力和线刚度；L^s 和 $L^{t+\Delta t}$ 分别为构件初始时刻与 $t+\Delta t$ 时刻的长度。因此，节点 i 新的残余力内可表示为

$$R_{ix}^{t+\Delta t} = \sum^{N_i} (T/L)^{t+\Delta t} (x_j - x_i)^{t+\Delta t} \tag{6.2.27}$$

结构 $t+\Delta t/2$ 时刻的动能可表示为 $\sum^{\text{node}} \frac{1}{2} M_i (V_i^{t+\Delta t/2})^2$。如果当前的动能小于前一时刻的动能，说明中间出现了一个动能峰值。此时，所有节点速度均置为 0 并计算峰值处的节点坐标。可通过对 $t+\Delta t/2$、$t-\Delta t/2$ 和 $t-3\Delta t/2$ 时刻的动能进行二次插值来确定动能的峰值；而第一个时间步的中点速度可设为

$$V^{\Delta t/2} = \frac{\Delta t}{2M} R^r \tag{6.2.28}$$

式中，R^r 为重新开始位置的残余内力。

不断重复上述过程直到系统的不平衡力小于某一个阈值，即系统达到稳定的平衡状态，从而实现找形的目的。

虽然动力松弛法最开始应用于索网和膜结构的找形，但后来 Motro 等（1994）将此找形方法进一步应用于由索杆构成的张拉整体结构的找形分析，当结构的节点数较少时，动力松弛法有很好的收敛性，但是随着节点数的增加收敛效率变差，从而制约了在大规模复杂结构找形中的应用。

2）几何分析法

一个简单的结构，由一些规则棱边布置的索，加上一些压杆连接上、下表面多边形的 v 个顶点构成。张拉整体结构对应于上、下多边形特定的旋转角度 θ 由 v 的值与压杆顶点距离决定。Connelly（2002）提出了几何分析法，且充分利用了几何的对称性。图 6.2.1 显示了一个单元与底面多边形的一个顶点相连接。初始时，侧索 12 是

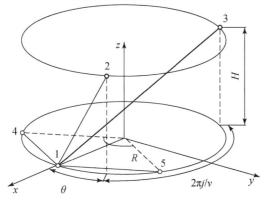

图 6.2.1　张拉整体几何分析简图

垂直的,压杆端点的夹角为 $2\pi j/v$,其中 j 是小于 v 的整数。

节点 1~节点 5 的坐标分别为

$$p_1 = [R,0,0]$$

$$p_2 = [R\cos\theta, R\sin\theta, H]$$

$$p_3 = \left[R\cos\left(\theta+\frac{2\pi j}{v}\right), R\sin\left(\theta+\frac{2\pi j}{v}\right), H\right]$$

$$p_4 = \left[R\cos\left(\frac{2\pi}{v}\right), -R\sin\left(\frac{2\pi}{v}\right), 0\right]$$

$$p_5 = \left[R\cos\left(\frac{2\pi}{v}\right), R\sin\left(\frac{2\pi}{v}\right), 0\right]$$

(6.2.29)

侧索 12 和压杆 13 长度的平方分别为

$$l_c^2 = 2R^2(1-\cos\theta) + H^2$$

$$l_s^2 = 2R^2\left[1-\cos\left(\theta+\frac{2\pi j}{v}\right)\right]^2 + H^2$$

(6.2.30)

式中,下标 c、s 分别表示拉索和压杆。方程(6.2.30)中的第二个方程可以写为

$$l_s^2 = 4R^2\sin\left(\theta+\frac{\pi j}{v}\right)\sin\frac{\pi j}{v} + l_c^2$$

(6.2.31)

对于给定的索长 l_c,只有当式(6.2.32)成立时,杆长 l_s 才能达到最大长度。

$$\theta = \pi\left(\frac{1}{2}-\frac{j}{v}\right)$$

(6.2.32)

几何分析法简洁明了,但是对于非对称结构,由于需要描述结构形状的参数过多而变得不可行。

3) 非线性规划法

非线性规划法是由 Pellegrino(1986)提出的一种针对张拉整体结构的通用找形方法,其思路是将任何一种张拉整体结构的找形归结为一个有约束的极小化方程的求解。首先已知一个系统的单元连接情况和节点坐标,然后至少延长一个压杆,并保持压杆的固定长度比例,直到它们的长度达到一个最大值。这种通用的有约束的极小化方程求解方法如下。

极小化方程:

$$F = f(x,y,z)$$

(6.2.33)

约束:

$$g_i(x,y,z) = 0, \quad i = 1,2,\cdots,n$$

(6.2.34)

Pellegrino 利用此方法对三棱柱等张拉整体结构进行了找形分析。如图 6.2.2 所示的三棱柱张拉整体结构,有 9 根长度 $l_c=1$ 的索(①~⑨)和 3 根压杆(⑩~⑫),底面三角形固定,这样六个节点中的三个被空间固定,这样约束极小化方程为

$$\min\,(-l_{s1}^2)$$

$$\text{s. t.}\quad\begin{cases}l_{c1}^2-1=0\\ l_{c2}^2-1=0\\ \ \vdots\\ l_{c6}^2-1=0\\ l_{s2}^2-l_{s1}^2=0\end{cases} \tag{6.2.35}$$

式中，c1、c2、…、c6 代表余下的 6 根索；s1、s2 表示压杆。求解这一问题，压杆最终长度为 1.468，非常接近该问题的理论解 $\sqrt{1+2/\sqrt{3}}\approx1.4679$。

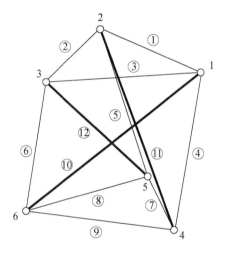

图 6.2.2　三棱柱张拉整体结构

非线性规划法的一个优点就是可以利用通用软件进行计算。然而，其约束方程数会随着单元数的增加而增加，因此对于大型结构系统，该方法将不再适用。虽然可以通过明确压杆长度间的不同关系得到相同拓扑关系下的不同几何构形，却没有直接的方法可以控制自应力模态的变化。

6.2.3　改进的找形方法

1. 压杆组激励法

对于找形这一非线性过程，或者说是无序的过程，用精确的数值解法来跟踪其全过程实际上是比较困难的。从数学模型角度来说，张拉整体的找形也应该是定性和定量的结合。从控制论的方面来看张拉整体是一种正反馈的体系，其刚度是随着所受外力的增大而增大的，所以在张拉整体的找形中引入一种反馈机制是可行的。下面给出一种新的找形方法，其能够比较简单地解决定性和定量相结合的问题(陈晓光和罗尧治，2003)。

1) 问题描述

张拉整体结构的形状和受力紧密相关，研究时应同时考虑形与力。传统的找形方法有一定的局限性，有的人为导致了结构初始状态的过松或过紧，有的研究对象只限于多面体棱柱，在实际工程中不便于应用。

Motro 曾提出一个假定，即张力集成单元是其几何的某一极限状态，现假设反映单元几何形态的广义坐标为 $X_1, X_2, \cdots, X_s$，则单元的几何形态可以用广义约束函数 G 来表示，即

$$G_i(X_1, X_2, \cdots, X_s) = 0, \quad i = 1, 2, \cdots, c \tag{6.2.36}$$

如果张力集成单元是单元几何形态的一种极限状态，则约束函数 G 对广义坐标的一阶偏微分为 0，即

$$\frac{\partial G_i}{\partial X_j} = 0, \quad i = 1, 2, \cdots, c, \quad j = 1, 2, \cdots, s \tag{6.2.37}$$

理论上该方法适用于较复杂的几何单元的判定，但须引入广义逆理论(Rao and Mitra，1971)。

观察气球可以发现，拉力总是发生在表面，而压力总是发生在内部，这就是被拉力所包围的压力。运用到实际中时，可以使拉杆总保持在外部，而压杆总出现在内部。可以根据凸多边形和凸多面体的性质决定拉杆。如图 6.2.3 所示，可以确定所有的压杆(粗线)，然后再确定拉杆。根据张拉整体的定义，任意一点不可以同时连接两个压杆，所以压杆的数目最多为 $n/2$。得出整个体系的平衡矩阵后，选取拉杆和压杆所在的列向量可以组成一个新矩阵，该矩阵应使拉杆和压杆所组成新体系的自应力状态和各自杆件的属性保持一致。否则，如果出现的自应力状态使本该是压杆的杆件出现了拉力，那么这种组合方式是低效率的，会导致预应力流失。如果用平衡矩阵来求解合适的组合，则需要尝试所有的可能空间，效率会很低，而压杆组的概念可以很好地解决这一问题。

2) 概念引入

主动杆：结构的初始状态中任一施加压预应力的杆件。

被动杆：对主动杆施加压预应力之后在结构中受压的杆件。

相互激励：杆件 1 和杆件 2 相互激励是指杆件 1 充当主动杆时，杆件 2 为被动杆，用(1∶2)表示。杆件 2 为主动杆时，杆件 1 为被动杆，用(2∶1)表示。3 个杆件相互激励为(1∶2,3)、(2∶1,3)、(3∶1,2)。

压杆组：由一组相互激励的杆件组成。

张拉整体结构是由连续的拉索和间断的压杆组成的。压杆数是节点数的一半。由于张拉整体结构是一个自平衡体系，必须保证预应力没有流失或流失很少。

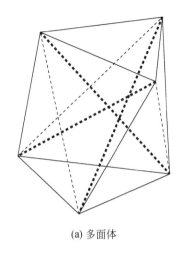

(a) 多面体

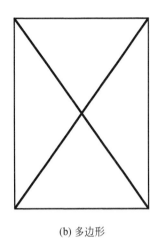

(b) 多边形

图 6.2.3 多面体与多边形

考查最终形成的压杆,这些压杆必须是相互激励的,否则在施加预应力时就会有流失,或结构发生很大的变形。

3) 理论模型

张拉整体单元的抗拉元件(索元)和抗压元件(杆元)在整个加载或卸载过程中,其抗拉元件的张力状态和抗压元件的压力状态恒定不变,即其张力元在加载过程中始终处于受拉状态,而压力元则一直处于受压状态。张拉整体单元已被证明其刚度矩阵必然是奇异矩阵。给定一个张拉整体结构,可以根据其构件连接关系及节点坐标得出:刚度矩阵 A、刚度矩阵的秩 r、压杆的数目 b、节点的数目 j、超静定数 s、内部结构数 $m, s=b-r, m=3j-r$。

当 $s=1$ 时,体系只有一个自应力状态 t,则改变其中任意一根杆件的内力使之成为压力,则可以得出此张拉整体单元的自应力状态。这时可以说张拉整体单元内部的压杆是相互激励的,因为所选取的杆件是任意的。

当 $s>1$ 时,体系将会出现 s 个自应力状态,这 s 个自应力状态将包括不同的杆件,由此将会引起压杆不相互激励的状况。

现假设两种状态:

(1) 保留所有杆件的初始状态 Ω_1[n 个节点以及 $n\times(n-1)/2$ 个杆件]。

(2) 删减后成形的张拉整体状态 Ω_2。

若 $s=1$,则 Ω_2 中的压杆组就是自应力状态中所有的压杆;若 $s>1$,出现的多组自应力状态将会影响对压杆组的寻找。通过对 Ω_1 的杆件施加预应力,可以得出体系受力的状态;再根据主动杆、被动杆以及压杆组的概念,可以得出 Ω_1 中的压杆组。

相同的体系构造会使 Ω_1 和 Ω_2 有相同的压杆组,如果张拉整体结构处于某种高效率的极限状态,那么压杆组就是其高效率的代表。因此,如果给定一个初始状态 Ω_1,通过寻找其压杆组而最终得出张拉整体结构的压杆组,之后就可以得出相应的张拉整体构形。

2. 基于遗传算法的并行找形方法

研究表明,对于给定拓扑关系和构件参数的张拉整体结构,可能存在多种稳定平衡的状态(Xu and Luo,2011;Defossez,2003)。然而,传统的找形方法大部分属于单线程算法,即执行后只能获得一种构形。本节提出一种基于遗传算法的并行找形方法,可以通过一次算法运行而获得多种不同的构形。该方法不仅可以应用于张拉整体结构的找形,还可以应用于其他形式的张力空间结构,如索网结构、索穹顶结构的找形分析。

1) 数学模型

对于任意的节点坐标取值 X,构件将产生 ΔL 的长度增量,相应的构件内力为

$$t(X) = K\Delta L \tag{6.2.38}$$

在上述构件内力的作用下,结构不一定能保持平衡状态,存在节点不平衡力 P,平衡方程式(6.1.11)将改写为

$$A(X)t(X) = P \tag{6.2.39}$$

在此不平衡力的作用下,结构将产生变形,几何构形调整到一个新的平衡状态 X',且

$$A(X')t(X') = 0 \tag{6.2.40}$$

但是,在一般情况下,大部分符合平衡条件的构形处于一维或二维空间,这些一维或二维的张拉整体结构在实际应用中意义不大(Paul et al.,2005)。对于希望寻找三维结构的情况,找形问题可概括为如下约束优化问题:

$$
\begin{aligned}
&\max D \\
&\text{s. t.} \quad \begin{cases} A(X')t(X') = 0 \\ X \in (X_L, X_U) \end{cases}
\end{aligned}
\tag{6.2.41}
$$

式中,D 为结构的维数。此外,实际应用中不仅要求找到的结构是三维的,还希望其形态能满足一些特定的要求,如希望结构的跨度或体积尽可能大等。此时,对应的约束优化问题为

$$
\begin{aligned}
&\max f(X) \\
&\text{s. t.} \quad \begin{cases} A(X')t(X') = 0 \\ X \in (X_L, X_U) \\ D = 3 \end{cases}
\end{aligned}
\tag{6.2.42}
$$

式中,$f(X)$为根据实际需要对结构提出的优化目标。在更一般的情况下,构件的截面面积及弹性模量在一定范围内可变,构件的轴力向量将同时是节点坐标 X 与构件截面刚度 K 的函数,此时式(6.2.42)中还需要增加截面刚度的变化范围作为约束条件:

$$K \in (K_L, K_U) \tag{6.2.43}$$

式中,K_L 和 K_U 分别为截面刚度的上限和下限。

2) 求解步骤

遗传算法(genetic algorithm,GA)是一种借鉴生物界自然选择和进化机制发展起来的在计算机上模拟生物进化机制的高度并行、随机、自适应搜索算法(Whitley,1994)。它使用了群体搜索技术,将种群代表一组问题解,通过对当前种群施加选择、交叉和变异等一系列操作,从而产生新一代的种群,并逐步使种群进化到包含近似最优解的状态。其运算过程包括 6 个基本步骤:

(1) 随机产生初始种群,个体数目一定,每个个体表示为染色体的基因编码。

(2) 计算个体的适应度,并判断是否符合优化准则,若符合,输出最佳个体及其代表的最优解,并结束计算,否则转向步骤(3)。

(3) 依据适应度选择再生个体,适应度高的个体被选中的概率高,适应度低的个体可能被淘汰。

(4) 按照一定的交叉概率和交叉方法,生成新的个体。

(5) 按照一定的变异概率和变异方法,生成新的个体。

(6) 由交叉和变异产生的新一代种群,返回步骤(2)。

在求解中,每步迭代均采用动力松弛法确定结构的平衡状态,然后再对每个个体进行适应度评价。此外,为尽可能获得多样化的结构构型,借鉴生物学中小生境的概念,可以在传统遗传算法中引入小生境,以任意两个构形之间的应变能之差 ΔE_{ij} 来衡量它们的不同程度,然后利用小生境技术获得更多不同的构型(许贤,2009;Zhang et al.,2006)。

3. 基于有限质点法的找形方法

张力空间结构找形过程中常需要涉及大变形、机构位移与构件的弹性位移耦合等强非线性分析,传统的有限单元法中的刚度矩阵易出现奇异。除前面介绍的动力松弛法可以处理这种情况外,第 5 章介绍的有限质点法同样可以应用于张力空间结构的找形分析。第 5 章已对有限质点法的基本原理进行了介绍,在此不再赘述。此处主要介绍采用有限质点法进行张力空间结构找形的基本思路。

采用有限质点法进行张力空间结构初始形态分析的过程中将不计外荷载的作用,只考虑构件的初始预应力和不平衡内力产生的等效节点力,集成之后作为质点内力反作用到各个质点上,对质点运动控制方程按照静力方式进行求解;分析过程中,质点在不平衡力作用下产生运动,同时各构件的位形也发生改变,并逐步逼近平衡位置,直至整个结构达到稳定平衡状态,则完成形态分析。特别地,进行索杆膜组合结构的协同分析时,在索、杆、膜连接处,除膜的等效内力外,还需要考虑索、杆构件内力对质点不平衡力的贡献。需要注意的是,该方法与动力松弛法虽然都是将初始形态问题按准静态问题来求解,但两者在基本原理和分析过程的具体步骤上还是有明显区别的。

有限质点法的基本控制方程是一种动力形式的平衡方程,需要通过缓慢加载和引入虚拟阻尼的方式才能获得静态解。然而,膜结构初始形态分析过程中结构整体刚度分布随着几何形状的改变会发生很大变化,要选择合适的加载速度和虚拟参数来提高时间积分的计算效率。实际上,在膜结构的初始形态分析中只关注最终的平衡状态,至于通过什么途径达到这一最终状态并不重要,即分析的目的并不是要获得该过程中真实的物理行为。因此,在使用有限质点法对包含膜的张力空间结构进行找形分析时,可以对原有动力形式的质点运动方程进行调整,改用动量平衡条件来建立新的质点运动控制方程,并通过在每个时间步内不断重置初始条件来实现加快静力求解收敛速度的目的。

6.2.4 数值分析示例

1. 索网结构

1) 旋转抛物面索网结构

旋转面中唯一有解析解的极小曲面是旋转抛物面(陈务军等,2010),如图 6.2.4(a)所示,其顶部内径为 20m,底外径为 100m,高度为 22.92m,其解析式为

$$z = 22.92 - 10\left[\ln(\sqrt{x^2+y^2} + \sqrt{x^2+y^2-10^2}) - \ln 10\right]$$

采用力密度法对该索网结构进行找形。找形时,将每个环向索分为 18 段,有 18 根径向索,则索单元个数为 270,节点数为 162;约束节点位于内外环向索上,内环索为高点,约束节点的 z 方向坐标为 22.92m,外环索为低点,约束节点的 z 方向坐标为 0。在给定力密度信息时,考虑到旋转抛物面的环向索和径向索的刚度要求存在差别,设定两者力密度的比例为 1∶1.5,找形结果如图 6.2.4(b)所示。

2) 菱形索网结构

考虑一支承在刚性边梁上的菱形索网,平面几何尺寸如图 6.2.5(a)所示,$z = 3.66(x/36.6)^2 - 36.6(y/36.6)^2$,$f = 3.66$m,各索截面一致,均有 $EA = 293600$kN,预拉力 $T = 800$kN。

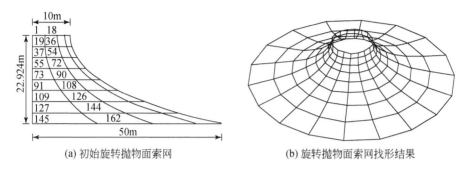

(a) 初始旋转抛物面索网　　　　　　　　(b) 旋转抛物面索网找形结果

图 6.2.4　旋转抛物面索网结构

采用动力松弛法对该结构进行找形。首先从平面位置开始,将菱形的 a、c 高点和 b、d 低点分别向上、向下移动 3.66m;然后将经离散成索单元以后的索网,按动力松弛法求解,当所有单元都静止下来后再组装成整体,最后得到如图 6.2.5(b)所示的形态,各索成形后的内力均保持为 800kN。

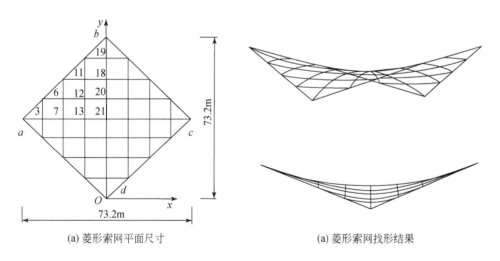

(a) 菱形索网平面尺寸　　　　　　　　(a) 菱形索网找形结果

图 6.2.5　菱形索网结构

2. 张拉整体结构

考虑一种张拉整体结构找形问题:给定压杆与拉索的数量、初始长度以及它们的连接关系,寻找三个方向的尺寸(跨度)最接近的三维张拉整体结构。目标函数的具体形式可表示为结构三向尺寸的均方根函数,即

$$f(\boldsymbol{X}) = \sqrt{\frac{1}{3} \sum_{i=1}^{3} (d_i - \overline{d})^2} \tag{6.2.44}$$

式中,d_i 为结构在第 i 维的跨度;$\overline{d}$ 为结构三向跨度的平均值。此外,通过对上述目标函数进行一定的修改以考虑结构维数 $D=3$ 这一约束条件。令新的目标函数为

$$g(\boldsymbol{X}) = D + \frac{f(\boldsymbol{X})}{1 + f(\boldsymbol{X})} \tag{6.2.45}$$

这样可以保证维数高的结构比维数低的结构具有更高的目标函数值;同时在维数相同的情况下,三向跨度越接近的结构就具有越高的目标函数值,而令个体的适应度直接等于目标函数值即可。分别对以扩展八面体张拉整体结构,六棱柱、八棱柱和十棱柱张拉整体结构为拓扑原型的结构体系进行找形分析(图 6.2.6)。

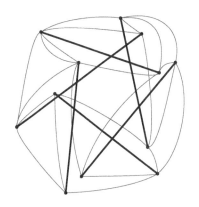

(a) 基于扩展八面体张拉整体结构的拓扑连接

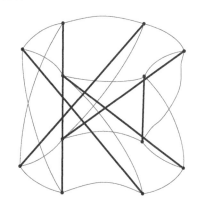

(b) 基于六棱柱张拉整体结构的拓扑连接

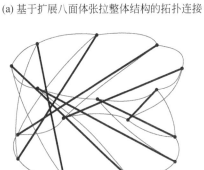

(c) 基于八棱柱张拉整体结构的拓扑连接

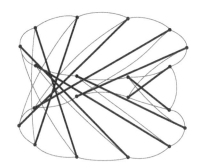

(d) 基于十棱柱张拉整体结构的拓扑连接

图 6.2.6 算例中考虑四种拓扑关系的结构体系

最终所得到的群体中的每个个体是互不相同的,对应的张拉整体结构与经典的规则张拉整体结构在形态上大相径庭,表现出很大的自由性。其中,图 6.2.7 给

出了四种情况下各自最优的张拉整体结构构形。

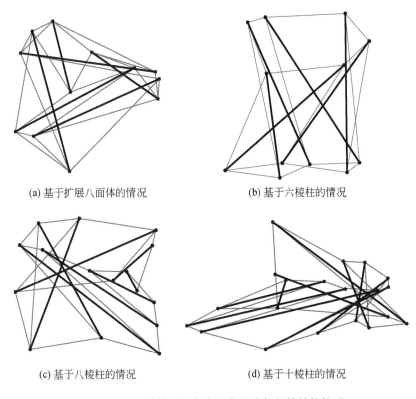

(a) 基于扩展八面体的情况　　　　　　　　(b) 基于六棱柱的情况

(c) 基于八棱柱的情况　　　　　　　　(d) 基于十棱柱的情况

图 6.2.7　四种情况下各自最优的张拉整体结构构形

3. 膜结构

1) Scherk-like 曲面

Scherk-like 曲面（也称为箱型曲面）是薄膜结构极小曲面找形问题的经典算例。本例中取一个立方体的 3 个相邻表面为初始假定曲面，并将正方体的 8 条棱边（线段 $c_1 \sim c_8$）设为曲面的固定边界，采用 6.2.3 节中基于有限质点法的方法，对该膜结构进行找形。计算模型的几何尺寸和材料性质如图 6.2.8 所示。膜面用 425 个质点及 768 个三节点薄膜元离散进行模拟，按等应力膜面找形。

Scherk-like 曲面找形分析得到的膜面形状如图 6.2.9 所示。可以看出，膜面上的质点分布依然有较好的规律性，即使在中间曲率变化较大的区域也能保持比较均匀的间距；计算结果是一个光滑的曲面，没有出现明显的畸变现象。

2) 鞍形曲面

马鞍形曲面示意图如图 6.2.10 所示，给定其四条固定边界线：短边 c_1 和 c_2 为

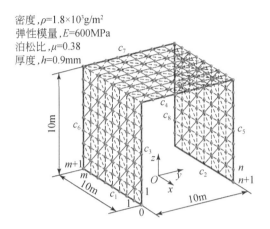

图 6.2.8　Scherk-like 曲面计算模型的几何尺寸和材料性质

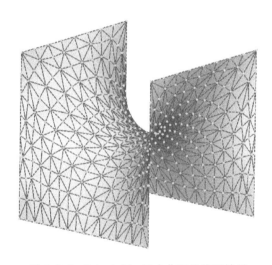

图 6.2.9　Scherk-like 极小曲面的找形结果

$z=0$ 平面内的两条直线,其方程分别为 $y=-40\mathrm{m}$ 和 $y=40\mathrm{m}$;长边 c_3 和 c_4 分别为位于 $x=-50\mathrm{m}$ 和 $x=50\mathrm{m}$ 面内的两条抛物线,其方程均为 $z=30(1-y^2/1600)$,其中,$-40\leqslant y\leqslant 40$。采用 6.2.3 节中基于有限质点法的方法对该膜面进行找形分析,计算模型初始几何形态假定为平面,具体形式和膜面材料性质如图 6.2.11 所示。

　　计算中以 xOy 坐标平面为膜曲面的参考面,取 x 方向的初始预应力为 $\sigma_0^x=20\mathrm{kN/m}$,并保持不变,然后通过改变 x 和 y 方向的初始预应力比值来获得不同的曲面形式。当 x、y 方向初始预应比 $r_\sigma=\sigma_0^x/\sigma_0^y$ 分别为 50.0、10.0、1.0 和 0.5 时,计算得到的曲面形态如图 6.2.12 所示,其中 $r_\sigma=1.0$ 时的膜面为极小曲面。

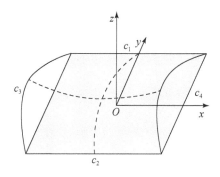

图 6.2.10　马鞍形曲面示意图

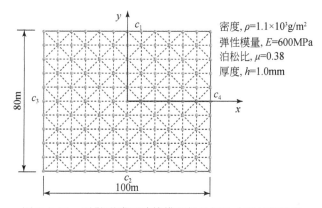

密度，$\rho=1.1\times10^3$g/m²
弹性模量，$E=600$MPa
泊松比，$\mu=0.38$
厚度，$h=1.0$mm

图 6.2.11　马鞍形膜面计算模型的几何尺寸和材料性质

　　可以看出，膜面内的预应力分布对结构初始形态有很大影响，即使是同样的边界条件，当膜面内的应力比不同时得到的曲面形态也会有较大差异。因此，可以根据实际问题的需要，在不改变边界条件的情况下，通过调整膜面内不同方向上预应力的相对比例大小来获得更加丰富的曲面几何构形，并从中找出满足建筑外观和承载力要求的合理的膜曲面初始形态。

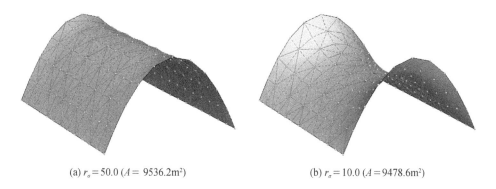

(a) $r_\sigma=50.0$ ($A=9536.2$m²)　　　　　　　　　　　　(b) $r_\sigma=10.0$ ($A=9478.6$m²)

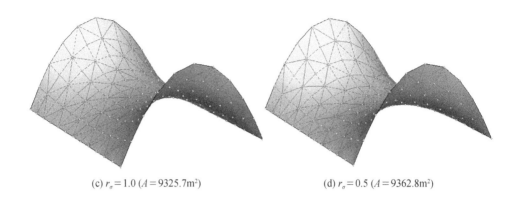

(c) $r_\sigma = 1.0$ ($A = 9325.7\text{m}^2$)　　　　　　　　(d) $r_\sigma = 0.5$ ($A = 9362.8\text{m}^2$)

图 6.2.12　不同初始预应力比下鞍形膜曲面找形结果

4. 索-杆-膜混合张力结构

考虑一个直径 24m、高 6.5m 且周边 6 点支承的索穹顶膜结构,模型尺寸、索杆体系的构件编号及初始假定几何构形如图 6.2.13 所示。其中,索杆体系部分由对称分布的 3 榀桁架和 2 道下环索连接而成,所有构件可分成 4 组:①脊索 i～iii;②下斜索 iv～vi;③环索 vii～viii;④竖杆 ix～xi。细实线代表柔性拉索,粗实线代表竖杆。整体结构模型则是在索杆体系的基础上铺设膜片,膜片中增加了边索和谷索,初始几何形态取为平面正多边形(图 6.2.13)。采用 6.2.3 节中基于有限质点法的方法对该结构进行找形分析,膜片和索杆总共采用 374 个离散质点和 672 个三节点膜元、198 个二节点索(杆)元来进行模拟。

计算模型的构件参数如下:

(1) 斜索和环索采用 7φ7mm 的钢绞线,边索和谷索采用 7φ5mm 的钢绞线,弹性模量 $E_1 = 1.9 \times 10^5 \text{MPa}$,泊松比 $\mu_1 = 0.3$,线密度分别为 6.8kg/m 和 2.1kg/m。

(2) 竖杆采用 φ180mm×10mm 的圆钢管,弹性模量 $E_2 = 2.06 \times 10^5 \text{MPa}$,密度 $\rho_2 = 7.85 \times 10^3 \text{kg/m}^3$。

(3) 膜材厚度 $h = 1.0$mm,密度 $\rho_3 = 1050 \text{g/m}^2$,张拉刚度 $Eh = 600 \text{N/mm}$,泊松比 $\mu_3 = 0.6$。

(4) 索杆体系中拉索的初始预张力设为 50kN,竖杆不施加预应力。

(5) 膜片部分边索、谷索初始预张力分别取为 15kN 和 10kN,膜面内初始预应力为 0.5MPa。

为了保证索穹顶结构中索杆与膜片相交处控制点位置满足给定的几何控制条件,本例分析中首先逐步提升各控制点($A \sim C$)至指定的坐标位置,并以脊索和边索、谷索为边界对膜片部分进行找形,然后释放多余约束,采用控制索杆位形法进

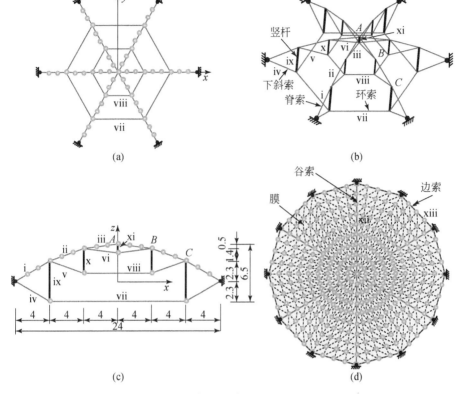

图 6.2.13　索穹顶膜结构的计算模型初始几何形态(单位:m)

行索杆膜协同分析来寻找相应的结构初始形态。计算得到的索穹顶初始形态结果如图 6.2.14 所示。

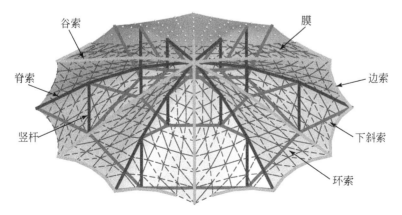

图 6.2.14　索穹顶膜结构的初始形态分析结果

6.3　张力空间结构找力

6.3.1　找力的定义

张力空间结构的找形主要以结构形状为变量,这种方法虽然易于得到不同形状的结构,但也存在明显的缺点,即对找形得到的最终结构形状的控制性较差,很难得到特定形状的结构体系。而在实际结构设计中,常对结构的外在形状有特殊要求,因此需要设计指定形状的张力结构。从结构体系的角度而言,张力空间结构可以看成一种特殊的、满足稳定自平衡预应力状态的空间杆系结构。因此,从空间杆系结构出发,通过寻找一种稳定的自应力状态来构造指定形状的张力空间结构,这种思想即为找力。这种能使结构达到几何稳定的预应力称为可行预应力。

6.3.2　单自应力模态体系的可行预应力

图 6.3.1 所示结构是一个单自应力模态$(s=1)$张拉整体结构,节点坐标见表 6.3.1。因此,预应力的施加比例唯一,自应力空间是一维的。预应力 t_{pres} 表示为

$$t_{\text{pres}}=\alpha V_s \tag{6.3.1}$$

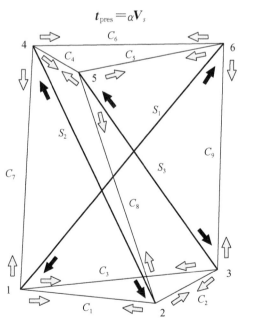

图 6.3.1　单自应力模态$(s=1)$张拉整体结构

式中，α 为预应力系数；V_s 为 $n_c \times 1$ 自应力模态列向量。预应力 t_{pres} 见表 6.3.2，考察其几何稳定性。由于 $m=1$，几何力矩阵 G_s 的维数为 12×1，计算得到 $G^T U_m = 137.494$。

因此，此结构几何稳定，为第一类动不定结构，故式(6.3.1)为该体系的可行预应力。

表 6.3.1　图 6.3.1 所示张拉整体结构的节点坐标值

节点号	1	2	3	4	5	6
X	1.000	-0.500	-0.500	0.866	-0.866	0.000
Y	0.000	0.866	-0.866	0.500	0.500	-1.000
Z	0.000	0.000	0.000	2.000	2.000	2.000

表 6.3.2　图 6.3.1 所示张拉整体结构的预应力值

单元号	$S_1 \sim S_3$(杆)	$C_1 \sim C_6$(索)	$C_7 \sim C_9$(索)
V_s	-0.429	0.154	0.319
t_{pres}	-0.429α	0.154α	0.319α

而对于多自应力模态($s>1$)的第一类动不定结构，V_s 为 $n_c \times s$ 自应力模态列向量，每一列表示一个独立的自应力模态，相互正交，形成自应力空间。自应力模态数的多少将影响预应力的施加，零外荷预应力是各个自应力模态的线性组合，计算涉及模态间组合系数的确定。

6.3.3　多自应力模态体系的可行预应力

多自应力模态张拉整体结构的预应力可以表示为

$$t_{\text{pres}} = V_s \alpha \tag{6.3.2}$$

式中，α 为 $s \times 1$ 组合向量；V_s 为 $n_c \times s$ 自应力模态向量。预应力 t_{pres} 的确定其实就是 α 的确定。理论上来说，可以有无穷多个组合情况，但如果施加一些人为因素，α 就可以唯一确定。这些人为因素可以表达为：至少指定 s 个单元的内力；索杆张力结构中索必须受拉、杆受压；机构位移在预应力上得到刚化，即结构是几何稳定的(罗尧治和董石麟，2000)。加入上述人为约束后确定的预应力称为可行预应力或最优预应力。

对于多自应力模态体系的可行预应力，如某些类型的索穹顶体系，可以通过结构对称性及杆件分组将多自应力模态问题转化为单自应力模态问题进行求解。首先利用结构的对称性，将非同等位置的单元加以区别分类，预应力为

$$t_{\text{pres}} = [t_1, t_1, \cdots, t_2, t_2, \cdots, t_n, t_n]^T \tag{6.3.3}$$

式中，n 为单元类别数。定义集合 $\Theta_k (1 \leqslant k \leqslant n)$ 为同一类别 k 包含的单元号。

不失一般性,令 $\alpha_1=1$,则整体可行预应力又可以表示为

$$t_{\text{pres}}=\boldsymbol{V}_{s1}+\boldsymbol{V}_{s2}\alpha_2+\cdots+\boldsymbol{V}_{ss}\alpha_s \qquad (6.3.4)$$

$$-\boldsymbol{V}_{s1}=\boldsymbol{V}_{s2}\alpha_2+\cdots+\boldsymbol{V}_{ss}\alpha_s-t_{\text{pres}} \qquad (6.3.5)$$

记为

$$-\boldsymbol{V}_{s1}=\widetilde{\boldsymbol{V}}_s\widetilde{\boldsymbol{\alpha}} \qquad (6.3.6)$$

式中,$\widetilde{\boldsymbol{V}}_s=[\boldsymbol{V}_{s2},\boldsymbol{V}_{s3},\cdots,\boldsymbol{V}_{ss},\boldsymbol{e}_1,\boldsymbol{e}_2,\cdots,\boldsymbol{e}_n]$;$\boldsymbol{V}_{s1}=[t_{1i},t_{2i},\cdots,1,\cdots,t_{bi}]^{\text{T}}$;$\boldsymbol{e}_i$对应 i 类单元的基向量,令 $\boldsymbol{e}_{ij}$ 为基向量 $\boldsymbol{e}_i$ 的 j 行元素,根据单元类型,若 j 号单元为受压杆件,则 $\boldsymbol{e}_{ij}=1$;若 j 号单元为受拉的索,则 $\boldsymbol{e}_{ij}=-1$,其余为 0。

解方程(6.3.6)即可解得自应力模态组合系数 $\boldsymbol{\alpha}$。这样求得的预应力可以保证所有的杆件受压、索受拉,对于结构在此预应力 t_{pres} 下的稳定性,可以用式(6.1.43)进行判定。

以图 6.3.2 所示平板型张拉整体结构为例,进行简要的阐述。经体系分析可得,$m=1,s=4$(已排除 6 个刚体自由度),对单元进行相应的分类,见表 6.3.3。利用上面的初始预应力算法可得

$$\widetilde{\boldsymbol{\alpha}}=[-0.551,0.298,-1.054,0.233,0.117,0.165,0.165,-0.286]^{\text{T}}$$

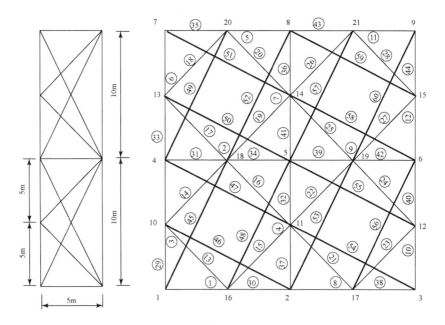

(a) 平面图和立面图

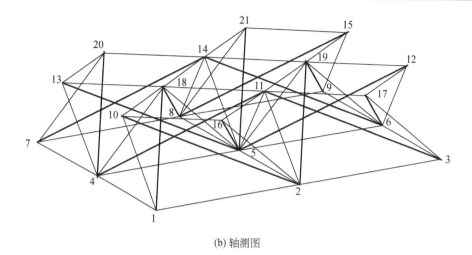

(b) 轴测图

图 6.3.2　平板型张拉整体结构($s＝4$)

自应力模态组合系数为

$$\boldsymbol{\alpha}＝[1.000,-0.551,0.298,-1.054]^{\mathrm{T}}$$

平板型张拉整体结构单元分类及可行预应力 t_{pres} 见表 6.3.3。此结构的几何力矩阵 $\boldsymbol{G}_{\mathrm{s}}$ 的维数为 $57×1$，计算得到：

$$\sum_{i=1}^{4}(\alpha_i\boldsymbol{G}_i^{\mathrm{T}}\boldsymbol{U}_m)＝41.010$$

因此，此结构几何稳定，为第一类动不定结构，表 6.3.3 中的预应力为该体系的一组可行预应力。

表 6.3.3　平板型张拉整体结构单元分类及可行预应力

单元分组		单元号	预应力 t_{pres}
索	Ⅰ	2,4,7,9	1.305
	Ⅱ	1,3,5,6,8,10,11,12	0.652
	Ⅲ	13～28	0.923
	Ⅳ	29～44	0.923
杆	Ⅴ	45～60	-1.598

6.3.4　基于模拟退火算法的找力方法

1. 数学模型

在数学上，式(6.1.43)中矩阵 $\boldsymbol{Q}$ 的正定性可通过其特征值的正负性来确定。设矩阵 $\boldsymbol{Q}$ 的特征值向量中大于零的元素个数为 N，结构机构位移模态数为 m，令

$$f(\pmb{\alpha}) = m - N \tag{6.3.7}$$

则寻找可行预应力的过程可转化为如下简单的优化问题：

$$\min \left[f(\pmb{\alpha}) \right]$$
$$\text{s. t.} \quad a_i \in [0,1] \tag{6.3.8}$$

对于给定的静不定和动不定空间杆系结构，如果优化结果 $f(\pmb{\alpha}) = 0$，则在相应的预应力组合下，可转化为满足几何稳定性条件的张力结构。

对于指定某些构件必须为压杆或拉索的情况，需要在上述优化问题的基础上增加对指定构件预应力的正负要求。设结构共有 a 根杆件，要求前 k 根构件为压杆，后 q 根构件为拉索，而结构的自应力可表示为 $\pmb{t} = [t_1, t_2, \cdots, t_k, \cdots, t_{a-q}, \cdots, t_a]$，此时寻找可行预应力的过程所对应的优化问题为

$$\min \left[f(\pmb{\alpha}) \right]$$
$$\text{s. t.} \quad \begin{cases} a_i \in [0,1] \\ t_i < 0, \quad i = 1, 2, \cdots, k \\ t_j > 0, \quad j = a - q + 1, \cdots, a \end{cases} \tag{6.3.9}$$

强制指定拉压构件的约束过强，特别是在指定的构件数量较多时，很容易造成上述优化问题无解或很难收敛。因此，在不违背问题初衷的前提下，将强制指定拉压构件的条件弱化以便使尽可能多的构件满足预先给定的拉压关系。设 M 为满足拉压关系的构件数量，同时令

$$g(\pmb{\alpha}) = k + q - M \tag{6.3.10}$$

此时寻找可行预应力的问题实际上转变为一个多目标优化问题，即要同时最小化 $f(\pmb{\alpha})$ 和 $g(\pmb{\alpha})$。采用权重系数法将该多目标优化问题转化为单目标优化问题，令

$$F(\pmb{\alpha}) = w_1 f(\pmb{\alpha}) + w_2 g(\pmb{\alpha}) \tag{6.3.11}$$

式中，w_1 和 w_2 为权重系数。实际上，式(6.3.11)中的两个目标函数并不是完全对等的，因为设计者常希望首先保证找到的预应力能满足稳定条件，其次再尽可能地满足拉压条件，因此可以理解为前者的优先级高于后者。为了在式(6.3.11)中反映两个目标函数在优先级上的高低，对于自变量的任意两组取值 $\pmb{\alpha}$ 和 $\pmb{\alpha}'$，必须保证：①若 $f(\pmb{\alpha}) < f(\pmb{\alpha}')$，则无论 $g(\pmb{\alpha})$ 和 $g(\pmb{\alpha}')$ 的大小关系如何，必然有 $F(\pmb{\alpha}) < F(\pmb{\alpha}')$；②若 $f(\pmb{\alpha}) = f(\pmb{\alpha}')$ 且 $g(\pmb{\alpha}) \leqslant g(\pmb{\alpha}')$，则有 $F(\pmb{\alpha}) \leqslant F(\pmb{\alpha}')$。为了满足以上两个条件，取权重系数分别为

$$w_1 = k + q$$
$$w_2 = 1 \tag{6.3.12}$$

将式(6.3.12)代入式(6.3.11)可得

$$F(\pmb{\alpha}) = (k+q) f(\pmb{\alpha}) + g(\pmb{\alpha}) \tag{6.3.13}$$

因此,考虑构件拉压关系的可行预应力优化模型可表述为

$$\min \left[F(\boldsymbol{\alpha}) \right]$$
$$\text{s. t.} \quad a_i \in [0,1] \tag{6.3.14}$$

为了节省原材料与方便加工制造,构件的内力需要尽可能均匀。因此,通过采用内力绝对值偏差的均方根函数 $h(\boldsymbol{\alpha})$ 来衡量内力的均匀度,$h(\boldsymbol{\alpha})$ 可由式(6.3.15)求得

$$h(\boldsymbol{\alpha}) = \frac{1}{\bar{t}} \sqrt{\frac{\sum_{i=1}^{a} (t_i - \bar{t})^2}{a-1}} \tag{6.3.15}$$

式中,$\bar{t} = \frac{1}{a} \sum_{i=1}^{a} |t_i|$。可见,这相当于在原来优化问题的基础上又增加了一个目标函数 $h(\boldsymbol{\alpha})$。与前一种情况类似,可以采用权重系数法将这一目标函数添加到式(6.3.13)中。但是,考虑到 $h(\boldsymbol{\alpha})$ 的优先级比 $g(\boldsymbol{\alpha})$ 还要低一级,首先将其进行如下处理:

$$h'(\boldsymbol{\alpha}) = \frac{h(\boldsymbol{\alpha})}{1+h(\boldsymbol{\alpha})} \tag{6.3.16}$$

然后再构造总目标函数:

$$F'(\boldsymbol{\alpha}) = (k+q)f(\boldsymbol{\alpha}) + g(\boldsymbol{\alpha}) + h'(\boldsymbol{\alpha}) \tag{6.3.17}$$

因为 $h'(\boldsymbol{\alpha}) \leqslant 1$,而 $g(\boldsymbol{\alpha})$ 为大于等于 0 的整数,所以只要 $g(\boldsymbol{\alpha})$ 不等于 0,$h'(\boldsymbol{\alpha})$ 的值将永远不可能大于 $g(\boldsymbol{\alpha})$,从而保证了 $g(\boldsymbol{\alpha})$ 优先级高于 $h'(\boldsymbol{\alpha})$。因此,同时考虑拉压关系与预应力均匀性要求的可行预应力优化模型为

$$\min \left[F'(\boldsymbol{\alpha}) \right]$$
$$\text{s. t.} \quad a_i \in [0,1] \tag{6.3.18}$$

2. 求解步骤

式(6.3.8)、式(6.3.14)和式(6.3.18)中描述的优化问题存在如下特点:

(1) 自变量与目标函数之间没有显式的函数关系。

(2) 自变量的组合情况有无穷多种。

这样的组合优化问题,基于函数分析或基于枚举的优化算法都难以解决。本节采用一种随机搜索的算法——模拟退火法(simulated annealing method,SA)来解决上述优化问题(Kirkpatrick et al.,1983;Metropolis et al.,1953)。

设组合优化问题的一个解 x 及其目标函数值 $f(x)$ 分别与固体的一个微观状态及其能量等价,令随算法进程递降的控制参数 T 担当固体退火过程中的温度角色,则对于控制参数 T 的每一个取值,算法持续进行"产生新解—判断—接受/舍弃"的迭代过程就对应着固体在某一恒定温度下趋于热平衡的过程,经过大量解的

变换后,可以求得给定控制参数下组合优化问题的相对最优解。然后,减小控制参数 T 的值,重复上述迭代过程,就可以在控制参数 T 趋于 0 时,最终求得组合优化问题的整体最优解。

模拟退火法依据 Metropolis 准则确定从当前解 x' 转移到新解 x 的接受概率 p:

$$p = \begin{cases} 1, & f(x) < f(x') \\ \exp\left[-\dfrac{f(x)-f(x')}{T}\right], & f(x) \geqslant f(x') \end{cases} \tag{6.3.19}$$

式(6.3.19)的含义是:当新状态使系统的能量函数值减小时,系统一定接受这个新的状态;而当新状态使系统的能量函数值增加时,系统以某一概率接受这个新的状态。随着温度参数 T 的减小,接受概率也逐渐减小,即能量函数增大的可能性也逐渐减小,最后系统会收敛于某一能量最小的状态,该状态可作为目标函数的全局最小值。

由于固体退火必须缓慢降温,才能使固体在每一温度下都达到热平衡,最终趋于能量最小的基态,模拟退火法中的控制参数 T 的值也必须缓慢衰减,才能确保算法最终趋于组合优化问题的整体最优解集。此处采用如下双曲线下降退火方式:

$$T(k) = T_0 \beta^k \tag{6.3.20}$$

式中,β 为略小于 1.0 的系数。

在控制参数 T 的每一个取值下进行的所有迭代过程构成一个 Mapkob 链,迭代次数用 L_k 表示,称为该 Mapkob 链的长度。控制参数 T 的初值 T_0 和衰减函数 $T(k)$、Mapkob 链长 L_k 以及终止准则构成算法的冷却进度表。在实际应用中,终止准则常简化为:进行指定次数的降温后直接终止或在相继的若干个 Mapkob 链中解的改进量小于预先给定的限值时终止。此外,还需要通过一个远小于 1 的步长因子 λ 来控制新解在当前解的邻域内随机产生,即

$$x' = x + \lambda \Omega \tag{6.3.21}$$

式中,Ω 为解的搜索空间。

模拟退火算法的具体实现步骤可描述如下:

(1) 设置初始温度 T_0、Mapkob 链长 L_k、步长因子 λ 及降温计数器初值 $k=0$。

(2) 随机产生一个初始最优解,以它作为当前最优解,并计算目标函数值。

(3) 设置迭代计数器 $i=0$。

(4) 对当前最优解做一随机变动,产生新的最优解,计算新的目标函数值,并计算目标函数值的增量 Δ。

(5) 若 $\Delta < 0$,则接受该新产生的最优解为当前最优解;如果 $\Delta \geqslant 0$,则以概率 $p = \exp(-\Delta/T(k))$ 接受该新产生的最优解为当前最优解;若 $i < L_k$,则 $i = i + 1$,转向步骤(4)。

(6) 若未达到冷却状态,则 $k = k + 1$,并重新计算 $T(k)$,转向步骤(3);否则,输

出当前最优解,计算结束。

3. 数值分析示例

1) 索穹顶结构

图 6.3.3 所示为一索穹顶结构计算模型,采用矩阵奇异值分解分析可知,结构的自应力模态数 $s=1$,因此该结构属于单自应力模态体系。采用 6.3.2 节中的方法,并假定靠近中心处脊索的预应力值为 2000N,可直接求得组合因子 $\beta_1=7848$。结构的初始预应力分布如图 6.3.3(b)所示,经验算,满足几何稳定性条件。

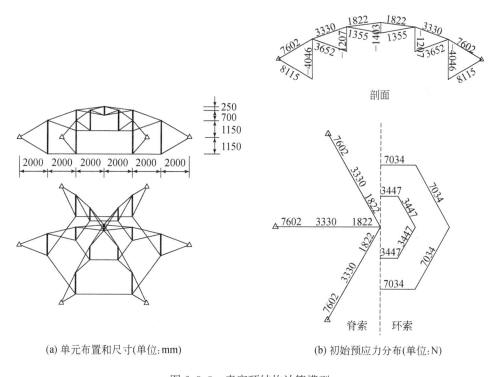

(a) 单元布置和尺寸(单位:mm)　　　　(b) 初始预应力分布(单位:N)

图 6.3.3　索穹顶结构计算模型

2) 索桁结构

图 6.3.4 所示为一空间索桁结构计算模型,采用矩阵奇异值分解分析可知,结构的独立自应力模态数 $s=6$,因此该结构属于多自应力模态体系。采用 6.3.3 节的方法,根据对称性对构件进行分组,然后计算组合因子,最终结构的初始预应力分布如图 6.3.4(b)所示,经验算,满足几何稳定性条件。

3) 平面索网结构

如图 6.3.5 所示的平面索网结构,其自应力模态数 $s=3$,自应力模态向量见

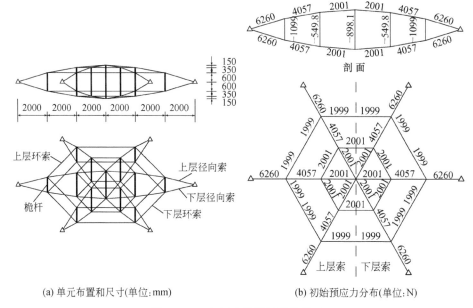

(a) 单元布置和尺寸(单位:mm)　　　　　　　　(b) 初始预应力分布(单位:N)

图 6.3.4　空间索桁结构计算模型

表 6.3.4,无机构位移模态。索网结构的所有构件均为受拉单元,同时要求构件中的预应力值尽可能相互接近以减少构件截面的种类。采用 6.3.4 节的方法进行优化计算,最终得到满足所有构件都受拉的预应力分布以及同时满足均匀性优化的预应力分布,见表 6.3.4,表中还给出了各个自应力模态的优化组合系数。可见,未经均匀性优化前,预应力的分布极其不均匀,而经过均匀性优化后最大预应力与最小预应力的比值显著减小;同时,优化后的预应力值自然地反映了结构在几何上的对称性,对称位置的构件拥有相等的预应力值。

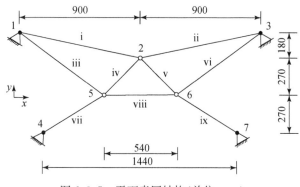

图 6.3.5　平面索网结构(单位:mm)

表 6.3.4　平面索网结构的自应力模态向量及优化预应力

单元号	自应力模态			可行解	最优解
	1	2	3		
i	−1.000	0.000	0.000	0.917	0.895
ii	−0.642	0.470	−0.949	1.000	0.896
iii	0.050	0.409	0.593	0.004	0.495
iv	0.021	0.391	−0.790	0.324	0.248
v	−0.476	−0.261	0.527	0.208	0.248
vi	0.182	0.582	0.244	0.035	0.495
vii	0.086	1.000	−0.416	0.449	0.901
viii	0.100	0.914	0.684	0.160	1.000
ix	−0.449	0.299	1.000	0.325	0.901
可行组合	−1.000	0.477	−0.237	—	—
优化组合	−0.849	1.000	0.174	—	—

4）张拉整体结构

图 6.3.6(a)所示的多面体称为立方八面体，它由八个三角形和六个正方形组成，共有 24 条棱边。以这 24 条棱边为拉索，并在内部嵌入四组围成三角形的压杆，从而可获得一个典型的回路型张拉整体结构单元[图 6.3.6(b)]。该结构拥有 7 个自应力模态和 1 个独立机构位移模态，虽然已知该结构存在稳定的自应力状态，但是已知的预应力取值一般是利用结构对称性然后通过静力平衡分析得到的。而由于该结构的自应力模态数为 7，理论上可能存在多个可行预应力模态，采用 6.3.4 节的方法，可以不借助结构对称性等附加条件确定一般意义上的最优化预应力分布。经验证，最终可得到既满足构件拉压条件又满足稳定性条件的预应力分布。

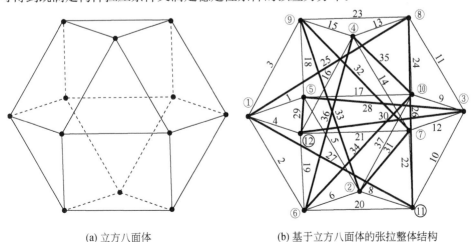

(a) 立方八面体　　　　(b) 基于立方八面体的张拉整体结构

图 6.3.6　基于多面体的张拉整体结构

6.4　典型张力空间结构形态

6.4.1　张拉整体结构

张拉整体结构的起源最早可追溯至 20 世纪 20 年代,1921 年,Ioganson 在一次展览中展出了一件于 1920 年完成的雕塑作品,在该作品中体现了张拉整体结构的平衡和调节思想,不过当时并未明确提出张拉整体这一概念。之后,Emmerich 开展了张拉整体的早期研究工作,在他的研究中,引用了 Ioganson 创作的其他具有张拉整体特征的雕塑作品,并将此类结构称为自应力结构。而当前广泛采用的"张拉整体"这一名词最早是由富勒于 1962 年提出的。1948 年,富勒在黑山学院讲课时,已常常引用"张力集成"这一概念,他认为自然中总是趋于由孤立的压杆所支撑的连续张力状态。他将 tensional 和 integrity 这两个英文单词缩减合成一个新的名词,即 tensegrity(张拉整体)。

早期张拉整体的研究者多来自建筑和艺术领域,在提出张拉整体概念的同时未能发展出有效的分析设计理论与方法,因此在此后很长一段时间内,张拉整体结构的发展极其缓慢。直到 20 世纪 80 年代初期,这种独特的结构体系引起了工程界学者的关注,张拉整体结构的研究才得到进一步推进。其中,Connelly(2002)、Pellegrino(1990)、Motro(1990)、Calladine(1978)等均做出了重要贡献,他们的研究涉及以下内容:张拉整体单元的几何、找形;单层、双层平板以及索穹顶张拉整体结构;张拉整体结构的力学性质;可扩展的张拉整体结构等,并基本建立起一套完整的针对规则张拉整体结构的分析理论与方法。近年来,随着基于张拉整体的智能结构和可展结构的兴起,以及张拉整体在生物力学中的应用——从早先的病毒结构模型延伸到细胞结构模型,张拉整体结构的研究与应用正处于快速发展时期。

古希腊哲学家赫拉克利特曾经说过,宇宙是张力的协调。张拉整体本质上是一种基本的结构组成原理,它对应处于平衡状态的一种特殊受力方式。这种特殊的力的平衡方式必须依赖一定的结构形式和材料才能表现出来。力的平衡方式(态)及其外在表现(形)统称为张拉整体结构的形态。可以这样认为,几乎以往所有有关张拉整体结构的研究工作归根究底是对张拉整体结构形态问题及其应用的研究。这里的"形"是指结构的外在形状、几何构形;这里的"态"是指结构的内力分布及大小。

1. 张拉整体结构的特点

1) 预应力成形特性

张拉整体结构的一个重要特征就是在无预应力情况下结构的刚度为 0,即此时体系处于机构状态。对张拉整体结构中的单元施加预应力（杆元对应于压力，索元对应于拉力）后结构自身能够平衡，不需要外力作用就可以保持应力不流失，并且结构的刚度与预应力的大小直接相关。

2）自适应

自适应能力是结构自身减少物理效应、反抗变形的能力，在不增加结构材料的前提下，通过自身形状的改变来改变自身的刚度，以达到减小外荷载的作用效果。这个特征在宇航空间站以及飞行器中应用较多。飞行器的机翼需要在空气作用下通过改变外形以适应不同的外部条件。

3）恒定应力状态

张拉整体结构中的杆元和索元汇集到节点达到力学平衡，称为互锁状态。互锁状态保证了预应力不流失，同时也保证了张拉整体结构的恒定应力状态，即在外力的作用下，结构的索元保持拉力状态，而杆元保持压力状态。这种状态可使材料得到充分利用，索元和杆元均能发挥自身的作用。当然，要维持这种状态，一要有一定的拓扑和几何构成，二需要适当的预应力。张拉整体系统结构的这些特点与传统的结构体系是不同的。了解这些特点以便于掌握结构的性状，同时也便于掌握张力集成系统结构的构造准则。

4）结构的非线性特性

张拉整体结构是一种非线性形状的结构，结构的很小位移就可能会影响整个结构的内力分布。非线性实质上是指结构的几何系中包括应变的高阶量，即应变的高阶量不可忽略。其次，描述结构在荷载作用过程中受力性能的平衡方程，应该在新的平衡位置建立；最后，结构中的初应力对结构的刚度有不可忽略的影响，其对刚度的贡献甚至可能成为索元的主要刚度，初应力对索元刚度的贡献反映在单元的几何刚度矩阵中。在索结构中，需要考虑结构的非线性特性。

5）结构的非保守性

非保守性是指结构系统从初始状态开始加载后结构体系的刚度也随之改变。但即使卸去外荷载，使荷载恢复到原来的水平时，结构体系也并非完全恢复到原来的状态和位置。结构体系的刚度变化是不可逆的。这也意味着结构的形态是不可逆的。结构的非保守性使其在复杂荷载的作用下有可能因刚度不断削弱而溃坏。

2. 张拉整体结构的典型应用领域

1）张拉整体结构在建筑和艺术领域的应用

最早的张拉整体结构起源于艺术领域的雕塑作品，之后很长一段时间，张拉整体的思想几乎只存在于当时的一些建筑师和雕塑家的工作中，例如，Emmerich、富勒和 Snelson 三位张拉整体结构的早期研究者分别为自己的研究成果申请了专利,Emmerich 和富勒在 1959 年和 1964 年之间申请了专利,而 Snelson 则是在 1965 年申请了专利。在这之后,他们的研究兴趣各有侧重。富勒的主要研究方向是球形或穹顶形的张拉整体结构(实际上有很大一部分是短程线球体或穹顶),涉及建筑上的实际应用,他的另一贡献是从哲学的角度解释了张拉整体这一现象,他认为宇宙与星球、海洋与孤岛都宏观地反映了张拉整体的拉压关系。Emmerich 对张拉整体在实际建筑形式上的体现也较为重视,他也设计过一些穹顶形的张拉整体结构。而 Snelson 更多地从艺术的角度来进行研究,他制作了大量的张拉整体模型,包括张拉整体塔状结构以及对原子结构的模拟,其中最著名的是分别建于 1968 年与 1969 年的两座 Needle Tower (图 6.4.1),这两座塔的基本单元是最简单的张拉整体三棱柱单元。

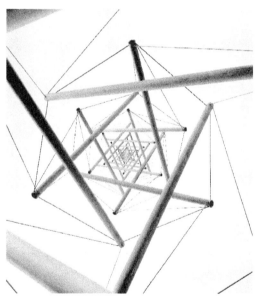

图 6.4.1　Needle Tower

2) 张拉整体结构在土木工程领域的应用

得益于张拉整体基础理论的提出,张拉整体的思想在土木工程中逐渐得到关注和发展。结构是土木工程中一个极为重要的概念,特别是对于大跨度的空间结构,结构的组成形式更为重要。冰、水、水蒸气都有相同的分子,由于分子之间的连接强度及组合方式不同,产生了不同的形态。这种现象联系到结构体系就是结构的刚度不同。可以看出,结构的性质往往与结构单元的组合形式相关。

张拉整体的定义是连续的拉索以及非连续的压杆组成的结构,这一定义很简单,但已有的研究主要集中在张拉整体单元,如对多边形和多面体张拉整体单元的研究。许多学者对简单的张拉整体单元做了力学以及形态上的研究,得出了张拉整体的一些特性。但如果要应用到实际工程中,一个现实的问题就摆在面前,即由张拉整体单元组成的张拉整体结构是否能保持其良好的力学特性。在组成张拉整体结构的研究过程中,大部分学者考虑的是通过张拉整体单元组合形成张拉整体结构,如图 6.4.2 所示。

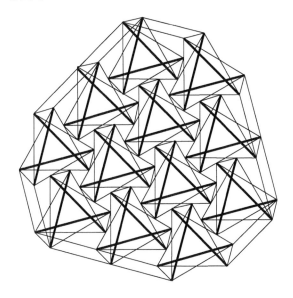

图 6.4.2 张拉整体单元组合方式

从张拉整体的概念上来讲这些组合方式是正确的,保证了间断的压和连续的拉。但是应用于工程时却不太可行,这是由张拉整体单元组合方式的缺陷所造成的。从单元角度上来讲张拉整体是高效的,但单元的组合形式却是低效的,从而导致整个体系的低效,所以难以应用于实际工程。

索穹顶结构应用了张拉整体思想,是一种支承于周边受压环梁上的索杆预应力穹顶结构。整个结构中保持了拉索的连续以及压杆的非连续特征。需要注意的是,索穹顶没有特定的组成单元,从整体上可以说是一个张拉整体单元,所以从结构的最高层次组成形式上来看满足了张拉整体思想,所以取得了较大成功。此外,在一些相关的工程中,也将张拉整体单元作为承重构件使用,如在膜结构中作为支撑体系出现(图 6.4.3),张拉整体结构在此体系中充分体现了自身的优势。

　　张拉整体结构在土木工程中的应用使人们重新考虑怎样才能将张拉整体的思想真正地应用于实际工程中。富勒曾经提出由微元的张拉整体单元组成大的拉杆和压杆,然后再形成大的张拉整体,如图 6.4.4 所示。这一思想和分形很相似,局部结构就是整体的缩影。每个张拉整体结构是上一层张拉整体结构的单元。在现在研究的体系中,对张拉整体单元的特性研究很多,并且得出张拉整体单元一些好的特性,但张拉整体单元通过组合形成张拉整体结构却不能有效地保持张拉整体单元的一些特性。从目前的研究结果来看,并没有一个很好的严格的张拉整体结构应用于工程中,但张拉整体的全张力思想在工程中有诸多体现。因此,在研究张拉整体的过程中不一定要拘泥于将整个结构的每一层组成形式都保持张拉整体,而是在结构最高一层的组合方式能保证张拉整体特性,则此结构就能有效发挥张拉整体的一些特性,因为结构在承受外力时常是最高一层的结构组成形式决定结构的有效程度。如果执着于将整个结构的每一层都保证为张拉整体结构,则并不能有效发挥现有材料的特性,也许一个梁更适合作为张拉整体单元的组成部分。因此,在实际工程中将张拉整体的思想应用于最高层次的组成形式往往更加实用。

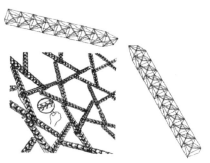

　　图 6.4.3　张拉整体单元应用于承重结构　　图 6.4.4　富勒的分形张拉整体思想

3) 张拉整体结构在生物力学领域的应用

　　除了在工程领域的应用之外,张拉整体思想还引起了生物学家的注意。以 Ingber 为代表的学者认为细胞的构成在力学上遵循了张拉整体原理,细胞骨架中的微管和微丝分别扮演了受压单元和受拉单元的角色(Ingber,2006;2003;1993)。图 6.4.5 所示为细胞中的微管和微丝的分布形态及对应的张拉整体结构模型。他们利用张拉整体结构作为细胞骨架的概念模型,通过该模型成功预测和解释了大量实验中观察到的细胞力学反应与生物现象(Sultan et al.,2004;Katoh et al.,1998;Sims et al.,1992;Kreis and Birchmeier,1980)。同时,张拉整体思想迅速扩展到生物力学的其他分支,而不再局限于细胞力学。从红细胞复合连接体的变形特性到脊椎骨在各种姿态下的静动力反应,张拉整体结构都给出了很好的模拟

(Vera et al.,2005;Levin,2002)。因此,张拉整体结构在生物力学中的应用已经是其相关研究中最为活跃的领域之一。总体来说,目前张拉整体在生物力学中的应用还主要停留在定性研究阶段,采用的力学模型多为简单的张拉整体单元,无法考虑细胞结构或其他生物组织更复杂的形态及多阶层的结构形式,这在一定程度上受限于现有的找形方法还无法构建复杂的、任意形态的张拉整体结构。

(a) 单个细胞中受压骨架微管　　　(b) 单个细胞中受拉骨架微丝　　　(c) 单个细胞张拉整体结构模型

图 6.4.5　细胞中的张拉整体结构

　　基于本书中提出的张拉整体结构的形态设计及分析方法,罗尧治与 Ingber 教授合作,对张拉整体结构在生物力学领域的应用进行了进一步的探索研究(Luo et al.,2008a)。张拉整体结构已成功用来解释活细胞的一些力学性能。研究表明,在外界应力的作用下,体外培育的树枝状肌动蛋白微丝网会发生应力强化和应力软化的现象(Chaudhuri et al.,2007)。罗尧治提出了一个张拉整体结构基本模型,揭示了张拉整体结构在压杆屈曲前的非线性应力强化现象和压杆屈曲时的应力软化现象,解释了细胞肌动蛋白网状结构的应力强化与软化现象的力学本质(Xu and Luo,2009)。基于该模型,采用有限元法成功模拟了其在断裂、开孔、预应力变化及压杆主动收缩等激励下的黏弹性时间历程反应。此外,采用该模型定量预测了细胞张力丝在断裂时的黏弹性回缩现象(图 6.4.6)及开孔后孔洞的轴向拉伸现象(图 6.4.7),并定性解释了张力丝在活细胞中的非均匀收缩以及在分离后的主动收缩现象。

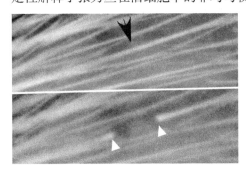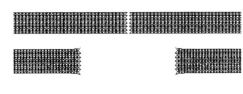

图 6.4.6　张力丝的张拉整体结构模型在断裂时的黏弹性回缩

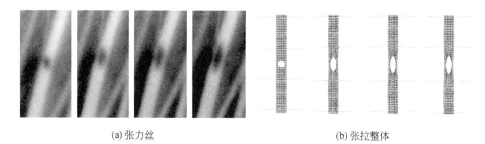

(a) 张力丝　　　　　　　　　　　　　(b) 张拉整体

图 6.4.7　张力丝及张拉整体模型开孔后孔洞的轴向拉伸现象

3. 张拉整体结构模型制作及模型试验

1) 张拉整体结构模型制作

(1) 经典球形张拉整体单元模型制作。

从拓扑学角度出发,对于一个外形为球形的张拉整体结构,若索单元对于球面来讲是对称均匀分布的,任意索单元之间互不相交(只有在单元节点处相交),且所有的杆单元被索单元包围,则与之对应的张拉整体单元称为球形张拉整体单元。经典球形张拉整体单元包括钻石型、回路型及 Z 字型,图 6.4.8～图 6.4.10 给出了一些典型球形张拉整体单元的实物模型。

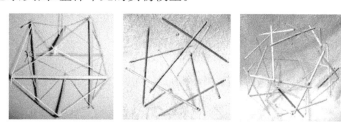

图 6.4.8　三种钻石型球形张拉整体单元实物模型

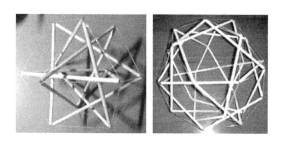

图 6.4.9　两种回路型球形张拉整体单元实物模型

(2) 张拉整体找形结果模型制作。

除上述经典的规则球形张拉整体单元外,为了验证 6.2.4 节中找形方法得到

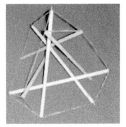

图 6.4.10　三种 Z 字型球形张拉整体单元实物模型

的非规则张拉整体结构(图 6.2.7)的正确性,图 6.4.11 为采用木棍、棉线等简单材料制作的与图 6.2.7 所示的张拉整体结构相对应的物理模型,两者的形态基本相似。

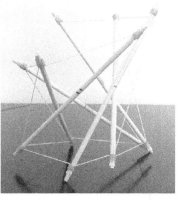

(a) 基于扩展八面体拓扑的最优个体模型　　　　　(b) 基于六棱柱拓扑的最优个体模型

(c) 基于八棱柱拓扑的最优个体模型　　　　　(d) 基于十棱柱拓扑的最优个体模型

图 6.4.11　找形结果物理模型

(3) 多层竖向集成张拉整体结构模型制作。

Snelson(2012)提出经典的多层竖向集成张拉整体结构,该结构可以看成每层有多根压杆的张拉整体棱柱模型的竖向集成,压杆在每层间交替出现顺时针和逆时针方向的转动分布。根据该类张拉整体结构的规律制作了如图 6.4.12 所示的一个由三杆张拉整体模型集成的四层竖向张拉整体结构的实物模型。

2）张拉整体结构模型试验

建立 2×2 的 4m×4m 拼装四棱柱张拉整体结构模型(图 6.4.13),并进行加载试验,以研究张拉整体结构的预应力成形机理及其荷载位移响应特性等力学性能。

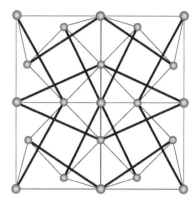

图 6.4.12　四层三杆模型实物图　　图 6.4.13　四棱柱张拉整体结构模型俯视图

首先进行结构的初张拉成型试验。整个拼装过程先从下弦层开始,连接所有下弦层对应节点和索具,再连接对应下弦节点上的压杆、斜索。之后连接斜索和上弦对应的节点,再连接上弦节点和压杆,并调整所有短索至所需长度,最后安装上弦的通长索。拼装过程如图 6.4.14(a)所示。

整个结构的预应力是通过张拉上弦 6 根通长索来获得的。而上弦索预应力的施加则是通过均匀拧紧上弦索两端锚杆上的高强螺帽来实现的。张紧上弦的 6 根通长索,通过力的传递可以张紧所有的拉索,同时钢杆受压,并使结构成型。成型后的结构如图 6.4.14(b)所示。

(a)拼装过程　　　　　　　　　　　　(b)成型图

图 6.4.14　结构的初张拉成型试验

（1）张拉成型。首先在地面上通过拧紧通长上弦索两端节点处的螺栓来施加预应力，从而使试验模型张拉成型。然后用吊车将模型吊起放置于钢架支座上，试验如图6.4.15 所示。

图 6.4.15　置于钢架支座上的试验模型

（2）加载试验。模型制作时，分别在每个上弦节点加工了荷载钩，加载方式为荷载块加载。首先对结构体系进行预加载，基本消除结构中的残余应力。之后进行正式加载试验，分 6 步加载到预定的均布荷载值。加载完成后同样分步卸载并记录数据，试验过程如图 6.4.16 所示。

图 6.4.16　加载试验

（3）加载试验结果分析。张拉整体结构是典型的非保守性结构体系，非保守性是指结构系统从初始状态开始加载后结构体系的刚度也随之改变，但即使卸去外荷载，使荷载恢复到原来的水平，结构体系也并非完全恢复到原来的状态和位置。结构体系的刚度变化是不可逆的。这也意味着结构的形态是不可逆的。试验结果也证明了张拉整体结构的非保守性这个显著特性。无论是节点位移还是单元内力在卸载之后都无法恢复到初始状态。另外,试验结果表明,在荷载比较小时荷载-位移曲线的非线性较不明显,而单元的荷载-内力变化曲线的非线性较明显,且随着外荷载的增大,所有单元内力均呈上升趋势,与理论分析结果相同。

　　(4)破坏试验。持续均匀地增加上弦均布荷载直到压杆出现微屈曲,视为结构开始失效。破坏试验现场如图6.4.17所示。在试验最后破坏状态下可见已有若干压杆呈现出微屈曲状态,在图6.4.17中用×标记。而且从整个试验的过程来看,在均布荷载作用下结构的破坏失效是趋向于若干压杆同时屈曲,而不是某根压杆单独屈曲破坏,说明结构的传力比较均匀。

图 6.4.17　模型压杆呈现微屈曲状态

6.4.2　索穹顶结构

　　索穹顶结构由脊索、环索、斜索和竖杆组成,拉索的预应力和外周的压环相平衡。

　　索穹顶结构是 Geiger 根据富勒张拉整体结构思想发展起来的(图6.4.18),并在实际工程中得到成功应用,如韩国首尔奥林匹克体操馆、击剑馆,美国亚特兰大奥运会主体育馆等。由于索穹顶结构所具有的高效、轻量、自平衡、自适应、非保守体系等特点,已引起各国学者的广泛关注。

　　1.传统张拉整体类索穹顶结构

　　传统索穹顶结构形式主要有肋环型和葵花型两种,由于这两种体系分别由 Geiger 和 Levy 设计并应用到工程中,这两种形式又分别命名为 Geiger 型和 Levy 型(Levy,1994;Geiger et al. 1986)。Geiger 型的代表工程为图6.1.1(b)所示的韩

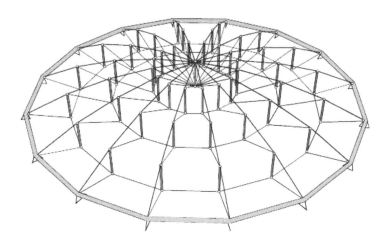

图 6.4.18　Geiger 索穹顶体系

国首尔奥林匹克体操馆穹顶,是世界上第一个采用张拉整体概念建造的大型场馆。它由中心受拉环、径向布置的脊索、斜索、压杆和环索组成,并支撑于周边受压环梁上,此体系具有张拉索的连续性和受压杆的不连续性特点,索沿环向及径向布置,并在屋顶铺设膜材。由于它的几何形状接近平面桁架系结构,上弦节点没有环向构件对其进行约束,致使结构的抗扭刚度和稳定性都较差,在不对称荷载作用下容易失稳。

　　Levy 型的代表工程为图 6.4.19 所示的美国佐治亚穹顶,其结构形式如图 6.4.19 和图 6.4.20 所示。它将辐射状布置的脊索改为葵花型布置,使屋面膜单元呈菱形的双曲抛物面形状。尽管 Levy 型穹顶较好地解决了 Geiger 型穹顶存在的索网平面内刚度不足容易失稳的问题,但它在构造上仍然存在脊索网格划分不均匀的特点。尤其是结构内圈部分由于网格划分密集,显著增加了杆件布置、节点构造和膜片铺设等技术的复杂性。

　　董石麟院士在综合考虑结构构造、几何拓扑和受力机理的基础上提出了 Kiewitt 型索穹顶(图 6.4.21)、鸟巢型索穹顶(图 6.4.22)和混合型索穹顶(图 6.4.23、图 6.4.24)等新形式,其中,混合Ⅰ型(图 6.4.23)为肋环型和葵花型的重叠式组合,混合Ⅱ型(图 6.4.24)为 Kiewitt 型和葵花型的内外式组合。以上几种穹顶结构具有如下特点:脊索布置新颖,网格划分均匀;刚度分布均匀,可降低预应力水平;节点构造简单,施工操作方便;使柔性薄膜和刚性屋面的铺设更为简便可行;鸟巢型索穹顶的脊索沿内环切向布置,连接两边界的脊索贯通,可省去内上环索。这些新型索穹顶形式的提出丰富了现有索穹顶结构的形式,使这一结构更具生命力。

(a) 外景   (b) 内景

图 6.4.19 美国佐治亚穹顶

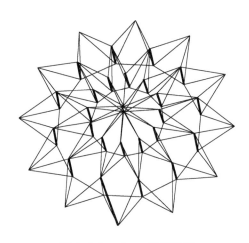

图 6.4.20 Levy 型索穹顶

(a) 三维图   (b) 脊索布置图

图 6.4.21 Kiewitt 型索穹顶

(a) 三维图　　　　　　　　　　　　　(b) 脊索布置图

图 6.4.22　鸟巢型索穹顶

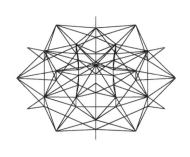
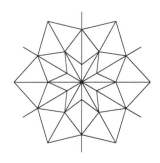

(a) 三维图　　　　　　　　　　　　　(b) 脊索布置图

图 6.4.23　混合 I 型索穹顶

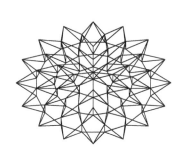

(a) 三维图　　　　　　　　　　　　　(b) 脊索布置图

图 6.4.24　混合 II 型索穹顶

　　在工程应用方面,我国于 2009 年在金华晟元集团标准厂房(图 6.4.25)和无锡新区科技交流中心(图 6.4.26)各建有跨度约 20m 的试点性索穹顶工程,2011 年建成跨度 36m 的肋环型索穹顶中国太原煤炭交易中心(图 6.4.27),2012 年鄂尔多斯伊金霍洛旗 72m 肋环型索穹顶体育馆(图 6.4.28)建成并投入使用,2016 年建成天津理工大学超百米跨度组合形式索穹顶体育馆和四川雅安天全县体育馆刚性屋面组合形式索穹顶(图 6.4.29、图 6.4.30),2020 年成都凤凰山体育公园专业足球场屋盖采用了全国首创的大开口索穹顶结构形式(图 6.4.31)。这些研究工作和工程实践都大力推动了索穹顶结构在我国的发展和应用(闫翔宇等,2019;冯远等,2019)。

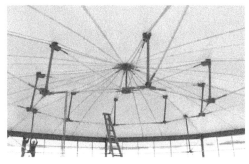

图 6.4.25　金华晟元集团标准厂房
(肋环型索穹顶 18m×20m)

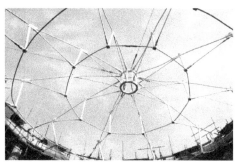

图 6.4.26　无锡新区科技交流中心
(肋环型索穹顶 $D=24m$)

图 6.4.27　中国太原煤炭交易中心
(肋环型索穹顶 $D=36m$)

图 6.4.28　鄂尔多斯伊金霍洛旗体育馆
(肋环型索穹顶 $D=72m$)

图 6.4.29　天津理工大学体育馆
（葵花与肋环组合型索穹顶 102m×82m）

图 6.4.30　四川雅安天全县体育馆
（葵花肋环混合型刚性屋面索穹顶 $D=77.3m$）

图 6.4.31　成都凤凰山体育公园专业足球场
（葵花肋环混合型刚性屋面索穹顶 $D=77.3m$）

2. 改良索穹顶结构体系

1）Tetra 体系

Tetra 体系是由 Geiger 型索穹顶变化而来的，变化的关键是改变压杆的竖向位置（图 6.4.32）。在改变过程中，仅壳体顶部的竖杆保持不变。斜向杆件的节点通过拉索保持在合理位置。这些索杆形成了一种新的空间索杆结构，其内有拉长的四面体单元，压杆处于四面体单元的两条短边处。

根据压杆布置方式不同可将 Tetra 体系分为 TetraAA 体系[图 6.4.33(a)]和 TetraAV 体系[图 6.4.33(b)]。TetraAA 体系中每条径向的构件布置都一样，同一圆环上的斜向压杆朝向一致。TetraAV 体系中相邻两条径向的构件镜像对称。采用 Tetra 体系的结构具有更大的刚度。这类结构体系需要在壳体的中部有一根竖向撑杆，这也是这类体系的内在特征决定的。基于此，该体系也无法应用于中部开口的屋盖。

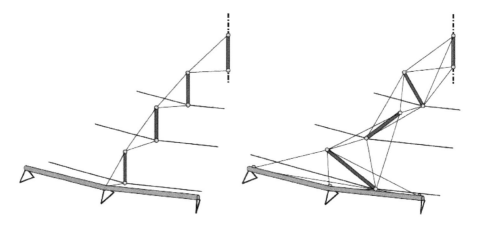

图 6.4.32　Geiger 索穹顶和 Tetra 体系构件布置

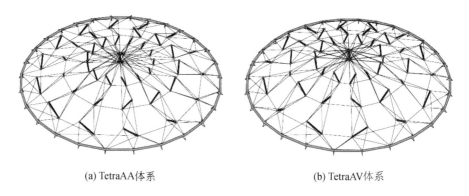

(a) TetraAA体系　　　　　　　　　　　(b) TetraAV体系

图 6.4.33　Tetra 索杆结构体系

2) 穹顶索杆结构体系

穹顶索杆结构是由双层壳体经过适当改变得到的,并由外周压环支撑(图 6.4.34)。改变主要包括两部分:①只有和外周压环平行的三角形索杆桁架的斜撑仍然是刚性杆;②适当减少多余的拉索数量并最终施加预应力。

从结构的角度可以去除内部环向桁架的上部拉索,最终结构如图 6.4.35 所示。但需要注意的是,该体系只能用于完整的结构体系中,不能用于中间有开口的屋盖。

3) 张拉整体环作为索穹顶的环梁

将张拉整体环作为索穹顶的环梁可以得到一种新型索穹顶体系。在这个结构体系中,索穹顶和张拉整体环协同工作,成为一个张拉整体体系(图 6.4.36)。

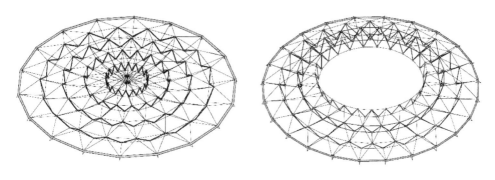

图 6.4.34 穹顶索杆结构基本形式

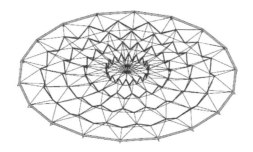

图 6.4.35 减少拉索后的穹顶索杆结构体系

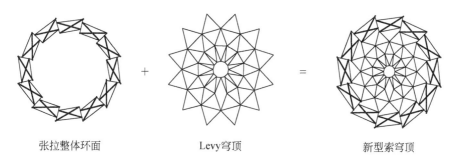

张拉整体环面　　　　　Levy 穹顶　　　　　新型索穹顶

图 6.4.36 新型索穹顶体系

4）非富勒构想的多撑杆型索穹顶

董石麟院士针对已有索穹顶结构形式单一、稳定性较差的缺点,近年来突破富勒构想的"拉索的海洋与压杆的孤岛"传统意义上的张拉整体结构理念,董石麟院士相继提出了肋环序列、葵花序列与蜂窝序列多撑杆型索穹顶新体系(图 6.4.37 和图 6.4.38),并对结构受力性能的合理性进行了分析验证。上述体系创新符合大跨度、高性能、轻质化和装配式结构的市场需求,丰富了大跨度索穹顶结构的设计选型。

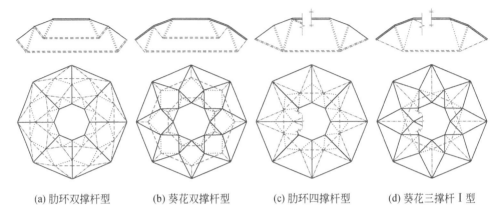

(a) 肋环双撑杆型   (b) 葵花双撑杆型   (c) 肋环四撑杆型   (d) 葵花三撑杆Ⅰ型

图 6.4.37　非富勒构想的多撑杆型索穹顶体系

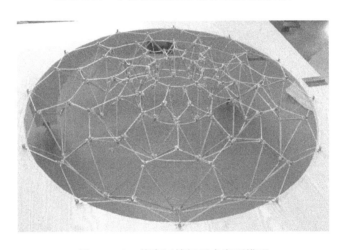

图 6.4.38　蜂窝四撑杆型索穹顶模型

6.4.3　悬索结构

悬索结构是以只能受拉的索作为基本承重构件,并将索按照一定规律布置所构成的一类结构体系。悬索结构的受力特点是仅通过索的轴向拉伸来抵抗外荷载的作用,结构中不出现弯矩和剪力效应,该结构可以充分利用钢材的强度。当采用高强度钢材时,更可以显著减轻结构的自重,较为经济地跨越很大的空间,因此悬索结构是大跨度建筑屋盖采用的主要结构形式之一。

在欧洲,16 世纪便开始出现悬索的计算理论,并广泛应用于悬索桥、索道、输电线等工程的计算分析中。19 世纪末,苏霍夫系统地提出了索网结构的计算理论。悬索结构在建筑结构中的应用是从 20 世纪 50 年代开始的。世界上第一个现代悬索屋盖是于 1952 年在美国建成的雷里竞技馆(图 6.4.39),其采用以两个斜放的抛物线拱为边缘构件的鞍形正交索网结构。此后,悬索结构得到迅速发展,国外建造了较多有代表性的悬索屋盖,例如,1957 年建成的美国华盛顿杜勒斯国际机场候机楼(图 6.4.40),1964 年建成的日本东京代代木国立综合体育馆(图 6.4.41),1987 年建成的加拿大卡尔加里滑冰馆(图 6.4.42),2000 年建成的德国汉诺威会展中心(图 6.4.43)等。

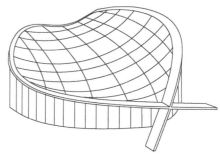

图 6.4.39 美国雷里竞技馆

图 6.4.40 美国华盛顿杜勒斯国际机场候机楼 图 6.4.41 日本东京代代木国立综合体育馆

图 6.4.42 加拿大卡尔加里滑冰馆 图 6.4.43 德国汉诺威会展中心

　　中国从 20 世纪 50 年代开始研究悬索结构屋盖,代表性工程有:1961 年建成的北京工人体育馆(图 6.4.44),1966 年建成的杭州体育馆(浙江省人民体育馆)(图 6.4.45),2013 年建成的乐清体育场(图 6.4.46),2018 年建成的石家庄国际会展中心(图 6.4.47),2020 年建成的国家速滑馆(图 6.4.48),2021 年中国援建的柬埔寨国家体育场(图 6.4.49)等。

图 6.4.44　中国北京工人体育馆

图 6.4.45　中国杭州体育馆

图 6.4.46　中国乐清体育场

图 6.4.47　中国石家庄国际会展中心

图 6.4.48　中国国家速滑馆

图 6.4.49　柬埔寨国家体育场

1.悬索结构的形式与分类

悬索结构按照索的布置方法和层数可分为以下几类主要形式。

1) 单层悬索结构

(1) 单向单层悬索结构。

单向单层悬索结构是由一系列平行的承重索(单索)构成的结构体系。该类悬索结构形式通常适用于矩形平面的建筑屋盖,其可以为单跨,也可适应于连续多跨的情况(图 6.4.50)。

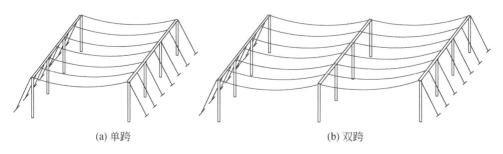

(a) 单跨　　　　　　　　　　　　　　　　(b) 双跨

图 6.4.50　单向单层悬索结构

(2) 辐射式单层悬索结构。

辐射式单层悬索结构通常适用于圆形平面的建筑屋盖,由一系列沿径向辐射布置的承重索构成,形成一个下凹的正高斯曲率蝶形屋面(图 6.4.51)。

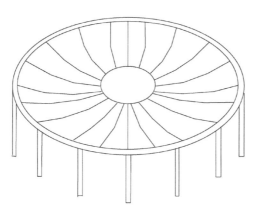

图 6.4.51　辐射式单层悬索结构

(3) 双向单层悬索结构。

双向单层悬索结构由两个方向相交布置且同曲率方向的承重索系构成,可适用于圆形、矩形等多种平面的建筑屋盖(图 6.4.52)。

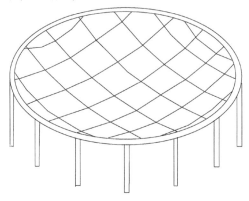

图 6.4.52　双向单层悬索结构

2) 双层悬索结构

双层悬索结构的基本组成单元为索桁架(图 6.4.53)。索桁架由承重索、稳定索以及联系承重索和稳定索的杆件构成。由于承重索和稳定索曲率相反,其预拉力可以相互平衡,因此索桁架中可以维持预应力。根据索桁架的平面布置不同,双层悬索结构可分为以下三种形式。

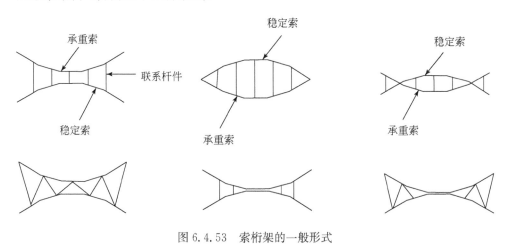

图 6.4.53　索桁架的一般形式

(1) 单向双层预应力悬索结构。

单向双层预应力悬索结构由一系列平行布置的索桁架构成。通常索桁架的承重索和稳定索位于同一竖向平面内[图 6.4.54(a)],但也有将承重索和稳定索交错布置的做法[图 6.4.54(b)]。这种处理能提高屋盖的纵向整体刚度和稳定性。

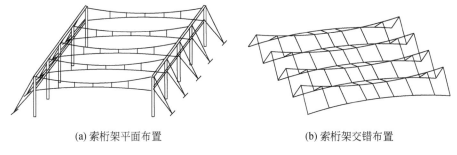

(a) 索桁架平面布置   (b) 索桁架交错布置

图 6.4.54 单向双层预应力悬索结构

（2）辐射式预应力悬索结构（车辐式悬索结构）。

辐射式预应力悬索结构通常应用于圆形平面的建筑屋盖，结构中部设置一刚性拉环，然后沿平面径向布置上、下的承重索和稳定索，将中部拉环和周边支承构件联系起来，承重索和稳定索之间可以设置联系杆件，也可以不设置（图 6.4.55）。

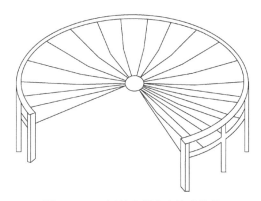

图 6.4.55 辐射式预应力悬索结构

（3）双向双层预应力悬索结构。

与单向双层预应力悬索结构相比，双向双层预应力悬索结构基本组成单元也为索桁架，但索桁架交叉布置，适用于圆形和矩形平面的屋盖结构（图 6.4.56）。

3）预应力索网结构

索网结构为同一曲面上两组曲率相反的单层悬索系统相交而成的网状悬索结构体系（图 6.4.57）。其中，下凹方向的索为承重索，上凸方向的索为稳定索。两向索系的曲率相反，索中预拉力可以相互平衡，因此这类形式的悬索体系也可以施加预应力，获得较强的结构刚度，并且具有很好的整体稳定性。如果每个方向的单层索为相同曲率的抛物线，则整个索网结构构成的曲面为双曲抛物面，也称为马鞍面。

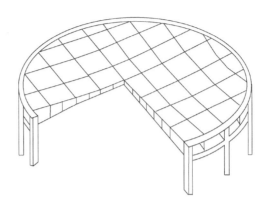

图 6.4.56　双向双层预应力悬索结构

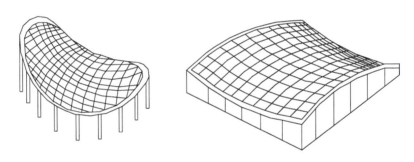

图 6.4.57　预应力索网结构

2. 悬索结构的形态特征

　　悬索结构在荷载作用下的变形不能认为是小量,因此在结构分析时,其平衡方程必须建立在变形以后的形态上,而不能像常规刚性结构那样将结构的任何平衡状态都近似建立在其受荷前的形态上。通常将悬索结构的平衡状态定义为三种特征状态,即零状态、初始状态、荷载态,如图 6.4.58 所示。零状态是指结构体系加工放样时的状态,此时体系中不存在预应力,不承受外部荷载和自重作用;初始状态是指结构在预应力和自重作用下的状态,不考虑外部荷载的作用,因而又称为预应力态;荷载态是指结构在外部荷载作用下所处的某一平衡状态,即终态。当初始状态的曲面受到外荷载作用后,曲面的形状相对变化到某一特定的位置,当结构体系从初始状态释放掉预应力,则回到放样的零状态,即结构受力的过程是从零状态张拉到预应力态,再从预应力态加载到荷载态。在外部荷载不变的条件下,结构初始状态预应力分布"态"及相应的"形"(初始几何)直接决定了结构承载能力的好坏。因此,悬索结构设计的关键是初始状态的确定,形态确定问题是悬索结构设计中最关键的问题。

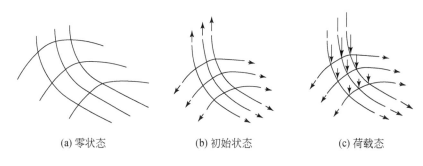

(a) 零状态   (b) 初始状态   (c) 荷载态

图 6.4.58 空间预应力索网结构的三个状态

初始形态分析方法可以分为三类:几何分析法、物理模型法、数值法。事实上,对大多数悬索结构来说,其形体灵活多变,无法用几何方程描述,几何分析法只适用于极少数简单曲面。物理模型法是张力结构早期研究者所采用的方法,Otto 最先使用肥皂膜、编织网、弹性薄膜来制作模型,以探索张力结构几何形体的可行性。物理模型法的优点是直观,取材容易,缺点是制作模型费工费时、精度差,同时需要一套复杂的测量仪器和高超的近景摄影测量技术。20 世纪 70 年代以后,随着计算机技术的迅猛发展,各种数值分析方法应运而生。数值法克服了物理模型法的不足,可以利用图形显示和图形交互技术多角度、全方位地对结构形体进行修改、完善,从而成为张力结构形状确定的主要方法。悬索结构初始形态确定的主要数值方法有力密度法、动力松弛法、非线性有限元法等。

6.4.4 膜结构

膜结构是近 30 年发展起来的一种张力结构形式,它以性能优良的柔软织物为材料,可以向膜内充气,由空气压力支撑膜面,也可以利用柔性的拉索结构或刚性的支撑结构将薄膜绷紧或撑起,从而形成具有一定刚度、能够覆盖大跨度空间的结构体系(杨超,2015;张毅刚,2013;Wakefield,1999)。

膜结构的发展最初主要以充气膜结构为主,在国外已有大量的成功案例。但随着新的建筑及结构要求的不断提出,充气膜结构除在特殊领域应用外,大部分已被张力膜结构所代替。作为一种柔性结构,膜结构材料本身不具有刚度,由这些材料组成的结构体系初始时只是一种机构,只有对其施加一定的预张力后,结构体系才具有抵抗外荷载的刚度。因此,膜结构建筑设计与传统结构的设计也有很大差别,它打破了传统"先建筑,后结构"的设计过程,要求建筑设计与结构设计紧密结合,以确定建筑物的形状进行计算分析。在力学模型建立时,必须考虑几何非线性效应。

1.膜结构的初始形态

1) 张拉膜结构

膜结构的刚度是由几何外形及张拉预应力提供的,是一种典型的"由形状产生强度"的结构形式。张拉膜结构初始形态分析的基本任务就是在已知拓扑关系、几何约束、材料特性与荷载的条件下,确定膜结构初始曲面形状以及维持该曲面的特定预应力分布并将其控制在指定范围内。张拉膜结构的建筑外形常为复杂的空间曲面,精确描述空间曲面的几何形状一般比较困难,即便给定张拉膜结构所有节点的空间位置,通过平衡矩阵的奇异值分解往往也得不到令人满意的预应力分布形式。因此,大部分情况下张拉膜结构的初始形态分析为结构边界条件或控制点位置,以及预应力分布形式给定条件下的结构找形分析。

张拉膜结构的初始形态分析可分两步进行:初始几何的假定和初始平衡态的确定。前者是基于几何方法根据给定的控制结构外形的关键点(包括边界线和边界点以及曲面上的控制线或控制点)按一定的曲面成形法则构造一个原始曲面,并将此曲面离散成质点和相连膜单元集合,以此作为初始计算模型。后者是在初始假定模型的基础上施加预应力,按照控制点的既定约束条件(固定或位移约束),求出符合静力平衡要求的膜结构初始形状。

张拉膜结构的几何外形与其预应力分布及其大小有密切的依赖和制约关系,不同的预应力分布、预应力值可以导致不同的几何外形;反过来,确定的一种几何外形必然有唯一一组相应的预应力分布。形态分析的目的就是找一个初始的满足建筑和结构要求的自平衡力学体系。膜结构的形态分析法基本以动力松弛法、力密度法和非线性有限元法这三种方法为理论基础。

2) 充气膜结构

充气膜结构也要依靠膜面内的预应力作用来保证结构具有稳定的外形和承受外荷载的能力。但这种结构体系引入预应力的方式与张拉膜结构有所不同:张拉膜结构一般是通过张拉索或边界来引入预应力的,充气膜结构则是通过在表面施加压力荷载使膜面张紧来形成一定的结构刚度。因此,内外空气压差是影响充气膜结构初始形态的关键因素。当边界条件一定时,膜面形状同时与预应力、空气压差两个因素相关,其中任意一个发生改变,膜面形状都会产生相应变化。

　　与张拉膜结构类似,充气膜结构的初始形态也应尽可能满足应力均匀分布的要求。同时,基于充气预应力的概念,膜面内的预应力不仅要满足指定的外形要求,更要与膜面内外的空气压差相匹配。因此,充气膜结构的初始形态往往受到多种约束条件的限制,简单采取对膜面直接赋予初始预应力的方法很难得到满意的初始形态。实际上,只有当充气膜的形状为圆形边界下的球面或矩形边界下的柱面等少数几种情况时,膜面才可能是等张力曲面。在一般情况下,由于边界条件的限制和结构形状的复杂性,充气膜结构的膜内应力很难完全均匀分布。另外,除了少数具有解析函数的规则曲面,大多数充气膜结构一般也很难对其具体空间形状预先做出精确描述,通常只能给出边界形状以及某些控制点高度或限制内部体积大小等作为约束条件。因此,充气膜结构初始的“形”与“态”均为未知,需要结合目标约束条件分别进行求解。根据使用功能的需要,实际的充气膜结构一般都以指定内压和矢高(或体积)为限制条件,分析得到的结果应该是在给定边界条件、一定的工作气压及起拱高度(或内体积)下的平衡形态,并应尽可能地接近应力均匀分布的最小曲面状态。

2. 膜结构体系及应用

1) 传统膜结构体系

　　根据膜面引入预张力的方式不同,传统膜结构分为充气膜结构(图6.4.59)和张力膜结构(图6.4.60)两大类结构体系。其中,充气膜结构可进一步分为气承式膜结构和气囊式(气枕式)膜结构。气承式膜结构以膜面所覆盖空间内外的微小空气压差来稳定膜面;气囊式膜结构则通过在膜面所围成的封闭空间内充入高压气体而使膜材产生张力。张力膜结构是利用柔性钢索或刚性骨架等支承构件使膜面张紧而形成稳定的曲面结构形式。根据支承构件的不同,张力膜结构可以分为悬挂式、骨架支承式、张拉整体式、复合式等多种形式。

图 6.4.59　充气膜结构

图 6.4.60　张力膜结构

　　现代膜结构的发展起始于 20 世纪中期(Liddell,2015)。早期对膜结构发展做出最大贡献的当属 Otto,他创造性地提出应用"皂泡理论"模拟薄膜的表面张力形态(图 6.4.61),并在 1967 年设计出被认为是最早的现代索膜结构——加拿大蒙特利尔博览会德国馆,通过悬挂在不同高度桅杆上的索网承担主要荷载,之后在 1972 年他又完成了慕尼黑奥林匹克中心公园设计分析。在 1970 年的日本大阪万国博览会上大跨度膜结构第一次得到集中展示,其中最具代表性的是 Kawaguchi 设计的彩虹状的富士馆(图 6.4.62)和 Geiger 设计的巨大而扁平的椭圆形美国馆(图 6.4.63)。富士馆属于气囊式充气膜结构,由 16 根直径 3.3m、高 72m 的拱形气囊通过环形水平带围箍而成,并固定在直径为 50m 的钢筋混凝土基础环梁上,其内部气压随外部环境风压状况而调整;美国馆则属于气承式膜结构,首次采用了玻璃纤维涂敷聚氯乙烯(polyvinylchloride,PVC)面层的膜材,其平面投影尺寸达到142m×83.5m,利用在膜面上设置 32 根沿斜对角交叉布置的稳定钢索,大大减小了环梁中间的弯矩。

(a) 物理模型　　　　　　　　　　　　　　　　(b) 实物模型

图 6.4.61　Otto 提出的"皂泡理论"模型及其应用

图 6.4.62　日本大阪万国博览会富士馆　　　图 6.4.63　日本大阪万国博览会美国馆

在之后的半个多世纪中,随着膜材在强度、耐久性等性能的提高以及计算机造型设计与结构分析技术的发展,膜结构得到迅猛发展和广泛应用。特别是聚四氟乙烯(polytetrafluoroethylene,PTFE)涂层玻璃纤维织物膜材这种新型材料的开发成功,使膜结构具有作为永久性建筑的可能性。不过在 20 世纪 80 年代前期,充气膜结构仍是主要的膜结构形式。除了上面提到的日本大阪万国博览会富士馆和美国馆以外,还有 1972~1984 年由 Geiger 设计在美国建造的银色穹顶[图 6.4.64(a),穹顶平面尺寸达 220m×159m]等 7 座大型充气膜结构体育馆,日本广岛博览会巨浪馆[图 6.4.64(b)]和东京穹顶[图 6.4.64(c),跨度达 204m]等。

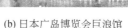

(a) 美国银色穹顶　　　　(b) 日本广岛博览会巨浪馆　　　　(c) 日本东京穹顶

图 6.4.64　典型充气膜结构工程案例

随着建筑中充气膜结构的大量应用,人们逐渐发现此类结构虽然能够实现很大的结构跨度,但在使用中存在抵御恶劣气候的能力较差、气压控制系统不稳定、运行维护成本过高等诸多难以回避的问题。例如,美国银色穹顶就曾因为充气膜表面局部雨雪累积产生的袋装集聚效应导致膜材破裂而几乎坍塌。由于充气膜结构的安全性难以保障及其自身潜在的诸多缺陷,到了 20 世纪 80 年代后期,薄膜结构开始从单一的充气膜结构逐步向薄膜与钢索、刚性骨架、撑杆和拱桁架等多种构件共同组合的复合结构形式发展,国内外也涌现出各类造型新颖、富于表现力的膜结构作品。表 6.4.1 按建成的先后顺序列出了一些有代表性的工程案例。

表 6.4.1　典型张力膜结构工程案例

工程名称	建筑形态	建成时间	结构形式	建筑体量	特点
美国圣地亚哥会议中心		1983 年	悬挂张拉式	覆盖平面尺寸 91.5m×91.5m	由 5 个双伞状张拉膜单体组成,每个单体平面尺寸为 91.5m×18.3m

续表

工程名称	建筑形态	建成时间	结构形式	建筑体量	特点
美国亚特兰大佐治亚穹顶		1996 年	索穹顶式	覆盖椭圆平面达 240m×193m，总面积达 43710m²	属于双曲抛物面型张拉整体索穹顶，用钢量不到 30kg/m²，是目前世界上最大的索穹顶室内体育馆
英国伦敦千年穹顶		1999 年	索系支承式	直径达 320m，周长超 1000m，覆盖面积约 10 万 m²	由 12 根 100m 高的棱形格构桅杆通过斜拉索将球形索网屋面吊起，作为铺设膜材的支承体系，集中体现了 20 世纪膜结构的技术成就
韩国首尔世界杯体育场		2001 年	骨架支承式	覆盖面积约 3.6 万 m²	采用钢管桁架加斜拉索作为膜面支承体系
德国法兰克福新森林体育场		2005 年	伸缩可开合式	覆盖面积约 2.1 万 m²	采用辐射式双层索网作为支承体系以及膜面伸缩的滑道
中国上海世博轴		2009 年	复合张拉式	总长度约 840m，最大跨度约 100m，总面积约 6.4 万 m²	支承结构由背索、水平索、斜吊索、桅杆和阳光谷钢结构组成，边索、脊索和膜形成倒锥台状，是目前世界上最大的单体膜结构工程
德国柏林 Teichland 观光塔		2010 年	复合张拉式	高度为 57m，膜面积约 1100m²	由顶部和底部的两个环固定 3 片 47m 高的 PTFE 膜（TiO₂），并辅以竖向拉索作为支撑

续表

工程名称	建筑形态	建成时间	结构形式	建筑体量	特点
中国盘锦市体育中心体育场		2013 年	索系支承式	270m×238m，最大悬挑 41m	膜面布置在环索和外围钢框架之间的环形区域，整个膜面空间扭曲，跨越脊索和谷索形成波浪起伏的曲面造型
中国三亚体育中心体育场		2021 年	刚柔性组合支撑式	总面积 8.6 万 m²，224m×261m	轮辐式索网＋压环桁架，52 片膜单元采用拱杆式张拉体系

随着材料科学的发展，使用 ETFE 膜材的气囊式（或气枕式）膜结构又重新引起了设计人员的兴趣。例如，2001 年建成的英国伊甸园工程［图 6.4.65（a）］采用气枕覆盖于 8 个半径为 18～65m 不等的球面网壳上，每个气枕由透明的三层 ETFE 膜组成（外侧两层，内侧一层），膜材厚度 50～200μm，如同一系列肥皂泡一样用最小表面积覆盖了最大的空间体积；2006 年德国世界杯慕尼黑安联体育场［图 6.4.65（b）］采用 2784 个菱形 ETFE 气枕作为周围护墙和上空顶棚的围护表皮，每个气枕边长为 4～8m，在内部灯光下可呈现出不同的视觉效果；2008 年北京奥运会场馆水立方［图 6.4.65（c）］同样采用 ETFE 气枕作为屋盖和墙体的围护结构，为了配合多面体空间刚架结构实现气泡式造型，3500 个气枕的形体走向、形态大小、膜面层数都不尽相同，覆盖面积达 12 万 m²，是目前世界上最大的 ETFE 充气膜结构工程。

(a) 英国伊甸园工程　　　　(b) 德国慕尼黑安联体育场　　　　(c) 北京奥运会场馆水立方

图 6.4.65　国内外具有代表性的 ETFE 充气膜结构工程

除了建筑领域,膜结构体系在其他工程领域的潜在用途也越来越受到研究者的重视。特别是在航空航天领域,薄膜因其轻质柔软、折叠效率高、展开可靠等优点而成为航天器结构的理想材料,各种充气式和张拉式的高精度空间薄膜结构已得到广泛应用,如太阳帆、可展天线、太空防护装置、登陆缓冲器等(图 6.4.66)。

(a) 太阳帆　　　　　　　　(b) 充气展开天线　　　　　　　　(c) 火星登陆探测车

图 6.4.66　航天工程中的几种膜结构形式

2) 衍生膜结构体系

(1) 织物张拉整体结构。

在过去的张拉整体和织物的联合应用结构中,织物只是一个外加单元,不影响结构的静力特性。多余的结构单元不仅影响结构的美观,还妨碍结构平衡方程的建立以及静力下的找形过程。而织物张拉整体结构是将织物作为张拉整体结构中受拉单元而得到的新型结构。空间离散分布的杆单元通过连续预应力的织物和索单元连接,以保持其在三维空间中的位置(图 6.4.67)。

图 6.4.67　织物张拉整体结构实物图

织物张拉整体结构作为一种新的设计理念,其实用性也需要物理模型试验的验证。图 6.4.68 展示了扭转四杆张拉整体模型。该结构的上下两平面平行,各由四条索组成,两者之间由四条对角索相连,两平面相对转过 45°。受压杆件沿同一个方向绕竖轴分布。第一个模型仅由杆与索组成;第二个模型,12 条索中的 8 条已经转变为膜的边索;在第三个模型中,已没有自由的索了。

(a) 模型一　　　　　　(b) 模型二　　　　　　(c) 模型三

图 6.4.68　扭转四杆张拉整体的不同模型

织物张拉整体结构的理念同样也可以引入穹顶中,图 6.4.69 所示结构高接近 5m,这是第一个自应力实体模型,为工程应用提供了基础。

图 6.4.69　织物张拉整体结构穹顶结构模型

　　织物张拉整体结构是一种独立的结构形式,正处在发展初期,它所表现出来的动力以及结构建造特性符合结构"形随力流"的内在原理。正如富勒所说:张拉整体结构中的压杆是张力海洋中的一座座孤岛,织物张拉整体结构中的张力膜表面就是这片张力海洋。前面介绍过张拉整体环作索穹顶的外环梁,这里可以将张拉整体环中的索用膜取代,穹顶由外环和中心穹顶组成,外环为张拉整体结构,内部无任何支撑,结构由连续的膜和不连续的杆组成,双层杆的平衡由张力膜实现。图 6.4.70 为由连续膜和 20 根杆件组成的张拉整体环。

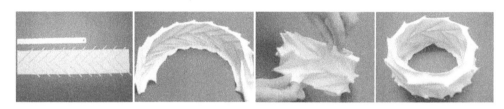

图 6.4.70　由连续膜和 20 根杆件组成的张拉整体环

　　(2) 充气张力整体结构。

　　充气结构质轻可展,但也存在缺点,其中最大的缺点就是承载力非常有限。以充气梁为例,正常的使用荷载需要极高的内压来抵抗。高内压将会导致膜拉力增加,从而需要使用高强度的膜材,导致造价提高。内压的增加还会带来次生问题,如密封问题、安全问题。

　　图 6.4.71 是充气张力整体结构在桥梁中的实际应用,跨度为 52m,是在阿尔卑斯山脉附近的一座滑雪用桥。其上厚厚的积雪将会对桥施加极大的荷载,这也足以证明充气张力整体结构在高荷载大跨度结构中应用的潜力。

图 6.4.71　法国阿尔卑斯山脉某滑雪用桥

充气张力整体结构是一种新的轻型结构理念,其关键原理是依靠较低的空气压力强化受压单元以防止屈曲(Luchsinger et al., 2004)。基本的充气张力整体结构是一根梁(图 6.4.72),它由一个气囊(圆柱形膜结构,内充满气体)、一条与其相连的水平受压梁,以及两条绕气囊螺旋状分布的绳索组成,绳索和受压梁两端相连。梁中张力和压力均匀分布并相互平衡。基于充气张力整体结构,可以实现高压防屈曲轻型结构,其在土木工程界的应用具有巨大的潜力。

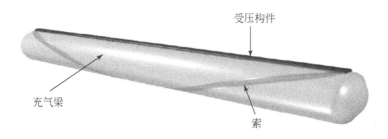

图 6.4.72 充气张力整体结构梁的基本元素

图 6.4.73 是一座跨度 8m,最大承载 3.5t 的小型车用桥梁。桥梁的承重结构由两条平行的圆柱形充气张力整体结构梁组成,每条梁截面直径均为 0.5m,采用标准的 PVC 膜材,6mm 直径钢索。考虑到车辆为移动荷载,桥梁的首尾四分之一处用额外的拉索进行加固,以提高其刚度。示例中,充气张力整体结构梁上部的水平受压梁采用碳纤维夹层材料,试验发现采用铝材和钢材的效果相当。两充气张力整体结构梁上部铺盖木板以供汽车通行,木板本身只是附属结构无承重功能。图 6.4.73 示例中的工作内压为 40kPa。每一条完整的充气张力整体结构梁重98kg。相同承载力的 HEB 钢梁的质量为 320kg,而同尺寸的单纯充气梁内压需要达到 1500kPa 才能有同样的承载力。

图 6.4.73 充气张力整体结构桥梁示例

　　充气张力整体结构是一种新的结构概念,其是索、杆、膜、空气协同工作的产物。充气张力整体梁所承受的荷载均由索和受压杆分担。膜内的低压气体只是用于张拉拉索,并提高压杆的稳定性,从而能够使压杆的截面尽可能小。因此,对静载来说,充气张力整体结构的安全系数可以取得比传统结构小一些。由于充气张拉整体结构中大部分体积被空气占据,故其轻质,且安装迅速,便于存储。充气张力整体梁的外形可以从圆柱形到纺锤形变化,长细比为 10～30。细长的充气张力整体结构没有像一般充气结构那样笨拙的外形,相反,它创造了一种新的结构形式,并能为建筑和桥梁设计提供新颖的方案。

第7章 空间结构施工形态

空间结构施工过程是一个多阶段的动态时变过程,随着施工阶段的不断变化,结构体系构成及承受的荷载情况也在不断地变化,前一个施工阶段的结构受力状态和成型情况对后续施工的结构受力性能乃至最终结构的工作状态有重要影响。因此,空间结构施工形态的准确分析是保证结构正常使用性能与工作状态的关键环节。本章将对空间结构施工形态全过程分析理论进行介绍,并对典型空间结构的施工形态进行分析。

7.1 空间结构建造时空观

大跨度空间结构安装大致包括单元组装、吊装及整体拼装,是一个由零及整逐渐成长的动态过程,在这个过程中建筑物外形不断变化,结构逐渐成形,荷载逐渐施加,支撑条件不断发生改变,结构体内的内力不断"流动"变化,并逐渐累积,因此建筑物最后的内力和变形总是各个安装阶段发生的效应依次累积的结果,并且与施工过程的空间、时间有着密切的联系,因而需要用时空变化的观念看待大跨度空间结构的建造过程。

施工过程中的结构内力和变形主要是由结构自身重量引起的。对大跨度空间结构而言,结构重量通过构件的受力和变形最终传递给基础,自重产生的内力可能占很大的比例。然而,结构的自重并不是一次性地作用在结构上,而是依据施工安装进程逐渐形成并作用到结构中的,因此在结构设计和施工组织时都需要充分认识到这种与施工进程有关作用效应。

有些建筑虽然重量很轻,但同样需要充分认识和把握与施工进程有关的作用效应。例如,结构效率极高的索穹顶结构体系,仅由少量撑杆和一系列索组成。这种结构必须依赖预张拉力使结构"站"起来,它与传统结构有很大区别。通常用三态来描述这种结构,分别是初始态、成型态和荷载态。初始态是指处于松弛的安装起始状态;成型态也是设计态,是建筑师希望实现的形态,荷载态则是结构成型态在外荷载、环境作用下的受力状态。索穹顶通过索张拉,从初始态形状逐渐逼近设计态形状的过程就是索穹顶的成型过程,在这个过程中结构形态和内在的力流不断发生变化。

大跨度空间结构建造过程应建立在科学的理论分析基础上,关键问题有以下几方面:第一是全过程跟踪模拟分析及仿真技术,传统的结构设计都是以成型后的结构模型与荷载、约束条件进行设计分析的,它不能真实反映结构最终受力,为此必须考虑施工过程等对结构最终成型的影响,对结构进行施工全过程跟踪分析。第二是怎么保证安装完后是需要的形状。结构安装过程中,每一个构件都在不断变形,累积后非常可观,对后续构件的安装位形也有较大影响,因此为了确保安装完成时结构的形状是满足建筑师设计要求的形状,对构件的加工制作、安装定位都应该考虑安装变形的影响,需要科学地定位,对结构安装变形进行预测,根据计算调整构件尺寸或空间安装位置。第三是把握合拢时机,合理确定安装分区,同时选择合适的环境温度进行最后的对接,形成完整结构。第四是拆撑卸载。拆撑过程是主体结构与临时支撑相互作用的复杂力学状态转变过程,是荷载由临时支撑承担逐渐转为由主体结构本身承担的过程。对主体结构是加载,对临时支撑是卸载。应当选择合适的卸载顺序,使内力和变形变化幅值在一定范围内,不发生强度破坏和失稳。

随着新颖复杂大跨度空间结构建设项目的日益增多,人们会更加重视施工技术的创新,同时也更加关注施工过程中表现出的诸多力学与技术问题,越来越多的设计和施工人员已认识到安装方案及施工全过程跟踪分析与仿真模拟的重要性。设计人员不仅要重视结构的最终设计状态,而且更要关心结构的成型过程,充分考虑几何形状、物理特性、边界状态等时变特征,建立起大型复杂建筑设计建造时空观,从而把握建造过程中的结构性能,提高大跨度空间结构的施工质量,保障大型工程的安全。

7.2 施工形态全过程分析理论

7.2.1 多阶段施工分析理论

多阶段施工分析理论认为结构施工分析的全过程是结构受力成型的全过程(邱鹏,2006)。以不同施工阶段进行的时间顺序为变量,在不同施工阶段下,将与各施工阶段相符合的结构、荷载、约束条件等分别进行分析验算。将前一个施工阶段的内力与变形等计算结果作为后一个施工阶段的初始条件,并对结构不断进行协同分析,考虑后面施工阶段对前面已成型结构的影响。这样不断进行各个施工步骤的分析计算直至结构成型。

多阶段施工分析理论以各个施工阶段时间为变量,可以考虑非线性的影响,属于数值分析中的非线性有限元分析范畴,多阶段的划分便于相关程序的编制,也便于随时提取各个施工阶段的计算结果以检验结构各个施工阶段的安全度,同时有限元也适用于各类形式、各种方法的结构施工成型模拟。

多阶段施工分析理论的特点如下:

(1) 基于施工顺序可以跟踪各阶段的内力、位移、反力等的变化,实现全过程的监控模拟。

(2) 考虑结构刚度矩阵、节点荷载随施工过程的时变性。

(3) 考虑结构约束条件的时变性。

(4) 考虑后阶段施工对已完成结构产生的影响导致的结构受力成型变化。

7.2.2　线性范围内的简化计算方法

基于非线性有限元的空间结构多阶段施工跟踪模拟理论可以准确模拟施工成型分析的全过程,但由于在每一步计算过程中都要考虑几何非线性影响导致的结构刚度变化,要在前一阶段计算出节点位移的基础上修正现阶段结构的整体刚度,这会导致计算过程相对烦琐,计算用时可能很长。对于一般网架网壳等刚性较大的大跨空间结构,在施工荷载不大的情况下,可以近似不考虑几何非线性的影响,本节对空间结构总结归纳在线性范围内适用的两类多阶段近似计算方法,并以滑移法为例说明。

单元滑移法施工过程根据施工阶段的工艺不同可以分为两类计算模型:分块计算模型与累积计算模型。当结构滑移单元滑移出支架后,因约束条件的变化而产生竖向位移,如果后一榀滑移单元在支架上拼装完后再同前一榀进行连接,由于后拼装单元已经发生竖向位移,则后拼装单元对前一榀拼装单元位移不产生影响,则前后两个施工阶段的差别仅是由于后一榀对整体结构刚度的贡献,计算方法仅是通过分阶段静力计算,此为分块计算模型。如果后一榀滑移单元先与前面的已滑移结构进行拼装,则由于两者变形不协调,后一榀的滑移单元对前面已经滑移出的单元受力与变形产生影响,计算必须考虑前一阶段滑移单元对后滑移单元的影响,此为累积计算模型。

1. 多阶段施工分块计算方法

多阶段施工分块计算法主要针对施工全过程中结构刚度变化的影响,两个施工阶段之间相对独立,在各个阶段结构受力成型时是互不影响的,当彼此完成各自荷载状态下的变形后再连成整体。

以分块滑移施工法为例,结构施工全过程分为 n 个阶段,按各个施工阶段的结构成型情况把整体结构分为 n 个施工单元,同时把 n 个阶段的施工荷载按各施工单元分为 n 部分,根据结构施工顺序与结构成型的次序依次对各阶段进行求解。

1）施工第 1 阶段

结构分块 1 的施工计算：

$$K_1 \boldsymbol{\delta}_1 = \boldsymbol{F}_1^1 \qquad (7.2.1)$$

结构分块 1 的节点位移：

$$\boldsymbol{U}_1^1 = \boldsymbol{\delta}_1 \qquad (7.2.2)$$

结构分块 1 的单元内力：

$$\boldsymbol{N}_1^1 = \boldsymbol{k}_1 \boldsymbol{A}_1 \boldsymbol{\delta}_1^1 \qquad (7.2.3)$$

2）施工第 2 阶段

结构分块 1 和 2 的施工计算：

$$(\boldsymbol{K}_1 + \boldsymbol{K}_2) \boldsymbol{\delta}_2 = \boldsymbol{F}_1^2 + \boldsymbol{F}_2^2 \qquad (7.2.4)$$

结构分块 1 的节点位移：

$$\boldsymbol{U}_1^2 = \boldsymbol{\delta}_2^1 \qquad (7.2.5)$$

结构分块 1 的单元内力：

$$\boldsymbol{N}_1^2 = \boldsymbol{k}_1 \boldsymbol{A}_1 \boldsymbol{\delta}_2^1 \qquad (7.2.6)$$

结构分块 2 的节点位移：

$$\boldsymbol{U}_2^2 = \boldsymbol{\delta}_2^2 \qquad (7.2.7)$$

结构分块 2 的单元内力：

$$\boldsymbol{N}_2^2 = \boldsymbol{k}_2 \boldsymbol{A}_2 \boldsymbol{\delta}_2^2 \qquad (7.2.8)$$

3）施工第 n 阶段

结构分块 $1 \sim n$ 的施工计算：

$$(\boldsymbol{K}_1 + \boldsymbol{K}_2 + \cdots + \boldsymbol{K}_n) \boldsymbol{\delta}_n = \boldsymbol{F}_1^n + \boldsymbol{F}_2^n + \cdots + \boldsymbol{F}_n^n \qquad (7.2.9)$$

结构分块 1 的节点位移：

$$\boldsymbol{U}_1^n = \boldsymbol{\delta}_n^1 \qquad (7.2.10)$$

结构分块 1 的单元内力：

$$\boldsymbol{N}_1^n = \boldsymbol{k}_1 \boldsymbol{A}_1 \boldsymbol{\delta}_n^1 \qquad (7.2.11)$$

结构分块 2 的节点位移：

$$\boldsymbol{U}_2^n = \boldsymbol{\delta}_n^2 \qquad (7.2.12)$$

结构分块 2 的单元内力：

$$\boldsymbol{N}_2^n = \boldsymbol{k}_2 \boldsymbol{A}_2 \boldsymbol{\delta}_n^2 \qquad (7.2.13)$$

……

结构分块 n 的节点位移：

$$\boldsymbol{U}_n^n = \boldsymbol{\delta}_n^n \qquad (7.2.14)$$

结构分块 n 的单元内力：

$$\boldsymbol{N}_n^n = \boldsymbol{k}_n \boldsymbol{A}_n \boldsymbol{\delta}_n^n \qquad (7.2.15)$$

式中，K_i 为第 i 块施工结构的总体刚度矩阵；k_i 为第 i 块施工结构的单元刚度矩阵；F_i^j 为第 i 块施工结构在第 j 施工阶段的节点全部施工荷载向量；$\pmb{\delta}_j$ 为第 j 施工阶段时求出的该阶段不完整结构的节点位移向量；$\pmb{\delta}_j^i$ 为 $\pmb{\delta}_j$ 中属于第 i 块施工结构的节点位移向量；U_i^j 为第 j 施工阶段时第 i 块施工结构的节点位移向量；A_i 为第 i 块施工结构的几何矩阵；N_i^j 为第 j 施工阶段时第 i 块施工结构的单元内力向量。

多阶段施工分块计算法适用于施工各阶段单元先自己受力变形最后合为一个整体变形的施工方法，如分块滑移法，从计算步骤上可以看出，此方法主要体现结构刚度的时变性与施工计算的多阶段性。

2. 多阶段施工累积计算方法

对于施工全过程中不同阶段结构成型过程的相互影响问题，由于后一个阶段结构受力成型对前一个阶段的结构产生影响，暂不考虑前阶段对后阶段的影响，先完成的结构部分是在施工过程各阶段的不断影响累积下最后达到成型状态的。

以累积滑移施工法为例，结构施工全过程分为 n 个阶段，按各个施工阶段的结构成型情况将整体结构分为 n 个施工单元，同时将各阶段的施工荷载也按各施工单元分为 n 部分，根据结构施工顺序与结构成型的次序依次对各阶段进行求解。

1）施工第 1 阶段

结构分块 1 的施工计算：

$$K_1\pmb{\delta}_1 = F_1 \tag{7.2.16}$$

结构分块 1 的节点位移：

$$U_1^1 = \pmb{\delta}_1 \tag{7.2.17}$$

结构分块 1 的单元内力：

$$N_1^1 = k_1 A_1 \pmb{\delta}_1^1 \tag{7.2.18}$$

2）施工第 2 阶段

结构分块 1 和 2 的施工计算：

$$(K_1 + K_2)\pmb{\delta}_2 = \Delta F_1^2 + F_2 \tag{7.2.19}$$

结构分块 1 的节点位移：

$$U_1^2 = U_1^1 + \pmb{\delta}_2^1 \tag{7.2.20}$$

结构分块 1 的单元内力：

$$N_1^2 = N_1^1 + k_1 A_1 \pmb{\delta}_1^2 \tag{7.2.21}$$

结构分块 2 的节点位移：

$$U_2^2 = \delta_2^2 \tag{7.2.22}$$

结构分块 2 的单元内力：

$$N_2^2 = k_2 A_2 \delta_2^2 \tag{7.2.23}$$

3）施工第 n 阶段

结构分块 $1 \sim n$ 的施工计算：

$$(K_1 + K_2 + \cdots + K_n)\delta_n = \Delta F_1^n + \Delta F_2^n + \cdots + \Delta F_{n-1}^n + F_n \tag{7.2.24}$$

结构分块 1 的节点位移：

$$U_1^n = U_1^1 + U_1^2 + \cdots + U_1^{n-1} + \delta_n^1 \tag{7.2.25}$$

结构分块 1 的单元内力：

$$N_1^n = N_1^1 + N_1^2 + \cdots + N_1^{n-1} + k_1 A_1 \delta_1^n \tag{7.2.26}$$

结构分块 2 的节点位移：

$$U_2^n = U_2^2 + U_2^3 + \cdots + U_2^{n-1} + \delta_n^2 \tag{7.2.27}$$

结构分块 2 的单元内力：

$$N_2^n = N_2^2 + N_2^3 + \cdots + N_2^{n-1} + k_2 A_2 \delta_2^n \tag{7.2.28}$$

……

结构分块 $n-1$ 的节点位移：

$$U_{n-1}^n = U_{n-1}^{n-1} + \delta_n^{n-1} \tag{7.2.29}$$

结构分块 $n-1$ 的单元内力：

$$N_{n-1}^n = N_{n-1}^{n-1} + k_{n-1} A_{n-1} \delta_{n-1}^n \tag{7.2.30}$$

结构分块 n 的节点位移：

$$U_n^n = \delta_n^n \tag{7.2.31}$$

结构分块 n 的单元内力：

$$N_n^n = k_n A_n \delta_n^n \tag{7.2.32}$$

式中，ΔF_i^j 为第 j 施工阶段时作用在第 i 块施工结构的荷载附加增量。

多阶段施工累积计算法适用于施工各阶段单元相互影响的施工过程，如累积滑移法，从计算步骤上可以看出，此法不仅体现结构刚度、荷载的时变性，还反映出后阶段结构施工对前阶段影响产生的累积效应，与多阶段施工分块计算法相比，更加适用于相互关联的复杂结构的施工全过程跟踪。

7.2.3 多阶段施工方案比较分析

以双层四方平板四角锥网架作为施工对象，对其进行多阶段施工方案的对比分析。不失一般性地将结构分别分成 2、3、4、9 个区域，同时考虑不同施工顺序，共计采用 6 个施工方案，如图 7.2.1 所示。网架采用周边支撑，■符号表示临时支撑，施工完成后拆除。为更清楚更一般地阐明施工方案不同的影响而不考虑其他因素的影响,结构的杆件截面在结构平面上是均匀分布的。

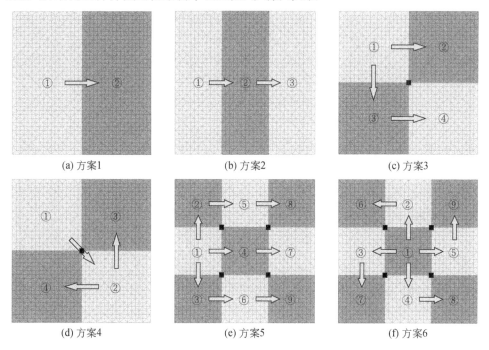

(a) 方案1   (b) 方案2   (c) 方案3

(d) 方案4   (e) 方案5   (f) 方案6

图 7.2.1 网架分块示意图

如图 7.2.2 所示,选取网架某节点的 z 向挠度 U_z 和杆件的内力 N_b 作为目标响应量。对各施工方案实施过程中节点挠度和杆件内力进行全过程跟踪。横坐标为当前完成施工量与总量的比值,数值 1 表示施工完毕,数值 1.1 表示拆除支撑状

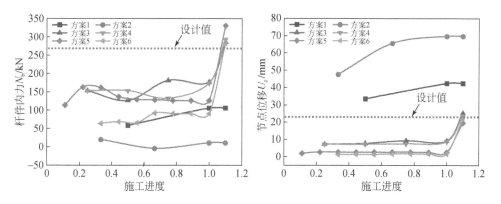

图 7.2.2 施工过程对响应量的影响

态,纵坐标表示响应值。结果显示,施工方案的不同将直接导致施工过程中结构内力分布不同,并影响最终结构应力水平。即使在分块数相同的情况下,结构的响应还是有很大差别的。另外,在图中标出了结构整体设计时杆件内力设计值和节点挠度值,将其与全过程跟踪结果比较,发现很多情况下结果较累积计算模型计算结果偏小。也就是说,单纯利用结构整体验算的结果不足以保证结构在施工过程中的安全度,进行多阶段施工过程跟踪计算是很有必要的。不管从挠度还是内力看,方案5和方案6都较方案1～方案4合理。

7.3 施工形态全过程分析实例

7.3.1 华能北京热电有限责任公司柱面网壳

1.工程介绍

华能北京热电有限责任公司柱面网壳设计跨度120m,长度210m,网壳高度43.75m,网格大小为4.2m×4.5m,上下弦双排支座。整个网壳结构长度方向中间设一道1.5m长的伸缩缝,一端设山墙,一端敞开,采用正放四角锥三心圆柱面双层网壳的结构形式,由浙江大学空间结构研究中心设计,是当时国内跨度最大的三心圆柱面网壳结构,如图7.3.1所示。

2.累积滑移法和分块滑移法

单元滑移法的滑移对象是结构单元。按照滑移方式不同可以分为单条分块滑移法和逐条累积滑移法:前者是指将待滑移单元一条一条地分别从拼装支架移到另一端就位安装,各条之间在高空再进行连接,即逐条逐单元滑移;后者是指先将一个单元滑移一段距离后(能空出第二单元的拼装位置即可),再连接好第二条单元,两段单元一起滑移一段距离(滑至空出第三单元的拼装位置),再连接第三条单元,三段又一起滑移一段距离,如此循环操作直至接上最后一条单元。北京华能热电厂柱面网壳施工流程如图7.3.2所示。

分块滑移法由于两个施工阶段之间相对独立,在各个阶段结构受力成型时是互不影响的,当彼此完成各自荷载状态下的变形后再连成整体。累积滑移法由于前后两个施工阶段之间相互联系,后一个阶段结构受力成型对前一个阶段的结构产生影响,暂不考虑前阶段对后阶段的影响,先完成的阶段是在施工过程中随着施工过程各阶段的不断累积影响下最后达到成型状态的。

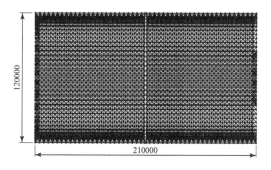

(a) 总平面图 (单位: mm)

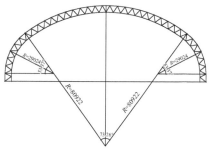

(b) 三心圆详图 (单位: mm)

(c) 工程实际照片

图 7.3.1　华能北京热电有限责任公司柱面网壳

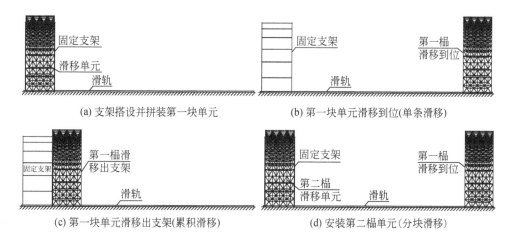

(a) 支架搭设并拼装第一块单元

(b) 第一块单元滑移到位(单条滑移)

(c) 第一块单元滑移出支架(累积滑移)

(d) 安装第二榀单元(分块滑移)

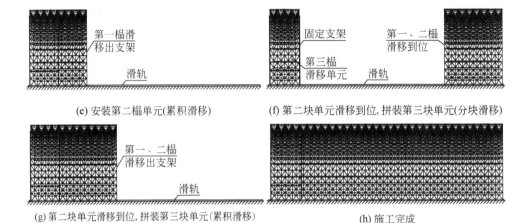

(e) 安装第二榀单元(累积滑移)　　　　　(f) 第二块单元滑移到位,拼装第三块单元(分块滑移)

(g) 第二块单元滑移到位,拼装第三块单元(累积滑移)　　　　　(h) 施工完成

图 7.3.2　华能北京热电有限责任公司柱面网壳施工流程示意图

3. 施工过程分析

多阶段施工全过程理论可以完全模拟实际施工过程,以每个单元完成滑移为一个施工阶段,全过程跟踪结构受力变化情况。选取每个阶段单元中跨中上弦杆和支座上弦杆和三心圆反弯点附近处的下弦杆(图 7.3.3);其中,MSX_i 表示第 i

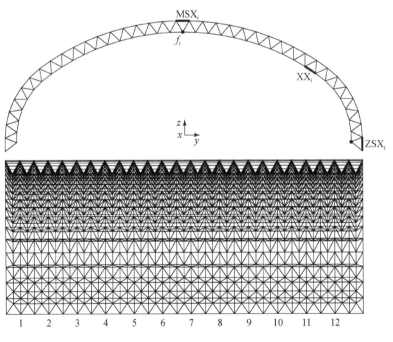

图 7.3.3　滑移单元及分析所选杆件和节点示意图

组滑移单元的跨中上弦杆,ZSX_i 表示第 i 组滑移单元支座位置上弦杆,XX_i 表示第 i 组滑移单元三心圆网壳反弯点附近处下弦杆,f_i 表示第 i 组滑移单元的跨中下弦节点的挠度。

图 7.3.4 为前三块滑移单元所选杆件的内力与节点挠度在施工全过程的变化情况,表 7.3.1 列出结构累积滑移成形后部分杆件内力终值与分块滑移终值的比较。

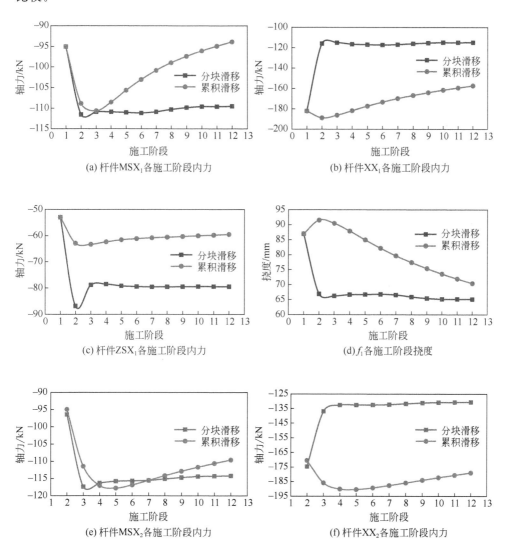

(a) 杆件 MSX_1 各施工阶段内力

(b) 杆件 XX_1 各施工阶段内力

(c) 杆件 ZSX_1 各施工阶段内力

(d) f_1 各施工阶段挠度

(e) 杆件 MSX_2 各施工阶段内力

(f) 杆件 XX_2 各施工阶段内力

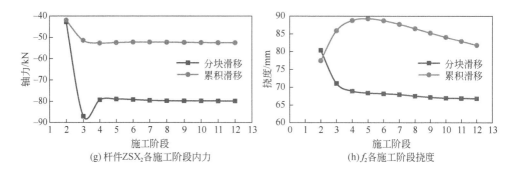

(g) 杆件ZSX₂各施工阶段内力　　　　　　(h) f₂各施工阶段挠度

图 7.3.4　前三块滑移单元所选杆件的内力与节点挠度变化过程

表 7.3.1　结构累积滑移成形后部分杆件内力终值与分块滑移终值的比较

（单位：kN）

杆件编号	MSX_1	ZSX_1	XX_1	MSX_2	ZSX_2	XX_2	MSX_3	ZSX_3	XX_3
累积滑移施工	−93.9	−59.5	−157.3	−109.6	−52.6	−179.0	−109.3	−54.4	−179.7
分块滑移施工	−109.5	−79.4	−114.9	−114.2	−79.8	−130.7	−115.9	−86.9	−136.8
理想设计状态	−89.8	−64.6	−95.7	−93.7	−65.0	−108.7	−95.1	−70.7	−113.8

杆件编号	MSX_4	ZSX_4	XX_4	MSX_5	ZSX_5	XX_5	MSX_6	ZSX_6	XX_6
累积滑移施工	−107.3	−51.1	−177.3	−106.5	42.3	−170.6	−107.4	−48.6	−172.0
分块滑移施工	−116.9	−84.5	−140.5	−117.7	39.4	−140.1	−119.7	−79.5	−144.3
理想设计状态	−96.0	−68.7	−116.9	−96.6	−69.0	−116.5	−98.2	−64.7	−120.1

杆件编号	MSX_7	ZSX_7	XX_7	MSX_8	ZSX_8	XX_8	MSX_9	ZSX_9	XX_9
累积滑移施工	−110.5	−51.6	−168.8	−110.9	−54.2	−155.3	−115.0	−53.9	−156.3
分块滑移施工	−124.7	−84.1	−145.4	−125.5	−86.7	−135.2	−138.3	−80.9	−139.4
理想设计状态	−102.2	−68.5	−121.0	−103.0	−70.7	−112.5	−113.6	−66.2	−116.1

杆件编号	MSX_{10}	ZSX_{10}	XX_{10}	MSX_{11}	ZSX_{11}	XX_{11}	MSX_{12}	ZSX_{12}	XX_{12}
累积滑移施工	−108.7	−50.1	−145.7	−70.2	−37.9	−118.8	−84.5	−58.4	−78.4
分块滑移施工	−137.2	−80.8	−137.4	−84.9	−65.5	−126.2	−96.4	−62.2	−91.5
理想设计状态	−112.9	−66.4	−114.5	−69.9	−53.9	−105.3	−79.2	−51.1	−76.4

从以上图表的计算结果可以总结以下几点：

（1）在网壳结构累积滑移的整个施工过程中，杆件内力、挠度等都是在不断变化的，这种变化不是单纯的递增与递减关系。一般来说，施工全过程中杆件施工内力、挠度等的峰值不在最后阶段出现，当滑移单元开始拼装滑移时对附近的已完成结构的影响比较显著，越往后面的施工阶段影响越小。

（2）两种不同滑移施工工艺下，同一杆件内力与节点挠度的变化趋势不尽相同，有时还完全相反，分块滑移法施工过程中结构挠度相对较小，施工内力两者各有大小，说明施工分析必须区分不同施工工艺下的结构受力，这样才能准确。

（3）经过比较，所有杆件滑移施工过程中出现的最大内力都小于杆件的设计承载值，说明滑移中结构的内力虽然是随施工阶段变化的，但都是在控制范围之内，滑移施工中的结构安全性是可以保证的。

（4）滑移施工过程对大部分杆件产生的附加内力要大于按设计状态计算出的结果，说明施工全过程分析的必要性。结构不同部位对滑移施工的敏感程度有差异：跨中部位的杆件与反弯点部位的杆件施工附加内力相对较大，说明滑移施工对这些部位的内力影响较大。后拼装的滑移单元杆件施工附加内力相对较小，说明滑移的关键阶段在前期结构刚度成型前，后期结构整体刚度逐渐形成，滑移产生的影响逐渐减弱。

7.3.2　沙特阿拉伯某储料工程球面网壳

1. 工程介绍

下面以沙特阿拉伯某储料工程球面网壳结构为例介绍悬臂安装法施工全过程分析（图 7.3.5）。该球面网壳跨度 118m，矢高 42.6m，上下弦层共设有 80 个固定支座，结构由外向内共分为 14 圈进行悬臂施工，分析时施工荷载考虑上弦层0.1kN/m^2。

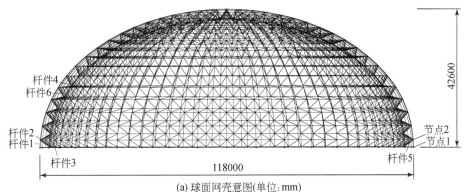

节点2
节点1
杆件5

杆件4
杆件6

杆件2
杆件1
杆件3

42600

118000

(a) 球面网壳意图(单位：mm)

(b) 网壳工程

(c) 网壳施工过程现场

图 7.3.5　沙特阿拉伯某储料工程球面网壳

2. 悬臂安装法及施工过程分析

球面网壳结构悬臂施工分阶段如图 7.3.6 所示,共 14 个阶段。选取图 7.3.5(a) 中所示的节点和杆件,观察它们在施工全过程中内力和位移的变化。图 7.3.7 为部分节点位移的变化全过程,图 7.3.8 为部分杆件内力的变化全过程,图 7.3.9 为网壳结构施工成形后上下弦节点挠度分布云图。

根据结构在施工全过程中的受力与形态的变化可以总结以下几点:

(1) 进行多阶段施工全过程分析后的成型态结构的最大挠度以及部分杆件的内力都较一般设计状态下的静力计算值要大,这说明采用悬臂法施工必须进行施工全过程计算来确保结构的安全。

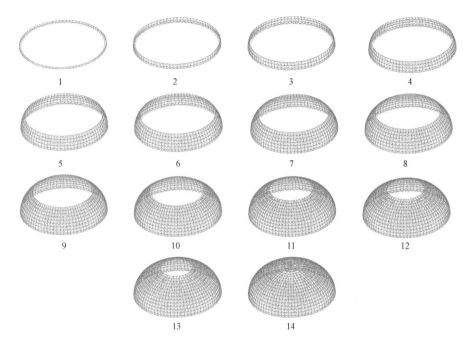

图 7.3.6　球面网壳结构悬臂施工分阶段示意图

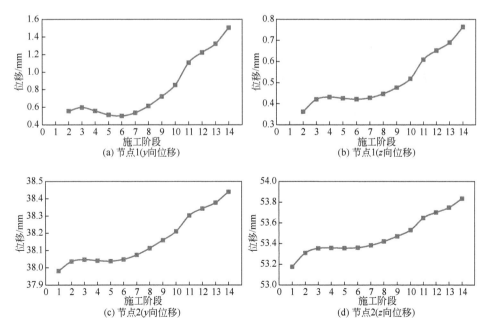

图 7.3.7　节点位移变化全过程

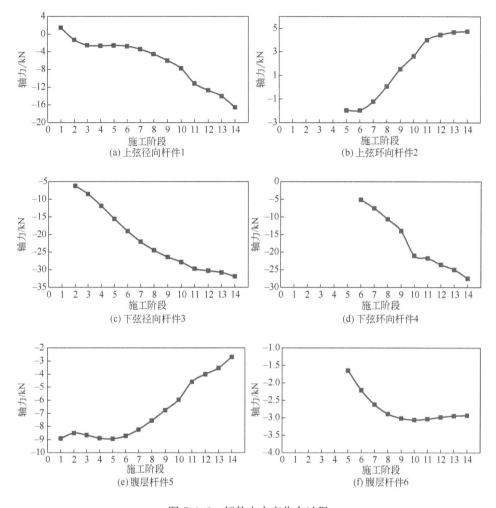

图 7.3.8 杆件内力变化全过程

(2) 先完成的各圈子结构作为后一阶段的支撑结构,杆件内力与节点位移是逐渐累积增大的,增大的趋势大约为线性变化,说明双层球面网壳刚度较大,非线性影响不大。

(3) 结构成型后下弦层节点的挠度分布是由内圈向外圈逐步减小的,与一般受力状态下一致;上弦层也基本如此,但在最早安装的第一圈子结构的竖向挠度较大,最大达到 55mm,经过跟踪分析,主要是由于第一圈开始安装时结构整体刚度还没形成,抗变形能力最弱,这样一直累积到最后,也说明采用悬臂法施工时,前几个阶段先完成施工的结构安装精度要严格控制,它对后阶段的施工安装精度会产生影响,同时各圈的子结构约束条件必须为可承受自身及下一阶段施工荷载的刚

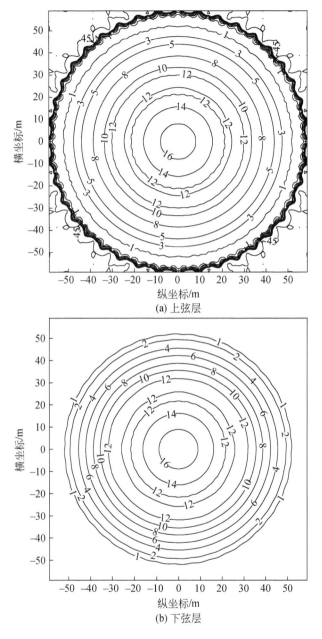

图 7.3.9　节点挠度分布云图(单位:mm)

体结构,否则须增加多余约束来保证。

7.3.3　陕西黄陵储煤网壳工程

1. 工程介绍

下面以陕西黄陵二号煤矿有限公司柱面-球面混合网壳结构为例介绍其施工全过程分析。该网壳结构长 180m,跨度 90m,上弦支座支撑,图 7.3.10 为该工程实际照片。结构沿轴向分为三部分:球面网壳第一半球部分(Ⅰ)、柱面网壳部分(Ⅱ)、球面网壳第二半球部分(Ⅲ)。依次将整个网壳划分为三个施工区域,如图 7.3.11 所示。Ⅰ区和Ⅲ区采用悬挑法安装施工,Ⅱ区采用滑移脚手架安装方法,搭设一个 90m×18m 的滑移脚手架,沿长度方向进行滑移,滑移轨道设在上弦支座处。整个施工安装过程分为六个阶段,Ⅰ区、Ⅲ区分别分为 5 个施工块。由于Ⅱ区网壳两侧和中部分别存在两个落煤塔和一个拉紧间,其孔洞周边存在立柱,若支架直接在整个Ⅱ区内滑移将受影响,故本方案将网壳分为 6 个施工块,其中Ⅱ区 4 个施工块沿轴向长 18m,2 个靠近拉紧间的施工块沿轴向长 9m。

图 7.3.10　陕西黄陵储煤网壳工程

2. 施工过程分析

网壳结构施工步骤如图 7.3.12 所示。支架滑移时先从 1 施工块滑至 3 施工块,然后退出网壳平面,从 4 施工块进入,滑移至 6 施工块。滑移安装过程仅存在煤棚自重荷载。以下是详细的施工流程:

(1) Ⅱ区第 1 块下部搭设滑移脚手架,利用脚手架安装Ⅱ区第 1 块网壳。同时

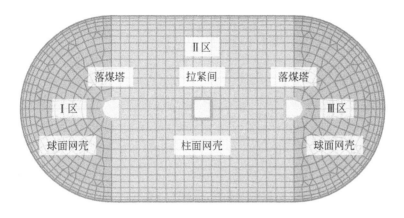

图 7.3.11　网壳结构分区示意图

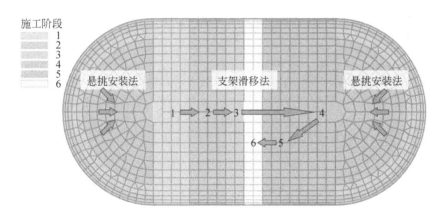

图 7.3.12　网壳结构施工步骤示意图

在Ⅰ、Ⅲ区支座位置处开始悬挑安装第 1 块网壳(分别包括 2 圈网壳)。

(2)Ⅱ区滑移脚手架滑移到第 2 块下部,利用脚手架安装Ⅱ区第 2 块网架;同时继续在Ⅰ、Ⅲ区悬挑安装第 2 块网壳(分别包括 2 圈网壳)。

(3)Ⅱ区滑移脚手架滑移到第 3 块下部,利用脚手架安装Ⅱ区第 3 块网架;同时继续在Ⅰ、Ⅲ区悬挑安装第 3 块网壳(分别包括 2 圈网壳)。

(4)Ⅱ区滑移脚手架进入第 4 块下部,利用脚手架安装Ⅱ区第 4 块网架;同时继续在Ⅰ、Ⅲ区悬挑安装第 4 块网壳(分别包括 3 圈网壳)。

(5)Ⅱ区滑移脚手架滑移到第 5 块下部,利用脚手架安装Ⅱ区第 5 块网架;同时继续在Ⅰ、Ⅲ区悬挑安装第 5 块网壳(剩余圈数网壳)。

(6)Ⅱ区滑移脚手架滑移到第 6 块下部,利用脚手架安装Ⅱ区第 6 块网架。

(7)网壳安装完成。

下面应用累积响应法对网壳进行施工模拟全过程分析,分别分析施工过程中的杆件轴力和结构挠度。

1) 杆件轴力

杆件轴力云图(图 7.3.13)真实模拟了网壳在本施工方案安装过程中的杆件轴力响应的变化情况,充分考虑了分块施工中结构块的累积效应。各杆件在滑移

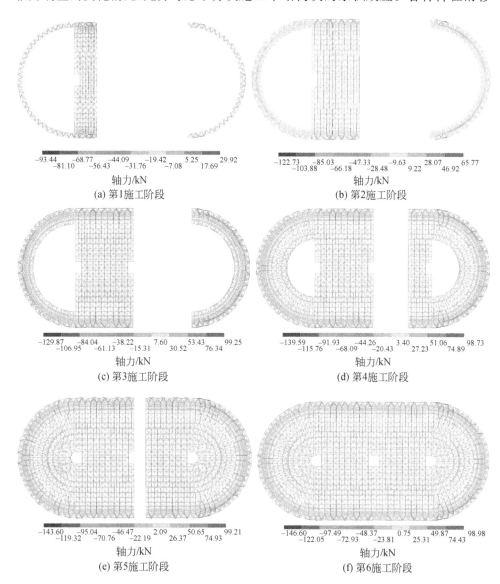

图 7.3.13　施工阶段结构杆件轴力云图

安装过程中均在正常状态下工作,没有发生超应力杆件。Ⅰ区、Ⅲ区球壳部分杆件轴力水平普遍较柱面部分小,表明对该区网壳进行悬挑施工满足强度要求。最终成形状态结构最大轴压力为 150.18kN,最大轴拉力为 98.39kN。下面分别给出Ⅱ区柱面网壳跨中某杆件和Ⅰ区、Ⅲ区球面网壳典型杆件(位置如图 7.3.14 所示)的轴力在施工过程中的变化,如图 7.3.15 所示。

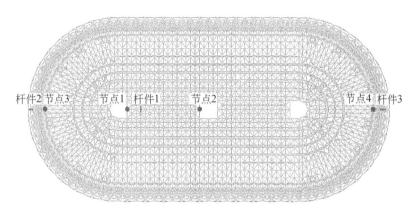

图 7.3.14　分析杆件、节点位置示意图

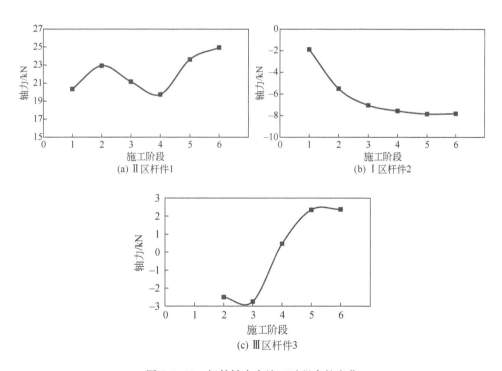

图 7.3.15　杆件轴力在施工过程中的变化

2）结构挠度

结构总挠度分布（图7.3.16）模拟了网壳结构在施工过程中节点位移响应的变化情况，充分考虑了后续施工结构块对已成形结构的累积效应。各节点挠度在滑移安装过程中均在正常状态下工作。Ⅲ区球壳靠近轴线附近节点挠度水平较两翼小，说明此处刚度较大，两翼较小，施工过程中应注意Ⅲ区两翼网壳结构的刚度。

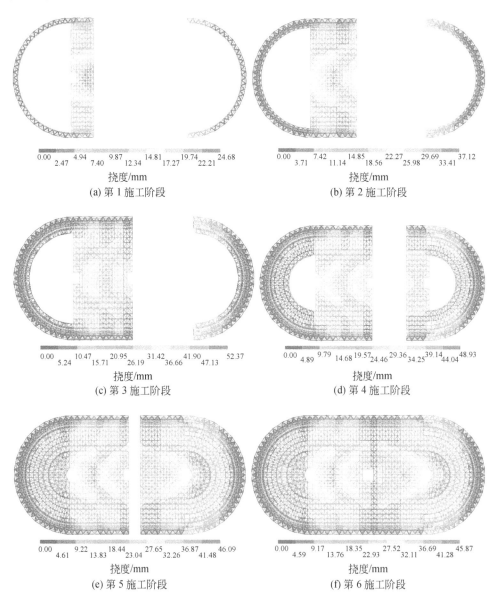

图 7.3.16　施工阶段结构挠度云图

而 Ⅰ 区球壳刚度较大,原因是它与 Ⅱ 区柱面网壳协同受力。 Ⅱ 区柱面网壳的跨中挠度较大,但均满足要求,表明网壳采用该施工方案满足刚度要求。最终成形状态结构最大 z 向挠度为 38.36mm。下面分别给出图 7.3.11 所示 Ⅱ 区柱面网壳跨中典型节点和 Ⅰ 区、Ⅲ 区球面网壳典型节点的 z 向挠度在施工过程中的变化(图 7.3.17)。

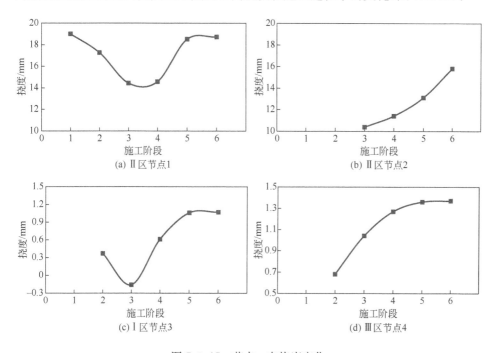

图 7.3.17　节点 z 向挠度变化

3) 平均应变能

平均应变能可以真实反映结构的受力状况。图 7.3.18 显示,施工过程中结构平均应变能呈持续上升趋势,总体较为平缓,结构逐渐进入共同工作。但第 5 阶段增长较快,主要是因为第 5 阶段的施工面积较大,且位于跨中,位置较为不利。若结构柱面网壳部分采用沿长度方向依次滑移安装的施工方法,结构平均应变能的增加将更为平缓,但受结构内部拉紧间和落煤塔的限制,该结构不能采用单元滑移法。

7.3.4　北京首都国际机场 T3A 航站楼网架

1. 工程介绍

北京首都国际机场 T3A 航站楼覆盖面积为 18 万 m^2,南北方向约 995m,东西

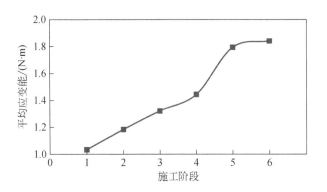

图 7.3.18　结构平均应变能变化曲线

宽约 773m,在航站楼南端入口处有约 51m 的室外悬挑屋顶。屋盖结构采用双曲面微弯空间网架结构,主要为抽空三角锥形式,局部设置边桁架和悬挑桁架,整个屋盖由 136 根棱形钢管柱支撑。图 7.3.19 为北京首都国际机场航站楼。

图 7.3.19　北京首都国际机场航站楼

2. 施工过程分析

工程施工方案采用了支架滑移和整体提升两种施工方法:悬臂部分采用整体提升就位,其他部分采用分区分块支架滑移法拼装。悬臂部分相对独立,采用整体提升可以使该部分一次性准确定位,同时就位后的悬臂桁架可以作为下一步支架滑移施工的基准,整体提升的临时支撑台架对后面结构的拼装也起到很好的支撑作用;主体结构采用分块支架滑移拼装可以保证各区域多条线路同时进行,能够节省结构安装时间,同时可滑动工作平台也使安装过程准确而灵活。在支架滑移的过程中,整个结构由小到大逐渐成形。

　　整个结构各区域的支架滑移分块如图 7.3.20 所示,各区安装顺序按照编号次序由小到大依次进行。0 区为悬臂部分,该部分网架与悬臂桁架一起采用整体提升法进行安装就位;两翼部分,则在施工时等 0 区的悬臂部分提升就位后,以悬臂桁架为基准采用支架滑移法依次进行拼装;主体部分,在两翼的网架安装到一定程度后,也采用支架滑移法进行拼装。边桁架部分均采用分块吊装。

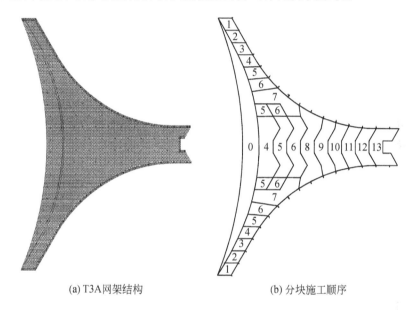

(a) T3A网架结构　　　　　　　　　(b) 分块施工顺序

图 7.3.20　T3A 网架部分支架滑移分块及顺序

　　图 7.3.21 所示为施工过程分析所考察的节点和杆件在结构中的位置。图 7.3.22 和图 7.3.23 分别显示了经施工过程分析后几个杆件的轴力变化和典型节点的 z 向位移变化,图 7.3.24 为全过程模拟内力云图。

7.3.5　杭州奥体中心网球中心开合屋盖

1. 工程介绍

　　杭州奥体中心网球中心工程下部为钢筋混凝土结构看台及功能用房,看台区上覆环状花瓣造型固定悬挑钢结构罩棚,该罩棚上支承 8 片可开合钢结构移动屋盖,闭合时覆盖整个比赛场地(图 7.3.25)。下部混凝土结构外轮廓平面为圆形,外径约 110m,内径约 55m,结构宽度约 27.5m。固定罩棚外边缘直径约 133m,最大宽度约 37m,悬挑长度约 26m。

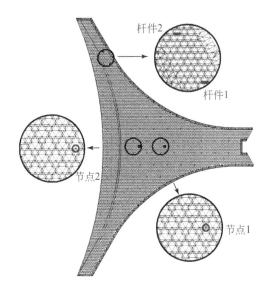

图 7.3.21　杆件和节点在结构中的位置

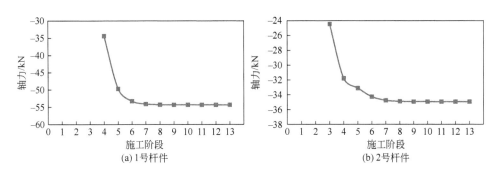

图 7.3.22　施工过程杆件轴力变化曲线

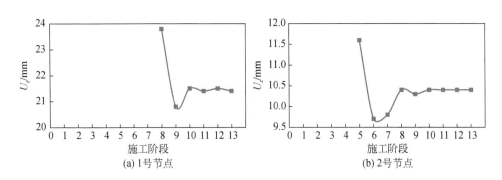

图 7.3.23　施工过程节点 z 向位移变化曲线

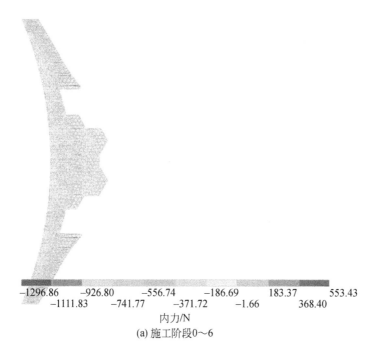

-1296.86　　-926.80　　　-556.74　　　-186.69　　　183.37　　　553.43
　　　-1111.83　　　-741.77　　　-371.72　　　-1.66　　　368.40
内力/N
(a) 施工阶段0～6

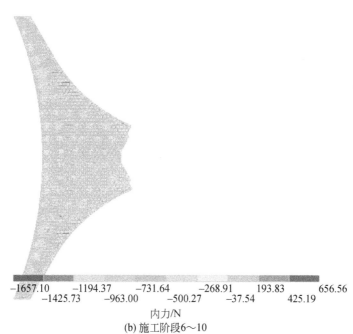

-1657.10　　-1194.37　　　-731.64　　　-268.91　　　193.83　　　656.56
　　　-1425.73　　　-963.00　　　-500.27　　　-37.54　　　425.19
内力/N
(b) 施工阶段6～10

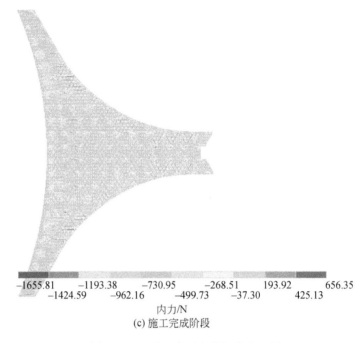

-1655.81　　-1193.38　　　-730.95　　　-268.51　　193.92　　　656.35
　　　-1424.59　　　-962.16　　　-499.73　　　-37.30　　　425.13
内力/N
(c) 施工完成阶段

图 7.3.24　施工全过程模拟内力云图

图 7.3.25　杭州奥体中心网球中心

　　图 7.3.26(a)为移动屋盖和固定屋盖结构布置图,图 7.3.26(b)为固定屋盖主体结构单元。8 片绕定轴平面旋转开合式移动屋盖点支承于固定屋盖上,移动屋盖为花瓣形,每片设置一固定转轴及三条同心圆轨道结构,其中两条轨道固定在移动屋盖上,一条轨道固定在固定屋盖上[图 7.3.26(c)]。单片移动屋盖径向长度

45m,宽 25m,闭合状态(最不利)最大悬挑长度约 30m;移动屋盖下弦为平面,上弦
为曲线花瓣状屋面。

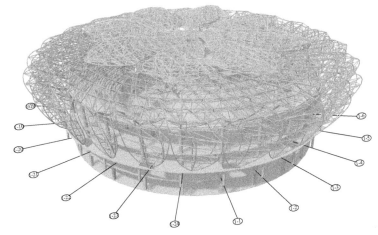

(a) 移动屋盖和固定屋盖结构布置

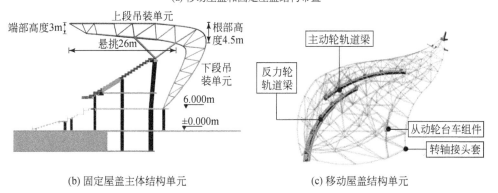

(b) 固定屋盖主体结构单元　　　　　　(c) 移动屋盖结构单元

图 7.3.26　杭州奥体网球中心网壳结构

由 24 个花瓣单元组成的固定钢结构悬挑屋盖,通过 24 个四管组合 V 型撑杆
支承于下部混凝土框架柱顶。图 7.3.27 是花瓣底部支座处结构布置图。

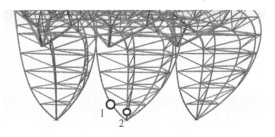

图 7.3.27　花瓣底部支座处结构布置

2.施工过程分析

共设置 18 个施工阶段(图 7.3.28),每个阶段分别定义单元、边界与荷载,第 10 阶段为卸载阶段。对 V 型撑杆组和底部支座杆件组进行施工全过程应力分析,图 7.3.29 给出了对应轴线杆件理论计算。结果表明,无论是 V 型撑杆还是底部支座杆件,应力显著增加的阶段有三个:自身吊装、卸载、对应轴线移动屋盖吊装。

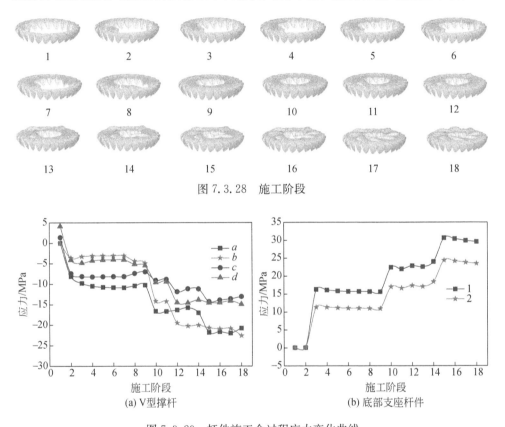

图 7.3.28　施工阶段

图 7.3.29　杆件施工全过程应力变化曲线

7.4　张力空间结构索张拉施工形态控制

7.4.1　索张拉力计算

张力空间结构通过对拉索施加预应力,张力空间结构的成形与张拉过程密切相关。通常情况下,由于张拉设备、施工场地和施工流程等因素的影响,拉索不会一次张拉到位,需采用分级分批张拉的施工过程。在这个张拉过程中,后批索的张拉会对前批已张拉的索产生影响,导致前批索张拉力变化,即需要反复地张拉和调整。由于预应力空间结构施工的复杂性,长期以来,许多学者一直致力于预应力结构的施工成形分析。目前,对索张拉过程的跟踪方法分为正分析法和反分析法(罗尧治等,2004;袁行飞和董石麟,2001)。

正分析法是指以实际施工顺序逐次拼装结构构件。它首先确定拉索张拉次序,然后以张拉前的状态为初始状态,采用与张拉相同的次序,依次计算各施工阶段的结构内力和位移。

反分析法以结构施工成形后的状态为初始态,按照与实际施工顺序相反的次序依次放松索力或拆除结构构件,分析每次放松索力或拆除构件对剩余结构的影响,从而获得各施工阶段构件内力分布和结构几何形态,实际索的张拉或结构施工按照计算结果反向进行。反分析法与正分析法实际上为互逆的力学过程。

1. 施工状态分类

根据预应力空间结构的加工、施工及受力特点,通常将其结构形态定义为零状态、预应力态和荷载态三种。

以张弦梁结构为例,说明划分三种状态的意义。对于张弦梁结构零状态,主要涉及结构构件的加工放样问题。张弦梁结构的预应力态是建筑设计所给定的基本形态,即结构竣工后的验收状态。在张拉拉索时,上弦构件刚度较弱,如果张弦梁结构的上弦构件按照预应力态给定的几何参数进行加工放样,则拉索的张拉势必引导撑杆使上弦构件产生向上的变形(图 7.4.1)。当拉索张拉完毕后,结构上弦构件的形状将偏离预应力态形状,从而不满足建筑设计的要求。因此,张弦梁结构上弦构件的加工放样通常要考虑拉索张拉产生的变形影响,这也是张弦梁等预应力空间结构需要进行零状态定义的原因。

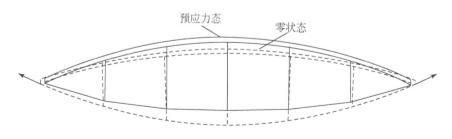

图 7.4.1　张弦梁索张拉过程的变形

2. 施工成型索张拉力的计算

1) 零状态的确定

如前所述,零状态几何是未知的,求零状态是为了保证拉索张拉完毕后,其变形后的形状为建筑设计所给定的结构形状,即预应力态形状。根据结构中索预应力形成的原因,将它们分为主动索和被动索两类。主动索是指通过张拉这些索而使结构产生预应力,被动索的索原长始终不变,只随着张拉进程产生弹性变形而形成预应力。

这里采用逐步迭代逼近的方法确定零状态几何放样。它的基本思想是首先假定一零状态几何(第一步迭代取预应力态的形状),然后在该零状态几何上施加预应力,并求出结构变形后的形状,将其与预应力态形状进行比较,如果差别微小,就可以认为假定的零状态就是需要求得的;否则,修正前一步零状态几何,重新进行迭代运算,直到求得的变形后形状与预应力态形状满足要求的精度。

设预应力态下几何坐标用 $\{X,Y,Z\}$ 表示,第 k 次迭代的结构零状态几何坐标用 $\{X,Y,Z\}_{0,k}$ 表示,在 $\{X,Y,Z\}_{0,k}$ 构形上施加预应力变形后的结构几何坐标为 $\{X,Y,Z\}_k$,产生的位移为 $\{U_x,U_y,U_z\}_k$,则求零状态的计算步骤如下:

(1) 首先假定预应力态几何为零状态几何,即令 $\{X,Y,Z\}_{0,k}=\{X,Y,Z\}$。

(2) 在 $\{X,Y,Z\}_{0,k}$ 基础上,对结构中的所有主动索施加预应力态下的张拉力值,并在计算中保持不变,经非线性有限元迭代计算,得到第 k 次计算收敛时结构的几何,即 $\{X,Y,Z\}_k=\{X,Y,Z\}_{0,k}+\{U_x,U_y,U_z\}_k$。

(3) 计算 $\{\Delta_x,\Delta_y,\Delta_z\}_k=\{X,Y,Z\}-\{X,Y,Z\}_k$,判断 $\{\Delta_x,\Delta_y,\Delta_z\}_k$ 是否满足给定的精度,如果满足,则 $\{X,Y,Z\}_{0,k}$ 为所求的零状态几何坐标,计算结束,否则令 $\{X,Y,Z\}_{0,k}=\{X,Y,Z\}-\{U_x,U_y,U_z\}_k$,$k=k+1$,重复步骤(2)、步骤(3)。

经过三步迭代计算,最终可以求得结构零状态几何,以及预应力态下梁、杆、被动索的内力。根据被动索的张拉力和节点坐标,可进一步求出被动索的索原长,它在下面反分析索张拉力的计算中保持不变。另外,若主动索不分级张拉,则它相对应的索原长亦可求出,无须再次进行第 2 步索原长的计算。

2) 索原长的计算

索原长是指索在无应力自然状态下的长度,即放样长度或无应力长度(吕方宏和沈祖炎,2005)。索在节点位置确定的条件下,索长和张拉力具有唯一的对应关系。索的张拉顺序只影响结构受力状态而不影响该级张拉索的原长,因此可以控制每一级张拉索的原长来求出施工中索的张拉力。求解方法为:在零状态基础上,对所有主动索同时分级($i=1,2,\cdots,m$),施加该级张力控制值,并在计算中保持不变,经非线性有限元迭代计算,得到该级张力控制值下的平衡态 $^i\pi$($i=1,2,\cdots,$

m),由式(7.4.1)求出平衡态$^i\pi$下张拉索索原长$^il_u(i=1,2,\cdots,m)$:

$$^il_u=\frac{EAl}{EA+T}\tag{7.4.1}$$

式中,T为各级索张拉力的控制值;l为各级平衡态下索的长度。

3) 控制索原长计算索张拉力的反分析法

在求零状态的同时也获得了结构预应力状态的所有信息,如单元的内力、被动索的索原长等信息。通过索原长的计算步骤可以求出所有主动张拉索在各级张拉力下对应的索原长。在获得预应力态所有信息和求出索原长的基础上,通过控制索原长的反分析方法可求得索在施工中的张拉力。由式(7.4.1)可以看出,索原长由某一级下索的张拉力计算求出,与索的分批张拉没有关系,因此控制索原长计算索张拉力的反分析法中提到的索原长都是与索张拉的某一级相对应的。假设索分m级n批张拉,计算过程如下:

(1) 求第m级、第$n-1$批的张拉力,即最后一级、最后第二批的张拉力。在预应力态的基础上进行第m级、第n批索的放松,即最后一级、最后一批索的放松。计算中指定第n批的原长为上一级,即第$m-1$级索原长$^{m-1}l_{un}$,而其他索原长仍为当前级,即第m级索原长。采用控制索原长的方法,通过非线性有限元迭代计算,得到此时的平衡状态,求出第$n-1$批索的内力值$^mF_{n-1}$,$^mF_{n-1}$即为第m级第$n-1$批索的张拉力控制值。

(2) 求第m级、第$n-2$批的张拉力,即最后一级、最后第三批的张拉力。在上一平衡状态,即(1)中求得的平衡状态的基础上,继续进行第m级、第$n-1$批索的放松,即最后一级、最后第二批索的放松。计算中指定第n批、第$n-1$批索的原长为上一级,即第$m-1$级下的索原长$^{m-1}l_{un}$、$^{m-1}l_{u(n-1)}$,而其他索原长仍为当前级,即第m级下的索原长。采用控制索原长的方法,通过非线性有限元迭代计算,得到此时的平衡状态,求出第$n-2$批索的内力值$^mF_{n-2}$,$^mF_{n-2}$即为第m级第$n-2$批索的张拉力控制值。

(3) 其他批次索的计算依次类推,即已经放松的索的原长指定为上一级的索原长,未放松的索的原长仍为当前级下的索原长。直至最后一级、最后一批索完全放松,则计算完成。

控制索原长计算索张拉力的反分析法有以下优点:

(1) 求零状态只需提供结构预应力状态的几何坐标和主动索张拉力两个信息,与张拉步骤没有关系,计算完成可获得零状态几何坐标和预应力状态结构内力等信息,分别为索原长和反分析求索张拉力打下基础,操作比较简单。另外,如果不分级对索进行张拉,则不需要再进行一次求主动索索原长的计算,由得到的预应力状态的信息可以求出主动索索原长。

(2) 在求得零状态的基础上,只需提供主动索在各级下的张拉力即可很简单地求出与此相对应的索原长。

（3）在第一步求得预应力状态结构内力的基础上，采用与施工相反的顺序进行，在计算中只需指定主动索对应的索原长即可，计算效率较高。

3. 分析示例

1）弦支穹顶

图 7.4.2 所示的联方型弦支穹顶结构，跨度 60m，矢高 6m，周边支承为固定铰支座。上部结构为联方型单层球面网壳，如图 7.4.2(a)所示，下部索杆体系采用图 7.4.2(b)所示的布索方式。网壳杆件、竖杆全采用 $\phi 180\text{mm} \times 10\text{mm}$ 钢管，四圈竖杆的长度均为 5m；径向斜拉索采用 $4 \times 7\phi 5\text{mm}$，环向拉索共四道，采用 $6 \times 7\phi 5\text{mm}$。钢管弹性模量为 $E = 2.06 \times 10^{11}\text{Pa}$，索的弹性模量为 $E = 1.8 \times 10^{11}\text{Pa}$。上部网壳节点刚接，索与网壳的连接节点、竖杆与网壳的连接节点及竖杆与索的连接节点均为铰接节点。

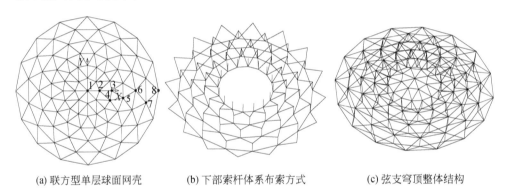

(a) 联方型单层球面网壳　　(b) 下部索杆体系布索方式　　(c) 弦支穹顶整体结构

图 7.4.2　联方型弦支穹顶结构

弦支穹顶结构各索杆由外到内依次编为第一圈至第四圈，环索预应力比值第一圈至第四圈设定为 8:6:4:3，当第一圈环索预应力取为 359.184kN 时，第二圈至第四圈索预应力分别为 297.446kN、215.225kN、171.487kN。

依据弦支穹顶结构实际情况和设计资料，并结合国外已有工程施工方法介绍，常采用索张拉的施工方法有张拉环索方法、张拉斜索方法、竖杆顶压方法等。本算例采用从外到内张拉环索的工序进行施工张拉，即采用由第一圈至第四圈逐圈张拉环索的施工方法，而各圈的斜索作为被动索。施工步骤为：弦支穹顶单层网壳部分施工完成→挂各圈索杆→张拉第一圈环索→张拉第二圈环索→张拉第三圈环索→张拉第四圈环索。下面采用控制索原长的反分析法模拟弦支穹顶索张拉的全过程，并求解各施工阶段环索施加的张拉力，计算步骤如下：

(1) 零状态及索原长的计算。

首先假设图 7.4.2 的几何为零状态下的几何,对结构中第一圈至第四圈环索施加预应力态下的张拉值,即 359.184kN、297.446kN、215.225kN、171.487kN,并在计算中保持不变,经过非线性有限元迭代计算,可求出零状态节点坐标、预应力态下杆件的内力和所有索的索原长。零状态节点坐标、预应力态节点坐标见表 7.4.1,环索的索原长见表 7.4.2,预应力态下部分杆件的内力见表 7.4.3。

表 7.4.1 零状态节点坐标和预应力态节点坐标 (单位:m)

节点号	零状态节点坐标			预应力态节点坐标		
	X	Y	Z	X	Y	Z
1	0.0002	0.0000	0.0305	0.0000	0.0000	−0.0001
2	5.1167	0.0000	0.2260	5.1175	0.0000	0.1687
3	10.2300	0.0000	0.7691	10.2350	0.0000	0.6742
4	9.4519	−3.9150	0.7666	9.4559	−3.9168	0.6743
5	15.0060	−2.9850	1.5481	15.0030	−2.9843	1.5146
6	20.3010	0.0000	2.6897	20.2930	0.0000	2.6860
7	24.7280	−4.9188	4.1622	24.7170	−4.9165	4.1832

表 7.4.2 环索的索原长 (单位:m)

环索	第一圈	第二圈	第三圈	第四圈
索原长	9.808	7.885	5.944	3.968

表 7.4.3 预应力态下部分杆件的内力 (单位:kN)

圈数	第一圈	第二圈	第三圈	第四圈
环索	359	297	215	171
斜索	131	97	65	49
竖杆	−106	−91	−69	−58

(2) 施工过程反分析。

计算采用控制索原长的方法,按与实际施工相反的顺序,即由内到外释放各圈环索张拉力,计算所得各圈索杆内力的变化情况见表 7.4.4,各节点坐标的变化情况见表 7.4.5。

表 7.4.4　施工过程反分析法下部索杆内力的变化情况　　　（单位：kN）

圈数	杆件	预应力 平衡态	卸掉 第四圈环索	卸掉 第三圈环索	卸掉 第二圈环索
第一圈	环索	359	348	318	**220**
	斜索	131	127	116	80
	竖杆	−106	−103	−94	−64
第二圈	环索	297	274	**236**	
	斜索	97	810	77	
	竖杆	−91	−84	−72	
第三圈	环索	215	**179**		
	斜索	65	54		
	竖杆	−69	−57		
第四圈	环索	**171**			
	斜索	49			
	竖杆	−58			

表 7.4.5　施工过程反分析法各节点坐标的变化情况　　　（单位：mm）

节点	卸掉第四圈环索 内力后的节点坐标			卸掉第三圈环索 内力后的节点坐标			卸掉第二圈环索 内力后的节点坐标		
	X 向	Y 向	Z 向	X 向	Y 向	Z 向	X 向	Y 向	Z 向
1	0.47	−0.01	−7.85	0.80	−0.02	−15.95	1.12	0.00	−26.05
2	1.43	−0.01	−33.61	1.75	−0.01	−43.61	2.03	0.00	−52.74
3	3.91	0.00	−55.77	5.71	−0.01	−81.39	5.92	0.00	−89.92
4	3.21	−1.15	−54.02	4.84	−1.69	−79.47	5.07	−1.64	−88.07
5	−8.56	1.70	23.56	−4.02	0.87	−19.45	−2.15	0.57	−38.69
6	−4.59	0.00	11.25	−14.89	0.00	35.35	−8.23	0.00	−5.55
7	−1.48	0.29	3.30	−5.52	1.09	12.38	−18.78	3.75	42.04

　　表 7.4.4 为施工反分析法计算的施工过程控制参数，实际施工时需将上述计算过程逆序，即施工从零状态开始，依次为张拉第一圈环索（对应表 7.4.4 卸掉第二圈环索内力），张拉第二圈环索（对应表 7.4.4 卸掉第三圈环索内力）直至施工成形。由表 7.4.4 可以得到由外向内张拉各圈环索时的索力控制值依次为：张拉第一圈环索 220kN；张拉第二圈环索 236kN；张拉第三圈环索 179kN；张拉第四圈环

索 171kN,即表 7.4.4 中黑色加粗数据为施工中需对环索施加的张拉控制力。

　　该算例环索作为主动索,斜索作为被动索。在只提供预应力态几何位形和环索张拉力的条件下,通过控制索在预应力态下的张拉力,可以方便地求出零状态、环索和斜索的原长、预应力状态结构所有单元的内力。在分批张拉时,斜索原长保持不变,通过控制环索索原长,容易求出施工中索的张拉力,充分体现了计算简单、概念清楚的优点,它避免了通用有限元需要反复试算、计算烦琐的缺点。

　　2)张弦梁

　　图 7.4.3 为一张弦梁预应力态几何尺寸,上弦钢梁为 $\phi219\text{mm} \times 6\text{mm}$ 钢管,钢撑杆为 $\phi76\text{mm} \times 5\text{mm}$ 钢管,弹性模量为 $E = 2.06 \times 10^5 \text{MPa}$。下弦钢索为直径 18mm 的预应力实心圆杆,弹性模量 $E = 1.85 \times 10^5 \text{MPa}$。张拉过程支座为固定铰支座,预应力状态索水平预张力为 80kN,求零状态节点坐标及预应力状态各杆件内力。

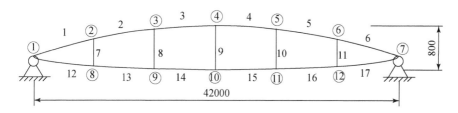

图 7.4.3　张弦梁结构图(单位:mm)

　　按前面提出索张拉力的方法进行计算,表 7.4.6 为零状态节点坐标和张拉完成后预应力态节点坐标,表 7.4.7 为预应力态下所有杆件的轴力。

表 7.4.6　零状态节点坐标和预应力态节点坐标　　　　(单位:m)

节点	零状态节点坐标		预应力态节点坐标	
	X	Y	X	Y
1	0	0	0	0
2	7.0040	1.9246	7.0000	1.9405
3	14.0010	3.0792	14.0000	3.0769
4	21.0000	3.4603	21.0000	3.4513
5	27.9990	3.0792	28.0000	3.0769
6	34.9960	1.9240	35.0000	1.9405
7	42.0000	0	42.0000	0

续表

节点	零状态节点坐标		预应力态节点坐标	
	X	Y	X	Y
8	6.9978	−1.1702	7.0000	−1.1541
9	13.9990	−1.4578	14.0000	−1.4600
10	21.0000	−1.5397	21.0000	−1.5487
11	28.0010	−1.4579	28.0000	−1.4600
12	35.0020	−1.1707	35.0000	−1.1541

表 7.4.7　预应力态下所有杆件的轴力　　　　　（单位:kN）

单元编号	轴力	单元编号	轴力	单元编号	轴力
1	41	7	−9	13	80
2	39	8	−2	14	710
3	39	9	−2	15	710
4	39	10	−2	16	80
5	39	11	−9	17	81
6	41	12	81		

7.4.2　索张拉顺序优化控制

预应力空间结构的显著特点是索的施工张拉过程对成型后的形态起着至关重要的作用。受施工工艺和施工条件等客观原因的限制,索的施工张拉通常需要分批进行,每批次索的数量须控制在一定数量以内。

对于弦支穹顶、索穹顶等拉索布置规则的结构体系,施工时常采用张拉斜索或环索成型的方法,每批次张拉一圈。对于拉索布置很不规则的结构体系,如索网张力结构和双向张弦桁架结构,目前一般是根据施工人员的经验来选择索的分批张拉顺序。

根据其作用将拉索分为两类:第一类拉索的存在只起到改善结构中内力分布的作用,因而预应力柱面网壳在施工过程中通过刚性结构传递各批次索张拉力间的影响;第二类拉索大都通过铰接连接,结构中拉索之间的影响直接通过索单元之间的铰接传递,因此施工分批张拉顺序对此类的影响较为显著。

合理的索张拉顺序应根据施工过程中的实际情形确定,本节以施加的索张力最小及施工张拉过程最为平稳作为优化目标,研究两类预应力空间结构分批张拉顺序的确定方法。

为处理方便,使各阶段施加的索张拉控制力与目标态下的张拉力相比以无量纲化,即优化目标改为

$$U_1(X) = \sum_{i=1}^{n} N_i/N_i' \tag{7.4.2}$$

式中,X 为优化问题决策变量的集合,表示索张拉顺序;N_i 为第 i 根索在施工态 G_i 下的张力;N_i' 为第 i 根索在目标态下的张力值;n 为结构中主动索的总数。

由基于结合了控制索原长原理的两类预应力空间结构的施工张拉控制过程可见,各施工态下的索张拉力取决于与张拉顺序有关的索原长设置,分析时某施工态下某根索的索原长可以设置为目标态下的索原长 $^u l_j$,或是零状态下的长度 $^0 l_j$。假定第 j 根拉索在第 k 施工阶段张拉,则索张拉施工过程如式(7.4.3)所示。其中,T_i 为结构在施工态 G_i 下的张力,T_m 为目标态下的索张力列向量,m 为索张拉的分批数。

$$T_0 = G_0(^0 l_1, ^0 l_2, \cdots, ^0 l_j, \cdots, ^0 l_n)$$
$$\vdots$$
$$T_{k-1} = G_{k-1}(\cdots, ^0 l_j, \cdots)$$
$$T_k = G_k(\cdots, ^u l_j, \cdots)$$
$$T_{k+1} = G_{k+1}(\cdots, ^u l_j, \cdots)$$
$$\vdots$$
$$T_m = G_m(^u l_1, ^u l_2, \cdots, ^u l_j, \cdots, ^u l_n) \tag{7.4.3}$$

由式(7.4.3)可知,各批次索张拉控制力之间存在相互影响,结构在施工完成后的预应力为各阶段施工张拉影响的叠加,即

$$T_m = \sum_{i=1}^{m} \alpha(l_1, l_2, \cdots, l_n) N_i \tag{7.4.4}$$

式中,$\alpha(l_1, l_2, \cdots, l_n)$ 为各批次索张力之间的影响系数,由于各批次施工张拉之间的相互影响关系误差累积,此类可以采用式(7.4.5)所示的指标量化,即

$$U_2(X) = \sum_{i=1}^{m} |T_i - T_m|/T_m \tag{7.4.5}$$

式中,$U_2(X)$ 为各阶段索张拉力与目标态下张拉力差值的无量纲累积量。从式(7.4.5)可见,若一次张拉完毕,则 $U_2(X)=0$。若 $U_2(X)$ 越小,则各施工张拉阶段的受力状态与目标态相差越小,可定义为施工张拉过程越平稳。

上述分析过程指出了张力结构在施工过程中的两种优化目标:一方面,索的分批张拉方案应使张拉施工过程平稳;另一方面,要求各批次施加的索张拉控制力最小。这里采用一种结合了以施工过程中索内力变化最平稳和以施加的张拉控制力总和最小为优化目标的双控指标作为优化目标函数,即

$$U(X) = \gamma_1 \sum_{i=1}^{n} N_i / N_i' + \gamma_2 \sum_{i=1}^{m} |T_i - T_m| / T_m \qquad (7.4.6)$$

式中,γ_1、γ_2 为表征两项指标重要性的权重系数,且令 $\gamma_1,\gamma_2 \in [0,1]$;$U(X)$ 为目标函数,则张力结构分批张拉施工的优化模型为

$$\text{Find } X = \{x_1, x_2, \cdots, x_n\}$$

$$\min U(X) = \gamma_1 \sum_{i=1}^{m} T_i / T_m + \gamma_2 \sum_{i=1}^{m} |T_i - T_m| / T_m$$

$$\text{s. t. } \quad x_i \in \varphi_i, \quad \forall i = 1, 2, \cdots, n \qquad (7.4.7)$$

式中,$x_1, x_2, \cdots, x_n$ 为遗传算法的决策变量,表示张力结构张拉施工过程中的索张拉顺序;φ_i 为第 i 个决策变量 x_i 的搜索空间。各施工阶段索张力之间的关系通常难以用显式的关系表达,可以采用遗传算法搜索合理的分批张拉顺序。

1. 主动索放样长度的影响

索网张力结构的施工过程一般为:安装受压构件→安装拉索→安装索夹具→张拉成形。结构的施工张拉成型过程中按预应力施加时操作对象的不同,结构中的拉索分为主动索和被动索两类。被动索在施工过程中不直接张拉,其下料长度与相应的索原长相同,被动索在施工张拉过程中的索原长始终不变。主动索在施工过程中直接张拉的索,其下料长度除原长外需附加一段缺陷长度,对结构施加预应力的过程实际上是将具有初始缺陷长度的主动索通过张拉设备而使其强迫就位的过程。可见主动索的放样长度对索网张力结构的施工过程存在影响。

针对该索网结构计算模型,假定索单元 1～9 的直径均为 30mm,弹性模量 $E = 2.06 \times 10^6 \text{MPa}$,做适当修改后,索网在目标态下的平面位置如图 7.4.4 所示。

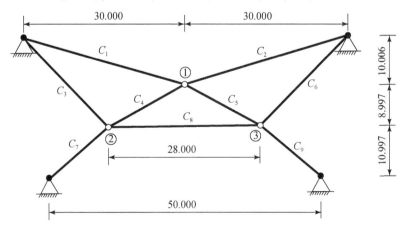

图 7.4.4 索网结构计算模型(单位:m)

假定结构中的主动张拉索为 C_1、C_2、C_3、C_6、C_7、C_9,计算时按两类情形对结构中的拉索进行放样,拉索放样长度见表 7.4.8,目标态下各单元的索原长见表 7.4.9。

表 7.4.8　拉索放样长度　　　　　（单位:m）

方案	C_1,C_2	C_3,C_6	C_4,C_5	C_7,C_9	C_8
放样方案 1	31.6257	24.8416	16.6340	15.5545	27.9790
放样方案 2	31.6326	24.8664	16.6340	15.5700	27.9790

表 7.4.9　拉索索原长　　　　　（单位:m）

项目	C_1,C_2	C_3,C_6	C_4,C_5	C_7,C_9	C_8
索原长	31.6010	24.8260	16.6340	15.5390	27.9790

假定索施工张拉过程分为 3 个批次,第一批次张拉 C_1、C_2,第二批次张拉 C_7、C_9,第三批次张拉 C_3、C_6。放样方案 1 情形下得到的索张拉控制力见表 7.4.10,放样方案 2 情形下得到的索张拉控制力见表 7.4.11。

表 7.4.10　放样方案 1 时的索张拉控制力　　　　　（单位:kN）

索号	第一阶段	第二阶段	第三阶段	张拉目标值
C_1,C_2	102.3	119.3	115.8	115.8
C_7,C_9	90.6	125.7	156.6	156.6
C_3,C_6	41.6	66.7	97.1	97.1
C_4,C_5	510.4	610.3	67.9	67.9
C_8	40.4	73.1	116.3	116.3

表 7.4.11　放样方案 2 时的索张拉控制力　　　　　（单位:kN）

索号	第一阶段	第二阶段	第三阶段	张拉目标值
C_1,C_2	87.7	125.7	115.8	115.8
C_7,C_9	59.1	90.1	156.6	156.6
C_3,C_6	18.2	31.1	97.1	97.1
C_4,C_5	50.9	73.1	67.9	67.9
C_8	10.6	22.3	116.3	116.3

分析可见,采用放样方案 1,张拉方案总共需要施加 647.8kN 张拉力,施工张

拉过程中的平稳指标为 5.2;采用放样方案 2,张拉方案总共需要施加 569.5kN 的张拉力,施工张拉过程的平稳指标为 8.6。

比较表 7.4.10 和表 7.4.11 可见,当施工张拉过程的平稳指标较大时,施工过程中索张拉起伏变化过大,这对于施工张拉过程是不利的。

2. 基于遗传算法的索张拉分批优化方法

遗传算法的原理是把优胜劣汰和适者生存的生物进化引入优化过程中,适用于工程分析与优化设计(王小平和曹立明,2002),第 6 章采用遗传算法进行了介绍并将其应用于张力空间结构的找形。在此,使用遗传算法对索张拉顺序进行优化,在优化过程中,每种可能的索分批张拉控制方案均可以是进化过程中某代种群的一个个体,下面是遗传算法的具体实现过程。

1) 编码方式的选择

遗传算法中常用的染色体位串编码方式为二进制编码和实数编码。以每根索所处的张拉批次作为优化问题的决策变量。在采用二进制编码时,只有当决策变量的编码空间,即施工张拉的批次数 $m=2^\lambda$ 时,才能满足编码空间的非冗余性,其中 λ 为个体染色体的长度。对于索网张力结构的施工张拉优化问题,决策变量的搜索空间大小并不一定满足这种关系,而采用实数编码则能较好地满足搜索空间与解空间的一一对应关系,因此采用实数编码作为遗传算法的编码方式。

2) 约束条件的处理

索施工张拉控制时,每批次索的数量需控制在一定数量以内。在搜索索分批张拉控制方案时,遗传算法应对进化过程中每个个体的各批次张拉的索数量进行限制,否则最终得到的张拉方案可能在某些张拉批次中索单元数量过多。假定每批次张拉的索数量不能超过 k_1 根,不能少于 k_2 根,这即为遗传算法的约束条件。搜索空间对应的解空间由可行域和不可行域构成,若优化问题的最优解位于可行域的边缘,优化过程中产生的不可行解能够提高遗传算法的搜索能力。采用罚函数项的形式把约束条件附加到目标函数中,目标函数改进为

$$U'(X)=\gamma_1\sum_{i=1}^m T_i/T_m+\gamma_2\sum_{i=1}^m|T_i-T_m|/T_m+\xi\sum_{i=1}^m g(k-k_i) \quad (7.4.8)$$

式中,ξ 为罚因子;$U'(X)$ 为考虑了约束条件后的目标函数;k_i 为第 i 批次的索数量;$g(y)$ 为罚函数,如式(7.4.9)所示:

$$g_i(k_1,k_2)=\begin{cases}k_2-k_i, & k_i-k_2<0\\0, & k_2\leqslant k_i\leqslant k_1\\k_i-k_1, & k_i-k_1>0\end{cases} \quad (7.4.9)$$

3) 基于遗传算法的索张拉分批优化流程

算法流程如下:

（1）输入结构模型、主动张拉索索号、各索的张拉控制力，设置个体染色体长度、种群规模及收敛条件等。

（2）随机产生初始种群。

（3）计算当前种群中个体的适应度。

（4）对种群进行交叉、变异等进化操作。

（5）对染色体解码，获得当前个体的索分批信息，对于第一类预应力空间结构，采用结合了控制索原长原理的有限单元法求解；对于第二类预应力空间结构，采用结合了控制索原长的动力松弛法计算各批次索张拉控制力。

（6）计算个体的适应度。

（7）选择产生下一代种群，保留迄今为止的最优个体及与最优个体差异最大的个体，重新计算个体适应度。进化若干代后，若满足终止条件，则进化过程结束，否则重新进行，从步骤（3）开始进行下一轮的进化。

4）分析示例

（1）第一类预应力空间结构。

某预应力网壳结构如图 7.4.5 所示，跨度 30m，长度 39m，网格尺寸 3m×3.6m，厚度 2.093m，矢高 13m。在支座附近布置预应力水平拉索，拉索长度 23.09m，共布置 7 根（图中的 $C_1 \sim C_7$），拟分 3 批张拉，索的张拉力设计值为 200kN，下部支承为钢筋混凝土框架柱，沿网壳纵向布置，间距为 6m，预应力柱面网壳支座全部置于柱顶。上弦、下弦杆件的截面尺寸沿纵向为 $\phi45.0\mathrm{mm}\times3.0\mathrm{mm}$ 圆管，跨向为 $\phi75.5\mathrm{mm}\times37.5\mathrm{mm}$ 圆管，腹杆截面尺寸为 $\phi60.0\mathrm{mm}\times3.5\mathrm{mm}$ 圆管，索截面尺寸为 $\phi42.0\mathrm{mm}$。

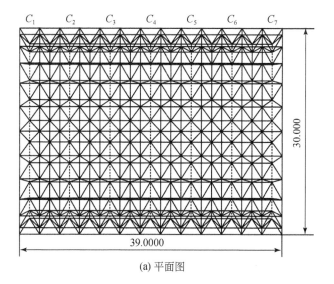

(a) 平面图

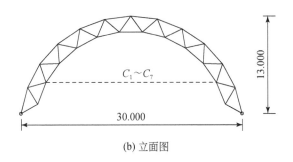

(b) 立面图

图 7.4.5　预应力柱面网壳的平面图与立面图(单位:m)

遗传算法的一些控制参数为:群体规模取为 20,$p'_m=0.05$,$p'_c=0.6$,罚因子取为 $\zeta=100$。分析可见,采用基于离散的编码格式,编码空间中的个体规模仅为 3^7。若采用固定长度为 6 位的二进制串来表示每个变量,则编码空间中的个体规模为 3^{27},可见在索张拉分批顺序优化问题中,采用实数编码格式更为有效。迭代终止条件为进化代数达到 100 代或连续 20 代没有产生更优秀的个体。

约束条件设置为每批张拉的索不少于 1 根,则最优的施工张拉分批顺序见表 7.4.12,各施工阶段的张拉力见表 7.4.13。

表 7.4.12　最优的施工张拉分批顺序

第一批	第二批	第三批
C_1	C_7	C_2、C_3、C_4、C_5、C_6

表 7.4.13　最优施工张拉过程中需要施加的张拉力　　　　(单位:kN)

索号	C_1	C_7	C_2	C_3	C_4	C_5	C_6
第一批	213						
第二批	214	207					
第三批	200	1910	200	200	200	200	200

(2)第二类预应力空间结构。

结构的计算模型如图 7.4.4 所示,索网结构在施工过程中通过张拉 C_1、C_2、C_3、C_6、C_7、C_9 号索单元成形,假定张拉施工分 3 个阶段,即索分 3 个批次张拉,每批次张拉的索数量不得少于 1 根,不得多于 3 根,表 7.4.14 所示为结构中拉索的原长与放样长度的设置。

表 7.4.14　拉索原长和放样长度　　　　（单位:m）

项目	C_1,C_2	C_3,C_6	C_4,C_5	C_7,C_9	C_8
放样长度	31.626	24.842	16.634	15.555	27.979
索原长	31.601	24.826	16.634	15.539	27.979

遗传算法的一些控制参数为:群体规模取为 20,$p'_m=0.05$,$p'_c=0.6$,罚因子取为 $\zeta=100$,迭代终止条件为进化代数达到 100 代或连续 20 代没有产生更优秀的个体。

从式(7.4.7)所示优化模型可见,不同权重系数取值对应不同的优化目标。采用本节所述的方法,考虑三种权重系数取值,相应得到的最优张拉方案分别称为方案 1、方案 2 和方案 3。

① 方案 1,权重系数取为:$\gamma_1=0.0$,$\gamma_2=1.0$,即表示索张拉最为平稳,表 7.4.15 所示为得到的最优张拉方案。

表 7.4.15　张拉方案 1 时的索张拉控制力　　　（单位:kN）

索号	第一批	第二批	第三批	张拉目标值
C_1	**102**	119	116	116
C_2	**102**	119	116	116
C_7	91	**126**	157	157
C_9	91	**126**	157	157
C_3	42	67	**97**	97
C_6	42	67	**97**	97

② 方案 2,权重系数取为:$\gamma_1=1.0$,$\gamma_2=0.0$,即表示施加的索张拉力总和最小,表 7.4.16 所示为得到的最优张拉方案。

表 7.4.16　张拉方案 2 时的索张拉控制力　　　（单位:kN）

索号	第一批	第二批	第三批	张拉目标值
C_7	**102**	106	157	157
C_9	**102**	149	157	157
C_1	52	**99**	116	116
C_3	73	**81**	97	97
C_2	526	61	**116**	116
C_6	73	89	**97**	97

③ 方案 3,权重系数取为:$\gamma_1=1.0,\gamma_2=1.0$,表 7.4.17 所示为得到的最优张拉方案。

表 7.4.17　张拉方案 3 时的索张拉控制力　　　　（单位:kN）

索号	第一批	第二批	第三批	张拉目标值
C_2	**81**	119	116	116
C_9	**89**	126	157	157
C_1	69	**119**	116	116
C_7	102	**126**	157	157
C_3	59	67	**97**	97
C_6	56	67	**97**	97

表 7.4.15~表 7.4.17 中加粗的数字为每个施工阶段主动索张拉控制力。

由表 7.4.15 可见,各批次索张拉之间的影响较小,施加的张拉控制力总和为 650kN。

由表 7.4.16 可见,方案 2 施加的张拉控制力总和为 597kN。但各批次索张拉之间的影响较大。

由表 7.4.17 可见,采用方案 3 时,施工过程中施加的张拉控制力总和为 609kN,介于方案 1 和方案 2 之间。

7.4.3　考虑温度的张拉控制修正理论

7.4.2 节所述的张拉控制理论在理论上可使索分批张拉施工过程能够一次到位而无需反复调整。但拉索结构的施工完成后目标态下的预应力值与设计值仍有可能出现较大差距。大跨度空间结构往往工期较长,各施工阶段的温差对结构中的内力会产生较大的影响。特别是季节性温度变化对结构影响,分析时不应该忽略。

1.结构的温度应力

以结构正常使用时常见的某气温值为基准点,温度变化对结构按式(7.4.10)计算:

$$\varepsilon^*=\alpha\Delta t \tag{7.4.10}$$

式中,ε^* 为单元在无约束情形下的应变;Δt 为相对基准点的温差,以升温为正;α 为材料的热膨胀系数。

对于索杆单元,零状态长度和杆件内力具有唯一的对应关系,如式(7.4.11)所

示。根据上述关系,在考虑温度作用时,把杆件的原长 l_u^* 指定为

$$l_u^* = l_u(1+\varepsilon^*) \tag{7.4.11}$$

利用索杆单元内力与原长的关系考虑温度变化的影响:

$$f(\Delta t) = EA\frac{l-l_u^*}{l_u^*} - EA\frac{l-l_u}{l_u} = -EA\frac{l\varepsilon^*}{l_u(1+\varepsilon^*)} \tag{7.4.12}$$

式中,$f(\Delta t)$ 为单元内力的变化。梁单元的受力比索单元和杆单元复杂,温度作用的影响转化为单元内力的变化。温度变化引起的单元内力变化为

$$f(\Delta t) = -EA\alpha\Delta t \tag{7.4.13}$$

由单元内力组装节点不平衡力,通过非线性迭代可精确考虑温度作用的影响。假定除温度效应外的其他荷载效应作用下的单元应变为 ε,则在温度及其他荷载共同作用下单元的长度为

$$l = l_u(1+\varepsilon)(1+\varepsilon^*) = l_u(1+\varepsilon+\varepsilon^*+\varepsilon\varepsilon^*) \tag{7.4.14}$$

分析可知,单元的应变为小值,式(7.4.14)中的 $\varepsilon\varepsilon^*$ 为高阶项,即可以忽略温度作用和其他荷载的耦合作用。

从结构设计角度来看,预应力为一种控制力,结构的几何形态可通过施加预应力得以改变:

$$G_1(X_1^1, X_2^1, \cdots, X_k^1) \xrightarrow{F'} G_2(X_1^2, X_2^2, \cdots, X_k^2) \tag{7.4.15}$$

式中,G_i 为第 i 施工阶段时结构的几何形态,假定受 k 种因素的影响;X_j^i 为第 i 施工阶段影响结构形态的第 j 个影响因素,可以是荷载、约束条件、温度及施加的预应力等;F' 为两种形态转变所需施加的实际张力值。

2. 施工过程中的温度应力分析理论

在施工过程中,温度效应可认为是一种不可预知的影响因素,后续施工张拉阶段需要根据这些因素,对理想施工条件下计算得到的施工态 $G_1 \sim G_{n-1}$ 及相应的索张拉控制力实时进行修正。

对于第一类预应力空间结构,如前所述,假定 $G_{i-1}(X_1^{i-1}, X_2^{i-1}, \cdots, X_n^{i-1})$ 为理想施工条件下第 $i-1$ 阶段施工完成后的几何形态,假定由于施工时温度 X_1^{i-1} 发生较大变化,第 i 阶段施工前的几何形态变为 $G_{i-1}^*(X_1^{i-1}+\Delta X_1^{i-1})$。第 i 阶段施工时索张拉控制力应加以修正,以保证施工完成后结构的形态达到设计目标,即目标态 G_n。在通过控制索原长的反分析得到零状态几何构型的基础上,采用正分析修正温度变化对索张拉控制的影响,具体过程如下:

(1) 由施工态 G_1 根据第一阶段的实际温差计算施工态 G_1^*,修正第一阶段施工完成后的索张拉控制力。指定当前状态下索杆单元的原长为 l_u^*,根据索单元所处的张力水平,利用式(7.4.12)计算不平衡力,梁单元按式(7.4.13)计算不平衡力,

利用式(7.4.16)组装节点不平衡力。

$$P(\Delta t) = F + T_A f(\Delta t) - [K_E + K_G(\Delta t)]u \qquad (7.4.16)$$

式中,$P(\Delta t)$ 为节点不平衡力向量;u 为施工态 G_1 下考虑分阶段施工影响的累积位移;$f(\Delta t)$ 为温度作用引起的单元内力变化;F 为索张拉控制力及结构自重等其他荷载的等效节点力向量;K_E 为施工态 G_1 下的线弹性刚度阵;$K_G(\Delta t)$ 为几何刚度阵;T_A 为单元内力向节点荷载的转换向量。进行非线性迭代,求解考虑温度影响的几何形态 G_1^*,以及平衡后的索张拉控制力。

(2)由施工态 G_2 根据第二阶段的实际温差求施工态 G_2^*,修正第二阶段施工完成后的被动索张拉力。

(3)其他阶段的结构几何形态的求解过程依次类推。

第二类预应力空间结构的温度补偿过程类似,只是分析过程中结合了动力松弛法求解。

3.预应力柱面网壳施工过程张拉温度补偿

图 7.4.6 所示的预应力柱面网壳,跨度 81.8m,长度 52m,网格尺寸 4m×4m,厚度 3m,矢高 22.1m。在支座附近布置 7 根预应力水平拉索。设计索张拉力控制值为 100kN,材料的热膨胀系数为 $\alpha = 1.2 \times 10^{-5} \text{℃}^{-1}$。

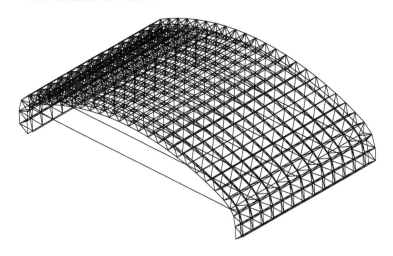

图 7.4.6　预应力柱面网壳结构模型

预应力柱面网壳采用累积滑移法施工,结构按轴线划分为 6 个施工段,其中 C_1、C_2 处于第 1 施工阶段,$C_3 \sim C_7$ 分别处于第 2~6 施工阶段,拉索 $C_1 \sim C_7$ 的索原长见表 7.4.18。

表 7.4.18　索原长　　　　　　　　　　（单位：m）

项目	C_1	C_2	C_3	C_4	C_5	C_6	C_7
索原长	80.906	80.906	80.906	80.906	80.906	80.906	80.906

表 7.4.19 所示为采用前述的分析方法，在与基准点的温差分别为 -10℃ 和 10℃ 时目标态下的索张拉力值。

表 7.4.19　不同温差下的索张拉控制力　　　　（单位：kN）

温差	索号						
	C_1	C_2	C_3	C_4	C_5	C_6	C_7
10℃	87.5	87.1	86.6	86.4	87.2	86.7	87.5
-10℃	111.8	112.1	112.7	112.8	112.0	112.6	111.8

由表 7.4.19 可见，与理想施工条件下的索张力相比，在 $\pm 10\text{℃}$ 温差时索张拉力相差达 11% 以上，表明日常温度变化对施工时的索张拉控制力有着不可忽略的影响。若各施工阶段的温差见表 7.4.20，则各施工阶段修正后及不考虑温度影响的索张拉控制力见表 7.4.21。

表 7.4.20　各施工阶段的温差　　　　　　（单位：℃）

施工阶段	1	2	3	4	5	6
温差	−3	4	2	5	−7	0

表 7.4.21　考虑温度修正后的滑移施工过程中的索张拉力控制值　　（单位：kN）

施工阶段	索号						
	C_1	C_2	C_3	C_4	C_5	C_6	C_7
1	61.5 (63.6)	99.4 (103.3)					
2	100.1 (95.6)	108.9 (103.7)	74.4 (71.3)				
3	101.2 (98.8)	106.9 (104.3)	93.9 (91.8)	64.9 (63.3)			

续表

施工阶段	索号						
	C_1	C_2	C_3	C_4	C_5	C_6	C_7
4	106.5 (100.3)	108.5 (102.1)	104.7 (98.5)	101.1 (95.3)	79.9 (76.0)		
5	91.8 (100.5)	92.7 (101.5)	90.7 (99.5)	89.6 (98.4)	87.6 (95.7)	70.3 (75.6)	
6	99.8 (99.8)	99.8 (99.8)	99.8 (99.8)	99.8 (99.8)	99.8 (99.8)	99.8 (99.8)	99.8 (99.8)

由表 7.4.21 可见,温度变化对索张拉控制有较大影响,例如,在第 1 阶段施工时出现 3℃ 温差时,修正后的索 C_2 张拉力控制值提高了 4kN。因此,实际施工时应根据气温对理想施工条件下计算得到的索张拉力控制值进行修正。

4. 弦支穹顶施工过程温度补偿

从结构形式上看,弦支穹顶为刚柔结合的高效结构体系,下弦拉索的存在减少了上部单层网壳对支座的推力,结构中的撑杆减小了上层单层网壳各层节点的竖向位移和变形,较大幅度地提高了结构的稳定承载力。同时,结构的上部单层网壳使得弦支穹顶的设计、施工及节点构造与索穹顶等与全张力结构相比得到了较大的简化。以图 7.4.2(a) 联方型弦支穹顶结构为例,讨论弦支穹顶结构的温度效应特性。

弦支穹顶结构的施工过程包括两部分:一部分为上部单层网壳的施工;另一部分为下部索杆部分的张拉成型。算例采用从外到内张拉环索的工序进行施工张拉,即由第一圈至第四圈逐圈张拉环索的施工方法。各圈的斜索均为被动索,各圈环索和斜索的原长见表 7.4.22。

表 7.4.22　环索和斜索原长　　　　　　（单位:m）

索类型	第一圈	第二圈	第三圈	第四圈
环索	9.816	7.905	5.964	3.992
斜索	7.874	7.476	7.170	6.991

对处于目标态下的结构进行温度灵敏度分析,分析各类索单元对温度效应的敏感程度。在 $-18 \sim 18℃$ 温差范围内,弦支穹顶结构的各圈环索的张力变化情

况如图 7.4.7 所示。在目标态下的弦支穹顶的各构件在温度作用下的内力呈线性变化,弦支穹顶四圈构件的温度敏感性逐圈下降,第一圈构件的温度敏感性最为显著,第三圈和第四圈构件在温度效应影响下的张拉力变化较小。这表明温度变化改变了结构的形态。施工阶段各圈索杆张拉力的变化情况如图 7.4.8 所示,环索的温度效应比斜索更为显著,而第一圈环索的温度效应比第二圈和第三圈环索更为显著。

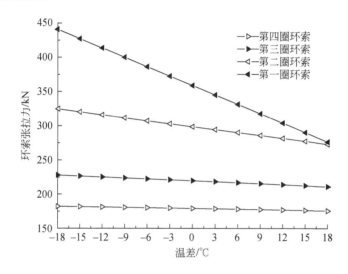

图 7.4.7　目标态下各圈环索在不同温差时张拉力的变化情况

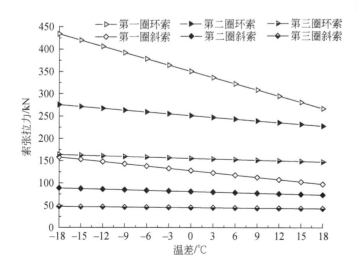

图 7.4.8　施工张拉阶段各圈索杆在不同温差时张拉力的变化情况

5.索网张力结构的施工控制分析

索网张力结构是一种预应力自平衡结构体系,具有静不定、动不定特征,结构形式多样,拉索布置灵活,并能适应多种建筑平面,能够较好地满足建筑功能和造型需求,是建筑师乐于采用的结构形式之一。这类结构在施工张拉过程中存在刚体位移,难以通过一般的有限单元法进行分析求解,基于动力松弛法和力密度法施工张拉控制分析则较为方便。

以图 7.4.4 为计算模型,拉索放样长度和索原长见表 7.4.8 和表 7.4.9;各拉索的索原长和放样长度见表 7.4.14;各拉索在理想条件下的目标态索张拉力见表 7.4.10。索网结构在施工过程中通过张拉 C_1、C_2、C_3、C_6、C_7、C_9 成形,假定张拉施工分三个阶段,其中第一阶段张拉 C_1、C_2,第二阶段张拉 C_3、C_6,第三阶段张拉 C_7、C_9,三个施工张拉阶段的温度变化分别为 8℃、−4℃、12℃。从图 7.4.9~图 7.4.11可见,在索网张力结构的施工张拉控制过程中,温度效应有较大的影响,特别是对于 C_7、C_9。当索张力处于较低水平的第一张拉阶段和第二张拉阶段时,索张拉力修正值与温差的关系呈非线性变化。当索张力处于较高水平的第三施工张拉阶段时,此类关系大致呈线性变化。

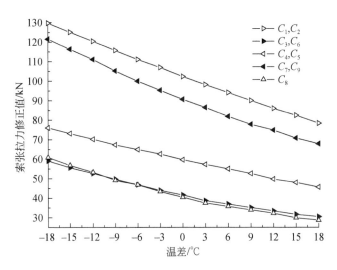

图 7.4.9　不同温差下第一施工张拉阶段各索张拉力修正值

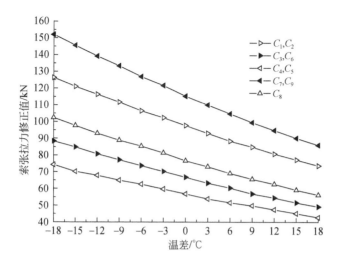

图 7.4.10　不同温差下第二施工张拉阶段各索张拉力修正值

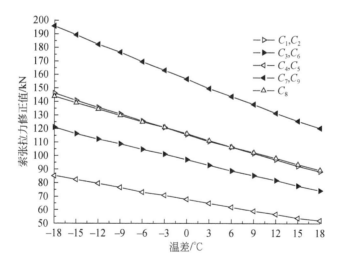

图 7.4.11　不同温差下第三施工张拉阶段各索张拉力修正值

7.5　索穹顶结构施工形态

索穹顶结构的分析可以分为成形过程、预应力平衡状态和荷载受力状态。预应力平衡状态的结构几何形状是预先设计确定的,称为结构初始几何。由结构初始几何可以确定其体系情况,根据第 6 章的方法来计算结构的初始应力(或初张力)。加工下料的尺寸因预应力松弛而小于结构预应力平衡状态下的单元尺寸,需要从理论上来分析计算单元的下料尺寸和确定零应力态的结构几何。因此,成形过程分析是索穹顶结构施工的重要环节,本节将主要介绍索穹顶结构施工形态分析的非线性力法。

7.5.1 几何非线性力法

1.基本理论

基于线性力法(详见 6.1.4 节),引入迭代算法进行几何非线性修正(Kebiche et al.,1999)。该方法适合计算机编程,尤其适合其中含有无穷小机构或有限机构的动不定结构。

如图 7.5.1 所示,考虑二杆子结构 k、l。i、j、h 的初始坐标分别写成 $\boldsymbol{X}_i$、$\boldsymbol{X}_j$、$\boldsymbol{X}_h$,节点位移分别写成 $\boldsymbol{d}_i(\mathrm{d}x_i,\mathrm{d}y_i,\mathrm{d}z_i)$、$\boldsymbol{d}_j(\mathrm{d}x_j,\mathrm{d}y_j,\mathrm{d}z_j)$、$\boldsymbol{d}_h(\mathrm{d}x_h,\mathrm{d}y_h,\mathrm{d}z_h)$。假定 $\boldsymbol{P}_i$ 为节点外力向量,记为 $\boldsymbol{P}_i=(p_{ix},p_{iy},p_{iz})^\mathrm{T}$。在非线性分析中,结构的几何改变量必须予以考虑。在变形后的构型上,重新建立 i 点处的平衡方程,有

$$\left[\frac{(x_j+\mathrm{d}x_j)-(x_i+\mathrm{d}x_i)}{l_k^0}\right]t_k+\left[\frac{(x_h+\mathrm{d}x_h)-(x_i+\mathrm{d}x_i)}{l_l^0}\right]t_l=p_{ix}$$

$$\left[\frac{(y_j+\mathrm{d}y_j)-(y_i+\mathrm{d}y_i)}{l_k^0}\right]t_k+\left[\frac{(y_h+\mathrm{d}y_h)-(y_i+\mathrm{d}y_i)}{l_l^0}\right]t_l=p_{iy} \quad (7.5.1)$$

$$\left[\frac{(z_j+\mathrm{d}z_j)-(z_i+\mathrm{d}z_i)}{l_k^0}\right]t_k+\left[\frac{(z_h+\mathrm{d}z_h)-(z_i+\mathrm{d}z_i)}{l_l^0}\right]t_l=p_{iz}$$

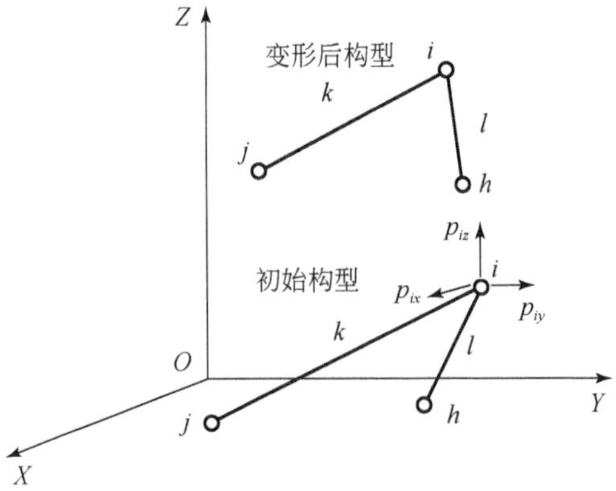

图 7.5.1 变位前后结构构型

以此类推,建立其他各个点的平衡方程,同时考虑边界约束条件,可以得到一个由 n_r 个方程组成的方程组,未知数个数为 n_c。将方程组写成矩阵形式,此时的平衡矩阵分为两部分:

$$A = A_l + A_{nl} \qquad (7.5.2)$$

式中,A_l 包含矩阵的线性部分,包含 $\dfrac{x_j - x_i}{l_k^0}$,$\dfrac{y_j - y_i}{l_k^0}$ 和 $\dfrac{z_j - z_i}{l_k^0}$;A_{nl} 为由于节点变位引起的平衡矩阵非线性部分,包含 $\dfrac{\mathrm{d}x_j - \mathrm{d}x_i}{l_k^0}$,$\dfrac{\mathrm{d}y_j - \mathrm{d}y_i}{l_k^0}$ 和 $\dfrac{\mathrm{d}z_j - \mathrm{d}z_i}{l_k^0}$,且只与节点变位有关。因此 A 是节点位移向量 d 的函数。

与非线性有限元类似,非线性方程采用 Newton-Raphson 法进行迭代求解。在 k 迭代步建立平衡方程:

$$A^k(d)\delta t^k = \delta P^k \qquad (7.5.3)$$

方程右端项是不平衡力,$A^k(d)$ 是第 k 迭代步的平衡矩阵,δt^k 和 δP^k 分别是内力和节点力的增量。同样,位移协调方程可以写为

$$B^k(d)\delta d^k = \delta e^k \qquad (7.5.4)$$

式中,$B^k(d)$ 为 k 迭代步的协调矩阵;δd^k 和 δe^k 分别为 k 迭代步的节点位移和单元伸缩量。由于在每一迭代步满足 $B^k(d) = [A^k(d)]^T$,方程(7.5.4)可以重新写为

$$[A^k(d)]^T \delta d^k = \delta e^k \qquad (7.5.5)$$

几何非线性力法的流程如图 7.5.2 所示。

算法以残余节点位移的"2"范数(欧拉范数)作为判断算法收敛的准则:

$$\frac{\|\delta d^k\|_2}{\|d^k\|_2} \leqslant \Omega_d \qquad (7.5.6)$$

或以残余力作为算法收敛依据:

$$\frac{\|\delta P^k\|_2}{\|P\|_2} \leqslant \Omega_P \qquad (7.5.7)$$

式中,Ω_d 和 Ω_P 均为小量,分别是节点位移和残余力的控制指标,一般可设为 1×10^{-10}。

2. 算例

如图 7.5.3 所示,由三根索段组成的体系,在节点处各自悬挂着质量为 W 的物体,当左端支点处将索缩短 $\Delta = 10\mathrm{m}、20\mathrm{m}、30\mathrm{m}$ 时,分析结构最后的形状。

为了仅考察单元缩短引起的结构外形改变,分析时将悬挂质量 W 取得很小,以致可以忽略由此引起的弹性变形。表 7.5.1、表 7.5.2 分别给出了考虑非线性与不考虑非线性的节点位移和索的长度计算结果。按本节非线性力法分析结果与理

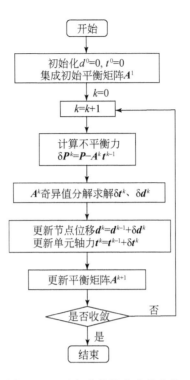

图 7.5.2　几何非线性力法的流程

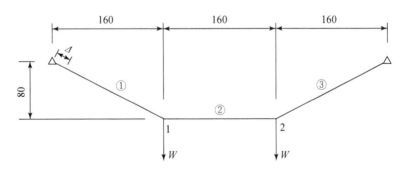

图 7.5.3　三索段体系(单位:m)

论值完全吻合。从结构分析可知,当 Δ 较小时线性结果和非线性结果比较接近,但随着 Δ 的增大,两者的结果差距也越来越大。

表 7.5.1　节点位移值

索缩短量	位移	线性计算 /m	非线性计算 /m	实验值 /m	线性计算与非线性计算比较/%
$\Delta=10\mathrm{m}$	d_{1x}	−5.160	−5.021	−5.0	2.77
	d_{1y}	12.040	12.889	12.5	6.59
	d_{2x}	−5.160	−5.033	−5.5	2.52
	d_{2y}	10.320	10.977	11.0	5.99
$\Delta=20\mathrm{m}$	d_{1x}	−10.320	−9.887	—	4.38
	d_{1y}	24.081	27.936	—	13.80
	d_{2x}	−10.320	−9.933	—	3.90
	d_{2y}	20.641	24.117	—	14.41
$\Delta=30\mathrm{m}$	d_{1x}	−15.480	−14.971	—	3.40
	d_{1y}	36.121	46.334	—	22.04
	d_{2x}	−15.480	−15.007	—	3.15
	d_{2y}	30.961	42.950	—	27.91

表 7.5.2　索的长度结果比较

索缩短量	索号	线性计算 /m	非线性计算 /m	理论值 /m
$\Delta=10\mathrm{mm}$	索1	169.10	168.89	168.89
	索2	160.01	160.00	160.00
	索3	179.26	178.89	178.89
$\Delta=20\mathrm{mm}$	索1	159.78	158.89	158.89
	索2	160.04	160.00	160.00
	索3	180.37	178.89	178.89
$\Delta=30\mathrm{mm}$	索1	151.03	148.89	148.89
	索2	160.08	160.00	160.00
	索3	182.20	178.89	178.89

7.5.2　结构初始状态的确定

在施工初始状态,所有的脊索、环索中没有初应力,其长度即是加工的下料长度。下料长度与成形后结构的初应力密切相关,也就是说,单元的下料长度是由结构的初应力状态计算得到的。

建立非线性有限元平衡方程:

$$(\boldsymbol{K}_{\mathrm{L}}+\boldsymbol{K}_{\mathrm{NL}})\Delta\boldsymbol{u}=-\boldsymbol{F} \tag{7.5.8}$$

式中,$\boldsymbol{K}_{\mathrm{L}}$、$\boldsymbol{K}_{\mathrm{NL}}$分别为线性刚度矩阵、几何非线性刚度矩阵;$\Delta\boldsymbol{u}$为节点位移增量。式(7.5.8)的等号右端,不需要外荷载项,不平衡力$\boldsymbol{F}$是由初应力产生的。

式(7.5.8)可以用修正 Newton-Raphson 法进行迭代求解。最后所有的单元内力都将为0,此时的位形即为结构零应力状态的几何。然而,由于该过程存在包含刚体位移的大位移,可能导致刚度矩阵奇异,此时可以使用7.5.1节介绍的非线性力法进行迭代求解,此时的迭代方程可写为

$$\boldsymbol{A}_i(\boldsymbol{u})\delta t_i=-\boldsymbol{A}_{i-1}(\boldsymbol{u})t_{i-1} \tag{7.5.9}$$

式中,$\boldsymbol{A}_i(\boldsymbol{u})$为平衡矩阵;$t$为单元内力;$\delta t_i$为单元内力增量;$\boldsymbol{u}$为节点位移。

下面以图7.5.4所示的张力结构来说明结构零应力状态和初始单元长度的确定方法。该结构由六根索单元和两根桅杆组成,索单元的截面面积$A=0.138\mathrm{mm}^2$,桅杆的截面面积$A=28.274\mathrm{mm}^2$,弹性模量$E=2.1\times10^5\mathrm{MPa}$。结构的单元编号和初始内力分布如图7.5.4(a)所示。

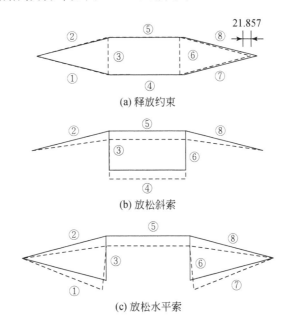

图 7.5.4　零应力状态几何分析(单位:mm)

根据具体情况,采用以下三种方式来确定结构零应力状态的几何:

(1) 释放约束[图7.5.4(a)]。将右端支座节点的水平方向约束去掉,这时结构在初始张力作用下产生弹性变形,最后,所有的单元内力为0。

（2）放松斜索［图 7.5.4(b)］。计算时忽略斜索①、⑦的作用，这样预应力不再保持平衡状态，节点上产生不平衡力，最后使单元内力趋于 0。这种方法比较符合索穹顶结构采用张拉斜索的施工情况。

（3）放松水平索［图 7.5.4(c)］。将水平索④忽略，同样可以计算得到结构的零应力几何。索穹顶结构如果通过张拉环索来施工，则施工方法与这种计算零应力几何的方法是一致的。

放松支座约束或放松单元实质是将结构的自应力模态降为 0，结构无法传递机构位移模态，单元内力在原初张力的作用下节点上出现不平衡力，最后使所有单元变成为零内力。

表 7.5.3 列出了本算例各单元下料尺寸的计算结果，这些结果与理论计算是完全吻合的。

表 7.5.3 各单元下料尺寸的计算结果

单元号	张力/N	张力平衡态尺寸/mm	原始下料尺寸/mm
①、②、⑦、⑧	412.37	515.4	508.2
③、⑥	−100.01	250.0	250.0
④、⑤	400.06	500.0	493.2

7.5.3 稳定平衡状态的跟踪

在建立成形过程分析计算模型时，需要确定结构施工初始状态的几何位置。而施工初始状态的几何可以根据 7.5.2 节的结构零应力状态的几何位置来计算。零应力状态的结构实际上已是机构，这种机构在很小的外荷载（或自重）作用下将达到最后的稳定平衡状态（所指的是力的平衡）。

以图 7.5.5(a)所示连杆机构为例。由结构体系分析可知，自应力模态数 $s=0$，机构位移模态数 $m=4$，属于几何不稳定体系。考察三种不同的荷载模式，根据非线性力法分析，可以求得最后的平衡状态，如图 7.5.5(b)、图 7.5.5(c)所示，其中的数字为平衡状态杆件内力。

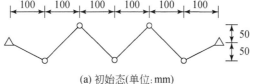

(a) 初始态(单位:mm)

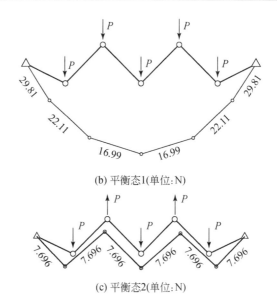

(b) 平衡态1(单位:N)

(c) 平衡态2(单位:N)

图 7.5.5　六连杆机构的平衡状态跟踪(节点作用力 $P=10$N)

7.5.4　索穹顶结构成形全过程分析

索穹顶结构成形是一个比较复杂的过程,它与施工方法、张拉力大小等因素密切相关。结构的成形过程从施工初始几何状态开始,通过张拉斜索或环索,逐渐提升至设计位置。在提升成形过程中,结构处于机构运动,同时部分进入结构弹性变形,因此分析过程包含机构位移和弹性变形耦合的计算。本节通过算例模型的成形过程模拟分析,揭示索穹顶结构的体系变化特征和预应力产生的机理。

1.算例模型

以圆形平面、脊索辐射状布置的索穹顶结构为例,模拟结构的施工成形过程,进而探明结构初始张力产生的机理。计算模型的布置形式及初应力状态几何关系如图 7.5.6 所示,由三道脊索、三道斜索和二道环索组成。图 7.5.7 为剖面上单元和节点的编号,图 7.5.8 为不考虑自重时各单元初始张力分布图,图 7.5.9 则为考虑自重后各单元初始张力分布图。

结构自重按外荷载考虑作用在桅杆的上端(图 7.5.7)。施工采用张拉斜索的方法。表 7.5.4 分别列出了在不考虑自重状态、考虑自重后及施工初始状态的各节点坐标位置。

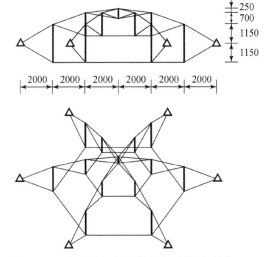

图 7.5.6 成形过程分析的索穹顶模型(单位:mm)

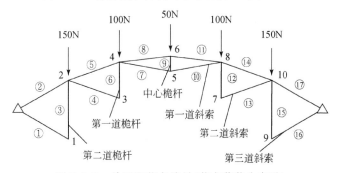

图 7.5.7 单元和节点编号(节点荷载为自重)

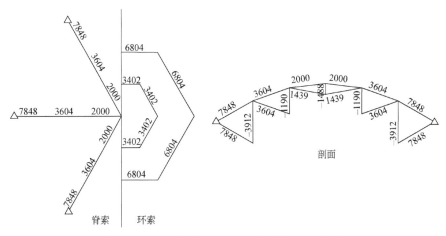

图 7.5.8 结构初始张力分布(理想状态,单位:N)

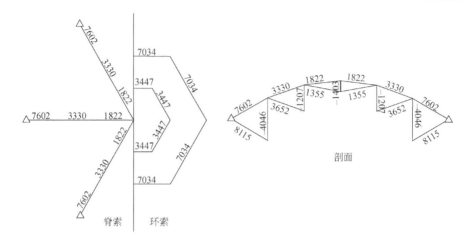

图 7.5.9 考虑自重后结构初始张力分布(单位:N)

表 7.5.4 各状态下节点坐标位置 (单位:mm)

节点编号	不考虑自重状态节点坐标		考虑自重后节点坐标		施工初始状态节点坐标	
	X	Z	X	Z	X	Z
1	−4000	−1150	−4000.1	−1150.4	−3995.8	−3443.0
2	−4000	1150	−3999.8	1149.6	−3999.2	−1142.9
3	−2000	450	−2000.0	448.9	−1997.9	−3233.0
4	−2000	1850	−1999.8	1848.9	−1998.3	−1833.0
5	0	1500	0	1498.5	0	−2676.4
6	0	2100	0	2098.5	0	−2076.4

2. 成形过程中几何形状和结构体系的变化

采用基于非线性力法分析理论对索穹顶结构成形进行跟踪。首先将靠近支座的第三道斜索缩短,直至椸杆③标高基本上达到预定标高(即自重作用下的预应力平衡状态的几何位置),然后依次缩短第二道斜索和第一道斜索,使椸杆⑥和⑨接近设定标高,因为后一道斜索张拉会影响已到位的节点,所以还须重复调整各个斜索,最后使所有的节点位置到达设定标高。图 7.5.10 给出了索穹顶结构从施工初始状态到结构预先设计的预应力平衡状态的形状变化图。

在收缩第三道和第二道斜索时,靠近中心的第一道脊索处于松弛状态,并未参与工作。通过体系分析可知,在第一道脊索松弛的情况下,结构不存在自应力模态($s=0$),结构基本上处于机构运动,节点位移除自重引起的变形外主要是刚体位移。当张拉第一道斜索到一定程度时,第一道脊索参与了工作,结构中出现一个自应力模态,由此结构产生了刚化,趋于稳定状态。

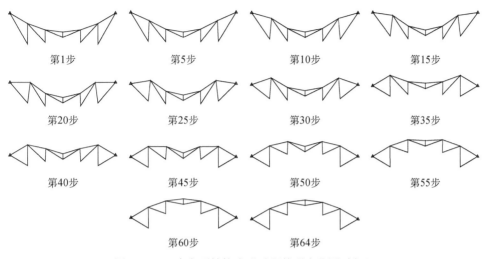

图 7.5.10　索穹顶结构成形过程外形变化图(剖面)

图 7.5.11 为节点 2 成形过程中位置的变化。从图中可以看出,在张拉斜索的过程中,各节点的位置逐渐逼近设计标高。表 7.5.5 给出了通过成形过程分析计算得到的节点位置与设计值结果比较,其误差小于 0.1%。

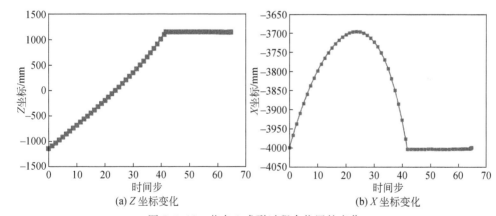

图 7.5.11　节点 2 成形过程中位置的变化

表 7.5.5　节点坐标值计算值与设计值结果比较　　　(单位:mm)

节点编号	X 坐标		Z 坐标	
	计算值	设计值	计算值	设计值
1	−4000.64	−4000.14	−1150.55	−1150.44
2	−3999.61	−3999.85	1149.44	1149.56
3	−2000.23	−2000.03	448.87	448.94

节点编号	X 坐标		Z 坐标	
	计算值	设计值	计算值	设计值
4	−1999.59	−1999.82	1848.87	1848.94
5	0	0	1500.40	1498.55
6	0	0	2100.40	2098.55

3. 成形过程中单元内力演变规律

图 7.5.12 为部分单元在成形过程中的内力变化曲线。成形过程从开始很长时间内所有单元内力均处于较低水平,这正好反映了结构是一种机构状态,并不是因为斜索的张拉而使结构产生预应力。但当节点位置接近设计位置,第一道脊索进入工作状态时,各单元的内力迅速增大,而且是同步的,这说明结构能够由于斜索的张拉产生预应力,结构的体系从机构转变为具有一个自应力模态的可刚化稳定体系。

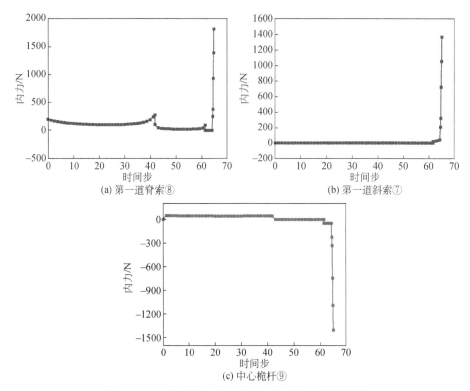

(a) 第一道脊索⑧　　　　　　　　(b) 第一道斜索⑦

(c) 中心桅杆⑨

图 7.5.12　部分单元在成形过程中的内力变化曲线

第 8 章　空间结构形态控制

　　包括索杆张力结构和索网结构在内的张力空间结构在土木工程领域和航天工程领域都有广泛的应用。这类结构的一个共同特点就是轻质柔性,使得它们的形态对外界激励极为敏感。传统结构对外部激励的反应往往是被动和静态的。然而,自然界具有的自适应、可调节系统表明,系统主动适应外部环境的变化和激励往往能取得更惊人的效果。将自然界的自适应性系统概念引入工程结构中,使结构由承受外部荷载转变为根据外部荷载的变化调整内部力流及变形,以缓和荷载效应或减小应力峰值,获得均匀的应力分布,从而大大减轻结构的自重或减小荷载产生的影响。

　　此外,为了满足特定的功能要求,在实际应用时常对张力空间结构的几何形态有较高的精度要求。然而,由于制造误差、温度变形、不可预测的外界荷载等因素的存在,结构的形态偏差是不可避免的。当结构的形态偏差超出允许量级时,需要通过调整节点坐标来修正结构的形态。这个形态调整的过程通常是通过改变结构构件的长度来实现的,这个过程称为结构的形态控制。随着自适应结构、智能结构的兴起,形态可控的张力空间结构在土木工程领域和航天工程领域将有更广阔的应用前景。

8.1　空间结构的静态控制

　　张力空间结构抵抗外部静荷载作用时可以依靠材料本身的强度和结构的形态,而内部预张力的主要作用在于创造了结构的形态。也就是说,结构的内力分布与形态是相互依存且共同抵抗外部静荷载的。张力空间结构的这一特性提供了一条通过改变形态以适应各类静态荷载工况的途径。

8.1.1　静态控制基本理论

1. 基于力法的控制理论

1) 线性静态控制理论

考虑一个由 n_c 根构件组成、拥有 n_r 个自由度的空间杆系结构,并设该结构的独立自应力模态数和独立机构位移模态数分别为 s 和 m。在荷载 q 作用下,处于平

衡状态,其平衡方程为

$$At = q \tag{8.1.1}$$

式中,A 为平衡矩阵($n_r \times n_c$);t 为构件内力向量($n_c \times 1$)。m 和 s 可以分别由 A 的秩 r 确定,即 $m = n_r - r, s = n_c - r_0$,平衡方程(8.1.1)的通解为

$$t = t' + S\alpha \tag{8.1.2}$$

式中,t' 为构件内力的特解($n_c \times 1$);S 为独立自应力模态矩阵($n_c \times s$);α 为系数列向量($s \times 1$)。在这个阶段,α 是未知的。

对于线弹性材料,本构方程可表示为

$$e = e_0 + Ft \tag{8.1.3}$$

式中,e 和 e_0 分别为构件的当前应变和初始应变($n_c \times 1$);F 为结构的柔度矩阵($n_c \times n_c$)。

根据虚功原理,结构的协调方程可表示为

$$S^T e = 0 \tag{8.1.4}$$

将式(8.1.2)代入式(8.1.3),再代入式(8.1.4),可得

$$\alpha = -(S^T FS)^{-1} (S^T e_0 + S^T Ft') \tag{8.1.5}$$

在求出 α 后,t 和 e 的值可根据式(8.1.2)和式(8.1.3)求得。

对于处于线性小变形范围内的结构系统,结构的几何协调方程为

$$A^T d = e \tag{8.1.6}$$

式中,d 为节点位移向量($n_r \times 1$)。根据式(8.1.6)可得结构的节点位移。

设结构调整前的初始预应力水平为 t_0,需控制的自由度为 n_a。以下推导的目的是将式(8.1.6)转化为控制位移 d_c 和构件伸长量 e_s 之间的显式关系。结构经过形态调整后内力向量为

$$t = t_0 + t_s \tag{8.1.7}$$

式中,t_s 为内力增量:

$$t_s = -S (S^T FS)^{-1} S^T e_s \tag{8.1.8}$$

根据式(8.1.3)和式(8.1.6),有

$$Bd = e_{0s} + Ft_s \tag{8.1.9}$$

式中,$B = A^T$。将式(8.1.8)代入式(8.1.9)可得

$$Bd = [I - FS (S^T FS)^{-1} S^T] e_s \tag{8.1.10}$$

求解式(8.1.10)可得

$$d = Ee_s \tag{8.1.11}$$

式中

$$E = B^{-1} [I - FS (S^T FS)^{-1} S^T] \tag{8.1.12}$$

式(8.1.11)也可以表示为

$$d=\begin{bmatrix} d_c & d_u \end{bmatrix}^T=\begin{bmatrix} E_c & E_u \end{bmatrix}^T e_s \tag{8.1.13}$$

根据式(8.1.13)，d_c 和 e_s 之间的关系由式(8.1.14)给出：

$$d_c=E_c e_s \tag{8.1.14}$$

式(8.1.14)是一个包含 n_c 个未知量和 n_a 个方程的系统，为了保证在某一给定的 d_c 下至少有一个解，要求 $n_a \leqslant n_c$，即需要控制的节点自由度必须小于等于可调构件的数量，同时可调构件的允许调节范围必须足够大。否则，将不存在精确的解。简单起见，本书只考虑存在精确解的情形。因此，E_c 可以进一步被分割成对应 a_c 个主动构件的满秩子矩阵 E_v，以及对应余下构件的子矩阵 E_n。相应地，e_s 也可以划分成 e_v 和 e_n。所以，式(8.1.14)也可以表示为

$$d_c=E_v e_v+E_n e_n \tag{8.1.15}$$

由式(8.1.15)可求得

$$e_v=E_v^{-1}d_c-E_v^{-1}E_n e_n \tag{8.1.16}$$

因此，e_n 是 e_s 的独立部分，e_v 依赖于 e_n。

2) 非线性静态控制理论

当考虑结构几何非线性时，前面给出的线性控制理论将不再适用。借鉴其他的非线性算法，如非线性有限元法，通过在线性方法的基础上引入一个迭代的过程来构造非线性控制方法。如图 8.1.1 所示，这里采用一个类似于 Newton-Raphson 法的迭代过程，一开始采用线性方法估算一个近似解（AB 线段表示），然后将结构的响应从线性估算修正到实际状态 C，在新的结构状态重复上述过程，结构将最终收敛于目标状态。

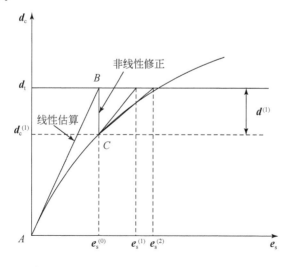

图 8.1.1　基于力法的非线性形态控制过程示意图

在迭代过程中,采用第 7 章介绍的非线性力法来预测结构的非线性反应。整个非线性优化控制算法的流程如下:

(1) 对数据进行初始化:$t_0 = 0$,$\delta d_t^{(0)} = d_t$,$e_s^{(0)} = 0$,$d^{(0)} = 0$,$i = 0$。

(2) $i = i + 1$,$\delta d_t^{(i)} = d_t - d_c^{(i-1)}$,以 $\delta d_t^{(i)}$ 为目标位移由线性算法确定 $\delta e_s^{(i)}$,同时计算目标函数值 $\| t^{(i)} - t_0 \|$。

(3) $e_s^{(i)} = e_s^{(i-1)} + \delta e_s^{(i)}$,$d^{(i)} = d^{(i-1)} + \delta d^{(i)}$,用 $e_s^{(i)}$ 和 $d^{(i)}$ 更新结构几何构形。

(4) 非线性力法重新计算结构响应。

(5) 判断 $\dfrac{\| d_c^{(i)} - d_t \|_2}{\| d_t \|_2} < \varepsilon$ 是否成立,若不成立则返回步骤(2),若成立则输出优化结果 $e_s^{(i)}$ 和 $d^{(i)}$。

2. 基于有限单元法的控制理论

基于力法的控制理论假定结构中仅包含轴向受力构件且主动构件中的作动器和相应的结构构件具有相同的材料属性,但实际空间结构中还可能包含梁构件(如张弦梁结构),并且作动器和相应的结构构件可能具有不同的材料属性,因此需要构建新的平衡方程并重新计算主动构件的单元刚度。本节将考虑这些因素对结构形态控制的影响,建立基于有限单元法的静态控制理论。

1) 线性静态控制理论

以张弦梁为例(图 8.1.2),对其进行控制分析时通常会采用如下假定:

(1) 材料处于线弹性工作范围,不考虑材料非线性。

(2) 下弦节点间采用直线拉索模型,拉索与撑杆间为铰接。

(3) 结构的自重转化为恒载作用在上弦梁上。

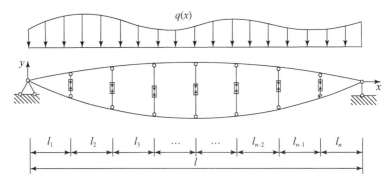

图 8.1.2 主动张弦梁结构

考虑用伸缩杆代替结构中构件的整个单元或单元的一部分形成作动器以形成可调构件。如图 8.1.3 所示,k_1、k_2、k_3 分别为单元 1、2、3 的轴向刚度,P_i^j 为 j 单元

作用在 i 节点的节点力，d_i 为单元在 i 节点上的轴向位移，e_a 为撑杆的调节量。

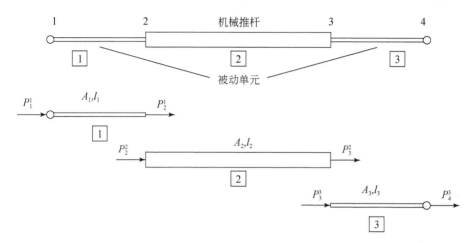

图 8.1.3　张弦梁结构的作动器

作动器工作时，其中机械推杆部分的平衡方程为

$$
\begin{bmatrix} P_2^2 \\ P_3^2 \end{bmatrix} = \begin{bmatrix} k_2 & -k_2 & -k_2 \\ -k_2 & k_2 & k_2 \end{bmatrix} \begin{bmatrix} d_2 \\ d_3 \\ e_a \end{bmatrix}
\tag{8.1.17}
$$

作动器的被动单元 1 和 3 的平衡方程为

$$
\begin{bmatrix} P_1^1 \\ P_2^1 \end{bmatrix} = \begin{bmatrix} k_1 & -k_1 \\ -k_1 & k_1 \end{bmatrix} \begin{bmatrix} d_1 \\ d_2 \end{bmatrix}
\tag{8.1.18}
$$

$$
\begin{bmatrix} P_3^3 \\ P_4^3 \end{bmatrix} = \begin{bmatrix} k_3 & -k_3 \\ -k_3 & k_3 \end{bmatrix} \begin{bmatrix} d_3 \\ d_4 \end{bmatrix}
\tag{8.1.19}
$$

则由平衡方程式(8.1.17)～式(8.1.19)，可将主动构件的受力平衡方程改写为

$$
\begin{bmatrix} P_1 \\ P_2 \end{bmatrix} = \begin{bmatrix} \dfrac{k_1 k_2 k_3}{\Delta} & \dfrac{-k_1 k_2 k_3}{\Delta} & \dfrac{-k_1 k_2 k_3}{\Delta} \\ \dfrac{-k_1 k_2 k_3}{\Delta} & \dfrac{k_1 k_2 k_3}{\Delta} & \dfrac{k_1 k_2 k_3}{\Delta} \end{bmatrix} \begin{bmatrix} d_1 \\ d_2 \\ e_a \end{bmatrix}
\tag{8.1.20}
$$

式中，$\Delta = k_1 k_2 + k_1 k_3 + k_2 k_3$，进一步根据可调构件中各部分的作用，将等价平衡方程分解为

$$
\begin{bmatrix} P_1 \\ P_2 \end{bmatrix} = \begin{bmatrix} \dfrac{k_1 k_2 k_3}{\Delta} & \dfrac{-k_1 k_2 k_3}{\Delta} \\ \dfrac{-k_1 k_2 k_3}{\Delta} & \dfrac{k_1 k_2 k_3}{\Delta} \end{bmatrix} \begin{bmatrix} d_1 \\ d_2 \end{bmatrix} + \begin{bmatrix} \dfrac{-k_1 k_2 k_3}{\Delta} \\ \dfrac{k_1 k_2 k_3}{\Delta} \end{bmatrix} e_a \Longleftrightarrow \boldsymbol{P}_a^e = \boldsymbol{K}_a^e \boldsymbol{d}_a^e + \boldsymbol{K}_a^e \boldsymbol{e}_a^e
\tag{8.1.21}
$$

式中,P_a^e、d_a^e、K_a^e 和 e_a^e 分别为作动器的单元荷载向量、位移向量、刚度矩阵和调节量向量。当结构单元为非作动单元时,其平衡方程为

$$P^e = K^e d^e \tag{8.1.22}$$

式中,P^e、d^e 和 K^e 分别为作动单元的荷载向量、位移向量和刚度矩阵。外荷载 P 作用且作动单元工作时,张弦梁结构处于调控荷载平衡状态,将结构中作动单元和非作动单元平衡方程进行组装,得到结构的耦合平衡方程:

$$Kd + K_a e_a = P \tag{8.1.23}$$

式中,K 为结构的总刚度矩阵;K_a 为结构中作动单元的广义刚度矩阵,代表可调构件的调控性能;e_a 为作动单元的调节量向量。

由于方程中刚度矩阵 K 和外力 P 均与作动单元的调节量无关,令 e_j 为第 j 个作动单元的调节量,则式(8.1.23)两边对 e_j 求导,可得

$$K \frac{\partial d}{\partial e_j} + K_a \frac{\partial e_a}{\partial e_j} = 0 \tag{8.1.24}$$

设结构中布置 N_a 个作动单元,则优化控制时的调节量向量为 $e_a = \{e_1, \cdots, e_j, \cdots, e_{N_a}\}^T$,且各 e_j 独立,则结构的位移敏感度,即第 j 个作动单元发生单位调节量时,各节点的位移变化量 Δd_j^i 为

$$\Delta d_j^i = [\Delta d_j^{i,x}, \Delta d_j^{i,y}, \Delta d_j^{i,z}]^T = \frac{\partial d_i}{\partial e_j} = -K^{-1} K_a \frac{\partial e_a}{\partial e_j} \tag{8.1.25}$$

式中,$\Delta d_j^{i,x}$、$\Delta d_j^{i,y}$ 和 $\Delta d_j^{i,z}$ 分别为结构第 i 节点 x、y、z 方向的位移变化量。

结构的内力敏感度,即第 j 个作动单元发生单位调节量时,第 i 根结构构件的内力变化量 ΔF_j^i 为

$$\Delta F_j^i = \begin{cases} [\Delta N_j^{i,L}, \Delta S_j^{i,L}, \Delta M_j^{i,L}, \Delta N_j^{i,R}, \Delta S_j^{i,R}, \Delta M_j^{i,R}]^T, & i \text{ 为梁构件} \\ [\Delta N_j^{i,L}, \Delta N_j^{i,R}]^T, & i \text{ 为杆或拉索构件} \end{cases}$$

$$= \frac{\partial F_i}{\partial e_j} = \begin{cases} K_i^e B_i \dfrac{\partial d_i}{\partial e_j} - K_i^e, & i = j \\ K_i^e B_i \dfrac{\partial d_i}{\partial e_j}, & i \neq j \end{cases} \tag{8.1.26}$$

式中,$\Delta N_j^{i,L}$、$\Delta S_j^{i,L}$ 和 $\Delta M_j^{i,L}$ 分别为第 j 个作动单元发生单位调节量时在第 i 根构件左端的轴力增量、剪力增量和弯矩增量;$\Delta N_j^{i,R}$、$\Delta S_j^{i,R}$ 和 $\Delta M_j^{i,R}$ 为相应的右端轴力增量、剪力增量和弯矩增量;B_i 为第 i 根构件的节点位移由整体坐标系到局部坐标系的转换矩阵。

假设结构在线弹性范围内工作,根据叠加原理,经过自适应调控后结构的内力和位移分别为

$$F_c = F_0 + \Delta F \tag{8.1.27}$$

$$d_c = d_0 + \Delta d \tag{8.1.28}$$

式中，$\boldsymbol{F}_0$ 和 $\boldsymbol{d}_0$ 分别为调控前结构的内力向量和位移向量；$\boldsymbol{F}_c$ 和 $\boldsymbol{d}_c$ 分别为调控后结构的内力向量和位移向量；$\Delta\boldsymbol{F}$ 和 $\Delta\boldsymbol{d}$ 分别为调控前后结构的内力增量向量和位移增量向量：

$$\Delta\boldsymbol{F}=\boldsymbol{S}_{a,F}\boldsymbol{e}_a\Leftrightarrow\begin{bmatrix}\Delta\boldsymbol{F}_1\\\Delta\boldsymbol{F}_2\\\vdots\\\Delta\boldsymbol{F}_{N_e-1}\\\Delta\boldsymbol{F}_{N_e}\end{bmatrix}=\begin{bmatrix}\Delta F_1^1 & \Delta F_1^2 & \cdots & \Delta F_1^{N_a-1} & \Delta F_1^{N_a}\\\Delta F_2^1 & \Delta F_2^2 & \cdots & \Delta F_2^{N_a-1} & \Delta F_2^{N_a}\\\vdots & \vdots & & \vdots & \vdots\\\Delta F_{N_e-1}^1 & \Delta F_{N_e-1}^2 & \cdots & \Delta F_{N_e-1}^{N_a-1} & \Delta F_{N_e-1}^{N_a}\\\Delta F_{N_e}^1 & \Delta F_{N_e}^2 & \cdots & \Delta F_{N_e}^{N_a-1} & \Delta F_{N_e}^{N_a}\end{bmatrix}\begin{bmatrix}\boldsymbol{e}_1\\\boldsymbol{e}_2\\\vdots\\\boldsymbol{e}_{N_e-1}\\\boldsymbol{e}_{N_e}\end{bmatrix}$$

(8.1.29)

$$\Delta\boldsymbol{d}=\boldsymbol{S}_{a,D}\boldsymbol{e}_a\Leftrightarrow\begin{bmatrix}\Delta\boldsymbol{d}_1\\\Delta\boldsymbol{d}_2\\\vdots\\\Delta\boldsymbol{d}_{N_n-1}\\\Delta\boldsymbol{d}_{N_n}\end{bmatrix}=\begin{bmatrix}\Delta d_1^1 & \Delta d_1^2 & \cdots & \Delta d_1^{N_a-1} & \Delta d_1^{N_a}\\\Delta d_2^1 & \Delta d_2^2 & \cdots & \Delta d_2^{N_a-1} & \Delta d_2^{N_a}\\\vdots & \vdots & & \vdots & \vdots\\\Delta d_{N_n-1}^1 & \Delta d_{N_n-1}^2 & \cdots & \Delta d_{N_n-1}^{N_a-1} & \Delta d_{N_n-1}^{N_a}\\\Delta d_{N_n}^1 & \Delta d_{N_n}^2 & \cdots & \Delta d_{N_n}^{N_a-1} & \Delta d_{N_n}^{N_a}\end{bmatrix}\begin{bmatrix}\boldsymbol{e}_1\\\boldsymbol{e}_2\\\vdots\\\boldsymbol{e}_{N_n-1}\\\boldsymbol{e}_{N_n}\end{bmatrix}$$

(8.1.30)

式中，N_n、N_e 和 N_a 分别为结构中的构件、节点和可调构件的数目；$\boldsymbol{S}_{a,F}$ 和 $\boldsymbol{S}_{a,D}$ 分别为结构的内力敏感度矩阵和位移敏感度矩阵。

2）非线性静态控制理论

当考虑结构控制的几何非线性时，可采用类似于 Newton-Raphson 法的迭代过程，通过在线性控制算法的基础上引入一个非线性迭代的过程来构造非线性控制方法，实现对结构的非线性控制。具体过程为：开始时采用线性控制算法估算一个作动器调节量的近似解，然后用非线性有限元计算结构的响应，将结构的工作状态从线性估算修正到实际状态，在新的结构状态重复上述过程，直到结构最终收敛于最优控制目标。

8.1.2　优化控制模型及策略

1. 单目标控制

1）以结构几何形态为控制目标的优化控制模型

为保证结构达到设计几何形态，需要对结构中的 n_c 个节点自由度进行位移控制，使结构的几何形态误差为 0，即

$$\boldsymbol{Q}_c\boldsymbol{d}_c=\boldsymbol{Q}_c(\boldsymbol{d}_0+\boldsymbol{S}_{a,d}\boldsymbol{e}_a)=0$$

(8.1.31)

式中,Q_c 为控制节点自由度的加权对角矩阵,当 i 个节点为控制自由度时,对角元素为 1,否则为 0;d_0 为初始位移向量;$\Delta d = S_{a,d} e_a$ 为调控前后的位移增量向量;$S_{a,d}$ 为结构的位移敏感度矩阵;e_a 为结构中作动器的调节量。式(8.1.31)是一个包含 N_a 个未知量和 n_c 个方程的系统,为保证至少有一组 e_a 使结构调整到设计几何形态,要求 $N_a \leqslant n_c$,即需要控制的节点自由度小于等于作动器的数量,同时作动器的允许调节范围需足够大。否则,不存在使结构达到设计几何形态的 e_a,此时,可采用最小二乘解作为代替。不失一般性,本节考虑最小二乘解的情形,则结构的几何构形误差 $f_G(e_a)$ 可用式(8.1.32)表示:

$$f_G(e_a) = d_c Q_c d_c = (d_0 + S_{a,d} e_a) Q_c (d_0 + S_{a,d} e_a) \qquad (8.1.32)$$

另外,由于结构工作时还受到各组成构件的材料特性、结构整体协同工作和作动器的力学性能等条件的限制,则要求对结构进行调控时须满足以下条件:

$$\text{s.t.} \begin{cases} d_j^L \leqslant d_j \leqslant d_j^U \\ \sigma_{Bj}^c \leqslant \sigma_{Bj} \leqslant \sigma_{Bj}^t \\ \sigma_{Tj}^c \leqslant \sigma_{Tj} \leqslant \sigma_{Tj}^t \\ \sigma_{Cj}^c \leqslant \sigma_{Cj} \leqslant \sigma_{Cj}^t \\ s_{aj}^L \leqslant e_{aj} \leqslant s_{aj}^U \end{cases} \qquad (8.1.33)$$

式中,d_j^L 和 d_j^U 分别为 j 节点的位移下限和上限;σ_{Bj}^c 和 σ_{Bj}^t 分别为 j 梁段的受压许用应力和受拉许用应力;σ_{Tj}^c 和 σ_{Tj}^t 分别为 j 撑杆的受压许用应力和受拉许用应力;σ_{Cj}^c 和 σ_{Cj}^t 分别为 j 拉索不退出工作的最小应力和受拉许用应力;s_{aj}^L 和 s_{aj}^U 分别为 j 作动器的调节下限和上限。d_j、σ_{Bj}、σ_{Tj}、σ_{Cj} 分别为工作时 j 节点的位移、j 梁段的工作应力、j 撑杆的工作应力和 j 拉索的工作应力:

$$\sigma_{Bj} = \frac{N_{Bj,L}}{A_{Bj}} \pm \max\left(\left| \frac{M_{Bj,L}}{W_{Bj}} \right|, \left| \frac{M_{Bj,R}}{W_{Bj}} \right| \right) \qquad (8.1.34)$$

$$\sigma_{Tj} = \frac{N_{Tj,L}}{A_{Tj}} \qquad (8.1.35)$$

$$\sigma_{Cj} = \frac{N_{Cj,L}}{A_{Cj}} \qquad (8.1.36)$$

式中,$N_{Bj,L}$、$M_{Bj,L}$ 和 $M_{Bj,R}$ 分别为 j 梁段的轴力和两端点弯矩;A_{Bj} 和 W_{Bj} 分别是 j 梁段的截面面积和惯性模量;$N_{Tj,L}$ 和 A_{Tj} 分别为 j 撑杆的轴力和截面面积;$N_{Cj,L}$ 和 A_{Cj} 分别为 j 拉索的轴力和截面面积。

综上所述,以 e_a 为优化变量,可得到以结构几何形态为控制目标的静态控制优化模型:

$$\min \left[f_G(e_a) \right]$$
$$\text{s.t.} \quad 式(8.1.33) \qquad (8.1.37)$$

2）以最合理工作状态为控制目标的优化控制模型

以结构中梁构件为例，若需要以梁构件的工作状态为控制目标，并可用式（8.1.38）和式（8.1.39）分别描述调控后结构 j 梁段的内力工作状态系数 β_{Fj} 和 j 节点的位移工作状态系数 β_{Dj}：

$$\beta_{Fj} = \begin{cases} \dfrac{\sigma_{Bj}}{\sigma_{Bj}^{t}}, & \sigma_{Bj} \geqslant 0 \\[2mm] \dfrac{\sigma_{Bj}}{\sigma_{Bj}^{c}}, & \sigma_{Bj} < 0 \end{cases} \tag{8.1.38}$$

$$\beta_{Dj} = \begin{cases} \dfrac{d_{Bj}}{d_{Bj}^{U}}, & d_{Bj} \geqslant 0 \\[2mm] \dfrac{d_{Bj}}{d_{Bj}^{L}}, & d_{Bj} < 0 \end{cases} \tag{8.1.39}$$

并用式（8.1.40）和式（8.1.41）定义张弦梁结构的内力状态系数 f_F 和位移工作状态系数 f_D 分别为

$$f_F = \max_{j}(\beta_{Fj}), \quad j = 1, 2, \cdots, n \tag{8.1.40}$$

$$f_D = \max_{j}(\beta_{Dj}), \quad j = 1, 2, \cdots, n+1 \tag{8.1.41}$$

以最合理的工作状态为控制目标的结构优化控制，旨在通过结构中可调构件的自适应调控，调整结构中的内力分布，减小结构的内力峰值或位移峰值，使 f_F 或 f_D 达到最小值，此时结构的工作状态为最合理的工作状态。

综上所述，可得到以最合理的内力状态为控制目标的内力控制优化模型：

$$\min\left[f_F(\boldsymbol{e}_a)\right]$$
$$\text{s.t.} \ \ 式（8.1.33） \tag{8.1.42}$$

以最合理的位移状态为控制目标的位移控制优化模型为

$$\min\left[f_D(\boldsymbol{e}_a)\right]$$
$$\text{s.t.} \ \ 式（8.1.33） \tag{8.1.43}$$

3）控制算法

采用模拟退火算法来求解上述建立的优化控制模型。模拟退火算法是一种基于固体退火原理的随机搜索算法，已广泛应用于科学研究及工程领域的优化问题，6.3.4 节中对该算法有较详细的阐述。应用时，在搜索过程开始时随机选择一组作动器伸长量，并计算该选择的目标函数；然后在上次选择的伸长量的基础上，通过在它的邻域内随机扰动产生新的选择；接着计算新选择的目标函数值并与以前的最小目标函数值进行对比。如果当前的目标函数值小于目标函数最小值，则接受当前的选择；否则，是否接受当前的选择则通过 Metropolis 准则来决定。上述过程每重复 Mapkob 链长一次，进行一次降温处理。当目标函数最小值小于给定的停止标准时或整个系统冷却完成后算法终止。

2. 多目标控制

1）考虑目标优先级结构的多目标控制模型

对结构形态进行控制时,可能要求对结构的内力、位移和调控能耗进行优化,以 e_a 为优化变量,无偏好信息的多目标控制优化模型（Xu and Luo,2008）为

$$\min \left[f_F(\boldsymbol{e}_a), f_D(\boldsymbol{e}_a), f_P(\boldsymbol{e}_a) \right]$$
$$\text{s. t. 式}(8.1.33) \qquad\qquad (8.1.44)$$

式中,$\boldsymbol{e}_a$ 为作动器的调节量向量;$f_F(\boldsymbol{e}_a)$、$f_D(\boldsymbol{e}_a)$ 和 $f_P(\boldsymbol{e}_a)$ 分别为结构控制时的内力、位移和调控能耗目标:

$$f_F(\boldsymbol{e}_a) = \sigma_{\max} \qquad\qquad (8.1.45)$$
$$f_D(\boldsymbol{e}_a) = d_{\max} \qquad\qquad (8.1.46)$$
$$f_P(\boldsymbol{e}_a) = 0.5 \sum_{i=1}^{n_a} (N_{ai} + N_{ai,0}) e_{ai} \qquad\qquad (8.1.47)$$

其中,$\sigma_{\max}$ 和 $d_{\max}$ 分别为构件的最大应力和节点最大位移;$N_{ai,0}$、N_{ai} 和 e_{ai} 分别为第 i 个作动器调控前后的轴力和伸缩量;n_a 为结构中作动器的数量。由于实际工作时的调控目的不同,决策者对结构位移、内力和调控能耗目标偏好并不完全相同。例如,在对结构进行内力控制时,决策者可能首先要求对结构内力进行控制,使其不超过 $\sigma_{\max,e}$,然后对结构位移进行控制,最后对调控过程中的能耗进行优化,使消耗的能量最少,对应地考虑目标优先级结构的多目标控制优化模型为

$$\min \{ P_1[f_F(\boldsymbol{e}_a)], P_2[f_D(\boldsymbol{e}_a)], P_3[f_P(\boldsymbol{e}_a)] \}$$
$$\text{s. t.} \begin{cases} \text{式}(8.1.33) \\ f_F(\boldsymbol{e}_a) \leqslant \sigma_{\max,e} \end{cases} \qquad (8.1.48)$$

式中,$P_1(\ )$、$P_2(\ )$ 和 $P_3(\ )$ 指控制目标的优先级。综上所述,结构的多目标控制优化模型可转化为式(8.1.49)所示的考虑目标优先级结构的多目标控制优化模型:

$$\min \{ P_1[f_i(\boldsymbol{e}_a)], P_2[f_i(\boldsymbol{e}_a)], P_3[f_i(\boldsymbol{e}_a)] \}, \quad i = F, D, P$$
$$\text{s. t.} \begin{cases} \text{式}(8.1.33) \\ f_i(\boldsymbol{e}_a) \leqslant f_{i,e}(\boldsymbol{e}_a) \end{cases} \qquad (8.1.49)$$

式中,$f_{i,e}(\boldsymbol{e}_a)$ 为各控制目标期望值,是决策者根据偏好信息对控制目标的最低要求。

2）考虑目标优先级结构的多目标控制模糊优化模型

在考虑目标优先级结构的多目标控制优化模型中,结构内力、位移和调控能耗三类控制目标之间存在矛盾冲突性,无法兼顾所有目标的优化,而且三类控制目标量纲不统一,不能直接比较决策方案之间的优劣,这些都给决策者获得最优调控指令带来困难。根据 Zadeh(1965)的经典模糊集理论,决策者可用取值在[0,1]区间

的隶属函数值来描述其对每个目标的满意程度,使控制目标具备可公度性,在统一的量纲上对控制目标进行优化,于是模糊决策理论就成为解决上述多目标控制优化模型的强有力工具(Amid et al.,2006;Huang et al.,2006)。

在求解多目标模糊优化问题时,首先要选择合适的隶属函数来刻画模糊目标的特性;然后根据多目标优化问题的特点选择不同的模糊算子建立优化模型;最后通过优化算法获得满足决策要求的满意解。Hannan(1981)根据决策者对模糊目标的不同要求提出线性、幂指数、双曲线、反双曲线和分段线性等隶属函数,其中线性和分段线性隶属函数较为常用,而幂指数、双曲线、反双曲线会增加优化模型的非线性,仅在特殊条件下使用,本节采用线性隶属函数来描述模糊目标的特性。由式(8.1.49)可知,此处的多目标优化控制是目标函数值最小化问题,对应于模糊关系中的"≤",即要求目标函数值近似小于等于目标期望值,对应的隶属函数形式为

$$\mu_i = \begin{cases} 1, & f_i < f_i^* \\ \dfrac{1-f_i}{1-f_i^*}, & f_i^* \leqslant f_i \leqslant f_i^{\max}, \quad i = D, F, P \\ 0, & f_i > f_i^{\max} \end{cases} \tag{8.1.50}$$

式中,隶属函数 μ_i 在 $[0,1]$ 内取值,相当于对目标值进行归一化操作,表示目标函数值达到期望值的相对距离,即决策者对于目标优化完成情况的满意程度,这就称为目标满意度,该隶属函数结构如图 8.1.4 所示。

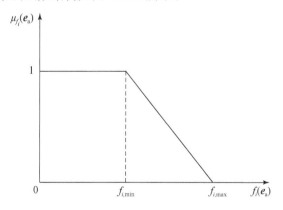

图 8.1.4 目标函数值近似小于等于目标期望值的隶属函数

在基于模糊目标的多目标控制问题中,决策者可以用式(8.1.50)来描述模糊控制目标的满意度,但是各个控制目标的期望值和容许度在调控前难以直接给出,本节将借助单目标控制分析和支付表按下述步骤来辅助决策者得到。

(1) 分别以 $f_F(e_a)$、$f_D(e_a)$ 或 $f_P(e_a)$ 为控制目标,采用 8.1.1 节中的非线性控

制算法对结构进行单目标控制分析,得到每个目标的理想最优值 $f_i(\boldsymbol{e}_{\mathrm{a},i})$ 和其他目标对应的目标值 $f_j(\boldsymbol{e}_{\mathrm{a},i})$,建立支付表见表 8.1.1。

表 8.1.1 　多目标控制的支付表

控制目标	f_F	f_D	f_P
$\min\left[f_F(\boldsymbol{e}_{\mathrm{a}})\right]$	$f_F(\boldsymbol{e}_{\mathrm{a},F})$	$f_D(\boldsymbol{e}_{\mathrm{a},F})$	$f_P(\boldsymbol{e}_{\mathrm{a},F})$
$\min\left[f_D(\boldsymbol{e}_{\mathrm{a}})\right]$	$f_F(\boldsymbol{e}_{\mathrm{a},D})$	$f_D(\boldsymbol{e}_{\mathrm{a},D})$	$f_P(\boldsymbol{e}_{\mathrm{a},D})$
$\min\left[f_P(\boldsymbol{e}_{\mathrm{a}})\right]$	$f_F(\boldsymbol{e}_{\mathrm{a},P})$	$f_D(\boldsymbol{e}_{\mathrm{a},P})$	$f_P(\boldsymbol{e}_{\mathrm{a},P})$

(2) 由表 8.1.1 可以得到每个控制目标在以上所有理想最优值求解过程中的最大值:

$$f_{i,\max}=\max_{i=F,D,P}f_j(\boldsymbol{e}_{\mathrm{a},i}),\quad j=F,D,P \tag{8.1.51}$$

则可以将上述控制目标的最大值作为容许度极限值,同时决策者可以根据实际需要在每个目标的理想最优值和容许度极限值之间选择目标期望值,无法确定目标期望值时,可用理想最优值代替(胡超芳,2007)。

建立各目标函数的隶属度后,可将结构的多目标控制优化模型式(8.1.49)转化为如下的多目标控制模糊优化模型:

$$\min\left\{P_1\left[\mu_i(\boldsymbol{e}_{\mathrm{a}})\right],P_2\left[\mu_i(\boldsymbol{e}_{\mathrm{a}})\right],P_3\left[\mu_i(\boldsymbol{e}_{\mathrm{a}})\right]\right\}$$
$$\mathrm{s.\,t.}\begin{cases}式(8.1.33)\\\mu_i(\boldsymbol{e}_{\mathrm{a}})\geqslant\mu_{i,\mathrm{e}}(\boldsymbol{e}_{\mathrm{a}})\end{cases} \tag{8.1.52}$$

式中,$\mu_{i,\mathrm{e}}(\boldsymbol{e}_{\mathrm{a}})$ 为各控制目标期望值对应的期望满意度。由于结构工作环境的不确定性,结构调控前决策者不一定了解待优化目标的本质和优化程度,很难给出精确的期望满意度;其次,如果约束十分严格,则将极大地缩小可行域,尤其是当决策者对某个或某些控制目标特别强调时,如果给出了过高的期望满意度,很有可能会导致无可行调控方案的情况发生。故此处不再要求决策者必须事先给定每个目标的期望满意度,而是将其作为优化变量,建立期望满意度顺序,使得目标之间的优先级差别表现为目标期望满意度之间的差别,从而可以在模糊重要性要求下实现不同调控指令之间的比较。

根据本节多目标控制问题分层优化的特点,更高优先级的目标优先进行优化且具有更高满意度,则内力调控的控制目标优先级关系可转换为满意度表示的比较约束形式:

$$\mu_{s1}(\boldsymbol{e}_{\mathrm{a}})\leqslant\mu_{s2}(\boldsymbol{e}_{\mathrm{a}}),\quad s1,s2=F,D,P,\quad s1\neq s2 \tag{8.1.53}$$

然而,在实际的优化过程中,如果采用式(8.1.53)的比较约束形式,可能会因为约束条件过于严格而无法得到可行解,所以本节用广义可变域优化思想来处理严格目标比较关系的思路(Li et al.,2004),通过松弛控制目标优先级的思想,用松弛变量 γ 作为优先级变量来放松严格的满意度约束条件,形成下面松弛化的控制目标优先级关系:

$$\mu_{s1}(e_a)-\mu_{s2}(e_a)\leqslant\gamma \tag{8.1.54}$$

当 $\gamma\leqslant0$ 时,满足决策者对控制目标优先级顺序的要求;反之,$\gamma>0$ 时,不满足。

综上所述,考虑目标优先级要求的多目标控制模糊优化模型为

$$\min \{P_1[\mu_i(e_a)],P_2[\mu_i(e_a)],P_3[\mu_i(e_a)]\}$$
$$\text{s.t.} \begin{cases} \mu_{s1}(e_a)-\mu_{s2}(e_a)\leqslant\gamma \\ \text{式}(8.1.33) \\ \mu_i(e_a)\geqslant\mu_{i,e}(e_a) \end{cases} \tag{8.1.55}$$

在式(8.1.55)所示的多目标控制模糊优化模型中,虽然均明确给出了目标函数和约束条件,但不存在同时最优化所有目标的唯一解,目标之间有可能会发生冲突,从而造成某个目标的优化结果不理想,但多目标优化模型的解总是位于模糊最优解集中。

对于一个标准的多目标控制模糊优化模型:

$$\max [\mu_1(x),\mu_2(x),\cdots,\mu_k(x)]$$
$$\text{s.t.} \{x\in G=[x|g_i(x)\leqslant0,\quad i=1,2,\cdots,m]\} \tag{8.1.56}$$

式中,x 为模型的决策变量;$\mu_i(x)$ 为模型的目标满意度;$g_i(x)$ 为模型的目标约束函数。借助满意度准则,Sakawa 等(1987)提出模糊最优解的定义:对于满足约束条件 $x^*\in G$ 的点 x^*,如果不存在另一个满足约束条件的解 x,使得 $\mu_i(x)\geqslant\mu_i(x^*)$($i=1,2,\cdots,k$),且至少有一个不等式 $\mu_i(x)>\mu_i(x^*)$,那么 x^* 就是多目标优化问题的模糊最优解。

3)基于加法模型的交互式多目标控制模糊优化算法

(1)基于加法模型的交互式多目标控制模糊优化模型。

针对自适应张弦梁结构多目标控制问题的特点,结合分层优化的理念,建立结构控制的层次化目标模型。根据控制目标在每次优化迭代步中扮演的角色,可将优化目标全集 US 划分为不满意集、可松弛集和保持集。

不满意集:对于控制目标 $f_i(e_a)$($i=F$、D 或 P),如果其优化结果无法使决策者满意,需要通过松弛其他控制目标来改进,那么称它们构成的集合 S_1 为不满意集。

可松弛集:对于控制目标 $f_i(e_a)$($i=F$、D 或 P),如果其优化结果已经使决策者满意,而且可以做适当松弛,那么称它们构成的集合 S_2 为可松弛集。

保持集:对于控制目标 $f_i(e_a)$($i=F$、D 或 P),如果其优化结果已经使决策者满意,但是不可以松弛,那么称它们构成的集合 S_3 为保持集。

为实现控制目标的优先级,并尽量优化每个目标,本节借助参数 λ 来建立加法模型,对两种控制目标进行折中来辅助决策者获得满意解。

$$\max \sum_{i=F,D,P} \frac{\mu_i^*}{3} + \lambda\gamma$$

$$\text{s.t.} \begin{cases} \mu_i(\boldsymbol{e}_{\mathrm{a}}) \leqslant 1, & i = D, F, P \\ \mu_{s1}(\boldsymbol{e}_{\mathrm{a}}) - \mu_{s2}(\boldsymbol{e}_{\mathrm{a}}) = \gamma, & s1 \in S_1, \quad s2 \in S_2 \\ \mu_{s3}(\boldsymbol{e}_{\mathrm{a}}) = 1, & s3 \in S_3 \\ \text{式}(8.1.33) \end{cases} \qquad (8.1.57)$$

加法模型式(8.1.57)的优化目的是最大化控制目标的满意度之和以及满意度顺序,它保证了每个目标的优化,但不需要松弛最大综合满意度,可保证易于实现的控制目标得到满意的结果,同时该模型中沿用了层次化的目标模型,使算法具有灵活性。

(2) 基于加法模型的多目标控制模糊优化算法的步骤。

① 根据决策者对结构控制的目标优先级要求,确定各控制目标的优先级和期望值,分别以 $f_F(\boldsymbol{e}_{\mathrm{a}})$、$f_D(\boldsymbol{e}_{\mathrm{a}})$ 或 $f_P(\boldsymbol{e}_{\mathrm{a}})$ 为控制目标对结构进行单目标非线性控制分析,建立结构控制的支付表(表8.1.1),确定各控制目标的容许度以及期望值。以模糊决策理论为控制目标选取合适的隶属函数,建立考虑目标优先级要求的多目标控制模糊优化模型[式(8.1.55)],令 $P=1$。

② 更新当前优化目标全集 US_P 和保持集 S_3,将优先级为 P 的控制目标加入不满意目标集 S_1 中,优化目标全集 US_P 中剩余的控制目标加入可松弛集 S_2。设置 λ 的初始值,建立结构控制的加法模型[式(8.1.57)]。

③ 利用模拟退火算法求解加法模型得到优先级变量 γ。判断:如果优先级变量 $\gamma < 0$,则不满足控制目标优先级顺序的要求,跳到步骤④;如果优先级变量 $\gamma \geqslant 0$,控制目标优先级顺序得到满足,继续判断不满意集中控制目标的优化满意程度;如果决策者满意当前的解 $\mu_P(\boldsymbol{e}_{\mathrm{a},P})$,那么将优先级为 P 的控制目标加入保持集 S_3 中,并确定下次优化的目标全集 US_{P+1},转步骤⑤;否则,转步骤④。

④ 增大 λ,更新结构控制的加法模型[式(8.1.57)],然后返回步骤③。

⑤ $P=P+1$,判断:如果 $P=3$,则通过模糊优化测试模型来校验所得调控指令的最优性,输出 $\boldsymbol{e}_{\mathrm{a},P}$,优化结束;否则返回步骤②。

(3) 最小稳定参数分析。

在基于加法模型的多目标交互式控制模糊优化算法中,随着 λ 的增大,目标期望满意度之和会单调减小,而目标之间的优先级差别逐渐变大,$\lambda \to \infty$ 时加法模型可退化为优先级模型,其中必然存在 λ^*,使 $\lambda > \lambda^*$ 时,加法模型的优化结果保持稳定,则 λ^* 为最小稳定参数。为获得 λ^*,本节设计如下基于线性规划的算法步骤:

① 令 $\lambda \to \infty$,以 $\max \lambda$ 为优化目标,利用模拟退火算法对加法模型式(8.1.57)进行优化,得到最优解 $e_{a,\max}$,以及对应的 $\gamma_{\max}$ 和 $\mu_{s,\max}(s \in S)$。令 $k=0$,$\lambda_k=0$。

② 将 λ_k 代入加法模型式(8.1.57),利用模拟退火算法进行求解,得到 γ_k。判断:如果 $\gamma_k = \gamma_{\max}$,则认为 λ_k 为所求的 λ^*,算法结束;否则进入步骤③。

③ $k=k+1$,根据下列等式的解,调整 λ_k,返回步骤②。

$$\sum_{s \in S} \frac{\mu_s}{n_s} - \lambda \gamma_k = \sum_{s \in S} \frac{\mu_{s,\max}}{n_s} - \lambda \gamma_{\max} \tag{8.1.58}$$

8.1.3　数值仿真分析示例

1. 平面索网结构非线性优化控制

考虑一个拥有 4 个固定节点和 3 个自由节点的简单平面索网结构,如图 8.1.5 所示。所有拉索的截面刚度为 43.16kN。结构的初始预应力水平 $t_0=[61.38, 61.38, 23.55, 17.02, 17.02, 23.55, 50.00, 50.00, 50.00]^{\mathrm{T}}$ N,在该预应力的作用下,结构处于自平衡状态。假定节点 6 的位移需要进行控制,需调整的位移大小为 $d_c=[d_{6x}, d_{6y}]^{\mathrm{T}}=[-20, 20]^{\mathrm{T}}$ mm。为简单起见,同时又不失一般性,假定所有拉索为可调构件,拥有相同的允许调节范围 $[-30, 30]$ mm。本例考虑如下控制优化问题:如何选择合适的拉索长度改变量使得节点 6 发生指定位移的同时,保持结构的内力水平尽可能接近初始值。

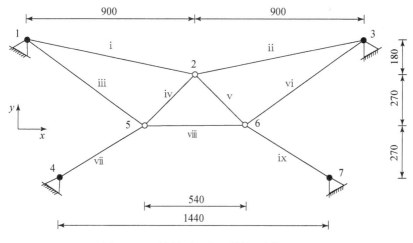

图 8.1.5　简单平面索网结构(单位:mm)

由于模拟退火算法的随机性,每次试算产生的结果略有不同,但是它们对应的目标函数值是相当的。因此,只给出一次典型运算的结果,其中拉索的主动伸长量

$e_s = \{-14.36, 11.13, 10.22, 11.80, -13.30, 4.98, -10.62, -16.91, 27.56\}^T$ mm，经此调整后目标自由度的位移及拉索内力分别见表 8.1.2 和表 8.1.3。为了进行对比，表中同时给出了非线性控制过程中第一次迭代后的结果，即对应线性控制的效果。受控自由度的位移经非线性调整后精确地达到了目标值，而相应的线性控制结果则存在 2.25% 的误差（表 8.1.2）。同时，非线性控制使拉索内力水平偏离初始值最大不超过 22%，而线性控制使得结构内力水平偏离初始值高达 122.6%（表 8.1.3）。

表 8.1.2　算例 1 中目标自由度的位移控制效果比较

自由度	目标值/mm	线性结果/mm	非线性结果/mm	线性误差/%	非线性误差/%
d_{6x}	−20.0	−20.45	−20.00	2.25	0.00
d_{6y}	20.0	19.57	20.00	2.15	0.00

表 8.1.3　算例 1 中控制前后拉索内力比较

拉索编号	初始值/N	线性结果/N	非线性结果/N	线性误差/%	非线性误差/%
i	61.38	60.41	63.90	1.58	4.11
ii	61.38	65.74	59.70	7.10	2.74
iii	23.55	30.16	18.41	28.07	21.83
iv	17.02	20.96	13.71	23.15	19.45
v	17.02	11.75	18.33	30.96	7.70
vi	23.55	52.42	28.04	122.60	19.07
vii	50.00	84.58	51.04	69.16	2.08
viii	50.00	84.64	50.39	69.28	0.78
ix	50.00	57.64	46.93	15.28	6.14

2. 自适应张弦梁结构多目标优化控制

考虑三撑杆自适应张弦梁结构，几何尺寸如图 8.1.6 所示，跨度 48.0m，垂度 4.8m。上弦梁采用 450mm×300mm×16mm 空心矩形钢管，弹性模量 206.0GPa，许用应力 215.0MPa；下弦拉索采用 ϕ5mm × 73 高强钢丝拉索，有效面积 1433.0mm²，弹性模量 160.0GPa，受拉许用应力 1570.0MPa，不退出工作的最小索力 112.5kN；撑杆 $T_1 \sim T_3$ 均采用铝合金机械推杆作为作动器，等效截面面积为 4084.0mm²，弹性模量为 206.0GPa，许用应力为 215.0MPa。假设在上弦梁作用

恒荷载 $S_G = 6.0 \mathrm{kN/m}$,并假设在只有恒荷载作用下(即荷载初始态),上弦梁上几何构形控制点($N_2 \sim N_5$)节点位移为 0。考虑结构作用有全跨可变荷载 $S_{Q1} = 0.6 \mathrm{kN/m^2}$,以工况 $1.0 S_G + 1.0 S_{Q1}$ 为例,对结构进行多目标形态控制。

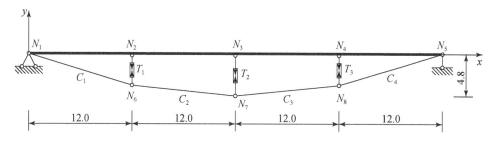

图 8.1.6 三撑杆自适应张弦梁结构示意图(单位:m)

假设决策者要求对结构进行内力控制,则控制目标优先级如下。第 1 优先级:$\mu_F(\boldsymbol{e}_a)$;第 2 优先级:$\mu_D(\boldsymbol{e}_a)$;第 3 优先级:$\mu_P(\boldsymbol{e}_a)$,优化目标全集 $\mathrm{US} = \{\mu_F(\boldsymbol{e}_a), \mu_D(\boldsymbol{e}_a), \mu_P(\boldsymbol{e}_a)\}$,可按分层优化的思想对各控制目标进行优化,令 $P=1$,优先对 $\mu_F(\boldsymbol{e}_a)$ 进行优化,不满意集 $S_1 = \{\mu_F(\boldsymbol{e}_a)\}$,可松弛集 $S_2 = \{\mu_D(\boldsymbol{e}_a), \mu_P(\boldsymbol{e}_a)\}$,保持集 $S_2 = \varnothing$,可建立如下的加法模型:

$$\max \sum_{i=F,D,P} \frac{\mu_i^*}{3} + \lambda\gamma$$
$$\mathrm{s.\,t.} \begin{cases} \mu_F(\boldsymbol{e}_a) - \mu_D(\boldsymbol{e}_a) = \gamma \\ \mu_F(\boldsymbol{e}_a) - \mu_P(\boldsymbol{e}_a) = \gamma \\ \text{式}(8.1.33) \end{cases} \tag{8.1.59}$$

令 $\lambda \to \infty$,以 $\max \gamma$ 为优化目标,利用模拟退火算法对上述加法模型进行优化,可得 $\gamma_{\max} = 0.532$ 和 $\boldsymbol{\mu}_{s,\max} = [85.8, 157.3, 63928.5]$,根据最小参数分析可知,最小稳定松弛系数 $\lambda^* = 0.667$。通过在区间 $[0, 0.667]$ 内调整 λ^* 来逼近决策者理想的优化结果,根据控制目标的优化过程,决策者确定控制目标 $\mu_F(\boldsymbol{e}_a)$ 的期望值为 86.0MPa,则控制目标 $f_F(\boldsymbol{e}_a)$ 的隶属函数为

$$\mu_D(\boldsymbol{e}_a) = \begin{cases} 1, & f_F(\boldsymbol{e}_a) \leqslant 86.0 \\ 0, & f_F(\boldsymbol{e}_a) > 86.0 \end{cases} \tag{8.1.60}$$

令 $P=2$,对 $\mu_D(\boldsymbol{e}_a)$ 进行优化,更新优化目标全集 $\mathrm{US}_2 = \{\mu_D(\boldsymbol{e}_a), \mu_P(\boldsymbol{e}_a)\}$,不满意集 $S_1 = \{\mu_D(\boldsymbol{e}_a)\}$,可松弛集 $S_2 = \{\mu_P(\boldsymbol{e}_a)\}$,保持集 $S_3 = \{\mu_F(\boldsymbol{e}_a)\}$,可建立如下的加法模型:

$$\max \sum_{i=F,D,P} \frac{\mu_i^*}{3} + \lambda\gamma$$

$$\text{s. t.} \begin{cases} \mu_F(\boldsymbol{e}_a) = 1 \\ \mu_F(\boldsymbol{e}_a) - \mu_P(\boldsymbol{e}_a) = \gamma \\ \text{式}(8.1.33) \end{cases} \qquad (8.1.61)$$

令 $\lambda \rightarrow \infty$，以 $\max \gamma$ 为优化目标，利用模拟退火算法对加法模型进行优化，得 $\gamma_{\max} = 0.884$ 和 $\boldsymbol{\mu}_{s,\max} = [85.7, 31.3, 100226.7]$，根据最小参数分析可知，最小稳定松弛系数 $\lambda^* = 0.259$。通过在区间 $[0, 0.259]$ 内调整 λ^* 来逼近决策者理想的优化结果，根据控制目标的优化过程，决策者确定控制目标 $\mu_D(\boldsymbol{e}_a)$ 的期望值为 27.0mm，当 $\lambda = 0.000$ 时，优化结果满足要求，对应的作动器调节量 $\boldsymbol{e}_a = [210.3, 185.5, 210.4]$ 和目标函数值 $\boldsymbol{f} = [85.6, 26.9, 95065.0]$，则控制目标 $f_D(\boldsymbol{e}_a)$ 的隶属函数为

$$\mu_D(\boldsymbol{e}_a) = \begin{cases} 1, & f_D(\boldsymbol{e}_a) \leqslant 30 \\ 0, & f_D(\boldsymbol{e}_a) > 30 \end{cases} \qquad (8.1.62)$$

将优化结果代入测试模型，可得满足要求的解 $\boldsymbol{e}_a = [210.3, 185.5, 210.4]$ 及对应的满意度值 $[1.000, 1.000, 0.114]$ 和目标函数值 $[85.6, 26.9, 95065.0]$。

8.2　空间结构的动态控制

空间结构会不可避免地承受各种动态外力的作用，包括地震、风振以及冲击荷载等，在这些动态激励下，结构可能会发生较高水平的振动，特别是对于具有轻质、可展特性的张力空间结构，这种振动的影响尤为明显。当这些振动超过一定限度时，将对结构的功能与安全造成非常不利的影响，需要采取一定的措施加以控制。

8.2.1　结构机电耦合动力方程

1. 主动单元的机电耦合方程

在智能结构中，压电作动器一般代替部分或整个结构构件。考虑一般情况，设主动构件由两端的主体材料和中间的压电堆三个部分构成，如图 8.2.1 所示。根据动力学中的 Hamilton 原理，压电堆单元②的机电耦合动力方程（隋允康和龙连春，2006）为

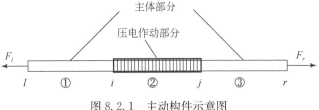

图 8.2.1　主动构件示意图

$$\begin{cases} \boldsymbol{M}_2\ddot{\boldsymbol{x}}_2 + \boldsymbol{K}_2\boldsymbol{x}_2 + \boldsymbol{K}_{uv}^{\mathrm{a}}\boldsymbol{V} = \boldsymbol{F}_2 \\ \boldsymbol{K}_{vu}^{\mathrm{a}}\boldsymbol{x}_2 + \boldsymbol{K}_{vv}^{\mathrm{a}}\boldsymbol{V} = -\boldsymbol{Q} \end{cases} \tag{8.2.1}$$

式中，$\boldsymbol{M}_2$ 和 $\boldsymbol{K}_2$ 分别为压电堆单元的质量矩阵和刚度矩阵；$\boldsymbol{K}_{uv}^{\mathrm{a}} = \boldsymbol{K}_{vu}^{\mathrm{aT}}$ 为压电堆的压电刚度矩阵；$\boldsymbol{K}_{vv}^{\mathrm{a}}$ 为压电堆的介电刚度矩阵；$\boldsymbol{x}_2$ 和 $\ddot{\boldsymbol{x}}_2$ 分别为压电堆单元端部位移与加速度列向量；$\boldsymbol{V}$ 为压电堆单元端部电势列向量(取 i 端极板电势为 0)；$\boldsymbol{F}_2$ 和 $\boldsymbol{Q}$ 分别为压电堆单元端部外力列向量和电极板所带的电量。

对于主体单元①，其动力方程为

$$\boldsymbol{M}_1\ddot{\boldsymbol{x}}_1 + \boldsymbol{K}_1\boldsymbol{x}_1 = \boldsymbol{F}_1 \tag{8.2.2}$$

式中，$\boldsymbol{M}_1$ 和 $\boldsymbol{K}_1$ 分别为主体单元①的质量矩阵和刚度矩阵；$\boldsymbol{x}_1$ 和 $\ddot{\boldsymbol{x}}_1$ 分别为主体单元①的端部位移与加速度列向量；$\boldsymbol{F}_1$ 为主体单元①的端部外力列向量。单元③具有与单元①相似的动力方程形式。

根据单元①、②和③在节点 i 和 j 处的位移协调条件，同时考虑到节点 i 和 j 处的内力相等，可对三个单元的质量矩阵和刚度矩阵进行组装并进行内部自由度缩减，去掉节点 i 和 j 处的中间自由度，最后得到主动单元的整体动力方程为

$$\begin{cases} \boldsymbol{M}^{\mathrm{e}}\ddot{\boldsymbol{x}}^{\mathrm{e}} + \boldsymbol{K}^{\mathrm{e}}\boldsymbol{x}^{\mathrm{e}} + \boldsymbol{K}_{uv}^{\mathrm{e}}\boldsymbol{V} = \boldsymbol{F}^{\mathrm{e}} \\ \boldsymbol{K}_{vu}^{\mathrm{e}}\boldsymbol{x}^{\mathrm{e}} + \boldsymbol{K}_{vv}^{\mathrm{e}}\boldsymbol{V} = -\boldsymbol{Q} \end{cases} \tag{8.2.3}$$

式中，$\boldsymbol{M}^{\mathrm{e}}$ 和 $\boldsymbol{K}^{\mathrm{e}}$ 分别为整个主动单元的质量矩阵和刚度矩阵；$\boldsymbol{x}$ 和 $\ddot{\boldsymbol{x}}$ 分别为主动单元的端部位移与加速度列向量；$\boldsymbol{K}_{uv}^{\mathrm{e}} = \boldsymbol{K}_{vu}^{\mathrm{eT}}$ 为主动单元的等效压电刚度矩阵；$\boldsymbol{K}_{vv}^{\mathrm{e}}$ 为主动单元的等效介电刚度矩阵；$\boldsymbol{F}^{\mathrm{e}}$ 为主动单元的端部外力列向量。

2. 整体结构的机电耦合方程

得到了压电主动构件的机电耦合有限元动力方程，对于不含压电元件的一般构件，其有限元动力方程为

$$\boldsymbol{M}^{\mathrm{e}}\ddot{\boldsymbol{x}}^{\mathrm{e}} + \boldsymbol{K}^{\mathrm{e}}\boldsymbol{x}^{\mathrm{e}} = \boldsymbol{F}^{\mathrm{e}} \tag{8.2.4}$$

考虑一个有 n 个节点自由度和 m 根构件的智能结构，其压电主动单元和一般单元的有限元动力方程分别为式(8.2.3)和式(8.2.4)，将单元有限元方程变换到结构的全局坐标系中，并对相关系数矩阵进行组装，可得结构系统的整体机电耦合有限元动力方程为

$$\begin{cases} \boldsymbol{M}\ddot{\boldsymbol{x}} + \boldsymbol{K}\boldsymbol{x} + \boldsymbol{K}_{uv}\boldsymbol{V} = \boldsymbol{F} \\ \boldsymbol{K}_{uv}^{\mathrm{T}}\boldsymbol{x} + \boldsymbol{K}_{vv}\boldsymbol{V} = -\boldsymbol{Q} \end{cases} \tag{8.2.5}$$

式中，$\boldsymbol{M}$ 为 $n \times n$ 结构质量矩阵；$\boldsymbol{K}$ 为 $n \times n$ 结构刚度矩阵；$\boldsymbol{K}_{uv}$ 为 $n \times m$ 结构等效压电刚度矩阵，代表对应作动器的等效制动性能；$\boldsymbol{V}$ 为 $m \times 1$ 驱动电压列向量；$\boldsymbol{F}$ 为 $n \times 1$ 节点外力向量；$\boldsymbol{K}_{vv}$ 为 $m \times m$ 结构等效介电刚度矩阵；$\boldsymbol{Q}$ 为 $m \times 1$ 电荷向量。

8.2.2　结构系统的状态空间描述

1. 结构系统作动方程

从式(8.2.5)中消去驱动电压列向量，并计入比例阻尼阵 C，可得

$$M\ddot{x}+C\dot{x}+K^*x=F+K_{uv}K_{vv}^{-1}Q \qquad (8.2.6)$$

式中，$K^*=K+K_{uv}K_{vv}^{-1}K_{uv}^{\mathrm{T}}$，可以理解为考虑机电耦合效应时的广义刚度矩阵。在方程(8.2.6)中，机械激励和电激励同时存在，一般电激励可作为控制量来改善结构特性。此时，该方程称为结构作动方程。

对于几何非线性结构，采用以初始构形为参考的全拉格朗日法，τ 时刻的结构作动方程可表示为

$$M^{\tau}\ddot{x}+C^{\tau}\dot{x}+{}^{\tau}F_d={}^{\tau}F+{}^{\tau}K_{uv}{}^{\tau}K_{vv}^{-1}{}^{\tau}Q \qquad (8.2.7)$$

式中，${}^{\tau}F$ 为 $\tau=t+\Delta t$ 时刻的激励荷载；${}^{\tau}K_{uv}$ 和 ${}^{\tau}K_{vv}$ 分别为基于 τ 时刻节点坐标组装的压电刚度矩阵与介电刚度矩阵，由于该时刻的节点坐标是未知量，可以由 t 时刻的节点坐标来近似估算；${}^{\tau}F_d$ 为由节点位移引起的结构内力向量，由于该时刻的位移同样是未知量，Bathe 等(1975)建议通过如下线性化处理来计算 ${}^{\tau}F_d$：

$$ {}^{\tau}F_d={}^{t}K\Delta x+{}^{t}F_d \qquad (8.2.8)$$

式中，${}^{t}K$ 为 t 时刻结构的切线刚度矩阵；Δx 为动态激励 ${}^{\tau}F$ 引起的位移向量增量。

2. 结构系统状态空间表达

压电作动元件的每个薄片基本单元可视为平行板电容器，电介质就是压电陶瓷。若没有电流泄漏，则可利用基本单元的电容参数将电荷量转换成电压量 V，即

$$Q=\mathrm{diag}(c_1,c_2,\cdots,c_{n_a})V=C_rV \qquad (8.2.9)$$

式中，c_i 为压电作动元件 i 的各压电片电容参数总和；n_a 为结构压电单元总数。

将式(8.2.9)代入式(8.2.7)可得

$$M\ddot{x}+C\dot{x}+K_{uv}^*x=F+K_{uv}K_{vv}^{-1}C_rV \qquad (8.2.10)$$

此外，外部机械激励通常是以加速度的形式给出的，即

$$F=-Mw \qquad (8.2.11)$$

式中，w 为外部激励加速度。将式(8.2.11)代入式(8.2.10)，并通过改写可得结构系统的状态空间表达式：

$$\dot{X}=AX+BV+Hw$$

$$X=\begin{bmatrix} \dot{x} \\ x \end{bmatrix}$$

$$A = \begin{bmatrix} 0 & I \\ -M^{-1}K_{uv}^* & -M^{-1}C \end{bmatrix}$$

$$B = \begin{bmatrix} 0 \\ M^{-1}K_{uv}K_{vv}^{-1}C_r \end{bmatrix}$$

$$H = \begin{bmatrix} 0 \\ -\delta \end{bmatrix} \tag{8.2.12}$$

式中,I 和 δ 分别为单位矩阵和单位向量。

8.2.3　优化控制模型及策略

1. 优化控制模型

标准的最优控制问题可由图 8.2.2 来描述。其中,$G(s)$ 表示系统的传递函数;$K(s)$ 表示控制器;$w(s)$ 表示外界干扰;$u(s)$ 表示控制器的输出;$z(s)$ 表示系统控制后的输出;$y(s)$ 表示向控制器提供的测量值;s 表示拉普拉斯转换的变量。上述参数之间存在如下关系:

$$\frac{z(s)}{y(s)} = G(s)\frac{w(s)}{u(s)} \tag{8.2.13}$$

$$u(s) = K(s)y(s) \tag{8.2.14}$$

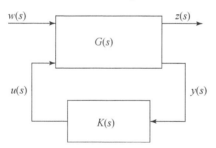

图 8.2.2　闭环控制系统示意图

控制系统的机电耦合状态空间方程为

$$\begin{cases} \dot{X} = AX + BV + Hw \\ Y = CX + DV \end{cases} \tag{8.2.15}$$

式中,C 为感应器的位置矩阵;D 为权重常数矩阵。考虑全反馈控制的情况,有 $C = I, D = 0$。

2. 线性二次型控制

对于线性结构系统,选取系统状态和控制输入的二次型函数的积分作为性能指标函数的最优控制问题,称为线性二次型最优控制(linear quadratic regulation,LQR)。

结构振动控制的二次型性能指标函数为

$$J = \frac{1}{2} \int_0^\infty (\boldsymbol{X}^\mathrm{T}\boldsymbol{WX} + \boldsymbol{V}^\mathrm{T}\boldsymbol{RV})\mathrm{d}t \tag{8.2.16}$$

式中,$\boldsymbol{W}$ 和 $\boldsymbol{R}$ 分别为半正定与正定对称的加权矩阵。结构振动控制的反馈控制律为

$$\boldsymbol{V} = -\boldsymbol{K}_\mathrm{g}\boldsymbol{Y} \tag{8.2.17}$$

式中,$\boldsymbol{K}_\mathrm{g}$ 为反馈增益矩阵。

由变分法可求得使式(8.2.16)的指标函数最小化的唯一定常反馈增益矩阵(欧进萍,2003)为

$$\boldsymbol{K}_\mathrm{g} = \boldsymbol{R}^{-1}\boldsymbol{B}^\mathrm{T}\boldsymbol{S} \tag{8.2.18}$$

式中,$\boldsymbol{S}$ 为下述非线性方程(Riccati 方程)的正定对称解:

$$\boldsymbol{SA} + \boldsymbol{A}^\mathrm{T}\boldsymbol{S} + \boldsymbol{W} - \boldsymbol{SBR}^{-1}\boldsymbol{B}^\mathrm{T}\boldsymbol{S} = 0 \tag{8.2.19}$$

3. 瞬时最优控制

对于线性或非线性结构系统,选取每一时间步长上(瞬时)的系统状态和控制输入的二次型函数作为性能指标函数的最优控制问题,称为瞬时最优控制(instantaneous optimal control,IOC)。

瞬时最优控制的性能指标函数为

$$J(\tau) = {}^\tau\boldsymbol{X}^\mathrm{T}\boldsymbol{W}^\tau\boldsymbol{X} + {}^\tau\boldsymbol{V}^\mathrm{T}\boldsymbol{R}^\tau\boldsymbol{V} \tag{8.2.20}$$

当前时刻结构系统的状态,即式(8.2.10),可由 Newmark 算法表示为

$$^\tau\boldsymbol{x} = {}^t\boldsymbol{x} + \Delta\boldsymbol{x} \tag{8.2.21}$$

$$^\tau\dot{\boldsymbol{x}} = (1-a_5){}^t\dot{\boldsymbol{x}} - a_6{}^t\ddot{\boldsymbol{x}} + a_4\Delta\boldsymbol{x} \tag{8.2.22}$$

$$^\tau\ddot{\boldsymbol{x}} = (1-a_3){}^t\ddot{\boldsymbol{x}} - a_2^t\dot{\boldsymbol{x}} + a_1\Delta\boldsymbol{x} \tag{8.2.23}$$

式中,$a_1 = \frac{1}{\beta(\Delta t)^2}$,$a_2 = \frac{1}{\beta\Delta t}$,$a_3 = \frac{1}{2\beta}$,$a_4 = \frac{\alpha}{\beta\Delta t}$,$a_5 = \frac{\alpha}{\beta}$,$a_6 = \Delta t\left(\frac{\alpha}{2\beta} - 1\right)$。同时,为保证算法的稳定性,要求 $\alpha \geqslant 0.5$,$\beta \geqslant 0.25(0.5+\alpha)^2$。

此时,结构的控制优化问题可在数学上描述为

$$\begin{aligned} &\text{优化变量:} \quad V(t), \quad 0 \leqslant t < \infty \\ &\text{目标函数:} \quad \min[J(t)], \quad \text{式}(8.2.20) \\ &\text{约束条件:} \quad \text{式}(8.2.21) \sim \text{式}(8.2.23) \end{aligned} \tag{8.2.24}$$

采用 Hamilton 函数对上述约束优化问题进行分析求解,可得

$$^\tau\boldsymbol{V} = -\boldsymbol{R}^{-1\tau}\boldsymbol{B}^{\tau}\widetilde{\boldsymbol{K}}^{-\mathrm{T}}(\boldsymbol{W}_1{}^\tau\boldsymbol{x} + a_4\boldsymbol{W}_2{}^\tau\dot{\boldsymbol{x}}) \tag{8.2.25}$$

式中，$^\tau\boldsymbol{B}=\,^\tau\boldsymbol{K}_{uv}\,^\tau\boldsymbol{K}_{vv}^{-1}\,^\tau\boldsymbol{C}_{\mathrm{r}}$；$\widetilde{\boldsymbol{K}}=a_1\boldsymbol{M}+a_4\boldsymbol{C}+\,^\tau\boldsymbol{K}$，$\begin{bmatrix}\boldsymbol{W}_1 & 0 \\ 0 & \boldsymbol{W}_2\end{bmatrix}=\boldsymbol{W}$。

将式(8.2.25)代入式(8.2.10)，可得

$$\boldsymbol{M}^\tau\ddot{\boldsymbol{x}}+(\boldsymbol{C}+\,^\tau\boldsymbol{C}_{\mathrm{a}})^\tau\dot{\boldsymbol{x}}\ +\boldsymbol{K}_{\mathrm{a}}^\tau\boldsymbol{x}+\,^\tau\boldsymbol{F}_{\mathrm{d}}-\,^\tau\boldsymbol{F}=0 \qquad (8.2.26)$$

式中，$^\tau\boldsymbol{C}_{\mathrm{a}}=a_4\boldsymbol{B}\boldsymbol{R}^{-1}\boldsymbol{B}^{\mathrm{T}}\widetilde{\boldsymbol{K}}^{-\mathrm{T}}\boldsymbol{W}_2$；$\boldsymbol{K}_{\mathrm{a}}=\,^\tau\boldsymbol{B}\boldsymbol{R}^{-1}\boldsymbol{B}^{\mathrm{T}}\widetilde{\boldsymbol{K}}^{-\mathrm{T}}\boldsymbol{W}_1$。可见，作动力的作用等效于在结构上施加了额外阻尼 $^\tau\boldsymbol{C}_{\mathrm{a}}$ 和额外刚度 $\boldsymbol{K}_{\mathrm{a}}$。

至此，对于线性结构，可以通过直接采用 Newmark 算法求解式(8.2.26)来确定结构在优化控制下的状态。而对于非线性结构，在求解式(8.2.26)时，结构在 t 时刻的状态是已知的，为了确定结构在 τ 时刻的状态，需要估算 τ 时刻未知位移下的结构刚度，可通过在 Newmark 算法的基础上引入一个 Newton-Raphson 迭代过程来实现(Djouadi et al.，1998)。

8.2.4　数值仿真分析示例

1.控制对象描述

1) 索穹顶结构

如图 8.2.3 所示的索穹顶结构，它拥有 5 组构件，分别是脊索、斜索、上环索、下环索和压杆。脊索和斜索的长度为 14.28m，采用直径为 ϕ30mm 的钢绞线；上、下环索的长度为 10.00m，采用直径为 ϕ24mm 的钢绞线。钢绞线的弹性模量为 185GPa，许用应力 1850MPa。压杆的长度为 4.00m，采用规格为 114mm×4mm 的空心钢管，材料弹性模量为 206GPa，许用应力为 210MPa。斜(脊)索、环索和压杆的初始预应力分别取为 71.41kN、50.00kN 和－10.00kN。在该预应力作用下，应力最大的构件为环索，应力值为 110.5MPa，远小于许用应力。结构自重和作动元件自重等效为 250kg/节点的等效节点荷载，不考虑其他外荷载的作用。在此自重荷载作用下，结构将发生变形，结构变形后脊索、斜索、上环索、下环索、压杆的内力值分别为 54.37kN、88.63kN、38.07kN、62.05kN、－10.04kN。

结构阻尼按比例阻尼考虑，具体根据结构的前二阶振形阻尼比确定，即 $\boldsymbol{C}=\alpha_{\mathrm{c}}\boldsymbol{M}+\beta_{\mathrm{c}}\boldsymbol{K}$。经模态分析可得，结构的前二阶振形圆频率为 6.28rad/s 和 7.54rad/s，同时假定结构的前两阶阻尼比为 $\xi_1=\xi_2=5\%$，由此可得 $\alpha_{\mathrm{c}}=0.3426$ 和 $\beta_{\mathrm{c}}=0.0072$。结构的外部干扰为 El Centro 地震波，地震输入的采样时间间隔为0.02s，采样时间为 30s，峰值为 200Gal[①]，作用方向为水平向或竖向。

---

① 1Gal＝1cm/s²。

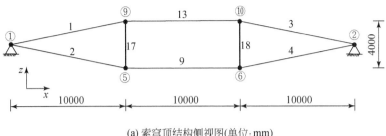

(a) 索穹顶结构侧视图(单位:mm)

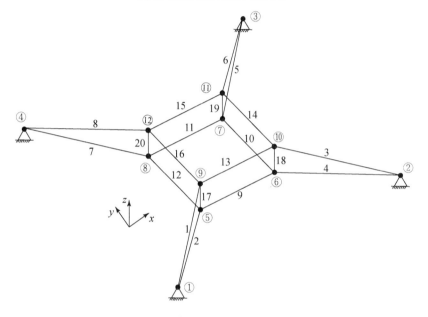

(b) 索穹顶结构轴测图

图 8.2.3 索穹顶结构示意图

作动器布置在拉索上,考虑三种作动器设置情况:一是脊索设置作动器;二是脊索和斜索设置作动器;三是所有拉索都设置作动器。作动元件采用与所在构件相同的截面、长度为 1m 的压电堆,并设每个元件由厚度为 5mm 的 200 片压电陶瓷圆形薄片叠合而成,压电陶瓷的有关参数参照表 8.2.1 取值。

表 8.2.1 压电陶瓷薄片的有关参数

参数类型	质量密度 /(kg/m³)	弹性模量 /(N/m²)	压电系数 /(C/m²)	介电系数 /(V·m)
参数值	7600	8.807×10^{10}	18.62	5.92×10^{-9}

2）双层柱状张力空间结构

如图 8.2.4 所示的双层柱状张力空间结构,由两个三棱柱张拉整体单元组成,外接圆半径 0.4313m,层间转角 15°;该结构体系也有 5 组构件组成,分别是压杆(1～6 号单元)、水平索(7～9 号单元、16～18 号单元)、斜索(25～30 号单元)、竖索(19～24 号单元)和鞍索(10～15 号单元),长度分别为 1.0m、0.747m、0.670m、0.614m 和 0.470m。压杆采用外径 20mm、壁厚 0.5mm 的碳纤维圆管,拉索采用直径为 4mm 的碳纤维细索,碳纤维材料的弹性模量为 227GPa,许用应力为 500MPa。该结构用来模仿太空天线的桅杆,结构构件及其他辅助元件的自重等效为 1kg/节点的等效节点质量,由于结构在工作时处于微重力状态,所以不考虑重力荷载的作用。按应力最大构件的安全系数为 5 设计结构的初始预应力,压杆、水平索、斜索、竖索和鞍索的具体预应力数值依次为 −2113N、665N、806N、789N 和 1257N。

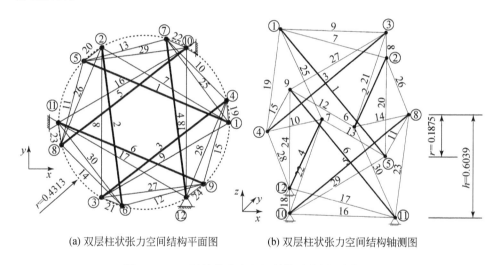

(a) 双层柱状张力空间结构平面图　　(b) 双层柱状张力空间结构轴测图

图 8.2.4　双层柱状张力空间结构示意图(单位:m)

结构阻尼仍按比例阻尼考虑,此结构的前二阶振形圆频率为 51.46rad/s 和 434.46rad/s,采用与前面索穹顶结构相同的方式计算得到阻尼组合系数 $\alpha_c = 4.60$ 和 $\beta_c = 2.06 \times 10^{-4}$。结构的外部干扰采用均值为 0 的高斯白噪声,模拟外太空的环境激励,信号的采样时间间隔为 0.02s,采样时间为 20s,三个方向输入的峰值均为 100Gal。

考虑四种作动器设置情况,第一种是所有拉索布置作动器,其他三种情况作动器的数量固定为 6,分别布置在结构的压杆、斜索和竖索上。作动元件同样采用与所在构件相同的截面,压电元件的长度为 0.1m,由厚度为 5mm 的 20 片压电陶瓷圆形薄片叠合而成,压电陶瓷的有关参数同样采用表8.2.1的取值。

2. 仿真方法

从式(8.2.16)和式(8.2.20)中所示的性能指标函数可以看出,权重矩阵 W 越大,结构反应越小,而控制电压越大;权重矩阵 R 越小,则控制电压越大,结构的反应越小。在它们的具体取值上,可通过如下方法确定:

$$W = \lambda \begin{bmatrix} K & 0 \\ 0 & M \end{bmatrix}, \quad R = \gamma I \qquad (8.2.27)$$

式中,λ、γ 为待定系数,根据要求达到的控制效果和作动器的允许电压而定。根据给定的结构等效质量,构件材料、尺寸以及瑞利(Rayleigh)阻尼的假设,可以组装得到结构的质量矩阵、刚度矩阵和阻尼矩阵。

对于 LQR,可借助 MATLAB 的控制工具箱中现成的求解函数来实现。首先采用 LQR 函数得到控制力状态反馈增益矩阵:

$$K_g = \text{LQR}(A, B, W, R) \qquad (8.2.28)$$

然后将式(8.2.28)得到的 K_g 代入式(8.2.17),再将式(8.2.17)代入式(8.2.12),得到受控结构状态方程:

$$\dot{X} = (A - BK_g)X + Hw \qquad (8.2.29)$$

则结构控制系统的状态响应可以由微分方程求解函数 LSIM 得到,即

$$[Y, X] = \text{LSIM}[(A - BK_g), H, C, D, w, t] \qquad (8.2.30)$$

最后将式(8.2.30)得到的 Y 代入式(8.2.17)求得作动电压值 V。

对于 IOC 非线性控制,仍采用 MATLAB 软件求解,但此时需要通过编程实现 Newmark 算法,并在 Newmark 算法的每一个时间间隔中嵌入一个 Newton-Raphson 迭代过程来逼近当前时刻的结构切线刚度与节点位移。

3. 结果分析

1) 结构非线性的影响

在对张力空间结构进行振动优化控制之前,首先需要明确是否需要考虑结构的非线性效应,然后再根据需要选用合适的控制算法。为了检验几何非线性对张力空间结构的影响,首先分别对张力空间结构的线性无控振动和在所有拉索都为作动构件的线性控制下的动力响应进行仿真;然后仿真分析张力空间结构的非线性无控振动响应,并将上述线性控制中得到的作动电压与对应的激励同时作用到结构上的非线性动力响应进行仿真;最后通过比较两次仿真的差异来判断控制中是否需要考虑结构的非线性效应。

仿真结果显示,索穹顶结构的非线性动力响应与线性动力响应几乎重合,结构

的非线性效应不明显,可以采用 LQR 算法和 IOC 算法。而对于双层柱状张力空间结构,虽然在无控振动下表现出较小的非线性效应,但是在受控的情况下非线性效应非常明显,这是因为结构控制本质上是通过改变构件的长度来实现的,对于张力空间结构,当有多个构件参与作动时,即使是在小位移的情况下其控制效应也不再遵循线性叠加的规律。因此,在双层柱状张力空间结构的振动控制中必须考虑几何非线性的影响,需要采用非线性 IOC 算法。

2) 不同优化控制算法的效率

对索穹顶结构,由于其表现出的线性特征,LQR 算法和 IOC 算法将同时适用于该结构。不过到底哪种算法更优越、具有更高的控制效率还需要进一步探究。对以脊索和斜索为作动单元的索穹顶结构同时进行了 x 向激励下的 LQR 控制与 IOC 控制仿真分析。为使不同控制算法的效率有可比性,定义控制能量指标为

$$E = \int_0^t \sum_{i=1}^n |F_{ci}| \, \mathrm{d}t \qquad (8.2.31)$$

式中,n 为结构的构件总数;F_{ci} 为构件 i 的等效作动力,当构件 i 为主动构件时,$|F_{ci}|>0$,当构件 i 为一般构件时,$F_{ci}=0$,且 F_{ci} 组成的列向量 $\boldsymbol{F}_c$ 可由式(8.2.32)计算得到:

$$\boldsymbol{F}_c = \boldsymbol{K}_{uv}\boldsymbol{K}_{vv}^{-1}\boldsymbol{C}_r\boldsymbol{V} \qquad (8.2.32)$$

通过调整式(8.2.27)中权重矩阵的系数 λ、γ 的大小使得两种控制算法下作动器的控制能量指标相同,均为 $E=7.75\times10^4\mathrm{J}$。在 LQR 算法和 IOC 算法的优化控制下,下弦节点的水平位移峰值分别下降为无控状态的 58.2% 和 65.4%,竖向位移峰值分别下降为无控状态的 38.0% 和 59.1%(图 8.2.5),LQR 算法的控制效率明显优于 IOC 算法的控制效率。对上弦节点而言,同样体现出类似的情况(图 8.2.6)。此外,采用结构响应的均方根来表征结构的整体控制效果,图 8.2.7和图 8.2.8 分别给出了所有节点的位移均方根与所有构件的内力增量均方根在两种优化控制算法下的控制效果。从图 8.2.7 可以看出,就整体结构的位移控制效果而言,LQR 算法对峰值的绝对控制效果要优于 IOC 算法 8.2%,相对控制效果要高出 16.1%;LQR 算法对平均值的控制效果在绝对量上与相对值上要分别高出IOC 算法6.1% 和 14.0%。同样,在对内力增量的控制效率上,LQR 算法也要高出 IOC 算法与上述位移控制效率相当的量值(图 8.2.8)。

可见,无论是从位移还是从内力的控制效率来看,LQR 算法对索穹顶结构的控制效率要高于 IOC 算法。在对其他形式的线性结构进行振动控制研究中同样得到了类似的结论,这可能是因为瞬时最优控制算法截断了控制力的后效。因此,在下面的研究中,将采用 LQR 算法实施对索穹顶结构的优化控制。

3) 作动器数量与布置的影响

在实际的工程应用中,不可能在所有构件上都布置作动器,这样做既不经济也

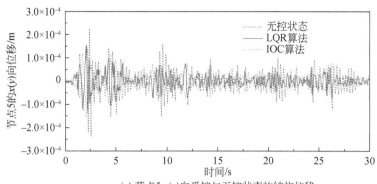

(a) 节点5 *x*(*y*)向受控与无控状态的结构位移
LQR算法与IOC算法下的位移峰值分别下降为无控状态的58.2%和65.4%

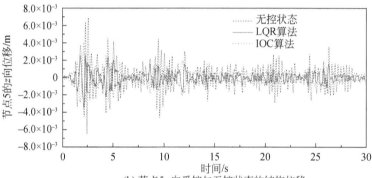

(b) 节点5 *z*向受控与无控状态的结构位移
LQR算法与IOC算法下的位移峰值分别下降为无控状态的38.0%和59.1%

图 8.2.5　下弦节点 5 在 LQR 算法与 IOC 算法下的位移峰值比较

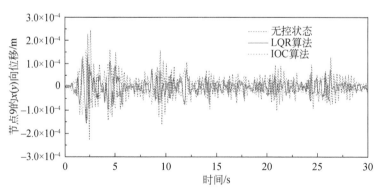

(a) 节点9 *x*(*y*)向受控与无控状态的结构位移
LQR算法与IOC算法下的位移峰值分别下降为无控状态的58.3%和65.3%

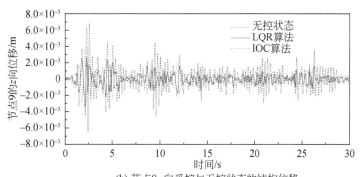

(b) 节点9 *z*向受控与无控状态的结构位移

LQR算法与IOC算法下的位移峰值分别下降为无控状态的38.0%和59.1%

图 8.2.6　上弦节点 9 在 LQR 算法与 IOC 算法下的位移峰值比较

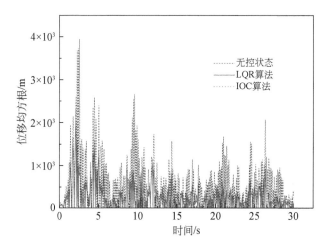

图 8.2.7　不同优化算法下节点位移均方根比较

LQR 算法与 IOC 算法下的位移均方根峰值分别下降为无控状态的 50.9％与 59.1％；

平均值分别下降为 43.7％与 49.8％

没有必要。而是通过适当的方法选择一定数量的作动器布置在合适的构件上。对本节中的两个简单张力空间结构,其构件数量并不多,而且具有一定的对称性,可采用列举的方法对不同作动器数量与布置方案进行比较。因为比较的方案相对较多,若采用在比较不同算法效率时的方法将所有方案调整到相同的能量消耗,将需要很多次的试算。为简便起见,定义如下的控制效率指标:

$$\eta = \frac{结构响应降低率}{E} \tag{8.2.33}$$

式中,结构响应降低率是指某一结构状态参数(如位移、内力等)在控制后较控制前减小的百分比,若一个结构无控振动时的位移峰值为 1,优化控制后的位移峰值为

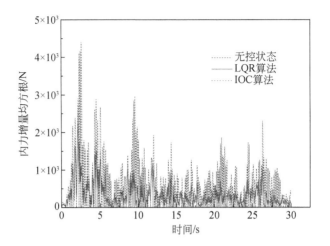

图 8.2.8　不同优化控制算法下的构件内力增量均方根比较

LQR 与 IOC 算法下的内力均方根峰值分别下降为无控状态的 51.1% 和 59.0%，
平均值分别下降为 49.7% 和 56.0%

0.7,则以位移峰值为衡量指标的结构响应降低率等于 30%。

　　对于书中考虑的索穹顶结构,其具有良好的对称性,若始终采用对称布置的作动器可以不再考虑布置位置对控制效果的影响,而仅考察作动器的数量对其控制效果的影响。固定权重矩阵的系数 λ、γ 的取值,分别试算作动器数量为 16(所有拉索都设置作动器)、8(脊索和斜索设置作动器)和 4(脊索设置作动器)这三种情况,并分别考虑水平地震激励与竖向地震激励两种激励类型。为综合考虑整个结构的控制效果,主要采用位移均方根和内力增量均方根的降低率作为结构控制效果的衡量,并在此基础上计算相应的峰值与平均值控制效率(表 8.2.2)。

表 8.2.2　LQR 算法下作动器数量对索穹顶结构控制效果与控制效率的影响

激励方向	作动器数量	控制能 /($\times 10^4$J)	结构响应 (均方根)降低率		控制效率 η	
			位移/%	内力/%	位移/($\times 10^{-6}$)	内力/($\times 10^{-6}$)
水平(x)	16	2.76	18.9(27.3)	91.2(91.1)	6.85(9.89)	33.00(33.00)
	8	2.00	19.3(22.7)	55.1(55.1)	10.35(11.40)	27.60(27.60)
	4	1.00	26.1(19.2)	22.5(22.3)	26.10(19.20)	22.50(22.30)
竖向(z)	16	17.5	95.1(96.3)	95.1(96.3)	5.43(5.50)	5.43(5.50)
	8	11.4	81.5(87.5)	63.9(63.5)	7.15(7.68)	5.60(5.57)
	4	9.88	62.7(69.7)	65.6(62.6)	6.35(7.05)	6.64(6.34)

注:括号内的数值是以平均值为标准计算所得,括号外的数值是以峰值为标准计算所得。

　　在水平激励下,LQR 算法对结构位移的控制效果和控制效率都随着作动器数量的增加而减小,对内力的控制效果和控制效率都随着作动器数量的增加而增大。在竖向激励下,LQR 算法对结构位移的控制效果随着作动器数量的增加而减小,对结构位移的控制效率却在作动器数量为 8 时最大;LQR 算法对内力的控制效果最大值出现在作动器数量最多时,对内力的控制效率则随着作动器数量的增加而减小。此外,两种激励下 LQR 算法对结构内力的控制效果和控制效率一般都高于对位移的控制效果和控制效率。

8.3　空间结构的路径规划控制

8.3.1　路径规划控制的基本概念和方法

　　8.1 节中的静态控制仅关注结构的初始状态与终止状态,未真正跟踪结构每个微小位移下(连续)的位移轨迹,因为对于规则或对称结构,构件的相对空间关系比较稳定,不容易发生与外部环境或构件内部的干扰碰撞,通过考察各个阶段结构的初始形态与终止形态基本可以推测成形过程中构件与外部环境及构件之间的相对空间关系。但是,若对于自由形态或相对复杂的非规则结构形式,已有的未考虑结构形态变化路径的分析方法可能会遗漏结构与外部环境或结构内部的碰撞现象。基于这种考虑,实际上 8.1 节中的静态控制隐含了这样一个假定:结构所处的环境是一个自由空间,结构体不会和周围环境发生任何物理接触,结构构件之间互不干扰,不会发生相互接触和碰撞。然而,在现实世界中结构体总是处于一个具有障碍物的空间中,且结构构件本身具有一定的尺寸,在运动过程中可能发生相互接触或碰撞,尤其是对于大位移的形态调整过程。空间结构的路径规划即指在形态控制过程中不仅关注结构的初始形态与终止形态,也要关注结构形态变化的路径,以避免在形态控制过程中与外界障碍物的接触或碰撞。

　　1. 概念性模型

　　当一个处于障碍空间的可控张拉整体结构需要从初始形态调整/运动到目标形态时,必须首先找到一条无碰撞的、稳定的、可实现的运动路径。这样的路径称为可行路径。为寻找可行路径,通常采用图 8.3.1 所示的思路:首先在给定的搜索空间里进行离散采样,从而确定若干可行状态点,然后通过局部路径规划确定连接可行状态点的局部可行路径,最后通过全局路径规划确定连接初始状态和目标状态的全局可行路径。

　　状态:张拉整体结构的几何形状、内力和空间位置。

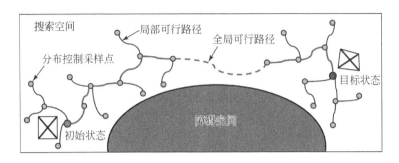

图 8.3.1　路径规划的概念模型

初始状态:张拉整体结构施加控制前的状态。

目标状态:张拉整体结构施加控制后的状态。

采样点:路径规划算法在搜索空间中选取的离散状态点。

局部规划:寻找连接两采样点之间无碰撞路径的过程。

全局规划:寻找连接初始状态和目标状态无碰撞路径的过程。

2. 路径跟踪

要考察控制路径的可行性,首先要能够对控制路径进行跟踪与描述。张力空间结构在控制作动下的反应具有高度的非线性,很难直接推导张拉整体结构运动路径的解析解。实际上,路径跟踪是一个随着作动量的增加不断地确定结构平衡构型的过程。对于这类问题,动力松弛法是一种最高效的找形算法,第 6 章已对动力松弛法做过介绍。基于此,本章将采用一种基于动力松弛法的增量路径跟踪方法,基本流程如图 8.3.2 所示。

3. 碰撞侦测

连接两给定构形 $C(e_i)$ 和 $C(e_{i+1})$ 的控制路径可离散为一系列路径构形 $C_1^s, \cdots, C_m^s$。每一路径构形的碰撞关系可通过几何分析得到。但是路径构形不发生碰撞并不能保证相邻路径构形之间的路径段上也不发生碰撞,所以所有路径构形不发生碰撞只是整条路径不发生碰撞的必要条件。对于这样的问题,现有的研究未能给出一个充分必要的条件,但 Barraquand 和 Latombe(1991)提出了一种判断整条控制路径碰撞关系的充分条件。本节将应用他们提出的充分条件来判断整条控制路径的碰撞关系。在上述离散的路径构形的基础上,首先保证:对每对相邻的构形 (C_j^s, C_{j+1}^s),构形 C_j^s 上的所有点距离构形 C_{j+1}^s 上对应点的距离均不大于 ε。其次,对于每一构形 C_j^s,检查结构在此构形上增长 ε 后是否发生碰撞。如果经过上述检

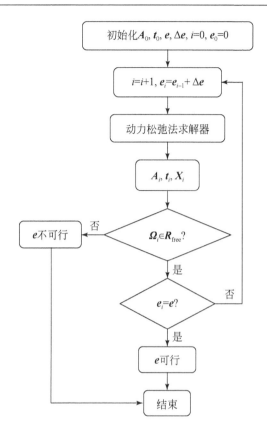

图 8.3.2 基于动力松弛法的增量路径跟踪方法

查,所有路径构形都未发生碰撞,那么对于所对应的控制路径,可判断无碰撞路径。

8.3.2 空间结构的路径规划控制模型及策略

1. 数学模型

由于在运动路径上索、杆可能发生碰撞,对于给定的初始状态和目标状态,一个受控的结构一般很难通过一个单调的作动过程实现状态的调整。为了避免碰撞的发生,需要通过多步额外的作动来主动规划调整控制路径。路径规划的目的就是寻找一条连接初始状态与目标状态的无碰撞路径以及驱动张拉整体结构沿着这一无碰撞路径从初始状态到达目标状态的作动方案(即可行作动方案)。

用 Δe_i 来表示第 i 控制步的主动单元伸长量,经过 i 步作动后总的单元伸长量为

$$e_i = \sum \Delta e_i, \quad e_i \in \left[e^{\mathrm{L}}, e^{\mathrm{p}} \right] \tag{8.3.1}$$

式中，e_i 为总的单元伸长量。

张拉整体结构的几何构形由节点坐标决定，节点坐标由作动量决定：

$$\boldsymbol{X}_i = \boldsymbol{X}(e_i) \tag{8.3.2}$$

式中，$\boldsymbol{X}_i$ 和 $\boldsymbol{X}(e_i)$ 为经过 i 步作动后的节点坐标向量。

假设张拉整体结构经过 n 步作动后达到目标构形，因此有

$$\boldsymbol{X}(e_n) = \boldsymbol{X}_t \tag{8.3.3}$$

式中，$\boldsymbol{X}(e_n)$ 代表经过 n 步作动后的节点坐标向量；$\boldsymbol{X}_t$ 为目标构形下的节点坐标。

不考虑结构控制过程中的动力效应，即假定整个控制过程是一个平缓的静态过程。同时，每一次作动，主动单元长度的变化都是一个单调、等比例的变化过程。因此，在形态调整过程中整个结构系统保持静力平衡状态，即

$$\boldsymbol{A}[\boldsymbol{X}(e)]\boldsymbol{t}[\boldsymbol{X}(e)] = 0, \quad e_{i-1} \leqslant e \leqslant e_i \tag{8.3.4}$$

式中，$\boldsymbol{A}$ 为平衡矩阵；$\boldsymbol{t}$ 为单元的内力向量。

用 $\boldsymbol{C}$ 表示张拉整体结构的构件占据的几何空间，构件不发生碰撞可描述为

$$\boldsymbol{C}[\boldsymbol{X}(e)] \in \boldsymbol{R}_{\text{free}} \tag{8.3.5}$$

式中，$\boldsymbol{R}_{\text{free}}$ 为自由空间。

因此，张拉整体结构的路径规划问题可表示为如下约束优化问题：

$$\text{Find } \boldsymbol{e}_i$$
$$\text{s. t. } \ \text{式}(8.3.3) \sim \text{式}(8.3.5) \tag{8.3.6}$$

式（8.3.6）将作动量作为独立变量，即在作动空间里描述控制路径规划问题。同样也可以在几何空间里描述这一控制路径规划问题。此时作动量可以表示为节点坐标的函数，即

$$\boldsymbol{e}_i = \boldsymbol{e}(\boldsymbol{X}_i), \quad \boldsymbol{e}_i \in [e^{\text{L}}, e^{\text{p}}] \tag{8.3.7}$$

因此，式（8.3.3）～式（8.3.5）可改写为

$$\boldsymbol{X}_n = \boldsymbol{X}_t \tag{8.3.8}$$

$$\boldsymbol{A}(\boldsymbol{X})\boldsymbol{t}(\boldsymbol{X}) = 0, \quad \boldsymbol{X}_{i-1} \leqslant \boldsymbol{X} \leqslant \boldsymbol{X}_i \tag{8.3.9}$$

$$\boldsymbol{C}(\boldsymbol{X}) \in \boldsymbol{R}_{\text{free}} \tag{8.3.10}$$

最后，可以将路径规划模型改写为

$$\text{find } \boldsymbol{X}_i$$
$$\text{s. t. } \ \text{式}(8.3.8) \sim \text{式}(8.3.10) \tag{8.3.11}$$

当主动单元的数量等于受控的自由度时，对于在可行域内任意给定的 $\boldsymbol{X}_i$，式（8.3.7）具有唯一解。当主动单元的数量小于受控的自由度时，只有特定的 $\boldsymbol{X}_i$ 才能满足式（8.3.4）的平衡条件，相应地，只有这些特定的 $\boldsymbol{X}_i$ 才能保证式（8.3.7）有唯一解。而当主动单元的数量大于受控的自由度时，式（8.3.7）将有多个解，对于这种情况，需要引入优化过程来确定一个最优解。在本章中，主要感兴趣的是全局的规

划问题,所以主要针对主动单元数量小于等于受控自由度的情况展开研究。

2. 局部规划器

同时考虑外部碰撞与内部碰撞,采用规则几何体模拟几何空间的边界及静态障碍物,将被控结构的构件视为一系列动态的圆柱体(Cefalo and Tur,2010)。通过几何分析确定每一构件与每一障碍物以及每对构件之间的空间距离,如果所有构件之间的距离和所有构件与所有障碍物之间的距离都大于 0,则认为给定的张拉整体构形是无碰撞的,否则该构形将发生碰撞。

对于非线性效应明显的柔性张力空间结构,连接任意两个给定构形的控制路径并不像由刚体组成的机器人的控制路径那样是一条直线。因此,路径构形并不能通过对给定构形的插值得到。每一路径构形的确定都需要一个找形过程。同时,为了满足两相邻构件的距离不大于 ε 的要求,需要合理地选择路径构形的数量 m 以及合理地布置路径构形的分布。采用一种基于二分法的策略来产生符合要求的路径构形。首先,对于一组不完整的路径构形,计算每组相邻构形 (C_j^s, C_{j+1}^s) 的距离并比较与 ε 的大小;其次,对于距离大于 ε 的相邻构形,在它们的中间插入新的路径构形 $C[(e_i + e_{i+1})/2]$;然后,更新路径构形,并重复上述过程,直到任意相邻两个构形之间的距离都小于 ε。

3. 全局规划器

1) 基本快速扩展随机树算法

快速扩展随机树(rapidly-exploring random tree,RRT)是一种基于采样的路径规划方法。该方法由 LaValle(1998)最早提出并广泛应用于不同的路径规划问题的求解。快速扩展随机树采用一种特殊的增量方式对状态空间进行采样,把搜索导向空白区域,并通过对采样点进行碰撞检测来获取障碍物信息,避免了对空间的建模,特别适合包括障碍物和微分约束(非完整性或运动动力学)的路径规划问题(Kuwata et al.,2008)。

2) 双向快速扩展随机树算法

对于单查询同时无微分约束条件的路径规划问题,Kuffner 和 LaValle(2000)提出了一种称为双向快速扩展随机树法的改进快速扩展随机树算法。单查询路径规划就是只有一组给定的初始形态和目标形态,只要找到一条可行路径规划算法即告结束。由 8.3.1 节可知,结构控制路径规划是一个单查询的路径规划问题,并且不存在微分约束。因此,此处采用双向快速扩展随机树算法来进行结构控制路径的规划。

8.3.3　数值仿真分析示例

1.平面张拉整体结构

考虑一个由 4 个节点、2 根压杆和 4 根拉索组成的平面张拉整体结构作为张拉整体智能结构或机器人的原型,如图 8.3.3 所示。节点 1~节点 4 的坐标位置确定了该张拉整体结构的初始构形,用 M 代表线段 4-4′的中点。拉索 2-3、3-4 和 4-1 为主动单元,通过主动改变这些单元的初始长度达到系统的形态控制。该可控的张拉整体系统处于一个矩形的平面空间中,在该矩形空间的左上角存在一个矩形的障碍物,障碍物的右下角用字母 O 标识,点 O 与点 M 及点 2 位于同一条直线上。用点 O 到点 M 的距离 $l_{OM}=l_{2M}-l_{2O}$ 来代表障碍物的大小。

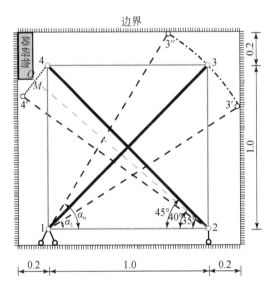

图 8.3.3　受控制的平面张拉整体结构(粗线=压杆,细线=拉索,单位:m)

假定压杆为刚性构件,拉索为单位截面刚度的线弹性构件。在初始构形中,所有拉索的几何长度均为 1.0m,所有拉索的松弛长度均为 0.8m。假设所有构件的截面宽度为 0.02m。因此,为了防止与障碍物发生碰撞,每一构件的轴线与障碍物的距离需要保持在 0.01m 以上。

本算例的控制目标是要求将节点 4 从初始位置移动到目标位置 4′,相当于将节点 4 绕节点 2 逆时针旋转 10°,如图 8.3.3 所示。在形态调整过程中,允许节点 3 沿着弧线 3′-3″移动,但是在到达目标构形时,要求节点 3 回到初始位置。拉索2-3、3-4 和 4-1 为主动单元,其松弛长度可在[0.4,1.6]m 的范围内主动变化。在目标构形下,主动单元的松弛长度分别为 0.8600m、1.0043m 和 0.6561m。

　　整个结构系统处于一个长方形的几何空间,O 与 M 的连线距离 $l_{OM}=0.02$m。由前文的分析可知,当 $l_{OM}\geqslant0.009$m 时,无法通过一次单调的作动将结构从初始构形调整到目标构形,因此需要进行一定的路径规划才能找到一条连接初始构形和目标构形的无碰撞路径,并需要确定驱使结构沿着无碰撞路径运动的作动方案。采用 MATLAB 编制前文描述的双向扩展随机树算法进行计算。图 8.3.4 所示为采用作动空间规划模型的一次典型试算得到的采样点分布和可行路径。

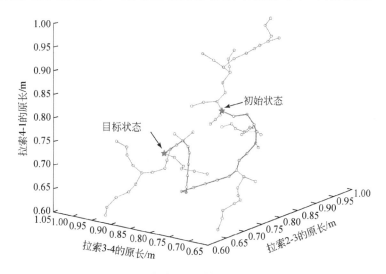

(a) 作动空间的采样点和可行路径

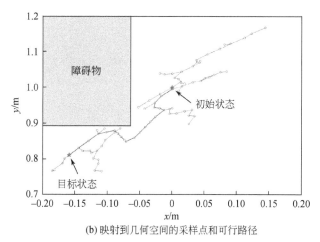

(b) 映射到几何空间的采样点和可行路径

图 8.3.4　采用作动空间规划模型得到采样点和可行路径

2. 双层张拉整体结构

本例中双层张拉整体结构采用类似于 Snelson 的 Needle Tower 拓扑连接,因此该结构也可看作一个缩短的张拉整体结构桅杆。为了作为可动平台,该结构的底面和顶面被设为刚性平面,同时底面的节点被固定到地面上。除刚性底面和顶面外,该系统有 6 根压杆和 18 根拉索。其中,18 根拉索可进一步分成 3 组,即 6 根竖索、6 根斜索和 6 根鞍索。竖索和斜索被选作主动构件,其长度可变范围足够保证下面所考虑的路径规划问题有解。在初始构形下,整个结构处于自平衡状态,且压杆、竖索、斜索和鞍索的同组构件是完全相同的,即所有的压杆是相同的,其他组构件以此类推。初始构形顶面的中心坐标为 $(0,0,2.534)$。本算例的控制目标是将顶面中心的位置移动到 $(1.868,0.256,2.035)$。事先确定了符合上述要求的一个构形并将其作为目标构形,如图 8.3.5 中的虚线所示。假定距离顶面初始位置以上 0.3m 的地方有一个边界平面,即位于 $z=2.834\text{m}$ 的平面(图 8.3.5 中,初始构形中粗实线为压杆、细实线为拉索;目标构形中粗虚线为压杆、细虚线为拉索),为防止碰撞,整个结构在运动过程中不允许超过这个高度限制。本例中的压杆和拉索的截面半径也分别假定为 0.025m 和 0.005m。系统在无路径规划下,在主动单元的长度从初始值单调地增加到目标值的过程中,系统的最小距离减小到 0 并保持了很长一段时间,表明当不进行路径规划时控制过程发生了碰撞。

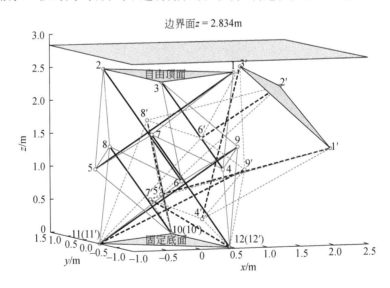

图 8.3.5　双层张拉整体结构的初始构形和目标构形

图 8.3.6 给出了一次典型试算中顶面中心的采样轨迹,其中的粗线表示连接初始构形和目标构形的可行路径。采用所找到的可行路径进行形态控制,在整个控制过程中系统的最小距离始终大于 0(图 8.3.7)。值得注意的是,所找到的路径看上去非常复杂,可能是由于本例中所考虑的控制问题本身的特征要求一条复杂的路径来避免碰撞。若想找到一条最优的路径,则需要在当前算法架构上引入路径优化的策略,这一问题超出了本书范围,不做深入讨论。

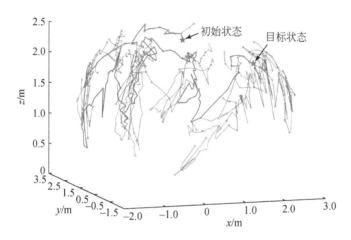

图 8.3.6 顶面中心的轨迹

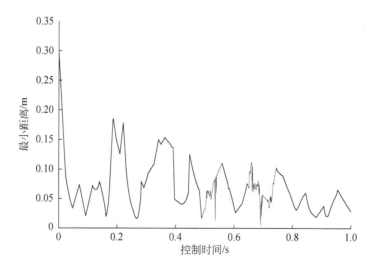

图 8.3.7 路径规划后双层张拉整体结构的最小距离

8.4　空间结构形态控制体系

8.4.1　基于数值模型的形态控制框架的局限性

结构在被控过程中,结构整体或局部构件会发生运动,为简化起见,这种被控制而发生形体运动或形态改变的结构称为可动结构(kinetic structure,KS)。可动结构的形态控制机制由浅入深大致分为三个层次:一是直接运动,即无需任何信息输入的动力输出;二是有反馈的控制,此时要求控制流程形成闭环回路;三是引入学习机制的反馈控制,学习方法可以是一般化的,也可因结构而异或因环境作用情况而异,可自动学习也可有人员的交互参与。

已有的 KS 形态控制研究主要包括 KS 形态控制过程的数值计算方法、新的KS 体系概念的提出、控制系统的布置问题、控制系统架构设计、不同结构形式的形状控制问题的建模、求解控制方案的优化算法、特定控制问题的解决方案等。采用的 KS 形态控制框架主要是基于模型的控制(model-based control,MBC)框架,这一类框架主要通过各种随机搜索算法,在动力松弛法等基础上多次求解非线性有限元问题,从而获得形态控制的可行方案,前面介绍的形态控制方法及策略均属于该范畴。

尽管 KS 形态控制的 MBC 框架成为这一研究领域中的主流实现方法,但其存在的局限性也是不容忽视的,如对数值模型的依赖、庞大的计算量、长时间的求解过程、数值模型与实际物理结构的差异等。而要克服或改善这些局限性就需要寻求新的实现途径和研究思路。

8.4.2　无线传感器-执行器网络的可动结构集成体系

1. 无线传感器-执行器网络与可动结构

近些年无线传感网络(wireless sensor network,WSN)在结构工程领域得到了显著的发展,主要表现为 WSN 逐渐成为结构健康监测(structural health monitoring,SHM)研究与实践最高效的工具(Lynch,2007;Spencer et al.,2004;Straser et al.,2001),尤其是在空间结构的 SHM 研究方面,WSN 显示出巨大的潜力(Shen et al.,2021;2014;2013;Yang et al.,2013)。这很大程度缘于 WSN 相比传统有线测量方式避免了大量的布线,具有更低的成本且更易于维护;同时,WSN 提供了网络化的数据流平台,使大规模、大范围的监测更易于实现,监测系统布置与变动更灵活。

　　WSN 单方向汲取信息的能力并不能完全满足需要,人们更多地是想要在观测物理世界的基础上反过来改变和控制物理世界,故融合了具备无线通信能力的执行器节点的无线传感器-执行器网络(wireless sensor and actuator network, WSAN)逐渐发展起来(Verdone et al.,2010;Stankovic,2008)。WSAN 具有与 WSN 不同的物理结构,可以在一定程度上看作 WSN 的扩展。

　　需要说明的是,WSAN 并非 WSN 与无线执行器的简单叠加,两者的基本运行方式有根本的不同(表 8.4.1)。简而言之,WSAN 在物理世界搭建了一套闭环控制系统,对物理世界的观测成为闭环中的反馈来源,即与物理世界构成了双向作用。

表 8.4.1　WSN 与 WSAN 的异同

比较项目	WSN	WSAN
组分	同构网络	异构网络
系统运行方式	开环系统	闭环系统
协作方式	传感器之间	传感器之间、传感器与执行器之间、执行器之间
与物理世界交互	观测物理世界	观测与改变物理世界

　　与 WSN 相比,WSAN 有更为复杂的运行机制,因此也可以划分为若干种类的体系。WSAN 可以典型地分为自主、半自主以及协同三类:执行器自主负责控制输出,汇聚节点仅具有收集传感器数据的功能;由中央控制器收集传感器数据后向执行器发出控制指令;控制器与执行器协同进行控制。

　　类似于 WSN 到 WSAN 的扩展,与网络化监测系统相对应的是网络化控制系统(networked control system,NCS),顾名思义,NCS 就是在网络化物理通信平台基础上建立的含有传感器、控制器、执行器的闭环控制系统。

　　NCS 的构成包含了围绕网络展开的多类任务,其功能本质即满足人们在观测物理世界的同时也能够改变物理世界的需要。NCS 在结构振动控制领域的研究路线已初见端倪,主要方法是将液压阻尼器连接到 WSN 节点上,并按照一定的网络拓扑通过相关控制算法对反馈做出反应(Wang and Law,2011;Swartz and Lynch,2009;Wang et al.,2007)。尽管这并非严格意义上的 WSAN,但也为利用 WSAN 对结构形态进行主动控制的研究开辟了道路。事实上,WSAN 就是 WSN 与 NCS 相互融合的产物,WSAN 也可以看作一种具体形式的无线网络化控制系统(wireless networked control system,WNCS)(Boughanmi et al.,2008)。将 WSAN 引入 KS 的形态控制,构建新的 KS 体系——集成了 WSAN 的 KS(即无线传感器-执行器网络的可动结构集成体系,简写为 WKS),将有助于解决现有基于

MBC 框架的形态控制中存在的问题。后面将对 WKS 的概念与架构及基本模型进行介绍。

2. WKS 的概念与架构

1) 基于仿生思想的混成系统 WKS

KS 作为连续的物理实体,其行为取决于自身性质以及环境的影响,要对实际的 KS 的几何与力学性质及其周围环境进行精确描述,事实上是非常困难的。一方面,KS 的形态变化显著,其分析往往涉及机构位移与柔性结构变形或两者的耦合问题,在数值计算时需要烦琐且耗时的迭代,还有计算精度、收敛性、稳定性等问题;另一方面,对 KS 周围环境来说,即便能够使用数值方法对其精确建立数值模型,由于其复杂多变以及未知,随着时间的推移,模型的准确性也难以维持。也就是说,这些客观因素的存在增加了对 KS 控制的难度。

WSAN 是一种可以直接由人们配置、获取的设备接口与通信网络,是一类虚拟信息世界的载体。一方面,其内部的运转与控制完全由一系列离散的事件组成,这些事件的主要传播介质基本为精确的数字信号,而这些数字信号输入与输出(或观测与执行)的偏差出入很小,也非常便于识别和控制;另一方面,其空间布置几乎完全不受限制,并且在设备的添加、拓扑的组织、参数的修改等方面具有其他网络无法相比的灵活性。而这两种特性恰恰为 KS 的控制提供了有力的支持。

自然界的脊椎动物一般可以分解成两个物质层面:一是实际的骨骼与肌肉,二是抽象的意识以及承载这一意识的器官。而连续动作的骨骼与肌肉依赖于相对离散的意识支配才能产生合理的行为。借用这一思路,将 WSAN 集成至 KS,就产生了一类新的 KS 混合体系——WKS。

与脊椎动物相比,WKS 作为一个仿生混合系统,具有类似的组成:WSAN 起到"神经系统"、"肌肉"以及"感官"的作用,是数据流通的媒介以及功能实现的基础;KS 扮演着支承外部荷载及自身重量的"骨骼"、"韧带"等受力体系的角色。WSAN 负责协调、支配 KS 的几何形状等物理性质的改变或维持。而与脊椎动物不同的是,WKS 通过其无线神经纤维进行神经信号的传递,其数据流向更灵活,可调节度更大,从而使 WKS 的神经系统更容易修改其内部的网络拓扑连接关系以适应不同的情况,进而实现动态的网络自组织,即神经系统的变换或重建。

2) 仿脊椎动物的物理层架构

大多数脊椎动物的运动主要涉及三套系统,即感觉系统、运动系统与神经系统(Starr et al.,2015)。感觉系统的主要作用是将物理现象或能量转换为神经信号,从而可被神经系统识别,运动系统则根据神经信号的指示将抽象的运动概念或冲动变为具体的肌肉收缩以产生特定形式的运动,神经系统作为感觉和运动系统的媒介,负责调节两者的活动,使之协调一致、互相配合,从而具有适应外界环境变化的能力。类似地,以脊椎动物作为模仿对象,KS 与 WSAN 仿照脊椎动物的运动机制及其内部相互关系,对应于上述三套系统,结合形成整体,从而构成 WKS 的实体部分,也就是物理层(图 8.4.1)。

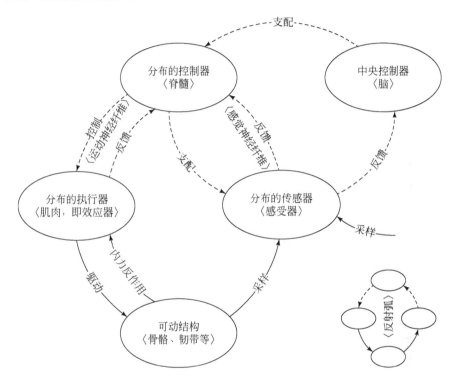

图 8.4.1　集成无线传感器-执行器网络的可动结构(仿生架构的物理层)

(1) 分布的传感器(distributed sensors,DS)。

对应于感觉系统的内感受器(interoceptor)和外感受器(exteroceptor)。动物拥有大量的各种感受器,既可以感受出现在外环境中的刺激(如影像、声音等),又能够感受来自体内的刺激(如肌肉长度及张力、肢体位置、体温、血压等)。在 WKS 的形状控制中,WSAN 的 DS 可以扮演内感受器(如测量结构内力、构件相对位置等)和外感受器(如测量节点的全局位移)的角色。DS 将不同类别的物理量转换为数字信号,在闭环控制的进行过程中,DS 起到三种关键性的作用:一是在执行运动之前,控制器根据 DS 的感知信息以既定的策略为基础给出执行方案,或按需要对执行策略进行修改;二是在运动的执行过程中,作为控制反馈来源,DS 提供必要的数据用以使控制器不断纠正执行结果的偏差,从而使整个运动过程向期望的方向进行,而不是与最终目标越行越远;三是在控制过程即将结束时,DS 可以是检测控制效果的直接度量工具,若其测量值满足一定条件,控制器即认为执行过程结束,否则将继续之前的控制过程。

(2) 分布的执行器(distributed actuators,DA)。

对应于运动系统中肌肉系统的骨骼肌。动物的骨骼肌是躯体运动的主要动力来源,当神经系统下达指令后,肌肉收缩,从而以产生位移或提高张力的形式输出能量,即等张收缩(isotonic contraction)或等长收缩(isometric contraction)(Raven and Johnson,2002)。与之类似的是,在 WKS 中,DA 通过将电能或化学能转变为机械能,以输出长度变化或输出力变化的形式对 KS 部分构件、构件群或整体做功。与动物的肌肉系统相比,DA 略有不同的是,肌肉只能通过收缩的方式输出动力,而 DA 做功的方式不仅限于主动收缩,也能够以主动膨胀的方式进行;骨骼肌一般连接肌腱并附着在骨骼上,通过杠杆系统完成传力,而一些 DA 可以嵌入可动结构的构件,使其成为主动构件,也就是说,DA 可以作为构件的一部分直接参与受力。

(3) 可动结构。

可运结构对应于运动系统中的骨骼系统及其附属的结缔组织。前面提到,只有肌肉收缩所产生的力作用于骨骼系统,才能产生躯体的运动,因此动物的骨骼系统本身就是一种 KS,能够承受外荷载或传递内力。动物躯体若没有骨骼的支撑就会塌下来,也无法维持其形态,更无法完成运动。从类比的角度来看,动物骨骼的硬骨就是结构的构件,作为硬骨连接处的关节就是结构中的节点,连接骨骼的结缔组织(如韧带)就是张力结构中的张力构件(如拉索)。

(4) 中央控制器(central controller,CC)。

中央控制器对应于神经系统中的中枢神经系统(central nervous system,CNS)的高级部分,即脑。脊椎动物的脑部是其运动控制架构中的最高层次,除能够胜任复杂或精细运动的协调和计划以外,脑部还具有记忆、学习、推理等功能。一般来说,WSAN 只有唯一的一个 CC(也可能没有 CC),且通常具有较强的性能,能够完成一些数据的高级处理以及优化计算,从而实现一些基于人工智能算法的训练或学习功能。

(5) 分布的控制器(distributed controllers,DC)。

分布的控制器对应于 CNS 的低级部分,即脊髓。大量的中间神经元(interneuron)分布在脊髓灰质,在 WKS 中与之对应的是多个 DC。一方面,汇集大量中间神经元的脊髓能够传送脑与外周之间的神经信息,而 DC 也是连接 CC 与其外界的信息中转者,负责传达 CC 的指示以及收集其他物理层成员的数据;另一方面,脊髓的中间神经元连接着感觉神经元和运动神经元,在没有脑的参与下实现控制非自觉性的肌肉运动。类似地,DC 自身具有简单的计算能力,能够在没有 CC 介入的情况下自主地处理一些信息并向 DA 输出控制指令;此外,脊髓具有平行传输指令的能力,即脊髓中不同区域的中间神经元投射至躯体的不同部位肌肉的运动神经元;同样,DC 也可以划分为多个自治区域,同时包含 DS 和 DA 在内,组成多个相对独立的成员组,从而各自负责不同类型的局部控制过程。

3) 物理层的特质

对于以模仿脊椎动物运动构造为主要思想构建的 WKS,其物理层的特性与其组分的内在联系有关(图 8.4.1)。

(1) 以反射弧为核心。

WKS 的主要物理层成员以闭合环路的形式结合,即 KS(躯体)→DS(感受器)→无线链路(感觉神经纤维)→DC(脊髓)→无线链路(运动神经纤维)→DA(效应器)→KS(躯体),也就是说,形成了虚拟的反射弧。在整个系统中可以存在多个这样的反射弧环路,这些环路相互平行且各自为营,以分布式的状态运行。

(2) 自上而下的权限。

尽管物理层划分为多个自治的环路,系统依然能够以集中式控制的途径执行常见的 MBC。CC 作为控制层面最高级别的成员,可以直接支配 DC;同时,DC 又在反射弧环路中起主导作用。这样,CC 能够通过 DC 获取传感器(DS)的反馈数据(在一些场合下 CC 可直接与 DS 通信),并命令 DA 执行指定的要求,从而 CC 能够对底层控制过程实现干预。倘若 CC 是一台存有 KS 有限元模型的计算机,并能够以某类随机搜索算法算得 KS 运动控制的方案,那么此时物理层就可用于执行集中式 MBC 过程,也就是说,MBC 的控制框架从属于 WKS 物理层架构,是其中的一种特殊应用形式。

(3) CC 的角色与 MBC 中的中央计算机所有区别。

常见的 MBC 方法需要以随机搜索算法连续进行有限元的求解计算,有时由于结构的复杂性也需要并行计算,这就要求中央计算机具有较强的计算能力;另外,由于中央计算机是系统中唯一的控制器,负责联系所有传感器与执行器,所以中央计算机必须在控制过程始终开机,并保持正常运行状态。与之不同的是,CC 只需要给出笼统的运动指令,而不一定要对运动控制的所有细节都一一做出详细的评估或预测,故 CC 并不需要做大量复杂的计算,也就对硬件性能方面不做过高的要求,在某些情况下,CC 仅需具备与 DC 同等或稍高的计算能力(如一片微型单片机)即可满足控制的需要;同时,CC 也可根据实际情况的需要选择休眠节能,而不必长期保持工作状态。

（4）DA 与结构相互作用。

前面提到，一些 DA 嵌入结构构件中形成主动构件，进而直接参与结构的受力。在 DA 向结构施加作用的同时，结构的内力也将反作用于 DA，这就导致 DA 在执行指令时可能会受到逆向的阻碍，表现为 DA 的执行往往不是简单的"所见即所得模式"。这一特点存在于很多主动结构控制的研究中，尤其是涉及试验研究时更加无法忽视，但很少被研究者提及。一方面，以输出位移长度可调的 DA 为例，其长度改变多以自由状态下的长度（即静息长度）作为参考，而当其在内力作用下发生变形时，实际长度改变就会与预定的目标改变量有偏差；另一方面，对于输出力的 DA，理想状态是其边界保持固定，但结构的刚度是有限的甚至是极小的（一些可动结构含有运动机构），当 DA 输出力大于其内力时，其所在构件将产生运动，导致其边界发生改变，从而使 DA 的实际输出力偏离目标输出力。

4）信息层的载体及其实现基础

WKS 物理层各成员的运行机制以及成员与成员之间的相互联系，规定了整个系统的数据流向和处理方式，决定了系统反应行为的内在特性，代表了 WKS 的信息层，并对应于脊椎动物神经系统的调节机制。若以 IEEE 802.15.4 低速率无线个人网络标准的相关概念为参考，WKS 信息层的实现要点（图 8.4.2）主要如下：

（1）分布的执行器-控制器（distributed actuator and controller，DAC）。

WSAN 的 DS 大多为精简功能设备（reduced function device，RFD），只支持最少的必要的网络功能，而 DA 和 DC 通常具有更多的能量和更高的计算能力，是 WSAN 中的完整功能设备（full function device，FFD）。因此，有时可将 DC 和 DA 整合成为 DAC，兼具控制能力和执行能力。也就是说，DAC 既是对应于脊椎动物肌肉的执行设备，又是代表 CNS 低级部分的控制设备。

（2）自上而下的树状形态。

脊椎动物的神经系统除 CNS 以外还包括由 CNS 发出的周围神经系统（peripheral nervous system，PNS），即联络 CNS 与其他系统器官之间的神经纤维。与脊椎动物神经系统的这种树状组织类似，CC 与 DAC 之间的无线通信对应于 CNS 的信号传递，除此以外的 WSAN 内其他无线通信活动则对应于 PNS 的调节。作为精简功能设备，DS 是这个簇树网络的叶设备，只与 DAC 通信；而 CC 和 DAC 作为 FFD 则能够做到设备间互相通信。

（3）自主控制的个人局域网络（personal area network，PAN）。

前面提到过，WKS 中存在多个分布式反射弧环路，事实上，这些环路可通过 PAN 的形式实现，即 PAN 本身具备控制的功能。通常，这样一个 PAN 中包含一个 DAC 和若干 DS，DS 则一般是 PAN 的末端设备，而 DAC 作为 FFD 承担起 PAN 中协调器（coordinator）的职责，除直接参与控制与执行外，还负责 PAN 中其

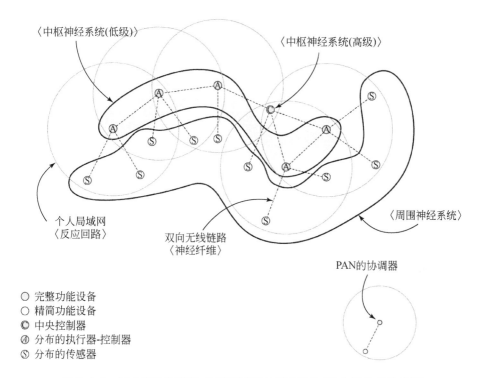

图 8.4.2　集成无线传感器-执行器网络的可动结构(仿生架构的信息层)

他成员的组织和协调工作,如成员身份或状态信息管理等。对于某个 PAN,其反射弧的闭合形式就是 KS(躯体)→DS(感受器)→无线链路(感觉神经纤维)→DAC(脊髓及效应器)→KS(躯体)。同时,PAN 与 PAN 之间也可以建立联系,如为其他 PAN 转发数据包、提供额外的数据反馈或配置工作状态等。

3. WKS 的基本模型

1) 传感器的采样过程

布置在 KS 上或周围的 DS 负责收集相关物理量的数据,用以向 DAC 或 CC 提供必要的反馈。DS 的单次采样过程通常可表示为

$$s = \Lambda_s p_s + e_s \qquad (8.4.1)$$

式中,s 为传感器测量值向量;p_s 为可观测物理量真实值向量;e_s 为传感器误差向量,一般与传感器分辨率、精度以及噪声干扰等因素有关;Λ_s 为传感器布置矩阵,取决于传感器与相关物理量之间的对应关系。

对布置在 KS 上的 DS 来说,测量对象以 KS 的位移和内力为主。特别地,当采集 KS 节点位移时,有

$$s_d = \boldsymbol{\Lambda}_{sd}\boldsymbol{d} + \boldsymbol{e}_{sd} \tag{8.4.2}$$

而对采集 KS 内力的 DS 来说,它们的目标是获取构件的绝对内力。以索杆结构为例,当 DS 测量构件单元的轴力时,有

$$s_f = \boldsymbol{\Lambda}_{sf}\boldsymbol{f}_a + \boldsymbol{e}_{sf} \tag{8.4.3}$$

式中,s_d 和 s_f 分别为传感器的位移测量值向量和内力测量值向量;$\boldsymbol{\Lambda}_{sd}$ 和 $\boldsymbol{\Lambda}_{sf}$ 分别为位移传感器和力传感器的布置矩阵;$\boldsymbol{e}_{sd}$ 和 $\boldsymbol{e}_{sf}$ 分别为两类传感器的误差向量;$\boldsymbol{d}$ 为 KS 的节点位移向量;$\boldsymbol{f}_a$ 为 KS 的单元轴力向量。

2) 控制器的输出过程

通过无线传输路径,DS 将采集的数据反馈到 DC,DC 根据实际获得的有效数据,反应后给出相应的执行量,并将该执行量数据通过无线传输路径输出到 DA(若 DC 与 DA 为同一设备,即前面提到的 DAC,则无需进行无线传输),DA 将实际收到的执行量指令付诸实施。对互相平行的分布式控制回路来说,单次输出过程可简单表示为

$$\Delta\boldsymbol{a} = \mathrm{diag}(\boldsymbol{\omega}_a)\boldsymbol{C}\mathrm{diag}(\boldsymbol{\omega}_s)\boldsymbol{s} \tag{8.4.4}$$

式中,$\boldsymbol{a}$ 为执行器的目标总执行量向量;$\boldsymbol{\omega}_a$ 和 $\boldsymbol{\omega}_s$ 分别为执行器的无线接收状态向量与传感器的无线传输状态向量,分别与 DS 到 DC 以及 DC 到 DA 的无线传输丢包情况有关(对 DAC 而言则无须考虑 $\boldsymbol{\omega}_a$);$\boldsymbol{C}$ 为控制器的传递系数矩阵,与控制器的预设控制机制有关;"Δ"代表该变量的增量或变化量;"$\mathrm{diag}(\ )$"表示构造对角矩阵。

3) 执行器的执行过程

附着在 KS 上或嵌入 KS 内部的 DA 将相关作用施加于 KS,从而影响相关的物理量,其一般过程可以描述为

$$\Delta\boldsymbol{p}_a = \boldsymbol{\Lambda}_a(\Delta\boldsymbol{a} + \boldsymbol{e}_a) \tag{8.4.5}$$

式中,$\boldsymbol{p}_a$ 为可直接被执行器影响的物理量向量;$\boldsymbol{\Lambda}_a$ 为执行器布置矩阵;$\boldsymbol{e}_a$ 为执行器的误差向量,主要与执行器的分辨率、精度以及随机误差有关。

KS 形状控制最简单的一类情况就是,执行器直接作用于形状,如对于一些执行器布置在结构体外部的 KS(开合屋盖、旋转结构或可展结构等),位移是执行器直接影响的对象,即

$$\Delta\boldsymbol{d} = \boldsymbol{\Lambda}_{ad}(\Delta\boldsymbol{a}_d + \boldsymbol{e}_{ad}) \tag{8.4.6}$$

DA 也可以嵌入构件中使其成为主动构件,主动构件可通过输出力变化或长度变化达到运动的目的。以索杆结构为例,主动杆(或索)单元构件中执行器输出力变化时,有

$$\Delta\boldsymbol{f}_a = \boldsymbol{\Lambda}_{af}(\Delta\boldsymbol{a}_f + \boldsymbol{e}_{af}) \tag{8.4.7}$$

即执行器直接改变构件的轴力。而当主动杆(或索)单元构件执行长度变化时,通

常以自身的自由状态下长度(即静息长度)为参照,即

$$\Delta l_r = \boldsymbol{\Lambda}_{al}(\Delta \boldsymbol{a}_1 + \boldsymbol{e}_{al}) \tag{8.4.8}$$

式中,l_r 为构件单元的静息长度向量。式(8.4.6)~式(8.4.8)中,$\boldsymbol{a}_d$、$\boldsymbol{a}_f$ 和 $\boldsymbol{a}_1$ 分别为位移执行器、力执行器和长度执行器的目标总执行量向量;$\boldsymbol{\Lambda}_{ad}$、$\boldsymbol{\Lambda}_{af}$ 和 $\boldsymbol{\Lambda}_{al}$ 分别为位移执行器、力执行器和长度执行器的布置矩阵;$\boldsymbol{e}_{ad}$、$\boldsymbol{e}_{af}$ 和 $\boldsymbol{e}_{al}$ 分别为位移执行器、力执行器和长度执行器的误差向量。

在前面描述 DA 与 KS 相互作用时,提到了主动构件由于参与受力,在执行器作用后其实际长度变化与其静息长度变化可能是不一致的。对于式(8.4.8),主动构件长度改变时,可能会带来构件单元轴向应变的改变,若以真实应变(对数应变)的形式表示,则有

$$\boldsymbol{\varepsilon}_a = \mathrm{diag}(\boldsymbol{\phi}_c)(\ln \boldsymbol{l} - \ln \boldsymbol{l}_r) \tag{8.4.9}$$

式中,$\boldsymbol{\varepsilon}_a$ 为杆(或索)单元轴向应变向量;$\boldsymbol{l}$ 为杆(或索)单元长度向量;$\boldsymbol{\phi}_c$ 为索单元应变修正因子向量。从而构件单元的内力为

$$\boldsymbol{f}_a = \mathrm{diag}(\boldsymbol{e})\mathrm{diag}(\boldsymbol{a}_c)\boldsymbol{\varepsilon}_a \tag{8.4.10}$$

式中,$\boldsymbol{e}$ 为杆(或索)单元弹性模量向量;$\boldsymbol{a}_c$ 为杆(或索)单元横截面积向量。也就是说,长度执行器的直接行为是改变静息长度,进而改变轴向内力,实质行为是以轴力的改变驱动结构达到预定状态。

4) 结构的运动过程

KS 的物理模型在空间上经有限元离散和组集后,其运动方程遵循牛顿第二定律,也就是说,在任意瞬间都有

$$\mathrm{diag}(\boldsymbol{m})\ddot{\boldsymbol{d}} = \boldsymbol{f}_i + \boldsymbol{f}_e \tag{8.4.11}$$

式中,$\boldsymbol{m}$ 为 KS 节点质量向量;$\boldsymbol{f}_i$ 和 $\boldsymbol{f}_e$ 分别为节点实际的内力向量和外力向量。

节点外力一般包括:

$$\boldsymbol{f}_e = \boldsymbol{f}_1 + \boldsymbol{f}_d + \boldsymbol{f}_b \tag{8.4.12}$$

式中,$\boldsymbol{f}_1$、$\boldsymbol{f}_d$、$\boldsymbol{f}_b$ 分别为节点等效荷载向量、节点阻尼力向量及节点的边界(如支承、碰撞、接触等)反力向量。阻尼力有时被简化为与节点质量及速度有关的表达式:

$$\boldsymbol{f}_d = \mathrm{diag}(\boldsymbol{c}_{dm})\mathrm{diag}(\boldsymbol{m})\dot{\boldsymbol{d}} \tag{8.4.13}$$

式中,$\boldsymbol{c}_{dm}$ 为节点的质量阻尼系数向量。

若 KS 为几何不变,则节点内力向量与结构整体刚度有关,即

$$\boldsymbol{f}_i + \boldsymbol{K}\boldsymbol{d} = 0 \tag{8.4.14}$$

式中,$\boldsymbol{K}$ 为整体刚度矩阵。当然,对于其他某些情况,可能会出现不方便集成 $\boldsymbol{K}$ 或需要对 $\boldsymbol{K}$ 求逆而 $\boldsymbol{K}$ 恰巧为奇异(如当边界条件不充分时)等情况,故有研究者避开集成整体刚度,直接在单元层面完成内力的集成,即直接将单元的内力整合叠加成节点内力(Ting et al.,2004;Day and Bunce,1970)。以索杆结构为例,其内力向量

可表示为

$$f_{i,a} = \Lambda_t \text{diag}(f_a) c_{d,a} \tag{8.4.15}$$

式中,$f_{i,a}$为各节点内力在空间中 a 轴(x 轴、y 轴或 z 轴)方向上的分量;$c_{d,a}$为杆(或索)单元方向余弦在 a 轴方向上分量;Λ_t为索杆结构拓扑矩阵,取决于结构中节点与构件单元之间的连接关系。从而对式(8.4.11)也有

$$\text{diag}(m_a)\ddot{d}_a = f_{i,a} + f_{e,a} \tag{8.4.16}$$

式中,m_a、d_a 和 $f_{e,a}$分别为节点在 a 轴(x 轴、y 轴或 z 轴)方向上的质量向量、位移向量和外力向量。

8.4.3 典型 WKS 数值仿真分析示例

WKS 形状控制的一个核心目标就是,如何求解执行器的调节量,从而使 WKS 变换到目标形态。传统 MBC 的计算量庞大、实时性差、对数值模型的依赖而导致引入数值模型与实际结构之间有误差等情况,本节提出的无模型的仿生控制框架 WKS 可以很好地突破这些局限。此外,前面提到,以随机搜索算法为主的 MBC 要求外部荷载信息已知或部分已知(如类型、单点或多点等),以便在求解控制方案之前通过对比预先标定的指标来识别荷载条件(Adam and Smith,2007;Fest et al.,2004;2003;Shea et al.,2002)。但在实际结构的应用中,荷载等外部作用极有可能是完全未知的,而实现对任意未知的荷载情况的识别非常困难,这也就限制了 MBC 方法的应用范围。WKS 的仿生控制框架避开了建模的过程,其主要功能之一就是实现对未知荷载作用的适应性。

1. 三棱柱张拉整体主动控制

这里以一个 WKS——主动三棱柱张拉整体结构(图 8.4.3)为研究对象,来说明 WKS 的基本概念及其仿生控制框架的基本流程,并同时对仿生控制的性能展开讨论。该 WKS 由 3 根撑杆、12 根拉索、1 个 CC、3 个 DAC、3 个 DS 构成,高 1m,底部为竖向支承,俯视投影覆盖半径为 0.5m。DAC 为长度调节执行器,分别嵌入撑杆中成为主动构件,DS 为布置于顶面的竖向位移传感器。3 个 PAN 作为平行的功能单元组成功能结构,功能单元之间建立了自抑-互激的节律模式。CC 作为整个信息层网络的根部,负责管控 3 个 PAN,CC 中嵌入了一个简单的人工神经网络,用于仿生控制中的条件反射过程。

该主动三棱柱张拉整体结构被赋予了一种"姿势反射"(postural reflex)的本能,即在任何未知荷载作用下努力保持其顶面的高度和水平度。也就是说,当受到某一外部荷载作用时,三棱柱张拉整体结构将总是趋于使其顶面各竖向位移恢复至 0,看起来具备了虚拟的无限大竖向刚度。

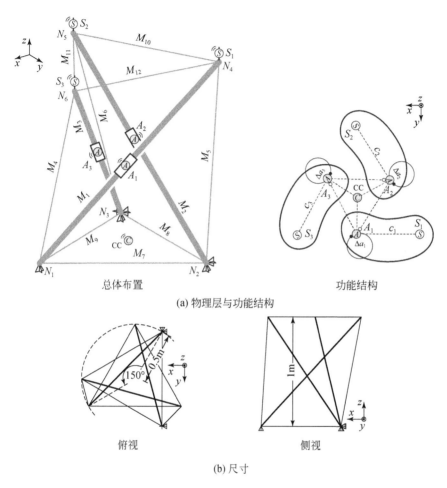

(a) 物理层与功能结构

总体布置　　　　　　　　　　功能结构

(b) 尺寸

俯视　　　　　　　　　　侧视

图 8.4.3　主动三棱柱张拉整体结构的系统布置

为了对主动三棱柱张拉整体结构形状的仿生控制进行测试,设定了 17 组不同类型(单点或多点)、不同分布方式(均布或偏载)、不同幅度、不同方向(竖向或斜向)作用于结构顶面 3 处节点 $N_4 \sim N_6$ 的荷载工况。图 8.4.4 所示为在工况为顶点 N_6 作用竖直向下单点荷载情况下结构形状控制过程中各物理量的变化(BUF 表示 buffer,即 DS 最后更新的缓冲区中保存的采样值;ACT 表示 actuation,即 DAC 的作动距离;UZ 表示 z 轴方向的节点位移;SAXL 表示 axial stress,即构件轴向应力)。

在形状控制过程中往往伴随着内力的变化(图 8.4.4)。由图可以看出,三棱柱中形与力的统一,即构件的轴向应力与节点位移的变化是同步的,也可观察到主

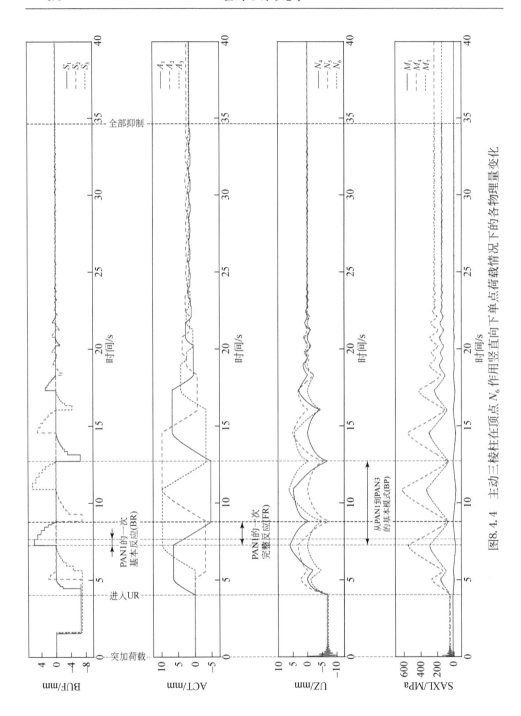

图8.4.4 主动三棱柱在顶点 N_6 作用竖直向下单点荷载情况下的各物理量变化

动撑杆与拉索的内力成负相关。与形状控制前的初始状态相比,进入到稳定状态后结构中索杆的内力幅值显著增加。换句话说,为了保持顶面的高度与水平度,主动三棱柱需要牺牲掉一定的内力裕度,从而抵消结构的竖向变形。

图 8.4.4 中,随着时间的推移,DAC 的执行量与 DS 的采集量均开始逐渐降低,大约接近 $t=35.0\mathrm{s}$ 时,所有的 DAC 停止动作,节点位移与构件内力也不再波动,功能结构进入全部抑制状态,形状控制的非条件反射强度降低为 0。由图 8.4.5 能够看出,形状控制进入稳定状态后,顶面的各节点竖向位移的绝对值均小于指定的临界位移判据 d_c($=0.05\mathrm{mm}$),也就是说,WKS 形状的仿生控制效果最终由指定的传感器测量值的临界值决定,这个标准制定得越严格,最终形状控制的效果也越精细。结果表明,基于 MBC 的误差来源包括建模、标定、控制,而与之相比,无模型仿生控制的误差来源只有控制过程本身。

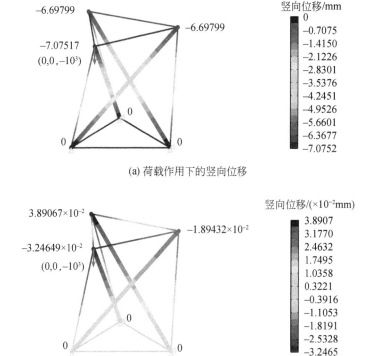

(a) 荷载作用下的竖向位移

(b) 非条件反射进入全部抑制状态后的竖向位移

图 8.4.5　主动三棱柱在 N_6 单点荷载工况下的竖向位移控制前后对比

本示例主要涉及定向运动、路径规划与功能单元的非线性问题。

主动平面两杆张拉整体结构高度与宽度均为 3m,包含 4 节点、2 撑杆、4 拉索,

且在节点 N_1 与 N_2 处有简单支承。定向运动要求节点 N_4 从其起始位置移动至 N_4'，即撑杆 M_6 绕节点 N_2 逆时针旋转 $10°$ 后的位置。节点 N_4 处布置了 1 个 DS，可同时测量 x 与 y 轴方向的位移，2 个 DAC 嵌入在拉索 M_3 与 M_4 上，可调节其长度。环境中无重力影响，结构在初始时刻在 4 根拉索上同时施加预拉应力，从而使结构进入自应力平衡状态，拉索被认为在整个运动过程中具备足够的抗拉强度。

　　定向运动的一个核心问题是运动目标在不同功能单元上的分解。对本节中主动平面两杆张拉整体结构来说，其运动目标在 x 轴与 y 轴可分别分解到不同的 DAC，功能结构初始化如图 8.4.6 所示，包含了 2 个功能单元，并构成自抑-互激节律模式，且 S_1 为功能单元相连接的节点。为了将整个运动进度划分得更细，本节中的自抑制条件是无条件触发的，也就是说，在每次处于兴奋状态时，功能单元只进行一次基本反应，继而进入自抑。功能结构在 $t=1s$ 时，由 A_2 发起，进入固有反应模式。

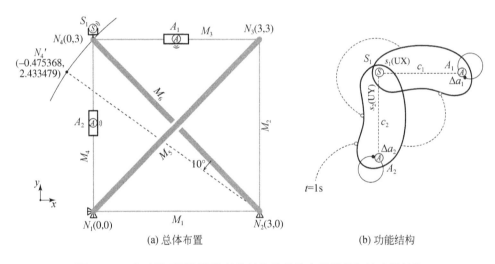

(a) 总体布置　　　　　　　　(b) 功能结构

图 8.4.6　主动平面两杆张拉整体结构的总体布置及其初始功能结构

　　从主动平面两杆张拉整体结构的定向运动过程（图 8.4.7、图 8.4.8）可以看出，在 2 个 DAC 中，A_1 与 A_2 分别伸长与收缩，使节点 N_4 的位置变化在较早的时刻就已渐近平缓，节点 N_3 在运动过程中也发生了一定的位置改变，但在定向运动结束时恢复到较小的位移水平。

　　更为直观的定向运动过程如图 8.4.9 所示，节点 N_4 在较早时刻就已接近目标位置，其路径近似于起始位置与目标位置相连的直线段。节点 N_3 从其初始位置出发，近似直线地移动至最高点，继而返回其初始位置附近，且比初始位置略高（图 8.4.10）。

　　定向运动中附加目标的另一种形式就是对运动路径的约束，一个典型的例子

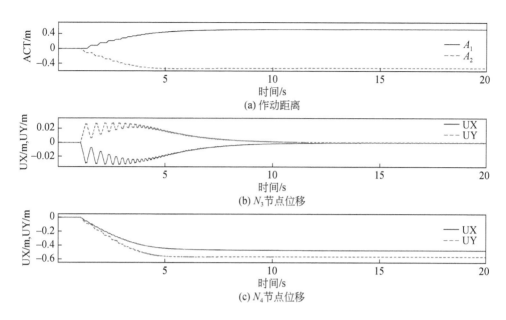

图 8.4.7　主动平面两杆张拉整体结构在定向运动时的物理量变化

UX 与 UY 分别表示 x 轴与 y 轴的节点位移

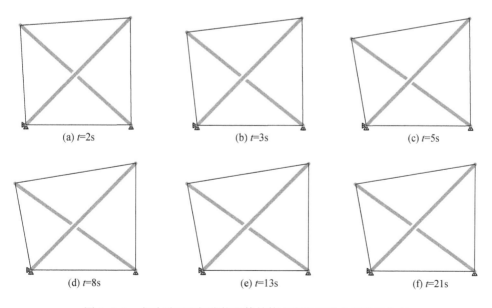

图 8.4.8　主动平面两杆张拉整体结构在定向运动中的形状改变

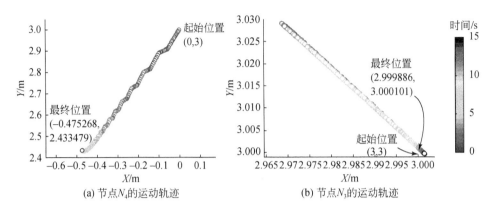

图 8.4.9 主动平面两杆张拉整体结构中节点的定向运动轨迹

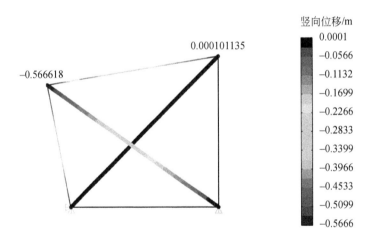

图 8.4.10 主动平面两杆张拉整体结构在定向运动结束后的竖向位移

就是运动中避免对障碍物的接触或碰撞。运动路径的约束往往会带来比较复杂的规划问题,而这就需要在对运动目标进一步分解的基础上,对功能单元(或功能结构)的构造进行相应修改。本节在三棱柱张拉整体主动控制的基础上附加了障碍物的路径约束,障碍物出现在节点 N_4 的运动方向上(图 8.4.11),其余系统属性保持不变,障碍物右下角位于 $\angle N_4 \text{-} N_2 \text{-} N_4'$ 的平分线上,与线段 $N_4 \text{-} N_4'$ 的中点相距 0.06m,要求节点 N_4 在不接触障碍物的前提下实现定向运动目标。

对于此处的形状控制,$A_1 \sim A_3$ 所在的功能单元分别负责 N_4 在 x 轴、N_4 在 y 轴、N_3 在 y 轴的运动控制。由于节点 N_4 在定向运动路径上首先面对障碍物的右

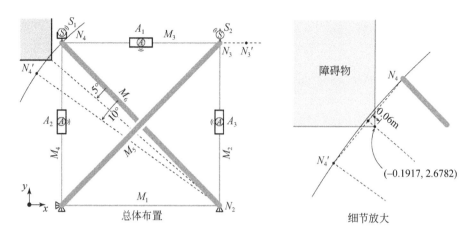

图 8.4.11　主动平面两杆张拉整体结构的障碍物设置

侧边界,故考虑将控制避开障碍的任务交由 A_1 所在的功能单元负责。此时,A_1 所在的功能单元需要同时获取节点 N_4 的 x 轴与 y 轴位移数据,因此变为了一个双输入-单输出的功能单元(图 8.4.12)。

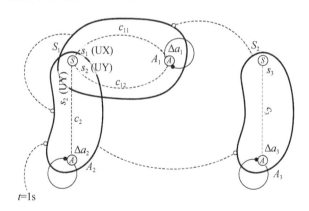

图 8.4.12　主动平面两杆张拉整体结构躲避障碍运动的功能结构

　　从主动平面两杆张拉整体结构在躲避障碍过程的运动轨迹(图 8.4.13 和图 8.4.14)可以观察到,节点 N_4 的运动路径成功避开了障碍物,并且达到指定目标位置。同时,由于躲避障碍的需要,节点 N_3 在定向运动的过程中有更为明显的位置偏移(当然,最终按指定要求恢复到了初始位置的高度)。从本节的定向运动控制可以看出,对于复杂的路径规划问题,运动目标的分解是关键问题;同时,功能单元自身的可编程性允许其具备非线性输入输出关系,从而能够应对较复杂的形状控制要求。

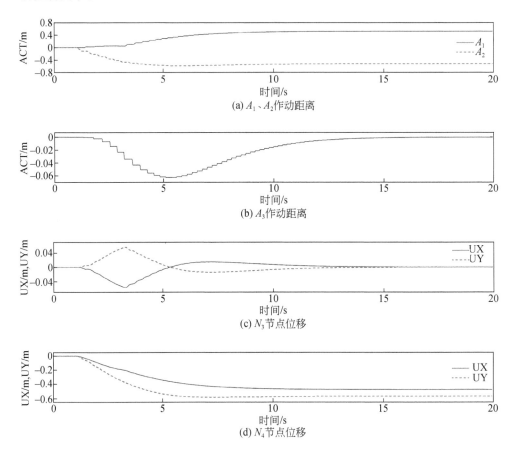

图 8.4.13　主动平面两杆张拉整体结构躲避障碍运动过程中物理量的变化

2. 张弦桁架梁主动控制

跨度为 30m，简支于两点，桁架梁高为 2m，撑杆底部节点与支座节点共圆（半径 39m），且该圆最低点标高为 −3m。该主动张弦梁包含了 4 个嵌入在撑杆上的 DAC 以及位于其正上方的 4 个竖向位移传感器（DS），结构可通过 DAC 的动作来调节其桁架梁顶部的标高。张弦梁无任何初始预加内力，并在 $t=0$ 时刻受突加荷载的作用（图 8.4.15），即左侧半跨受分布的竖向节点荷载（每一节点上为 500N）作用。

该主动张弦梁的调节目标同样是在荷载作用后，使顶部 4 个 DS 所在节点的竖向位移尽可能小，功能结构在 $t=1$s 时由 A_1 起始进入固有反应。

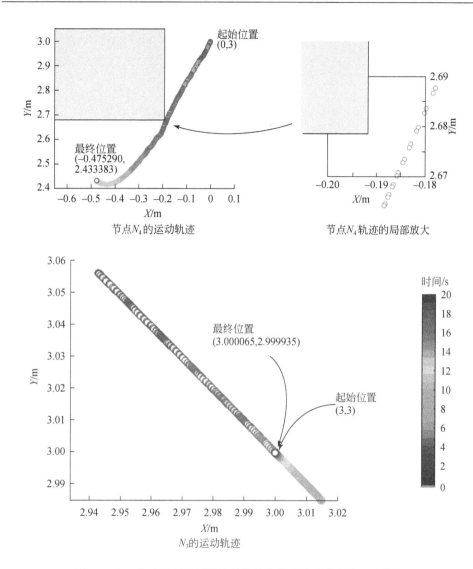

图 8.4.14　主动平面两杆张拉整体结构躲避障碍的节点运动轨迹

　　从形状控制结果可以看出(图 8.4.16),在初始参数下,主动张弦桁架梁完成了形状控制任务,在半跨作用后能够使顶部竖向位移恢复到指定范围内,其过程的物理量变化如图 8.4.17 所示。可以观察到,执行器调节量与节点位移的变化较为平缓;下部拉索的内力在形状控制过程中逐渐增大(最终到 80MPa 左右);而撑杆内力变化幅度较小,且在形状控制结束后恢复到较小的幅值。

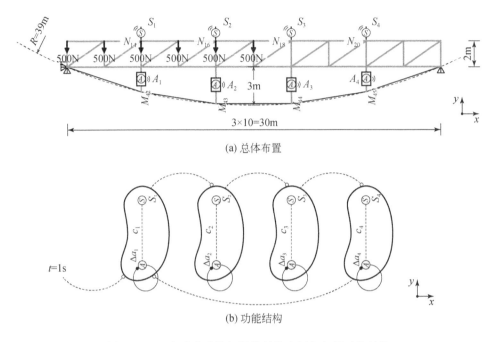

(a) 总体布置

(b) 功能结构

图 8.4.15　主动张弦桁架梁的总体布置与初始功能结构

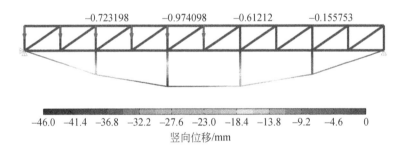

图 8.4.16　主动张弦桁架梁的形状控制后的竖向位移

　　智能结构不仅具有适应性,还具有使适应性变得更加高效可靠的能力,即对于适应性的自适应控制。对 WKS 这样高灵活度的体系来说,若要实现上述特质,其途径更为简单,也更为直接。最典型的一个形式就是在形状控制过程中对功能结构的参数进行自适应调整,最简单的一个例子就是改变功能单元中的传递系数。

　　其余保持与两杆张拉整体主动控制相同,主动张弦梁在各功能单元自适应参

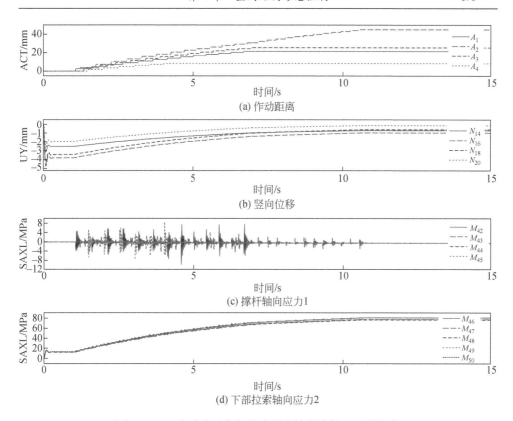

图 8.4.17　主动张弦桁架梁在形状控制中物理量的变化

数调节机制下进行形状控制,结果如图 8.4.18 所示(COEF 表示传递系数)。可以看到,各功能单元的传递系数分别由 -1 变为 -8、-16、-8、-2。相比于两杆张拉整体主动控制的控制过程,加入自适应参数调节机制的固有反应使形状控制的效率大大提高(提高将近一倍),全部抑制时刻大大提前。由此可以看出,WKS 可以从最底层的功能单元入手来实现智能化,其核心工作就在于合理地设计,而非各类相对复杂的智能优化算法工具。这与传统结构设计本质上是相同的,即合理的结构决定了合理的性质,设计始终高于工具。

8.4.4　三棱柱张拉整体结构 WKS 原型机

1.模型设计与制作

前面介绍了一种 WKS,即主动三棱柱张拉整体结构,此处将其作为参照设计一个 WKS 原型机:采用基于机械传动的主动构件作为原型机的 3 根撑杆,原型机高 1.5m,俯视投影覆盖半径为 0.6m,原型机底部为竖向支承,设计草图如

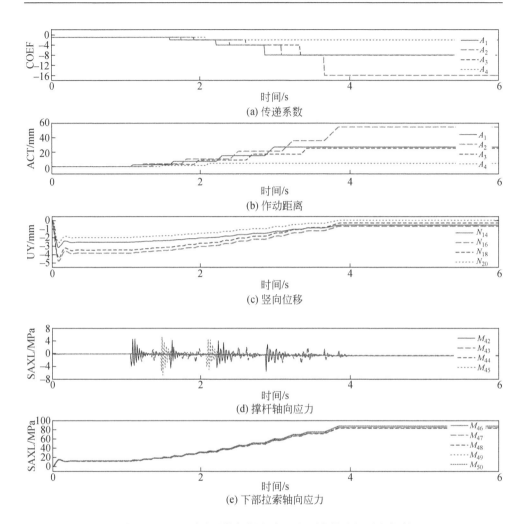

图 8.4.18　主动张弦桁架梁的自适应固有模式的形状控制

图 8.4.19 所示。

　　原型机实物如图 8.4.20 所示，包含 3 个执行器节点和 1 个中央控制器节点，中央控制器节点通过无线网络控制各执行器节点。执行器节点直接由电池供能，采用闭环步进系统作为动作执行单元。原型机的各部件分别制作完成后，按照一定次序将其装配搭建起来，直接放置于平整地面上，暂不施加预应力。可以看出，原型机为完全的无线化，无论是能量还是信号，都无须从外界额外接入线缆。值得注意的是，本试验模型的目的是验证 WKS 的概念，暂未考虑构件内力的感知与反馈，但在设计时对构件的强度留足了安全余量，可确保在所考虑的工况下构件处于

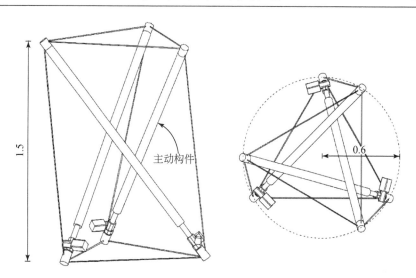

图 8.4.19 含有主动构件的三棱柱张拉整体结构(单位:m)

图 8.4.20 WKS原型机实物

弹性工作范围,故在后面的测试及试验中仅考虑位移的控制。

2. WKS 原型机测试

本节采用较为简单的流程对原型机进行初步测试:①原型机为无预应力状态,在重力作用下产生竖向位移并最终达到平衡,此时状态设定为初始态;②在初始态上施加一节点荷载,原型机产生变形达到平衡;③使原型机某一执行器持续产生动作,即逐级使某一主动构件发生长度变化,使原型机的刚度逐渐增大;④将节点荷载卸掉,原型机达到平衡,记为终态。

图 8.4.21 给出了具体的实施步骤,原型机顶部的三个节点上布置了位移数据采集测点 $S_1 \sim S_3$,首先在 S_2 所在节点上施加竖向节点荷载,继而使执行器 A_2 持续伸长,最后卸掉 S_2 位置的竖向节点荷载。在此过程中,持续测量 $S_1 \sim S_3$ 的空间位移并记录。

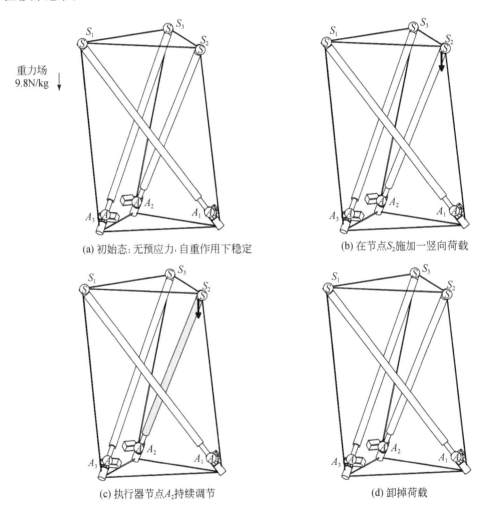

(a) 初始态: 无预应力,自重作用下稳定

(b) 在节点S_2施加一竖向荷载

(c) 执行器节点A_2持续调节

(d) 卸掉荷载

图 8.4.21　WKS原型机测试流程

测试环境布置如图 8.4.22(a)所示,$S_1 \sim S_3$ 为 3 个激光全站仪的反光片,用于测量空间坐标变化。加载时使用几十块钢板作为竖向荷载[图 8.4.22(b)],

荷载量未知,测试过程中在使用全站仪测量空间位移的同时,也对数据进行纸质记录。

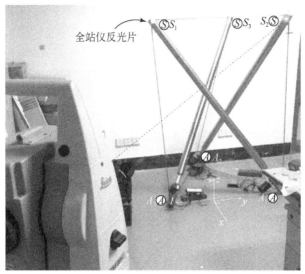

(a) 测试环境布置

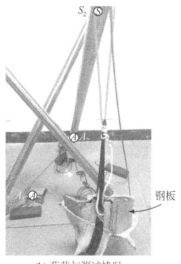

(b) 荷载与测试情况

图 8.4.22　WKS原型机测试过程

测试时,A_2 所在主动构件共伸长 20 级,每级伸长 0.192mm,测试结果曲线如图 8.4.23 所示(BUF 表示 buffer,即传感器的采样值;S_{1x} 表示 S_1 测量点在 x 轴方向的位移），其中，x、y 和 z 轴的设置如图 8.4.22(a)所示。从测试结果可以看出，加载后，S_2 所在节点产生较为显著的竖向位移，继而 A_2 的持续伸长使该竖向位移逐渐减小，在第 8 级伸长时，S_2 位置的竖向位移已基本降低到 0。另外，可以看出，在 A_2 持续伸长 20 级将荷载卸掉之后，原型机顶部的终态与初始态相比有较显著的升高和扭转，事实上，这是逐渐向原型机施加预应力的过程。

　　上述三棱柱张拉整体结构的测试结果验证了 WKS 概念在空间结构形态控制中的有效性。由于条件限制，目前还未对更复杂的空间结构体系及更复杂的形态控制目标进行试验。未来的研究中将进一步深入探索，以推进 WKS 概念在实际工程空间结构形态控制中的应用，同时也为未来智能空间结构的发展与应用奠定基础。

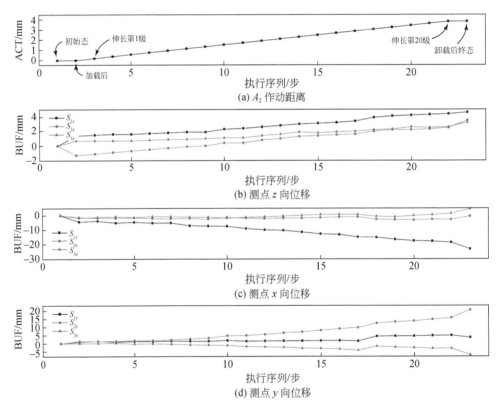

图 8.4.23　WKS 原型机测试结果

参 考 文 献

岑培超. 2006. 空间结构参数曲面描述及网格划分算法[D]. 杭州:浙江大学.

陈务军,杜贵首,任小强. 2010. 索杆张力结构力密度找形分析方法[J]. 建筑科学与工程学报, 27(1):7-11.

陈晓光. 2003. 张拉整体体系的形态思考及其动力特性分析[D]. 杭州:浙江大学.

陈晓光,罗尧治. 2003. 张拉整体单元找形问题研究[J]. 空间结构,9(1):35-39.

程华强. 2014. 自适应张弦梁结构的控制理论与设计方法研究[D]. 杭州:浙江大学.

程亮,关富玲,张惠峰. 2010. 构架式可展开天线的展开试验研究[J]. 空间科学学报,30(1):79-84.

辞海编辑委员会. 2020. 辞海[M]. 7版. 上海:上海辞书出版社.

戴春来. 2005. 样条曲线的参数化变形方法[J]. 计算机辅助设计与图形学学报,17(6):1207-1212.

丁慧. 2014. 自由形态空间网格结构的网格设计方法研究与实现[D]. 杭州:浙江大学.

丁慧,王戴薇. 2010. 岱山体育馆大跨度屋盖风荷载数值模拟与结构优化设计[C]//第八届全国土木工程研究生学术论坛,杭州.

董石麟,裴涛,罗尧治. 2003. 空间结构[M]. 北京:中国计划出版社.

董石麟,罗尧治,赵阳. 2005. 大跨度空间结构的工程实践与学科发展[J]. 空间结构,11(4):4-11,16.

董石麟,罗尧治,赵阳. 2006. 新型空间结构分析、设计与施工[M]. 北京:人民交通出版社.

冯远,向新岸,董石麟,等. 2019. 雅安天全体育馆金属屋面索穹顶设计研究[J]. 空间结构,25(1):3-13.

符刚. 2003. 张拉整体结构的分析理论及其模型试验研究[D]. 杭州:浙江大学.

傅学怡,顾磊,杨先桥,等. 2005. 国家游泳中心"水立方"结构设计优化[J]. 建筑结构学报,26(6):13-19,26.

高福聚. 2002. 空间结构仿生工程学的研究[D]. 天津:天津大学.

公晓莺. 2005. 空间结构造型算法及程序实现[D]. 杭州:浙江大学.

关富玲,戴璐. 2012. 双环可展桁架结构动力学分析与试验研究[J]. 浙江大学学报,46(9):1605-1610.

杭州奥体博览中心滨江建设指挥部. 2019. 钱塘莲花——杭州奥体博览城主体育场科技创新实践[M]. 北京:中国建筑工业出版社.

胡超芳. 2007. 基于决策者满意度的多目标模糊优化算法研究[D]. 上海:上海交通大学.

胡宁. 2003. 索杆膜空间结构协同分析理论及风振响应研究[D]. 杭州:浙江大学.

季洁,满家巨. 2007. 任意边界下的极小曲面造型问题[J]. 计算机与现代化,140:4-6,9.

姜涛. 2005. 球状张拉整体单元的找形问题研究[D]. 杭州:浙江大学.

金涛,童水光. 2003. 逆向工程技术[M]. 北京:机械工业出版社.

赖达东. 2003. 索杆膜结构的协同找形及荷载分析研究[D]. 杭州:浙江大学.

李承铭,卢旦. 2011. 自由曲面单层网格的智能布局设计研究[J]. 土木工程学报,44(3):1-7.

李俐. 2005. 基于 Bennett 4R linkage 的折叠结构[D]. 杭州:浙江大学.

李娜. 2009. 空间网格结构几何形态研究与实现[D]. 杭州:浙江大学.

李娜,罗尧治. 2009. 基于完备能量模型的 B 样条曲面造型技术[J]. 计算机辅助设计与图形学
　　学报,21(6):713-720.

刘晶晶. 2006. 基于环形连杆机构原理的开合结构[D]. 杭州:浙江大学.

刘磊. 2017. 考虑节点协调变形及节点面精细化的有限质点法研究[D]. 杭州:浙江大学.

刘锡良,董石麟. 2002. 20 年来中国空间结构形式创新[C]//第十届空间结构学术会议,北京.

娄荣. 2009. 空间钢结构施工力学及其优化控制的研究[D]. 杭州:浙江大学.

陆金钰. 2008. 动不定结构的平衡矩阵分析方法与理论研究[D]. 杭州:浙江大学.

陆金钰,武啸龙,赵曦蕾,等. 2015. 基于环形张拉整体的索杆全张力穹顶结构形态分析[J]. 工
　　程力学,32(S1):66-71.

罗尧治. 2000. 索杆张力结构的数值分析理论研究[D]. 杭州:浙江大学.

罗尧治. 2007. 大跨度储煤结构——设计与施工[M]. 北京:中国电力出版社.

罗尧治,董石麟. 1995. 空间网格结构微机设计软件 MSTCAD 的开发[J]. 空间结构,1(3):
　　53-59,64.

罗尧治,董石麟. 2000. 索杆张力结构初始预应力分布计算[J]. 建筑结构学报,21(5):59-64.

罗尧治,董石麟. 2001. 平板型张拉整体结构几何体系及受力特性分析[J]. 空间结构,7(1):
　　11-16.

罗尧治,董石麟. 2002. 含可动机构的杆系结构非线性力法分析[J]. 固体力学学报,23(3):
　　288-294.

罗尧治,公晓莺. 2004. 基于双三次 B 样条插值的空间结构自由曲面[J]. 空间结构,10(2):
　　30-34.

罗尧治,沈雁彬. 2004. 索穹顶结构初始状态确定与成形过程分析[J]. 浙江大学学报(工学版),
　　38(10):84-90,137.

罗尧治,刘晶晶. 2006. 基于环形连杆机构原理的可展结构设计[J]. 工程设计学报,13(3):
　　145-149.

罗尧治,喻莹. 2019. 结构复杂行为分析的有限质点法[M]. 北京:科学出版社.

罗尧治,曹国辉,董石麟,等. 2004. 预应力拉索网格结构的设计与研究[J]. 土木工程学报,
　　37(3):52-57.

罗尧治,郑延丰,杨超,等. 2014. 结构复杂行为分析的有限质点法研究综述[J]. 工程力学,
　　31(8):1-7,23.

罗尧治,闫丽,丁慧,等. 2015. 自由形态空间网格结构建模技术研究综述[J]. 空间结构,21(4):
　　3-11.

吕方宏,沈祖炎. 2005. 修正的循环迭代法与控制索原长法结合进行杂交空间结构施工控制[J].
　　建筑结构学报,26(3):92-97.

马克俭,张华刚,郑涛. 2006. 新型建筑空间网格结构理论与实践[M]. 北京:人民交通出版社.

马政纲. 2000. 索膜结构找形研究[D]. 杭州:浙江大学.

毛德灿. 2008. 双链形连杆机构设计原理及其在开启结构中的应用[D]. 杭州:浙江大学.

毛德灿,罗尧治,由衷. 2006. 径向可开启板式结构几何协调性研究[J]. 浙江大学学报(工学版),40(8):1377-1381,1403.

闵丽. 2015. 基于点云的自由形态网格生成方法研究[D]. 杭州:浙江大学.

欧进萍. 2003. 结构振动控制:主动、半主动和智能控制[M]. 北京:科学出版社.

邱鹏. 2006. 空间网格结构滑移法施工全过程分析方法及若干关键问题的研究[D]. 杭州:浙江大学.

曲晓宁. 2008. 预应力空间钢结构索张拉控制算法及试验研究[D]. 杭州:浙江大学.

沈世钊. 1998. 大跨空间结构的发展——回顾与展望[J]. 土木工程学报,31(3):5-14.

沈世钊,武岳. 2014. 结构形态学与现代空间结构[J]. 建筑结构学报,35(4):1-10.

施法中. 1994. 计算机辅助几何设计与非均匀有理 B 样条 (CAGD&Nurbs)[M]. 北京:北京航空航天大学出版社.

施吉林,刘淑珍,陈桂芝. 1999. 计算机数值方法[M]. 北京:高等教育出版社.

隋允康,龙连春. 2006. 智能结构最优控制方法与数值模拟[M]. 北京:科学出版社.

王国瑾,汪国昭,郑建. 2001. 计算机辅助几何设计[M]. 北京:高等教育出版社.

王霄. 2004. 逆向工程技术及其应用[M]. 北京:化学工业出版社.

王小平,曹立明. 2002. 遗传算法——理论、应用与软件实现[M]. 西安:西安交通大学出版社.

许贤. 2009. 张拉整体结构的形态理论与控制方法研究[D]. 杭州:浙江大学.

闫翔宇,马青,陈志华,等. 2019. 天津理工大学体育馆复合式索穹顶结构分析与设计[J]. 建筑钢结构进展,21(1):23-29,44.

杨超. 2015. 薄膜结构的有限质点法计算理论与应用研究[D]. 杭州:浙江大学.

杨超,罗尧治,郑延丰. 2019. 正交异性膜材大变形行为的有限质点法求解[J]. 工程力学,36(7):18-29.

杨鹏程. 2015. 集成无线传感器——执行器网络的可动结构及其形状控制[D]. 杭州:浙江大学.

杨钦,徐永安,陈其明,等. 2000. 三维约束 Delaunay 三角化的研究[J]. 计算机辅助设计与图形学学报,12(8):590-594.

余卫江,王武斌,顾磊,等. 2005. 新型多面体空间刚架的基本单元研究[J]. 建筑结构学报,26(6):1-6.

俞锋,罗尧治. 2015. 索杆结构中索滑移行为分析的有限质点法[J]. 工程力学,32(6):109-116.

俞锋,尹雄,罗尧治,等. 2017. 考虑接触点摩擦的索滑移行为分析[J]. 工程力学,34(8):42-50.

喻莹. 2010. 基于有限质点法的空间钢结构连续倒塌破坏研究[D]. 杭州:浙江大学.

袁行飞,董石麟. 2001. 索穹顶结构施工控制反分析[J]. 建筑结构学报,22(2):75-79,96.

张浩. 2005. 空间结构曲面造型算法及程序实现[D]. 杭州:浙江大学.

张明山. 2004. 弦支穹顶结构的理论研究[D]. 杭州:浙江大学.

张毅刚. 2013. 从国外近年来的应用与研究看膜结构的发展[J]. 钢结构,28(11):1-9.

郑延丰. 2015. 结构精细化分析的有限质点法计算理论研究[D]. 杭州:浙江大学.

郑延丰,杨超,刘磊,等. 2020. 基于有限质点法的含间隙铰平面机构动力分析[J]. 工程力学,37(3):8-17.

周儒荣,张丽艳,苏旭,等. 2001. 海量散乱点的曲面重建算法研究[J]. 软件学报,12(2):249-255.

朱世哲. 2007. 双拱型空间钢管结构闸门的分析理论和试验研究[D]. 杭州:浙江大学.

朱世哲,罗尧治. 2008. 新型双拱钢管结构闸门的应用与研究[J]. 土木工程学报,41(1):35-41.

朱心雄. 2000. 自由曲线曲面造型技术[M]. 北京:科学出版社.

卓新,董石麟. 2004. 海洋贝类仿生建筑的结构形体研究[J]. 空间结构,10(4):19-22.

Adam B,Smith I F. 2007. Self- diagnosis and self- repair of an active tensegrity structure[J]. Journal of Structural Engineering,133(12):1752-1761.

Amid A,Ghodsypour S H,O'Brien C. 2006. Fuzzy multiobjective linear model for supplier selection in a supply chain[J]. International Journal of Production Economics,104(2):394-407.

Anderson D J,Wendel W R,Parke G,et al. 2002. TekCAD—A New System for Creating Space Structures[M]. London:Thomas Telford Publishing:775-784.

Aubry R,Houzeaux G,Vazquez M. 2011. A surface remeshing approach[J]. International Journal for Numerical Methods in Engineering,85(12):1475-1498.

Barnes M R. 1988. Form-finding and analysis of prestressed nets and membranes[J]. Computers & Structures,30(3):685-695.

Barraquand J,Latombe J C. 1991. Robot motion planning:A distributed representation approach[J]. The International Journal of Robotics Research,10(6):628-649.

Bathe K J,Ramm E,Wilson E L. 1975. Finite element formulations for large deformation dynamic analysis[J]. International Journal for Numerical Methods in Engineering,9(2):353-386.

Bennett G T. 1903. A new mechanism[J]. Engineering,76:777.

Bennett G T. 1914. The skew isogram mechanism[J]. Proceedings of the London Mathematical Society,2(1):151-173.

Blacker T D,Stephenson M B. 1991. Paving:A new approach to automated quadrilateral mesh generation[J]. International Journal for Numerical Methods in Engineering,32(4):811-847.

Boughanmi N,Song Y Q,Rondeau E. 2008. Wireless networked control system using IEEE 802. 15. 4 with GTS[C]//2nd Junior Researcher Workshop on Real- Time Computing,Rennes.

Brew J S,Brotton D M. 1971. Non-linear structural analysis by dynamic relaxation[J]. International Journal for Numerical Methods in Engineering,3(4):463-483.

Calladine C R. 1978. Buckminster Fuller's "tensegrity" structures and clerk Maxwell's rules for the construction of stiff frames[J]. International Journal of Solids and Structures,14(2):161-172.

Cefalo M,Tur J M. 2010. Real-time self-collision detection algorithms for tensegrity systems[J]. International Journal of Solids and Structures,47(13):1711-1722.

Celniker G,Gossard D. 1991. Deformable curve and surface finite-elements for free-form sharp design[J]. Computer Graphics,25(4):257-266.

Chaudhuri O,Parekh S H,Fletcher D A. 2007. Reversible stress softening of actin networks[J]. Nature,445(7125):295-298.

Chen Y. 2003. Design of structural mechanisms[D]. Oxford:University of Oxford.

Chen Y,You Z. 2005. Mobile assemblies based on the Bennett linkage[J]. Proceedings of the Royal Society A:Mathematical,Physical and Engineering Sciences,461(2056):1229-1245.

Chen Y,You Z. 2007. Spatial 6R linkages based on the combination of two Goldberg 5R linkages[J]. Mechanism and Machine Theory,42(11):1484-1498.

Cline A K,Renka R J. 1990. A constrained two-dimensional triangulation and the solution of closest node problems in the presence of barriers[J]. SIAM Journal on Numerical Analysis, 27(5):1305-1321.

Connelly R. 2002. Tensegrity Structures:Why Are They Stable? [M]//Rigidity Theory and Applications. Boston:Springer.

Cox M G. 1972. The numerical evaluation of B-splines[J]. IMA Journal of Applied Mathematics, 10(2):134-149.

Day A S, Bunce J H. 1970. Analysis of cable networks by dynamic relaxation[J]. Civil Engineering Public Works Review,4:383-386.

de Boor C. 1972. On calculating with B-splines[J]. Journal of Approximation Theory,6(1): 50-62.

Defossez M. 2003. Shape memory effect in tensegrity structures[J]. Mechanics Research Communications,30(4):311-316.

Denavit J,Hartenberg R S. 1955. A kinematic notation for lower-pair mechanisms based on matrices[J]. Journal of Applied Mechanics,22(2):215-221.

Djouadi S,Motro R,Pons J C,et al. 1998. Active control of tensegrity systems[J]. Journal of Aerospace Engineering,11(2):37-44.

Dyn N,Levine D,Gregory J A. 1990. A butterfly subdivision scheme for surface interpolation with tension control[J]. ACM Transactions on Graphics,9(2):160-169.

Farin G. 1986. Triangular Bernstein-Bézier patches[J]. Computer Aided Geometric Design, 3(2):83-127.

Fest E,Shea K,Domer B,et al. 2003. Adjustable tensegrity structures[J]. Journal of Structural Engineering,129(4):515-526.

Fest E, Shea K, Smith I F C. 2004. Active tensegrity structure[J]. Journal of Structural Engineering,130(10):1454-1465.

Freeland R,Veal G. 1998. Significance of the inflatable antenna experiment technology[C]//39th AIAA/ASME/ASCE/AHS/ASC Structures, Structural Dynamics, and Materials Conference and Exhibit,Long Beach.

Freeland R,Bilyeu G,Veal G,et al. 1997. Large inflatable deployable antenna flight experiment results[J]. Acta Astronautica,41(4-10):267-277.

Fuller R B. 1954. Building construction[P]:US,2682235.

Fuller R B. 1962. Tensile-integrity structures[P]:US,3063521.

Gantes C J, Connor J J, Logcher R D. 1989. Structural analysis and design of deployable structures[J]. Computers & Structures,32(3-4):661-669.

Geiger D H,Stefaniuk A,Chen D. 1986. The design and construction of two cable domes for the Korean Olympics[C]//Symposium of the International Association for Shell and Spatial Structures,Madrid.

Goldberg D E. 1989. Genetic Algorithms in Search,Optimization and Machine Learning[M]. Boston:Addison-Wesley.

Gordon W J, Riesenfeld R F. 1974. B-Spline Curves and Surfaces[M]//Computer Aided Grometric Design. New York:Academic Press:95-126.

Grcar J F. 2011. Mathematicians of Gaussian elimination[J]. Notices of the AMS,58(6):782-792.

Green P J,Sibson R. 1978. Computing Dirichlet tessellations in the plane[J]. The Computer Journal,21(2):168-173.

Grünbaum B,Shephard G C. 1987. Tilings and Patterns[M]. New York:Courier Dover Publications.

Guest S D,Pellegrino S. 1996. A new concept for solid surface deployable antennas[J]. Acta Astronautica,38(2):103-113.

Hales T C. 2001. The honeycomb conjecture[J]. Discrete Computational Geometry,25(1):1-22.

Hannan E L. 1981. Linear programming with multiple fuzzy goals[J]. Fuzzy Sets and Systems,6(3):235-248.

Harald K. 2006. Structural design of contemporary free-form-architecture[C]//Symposium of the International Association for Shell and Spatial Structures,Beijing.

Hoberman C. 1990. Reversibly expandable doubly-curved truss structure[P]:US,4942700.

Hoberman C. 1991. Radial expansion retraction truss structure[P]:US,5024031.

Hoberman C. 1992. The art and science of folding structures[J]. Sites,24:34-53.

Huang H Z,Gu Y K,Du X. 2006. An interactive fuzzy multi-objective optimization method for engineering design[J]. Engineering Applications of Artificial Intelligence,19(5):451-460.

Ingber D E. 1993. Cellular tensegrity:Defining new rules of biological design that govern the cytoskeleton[J]. Journal of Cell Science,104(3):613-627.

Ingber D E. 2003. Tensegrity Ⅰ. Cell structure and hierarchical systems biology[J]. Journal of Cell Science,116(7):1157-1173.

Ingber D E. 2006. Cellular mechanotransduction:Putting all the pieces together again[J]. The FASEB Journal,20(7):811-827.

Joe B. 1991. Construction of three-dimensional delaunay triangulations using local transformations[J]. Computer Aided Geometric Design,8(2):123-142.

Johnson N W. 1966. Convex polyhedra with regular faces[J]. Canadian Journal of Mathematics,

18:169-200.

Katoh K, Kano Y, Masuda M, et al. 1998. Isolation and contraction of the stress fiber[J]. Molecular Biology of the Cell, 9(7):1919-1938.

Katsumata N, Natori M C, Yamakawa H. 2011. Folding and deployment analyses of inflatable structures[C]//The 28th International Symposium on Space Technology and Science, Okinawa.

Kebiche K, Kazi-Aoual M N, Motro R. 1999. Geometrical non-linear analysis of tensegrity systems[J]. Engineering Structures, 21(9):864-876.

Kempe A B. 1877. On conjugate four-piece linkages[J]. Proceedings of the London Mathematical Society, 1(1):133-149.

Kiper G, Söylemez E, Kişisel A Ö. 2008. A family of deployable polygons and polyhedra[J]. Mechanism and Machine Theory, 43(5):627-640.

Kirkpatrick S, Gelatt Jr C D, Kişisel A Ö. 1983. Optimization by simulated annealing[J]. Science, 220(4598):671-680.

Kreis T E, Birchmeier W. 1980. Stress fiber sarcomeres of fibroblasts are contractile[J]. Cell, 22(2):555-561.

Kuffner J J, LaValle, S M. 2000. RRT-connect: An efficient approach to single-query path planning[C]//Proceedings of ICRA Millennium Conference, San Francisco:995-1001.

Kuwata Y, Fiore G A, Teo J, et al. 2008. Motion planning for urban driving using RRT[C]// 2008 IEEE/RSJ International Conference on Intelligent Robots and Systems, Nice.

LaValle S M. 1998. Rapidly-exploring random trees: A new tool for path planning[R]. Ames: Lowa State University.

Levin S M. 2002. The tensegrity-truss as a model for spine mechanics: Biotensegrity[J]. Journal of Mechanics in Medicine and Biology, 2(3-4):375-388.

Levy M P. 1994. The Georgia Dome and Beyond: Achieving Lightweight-Long Span Structures [M]//Spatial, Lattice and Tension Structures. Atlanta: American Society of Civil Engineers.

Li N, Luo Y. 2009. New modeling technique for bionic space grid structures[J]. International Journal of Advanced Steel Construction, 5(1):1-13.

Li S, Yang Y, Teng C. 2004. Fuzzy goal programming with multiple priorities via generalized varying-domain optimization method[J]. IEEE Transactions on Fuzzy Systems, 12(5):596-605.

Liddell I. 2015. Frei Otto and the development of gridshells[J]. Case Studies in Structural Engineering, 4:39-49.

Linkwitz K. 1999. Form finding by the "direct approach" and pertinent strategies for the conceptual design of prestressed and hanging structures[J]. International Journal of Space Structures, 14(2):73-87.

Lo S. 1985. A new mesh generation scheme for arbitrary planar domains[J]. International Journal for Numerical Methods in Engineering, 21(8):1403-1426.

Löhner R,Parikh P. 1988. Generation of three-dimensional unstructured grids by the advancing-front method[J]. International Journal for Numerical Methods in Fluids,8(10):1135-1149.

Loop C. 1987. Smooth subdivision surfaces based on triangles[D]. Salt Lake City:University of Utah.

Luchsinger R H,Pedretti A,P Steingruber,et al. 2004. The New Structural Concept Tensairity:Basic Principles[M]. London:A. A. Balkema Publishers.

Luo Y, Lu J. 2006. Geometrically non-linear force method for assemblies with infinitesimal mechanisms[J]. Computers & Structures,84(31-32):2194-2199.

Luo Y,Mao D,You Z. 2007a. On a type of radially retractable plate structures[J]. International Journal of Solids and Structures,44(10):3452-3467.

Luo Y,Shen Y B,Xu X. 2007b. Construction method for cylindrical latticed shells based on expandable mechanisms[J]. Journal of Construction Engineering and Management,133(11):912-915.

Luo Y,Xu X,Lele T,et al. 2008a. A multi-modular tensegrity model of an actin stress fiber[J]. Journal of Biomechanics,41(11):2379-2387.

Luo Y,Yu Y,Liu J. 2008b. A retractable structure based on Bricard linkages and rotating rings of tetrahedra[J]. International Journal of Solids and Structures,45(2):620-630.

Lynch J P. 2007. An overview of wireless structural health monitoring for civil structures[J]. Philosophical Transactions of the Royal Society A:Mathematical,Physical and Engineering Sciences,365(1851):345-372.

Mao D,Luo Y. 2008. Analysis and design of a type of retractable roof structure[J]. Advances in Structural Engineering,11(4):343-354.

Mao D, Luo Y, You Z. 2009. Planar closed loop double chain linkages[J]. Mechanism and Machine Theory,44(4):850-859.

Marques F,Isaac F,Dourado N,et al. 2017. A study on the dynamics of spatial mechanisms with frictional spherical clearance joints[J]. Journal of Computational and Nonlinear Dynamics,12(5):051013.

Massimo M. 2006. Architecture & structures:Ethics in free-form-design[C]//Symposium of the International Association for Shell and Spatial Structures,Beijing.

Metropolis N,Rosenbluth A W,Rosenbluth M N,et al. 1953. Equation of state calculations by fast computing machines[J]. The Journal of Chemical Physics,21(6):1087-1092.

Motro R. 1984. Forms and forces in tensegrity systems[C]//Proceedings of Third International Conference on Space Structures,Guildford.

Motro R. 1990. Tensegrity systems and geodesic domes[J]. International Journal of Space Structures,5(3-4):341-351.

Motro R. 2003. Tensegrity:Structural Systems for the Future[M]. London:Kogan Page.

Motro R,Belkacem S,Vassart N. 1994. Form finding numerical methods for tensegrity systems[C]//Spatial,Lattice and Tension Structures,Atlanta:704-713.

Nooshin H. 2017. Formex configuration processing: A young branch of knowledge [J]. International Journal of Space Structures, 32(3-4): 136-148.

Nooshin H, Disney P. 2001. Formex configuration processing II[J]. International Journal of Space Structures, 16(1): 1-56.

Otter J R H, Cassell A C, Hobbs R E. 1966. Dynamic relaxation[J]. Proceedings of the Institution of Civil Engineers, 35(4): 633-656.

Paul C, Lipson H, Cuevas F J V. 2005. Evolutionary form-finding of tensegrity structures[C]// Proceedings of the 7th Annual Conference on Genetic and evolutionary computation, Washington DC.

Pellegrino S. 1986. Mechanics of kinematically indeterminate structures[D]. Cambridge: University of Cambridge.

Pellegrino S. 1990. Analysis of prestressed mechanisms[J]. International Journal of Solids and Structures, 26(12): 1329-1350.

Pellegrino S. 1993. Structural computations with the singular value decomposition of the equilibrium matrix[J]. International Journal of Solids and Structures, 30(21): 3025-3035.

Pellegrino S. 1995. Large retractable appendages in spacecraft[J]. Journal of Spacecraft and Rockets, 32(6): 1006-1014.

Pellegrino S. 2001. Deployable Structures in Engineering[M]//Deployable Structures. Vienna: Springer.

Pellegrino S, Calladine C R. 1986. Matrix analysis of statically and kinematically indeterminate frameworks[J]. International Journal of Solids and Structures, 22(4): 409-428.

Pottman H. 2009. Geometry and new and future spatial patterns[J]. Architectural Design, 79(6): 60-65.

Przemieniecki J S. 1985. Theory of Matrix Structural Analysis[M]. New York: Dover Publications.

Rao C R, Mitra S K. 1971. Generalized Inverse of Matrices and Its Applications[M]. New York: John Wiley & Sons.

Raven P H, Johnson G B. 2002. Biology[M]. New York: McGraw-Hill.

Renka R J, Cline A. 1984. A triangle-based C^1 interpolation method [J]. Journal of Mathematics, 14(1): 223-238.

Rodriguez C, Chilton J. 2003. Swivel diaphragm: A new alternative for retractable ring structures [J]. Journal of the International Association for Shell and Spatial Structures, 44(3): 181-188.

Sakawa M, Yano H, Yumine T. 1987. An interactive fuzzy satisficing method for multiobjective linear-programming problems and its application[J]. IEEE Transactions on Systems, Man, and Cybernetics, 17(4): 654-661.

Schek H J. 1974. The force density method for form finding and computation of general networks[J]. Computer Methods in Applied Mechanics and Engineering, 3(1): 115-134.

Schlaich M, Burkhardt U, Irisarri L, et al. 2010. Palacio de Comunicaciones—A single layer glass grid shell over the courtyard of the future town hall of Madrid[C]//Symposium of the International Association for Shell and Spatial Structures,Shanghai.

Shea K,Fest E,Smith I F. 2002. Developing intelligent tensegrity structures with stochastic search[J]. Advanced Engineering Informatics,16(1):21-40.

Shen Y,Yang P,Zhang P,et al. 2013. Development of a multitype wireless sensor network for the large -scale structure of the national stadium in china[J]. International Journal of Distributed Sensor Networks,9(12):709724.

Shen Y,Yang P,Luo Y. 2014. Applications of wireless sensor systems for large- span spatial structures in china[C]//Proceedings of the 6th World Conference of the International Association for Structural Control and Monitoring,Barcelona.

Shen Y,Yang P,Luo Y. 2016. Development of a customized wireless sensor system for large-scale spatial structures and its applications in two cases[J]. International Journal of Structural Stability and Dynamics,16(4):1640017.

Shen Y,Fu W,Luo Y,et al. 2021. Implementation of SHM system for Hangzhou East Railway Station using a wireless sensor network[J]. Smart Structures and Systems,27(1):19-33.

Sims J R,Karp S,Ingber D E. 1992. Altering the cellular mechanical force balance results in integrated changes in cell,cytoskeletal and nuclear shape[J]. Journal of Cell Science,103(4): 1215-1222.

Snelson K D. 1965. Continuous tension,discontinuous compression structures[P]:US,3169611.

Snelson K D. 2012. The art of tensegrity[J]. International Journal of Space Structures,27(2-3): 71-80.

Snodgrass R E. 1935. The Abdominal Mechanisms of a Grasshopper[M]//Smithsonian Miscellaneous Collections. Washington DC:Smithsonian Institution.

Spencer Jr B,Ruiz-Sandoval M E,Kurata N. 2004. Smart sensing technology:Opportunities and challenges[J]. Structural Control and Health Monitoring,11(4):349-368.

Stankovic J A. 2008. When sensor and actuator networks cover the world[J]. ETRI Journal, 30(5):627-633.

Starr C,Taggart R,Evers C,et al. 2015. Biology:the Unity and Diversity of Life[M]. Boston: Cengage Learning.

Straser E G,Kiremidjian A S,Meng T H. 2001. Modular,wireless damage monitoring system for structures[P]:US,6292108.

Sultan C,Skelton R. 2003. Deployment of tensegrity structures[J]. International Journal of Solids and Structures,40(18):4637-4657.

Sultan C,Corless M,Skelton R. 1999. Reduced prestress ability conditions for tensegrity structures[C]//40th Structures,Structural Dynamics,and Materials Conference and Exhibit, St. Louis.

Sultan C,Stamenović D,Ingber D E. 2004. A computational tensegrity model predicts dynamic rheological behaviors in living cells[J]. Annals of Biomedical Engineering,32(4):520-530.

Swartz R A, Lynch J P. 2009. Strategic network utilization in a wireless structural control system for seismically excited structures[J]. Journal of Structural Engineering, 135 (5): 597-608.

Tarnai T. 1993. Geodesic domes and fullerenes[J]. Philosophical Transactions of the Royal Society of London Series A: Physical and Engineering Sciences, 343(1667): 145-154.

Terzopoulos D, Qin H. 1994. Dynamic nurbs with geometric constraints for interactive sculpting[J]. ACM Transactions on Graphics, 13(2): 103-136.

Terzopoulos D, Platt J, Barr A, et al. 1987. Elastically deformable models[C]//Proceedings of the 14th Annual Conference on Computer Graphics and Interactive Techniques, Anaheim.

Tibert A G, Pellegrino S. 2003. Review of form-finding methods for tensegrity structures[J]. International Journal of Space Structures, 18(4): 209-223.

Timoshenko S P, Young D H. 1965. Theory of Structures[M]. New York: McGraw-Hill.

Ting E C, Shih C, Wang Y K. 2004. Fundamentals of a vector form intrinsic finite element: Part I. Basic procedure and a plane frame element[J]. Journal of Mechanics, 20(2): 113-122.

Vassart N, Motro R. 1999. Multiparametered formfinding method: Application to tensegrity systems[J]. International Journal of Space Structures, 14(2): 147-154.

Vera C, Skelton R, Bossens F, et al. 2005. 3-D nanomechanics of an erythrocyte junctional complex in equibiaxial and anisotropic deformations[J]. Annals of Biomedical Engineering, 33(10): 1387-1404.

Verdone R, Dardari D, Mazzini G, et al. 2010. Wireless Sensor and Actuator Networks: Technologies, Analysis and Design[M]. London: Academic Press.

Wakefield D S. 1999. Engineering analysis of tension structures: Theory and practice[J]. Engineering Structures, 21(8): 680-690.

Wall M E, Rechtsteiner A, Rocha L M. 2003. Singular Value Decomposition and Principal Component Analysis[M]//A Practical Approach to Microarray Data Analysis. New York: Springer.

Wang Y, Law K H. 2011. Structural control with multi-subnet wireless sensing feedback: Experimental validation of time-delayed decentralized $H\infty$ control design[J]. Advances in Structural Engineering, 14(1): 25-39.

Wang Y, Swartz R A, Lynch J P, et al. 2007. Decentralized civil structural control using real-time wireless sensing and embedded computing[J]. Smart Structures and Systems, 3(3): 321-340.

Wang Y, Xu X, Luo Y. 2021. Minimal mass design of active tensegrity structures[J]. Engineering Structures, 234: 111965.

Weaire D, Phelan R. 1994. A counter-example to Kelvin's conjecture on minimal surfaces[J]. Philosophical Magazine Letters, 69(2): 107-110.

Whitley D. 1994. A genetic algorithm tutorial[J]. Statistics and Computing, 4(2): 65-85.

Wohlhart K. 2000. Double-chain mechanisms[C]//IUTAM-IASS Symposium on Deployable Structures: Theory and Applications, Cambridge.

Woodward C D. 1987. Cross-sectional design of B-spline surfaces[J]. Computers & Graphics, 11(2):193-201.

Xu X, Luo Y. 2008. Multi-objective shape control of prestressed structures with genetic algorithms[J]. Proceedings of the Institution of Mechanical Engineers, Part G: Journal of Aerospace Engineering,222(8):1139-1147.

Xu X,Luo Y. 2009. Tensegrity structures with buckling members explain nonlinear stiffening and reversible softening of actin networks[J]. Journal of Engineering Mechanics,135(12): 1368-1374.

Xu X,Luo Y. 2011. Multistable tensegrity structures[J]. Journal of Structural Engineering, 137(1):117-123.

Xu X,Sun F,Luo Y,et al. 2014. Collision-free path planning of tensegrity structures[J]. Journal of Structural Engineering,140(4):04013084.

Xue Y,Luo Y,Xu X. 2020. Form-finding of cable-strut structures with given cable forces and strut lengths[J]. Mechanics Research Communications,106:103530.

Yang C,Shen Y,Luo Y. 2014. An efficient numerical shape analysis for light weight membrane structures[J]. Journal of Zhejiang University Science A,15(4):255-271.

Yang P,Yu F,Luo Y,et al. 2013. Research on health monitoring system development for spatial structures[C]//Symposium of the International Association for Shell and Spatial Structures, Wroclaw.

You Z. 2000. Deployable structure of curved profile for space antennas[J]. Journal of Aerospace Engineering,13(4):139-143.

You Z,Chen Y. 2011. Motion Structures:Deployable Structural Assemblies of Mechanisms[M]. London:CRC Press.

Yu Y,Luo Y. 2009. Motion analysis of deployable structures based on the rod hinge element by the finite particle method[J]. Proceedings of the Institution of Mechanical Engineers,Part G: Journal of Aerospace Engineering,223(7):955-964.

Yu Y,Luo Y,Li L. 2007. Deployable membrane structure based on the bennett linkage[J]. Proceedings of the Institution of Mechanical Engineers,Part G:Journal of Aerospace Engineering, 221(5):775-783.

Zadeh L A. 1965. Information and control[J]. Fuzzy Sets,8(3):338-353.

Zhang J Y, Ohsaki M. 2006. Adaptive force density method for form-finding problem of tensegrity structures[J]. International Journal of Solids and Structures,43(18-19):5658-5673.

Zhang L,Maurin B,Motro R. 2006. Form-finding of nonregular tensegrity systems[J]. Journal of Structural Engineering,132(9):1435-1440.